Spohn | Spohn – Ackerpflanzen und Feldfrüchte

Margot Spohn | Roland Spohn

Ackerpflanzen und Feldfrüchte

Quelle & Meyer Verlag Wiebelsheim

Die Angaben in diesem Buch sind von den Autoren und dem Verlag sorgfältig erwogen und geprüft, dennoch kann keine Garantie übernommen werden. Eine Haftung der Autoren bzw. des Verlags und seiner Beauftragten für Personen-, Sach- und Vermögensschäden ist ausgeschlossen.

Bibliografische Information der Deutschen Nationalbibliothek
Die Deutsche Nationalbibliothek verzeichnet diese Publikation in der Deutschen Nationalbibliografie; detaillierte bibliografische Daten sind im Internet über http://dnb.d-nb.de abrufbar.

Umschlagabbildungen: vorne (Bilder von Roland Spohn): *Triticum dicoccum* ‚Utrecht Blue' (oben), *Solanum tuberosum* (unten); hinten (Bilder von Margot Spohn): *Daucus carota ssp. sativus* (oben links: verschiedene Sorten), (Bilder von Roland Spohn): *Valerianella locusta* (oben rechts: Bewässerung des Anbaus), *Zea mays* (unten: Ernte mit dem Mähdrescher)
Druck und Verarbeitung: Print Consult GmbH, München
Printed in Europe/Imprimé en Europe
ISBN 978-3-494-01874-4

MIX
Papier | Fördert gute Waldnutzung
FSC® C084279

Inhalt

Einleitung

Vorwort

Immer wieder werden wir bei unseren Fototouren und naturkundlichen Führungen zu den Pflanzen angesprochen, die auf Äckern wachsen. Spaziergänger und Naturinteressierte unterschiedlichsten Alters kennen keinen Buchweizen, können Weizen nicht von Roggen oder Gerste unterscheiden oder denken, was für eine schöne wilde und ursprüngliche Wiese sich auf dem Blühstreifen am Ackerrand entwickelt bzw. erhalten hat. Gerade der starke Wandel, den die Landwirtschaft und das Anbausortiment in den letzten Jahren und Jahrzehnten erfahren hat – und laufend weiter erfährt – macht es vielen schwer, die Arten zuzuordnen oder wilde Pflanzen von bewusst angesäten zu unterscheiden oder auch abzuschätzen, aus welchen Gründen sie ausgesät oder angepflanzt werden.

Wir möchten deshalb mit diesem Buch eine Hilfestellung hierzu an die Hand geben. Dabei stellen wir sowohl bekannte als auch wenig bekannte oder erst neuerdings kultivierte Ackerpflanzen und Feldfrüchte vor. Wir beschreiben dabei einjährig angebaute Arten sowie Stauden, also solche Arten, deren oberirische Teile im Herbst absterben und die den Winter mit unterirdischen Organen wie Zwiebeln oder einem Wurzelstock überdauern und damit zwei- bis mehrjährig kultiviert werden können. Strauchig wachsende Arten haben wir nicht aufgenommen, auch wenn einige davon, wie etwa Himbeeren, feldmäßig kultiviert werden. Auch mussten wir bei der Vielzahl der kultivierten Gemüsearten und -sorten eine Auswahl treffen und auf Heilpflanzen und Zierpflanzen als Sonderkulturen weitgehend verzichten.

In den Artporträts beschreiben wir die Pflanzen und erläutern ihre Herkunft, Kultur, Verwendung, Ernte, ökologische Bedeutung und ihren Anbau. Einige dieser Aspekte sind sicher auch für den Landwirt neu und interessant, der die Pflanzen auf seinen Feldern kultiviert. Bei Anbau und Ernte verzichten wir jedoch bewusst darauf, detaillierte technische Informationen zu Bodenbearbeitung, Düngung oder Pflanzenschutz, Erntemaschinen, Nachbehandlung usw. zu liefern. Hierzu stehen dem Landwirt von anderer Seite umfangreiche Informationen zur Verfügung. Auch politische Aspekte wie Förderprogramme usw. haben wir weitgehend außer Acht gelassen. Zwar beeinflussen diese sehr stark, was angebaut wird und wie dies erfolgt, doch ändern sich die Vorgaben z. T. rasch oder sind je nach Region unterschiedlich. Darüber hinaus soll unser Buch nicht nur Interessierte in Deutschland, sondern insgesamt im deutschsprachigen Raum ansprechen.

Lange haben wir überlegt, nach welcher Reihenfolge wir die Arten im Buch sortieren. Zuerst dachten wir daran, nach Nutzungsgruppen zu sortieren, also Getreide, Futterpflanzen usw. Doch gibt es für zahlreiche angebaute Pflanzen immer häufiger nicht nur eine Verwendung, sondern sie können sehr vielfältig eingesetzt werden. Nicht einmal eine Hauptnutzung ist immer eindeutig festzulegen, je nach Region oder Ausrichtung eines Hofes kann diese jeweils auf einem anderen Schwerpunkt liegen.

Letztendlich haben wir uns dazu entschieden, die vom Landwirt bewusst ausgebrachten Pflanzen nach den wissenschaftlichen Namen der Pflanzenfamilien alphabetisch zu sortieren und innerhalb der Familien wiederum alphabetisch nach den wissenschaftlichen Artnamen. Diese kultivierten Pflanzen nehmen den Hauptteil des Buches ein. Daran schließt sich ein kleinerer Teil an, der den Ackerwildkräutern gewidmet ist, also jenen Pflanzen, die ohne Aussaat auf den Feldern wachsen und für die diese der „natürliche“ Lebensraum ist. Aus der Vielzahl der Wildarten konnten wir hier nur wenige auswählen, von denen wir denken, dass sie aus Sicht des Landwirts oder des Naturschützers wichtig, auffällig oder besonders interessant erscheinen. Diese

Auswahl ist subjektiv. Die Porträts dieser Arten sind ebenfalls wieder alphabetisch nach den wissenschaftlichen Familienarten sortiert. Wer sich näher mit Ackerwildkräutern beschäftigen möchte, findet diese in den vielen Florenwerken Mitteleuropas thematisiert.

Engen, Januar 2022
Margot und Roland Spohn

Öl-Kürbis

Ackerland im Wandel

Unsere Kulturlandschaft ist von einem typischen Nebeneinander aus Feldern, Wiesen und Wäldern geprägt. Sie unterliegt jedoch schon seit jeher einem ständigen Wandel.

Rund die Hälfte der Gesamtfläche Deutschlands wurde 2020 landwirtschaftlich genutzt. Auf etwa 70 % dieser Fläche fand Ackerbau statt, 28,5 % waren Dauergrünland und nur auf dem kleinen Rest wuchsen Dauerkulturen wie Obst und Wein.

Seit einigen Jahren ändert sich die Nutzung vieler Ackerflächen, vor allem, weil sich die bisherige Bewirtschaftung nicht mehr lohnt. Dies geht mit einer Umstrukturierung innerhalb der Landwirtschaft einher: Anstelle von Lebens- und Futtermitteln bauen Landwirte vermehrt nachwachsende Rohstoffe an, hauptsächlich um die Abnahme fossiler Ressourcen auszugleichen. Zur Energieversorgung tragen Landwirte nicht nur mit der Produktion von Biomasse bei. Darüber hinaus stellen sie auch Flächen für Windräder und Solaranlagen zur Verfügung.

Viel Ackerland geht verloren, weil die Besiedlung der Landschaft zunimmt: Wohn- und Gewerbegebiete sowie Industrieanlagen drängen immer mehr auf bisher von Landwirten genutzte Flächen um Städte und Dörfer. Verkehrswege durchschneiden nicht nur Wälder, sondern auch fruchtbare Felder. Im Zeitraum von 2015 bis 2018 lag in Deutschland der Flächenverbrauch für Siedlungen und Verkehrsflächen bei rund 56 Hektar pro Tag.

Heute bewirtschaften immer weniger Betriebe immer größere Flächen. Doch es hängt nicht von der Betriebsgröße ab, ob eine Bewirtschaftung einseitig, ausbeutend oder umweltverträglich stattfindet. Vielmehr spielen Erfahrung, Können und Engagement der Verantwortlichen eine große Rolle. So lässt sich allgemein feststellen, dass die Landwirtschaft zunehmend bestrebt ist, durch Anbau vielfältiger Pflanzen und Kulturen neue Produktnischen zu erschließen. Auch die Zahl der Bio-Landwirte nimmt zu. Im Jahr 2019 wurden fast 10 % der Fläche nach den Vorschriften des ökologischen Landbaus bewirtschaftet.

In den letzten Jahren haben bisher nicht oder kaum bekannte Pflanzen das Sortiment der kultivierten Ackerpflanzen erweitert. Ihr Anbau trägt zur Vielfalt der Äcker bei und fördert die Biodiversität der Kulturlandschaft gegenüber ausgedehnten Monokulturen mit immer denselben Arten. Heute erinnert manches bestellte Feld eher an eine Wiese oder an eine Blumenmischung – ein aus ökologischer Sicht zu begrüßender Wandel, der jedoch Wiesen und andere naturnahe Lebensräume sowie deren natürliche Artengemeinschaften nicht ersetzen kann.

Spaziergänger und Wanderer sollten beachten, dass es sich bei Äckern und Feldern um landwirtschaftlich genutztes Land handelt. Sie dürfen also prinzipiell nicht betreten werden und was darauf wächst gehört dem Landwirt.

Hinweise zur Benutzung des Buches

Verwendete Symbole

- Lebensmittel
- Getreide/Körnerfrüchte
- Hackfrüchte
- Sonderkultur
- Feldgemüse
- Futterpflanze
- Industriepflanze
- Energiepflanze
- Gründüngung/Gründecke
- Blühmischung
- Insekten-/Bienenpflanze
- Wildacker
- Ackerwildkraut

Benennung der Arten

Wie in der Botanik üblich, haben wir die gebräuchlichen deutschen Artnamen mit Bindestrich geschrieben, z. B. Küchen-Zwiebel, Schlaf-Mohn, Saat-Weizen.

Handelt es sich bei den deutschen Bezeichnungen jedoch nicht um Artnamen, sondern z. B. um in der Landwirtschaft oder im Lebensmittelbereich verwendete Namen, die sich auf Kulturformen oder Verwendung beziehen oder die Sorten nach Eigenschaften zusammenfassen, so haben wir diese zusammengeschrieben, z. B. Graumohn, Ölmohn, Wintergerste, Winterweizen.

Monatstabellen in den Porträts

Die Angaben der Monate beziehen sich auf Kulturen im deutschsprachigen Raum.

	übliche Saat- oder Keimzeiten
	Pflanze lebend und oberirdische Teile sichtbar (nicht nur Erntereste)
	Blütezeit
	Fruchtzeit

Getreide/Körnerfrüchte

Bei diesen Pflanzen werden die Samen verwendet. Unabhängig von der Biologie – etwa, ob den Samen noch weitere Fruchtteile anhaften – werden diese landläufig als „Körner" bezeichnet. Für den Landwirt sind es Druschfrüchte, da für die Ernte der Körner die Pflanzen gedroschen werden.

Getreide/Zerealien

Wer an Äcker und Felder denkt, denkt meist auch an wogende Getreidefelder. Tatsächlich wuchs 2020 auf rund 37 % der landwirtschaftlich genutzten Fläche in Deutschland Getreide. Knapp die Hälfte davon war Weizen, ein Viertel Gerste und etwa 10 % Roggen. Körnermais nahm knapp 7 % der Getreidefläche ein, alle anderen Getreide, einschließlich Saat-Hafer, waren mengenmäßig nur gering vertreten.

Bei Getreide handelt sich in der Regel um einjährige Pflanzen aus der Familie der Süßgräser (Poaceae, S. 248). Auch die geernteten Körnerfrüchte selbst werden als Getreide bezeichnet.

Gerstenfeld im Wind

Schon die Jäger und Sammler der Steinzeit ernteten Körner verschiedener Gräser. Als sich die Lebensweise der Menschen allmählich änderte und sie sesshaft wurden, bauten sie immer mehr Gräser an. Damit einher ging eine schrittweise Domestikation der Wildarten zu Kulturarten. Als Wiege der modernen Landwirtschaft gilt dabei ein Gebiet, das als „fruchtbarer Halbmond" bezeichnet wird. Es erstreckt sich von Zentralasien über Jordanien, Syrien, die Südosttürkei, den Nordirak bis in den Südwesten des Irans. Archäologische Funde belegen, dass bereits vor über 10 000 Jahren Menschen in Mesopotamien kultivierte Formen von Getreide anbauten. In Mitteleuropa lassen sich die ersten Kulturformen rund 7000 Jahre zurückdatieren, als Menschen auch hier sesshaft wurden.

Heute lassen sich bei vielen Getreidearten Winter- und Sommerformen bzw. -sorten unterscheiden:

	Wintergetreide (winterannuell)	Sommergetreide (sommerannuell)
Aussaat	Herbst (ab September)	Frühjahr (ab März)
Winterfestigkeit	gut, ab drei entwickelten Blättern	schlecht
Auslösen der Blüte	Vernalisation von mehreren Tagen erforderlich	keine oder sehr geringe Vernalisation erforderlich
Ertrag	höher	niedriger
Konkurrenzkraft gegen Ackerwildkräuter	höher	niedriger
Höhenlage der Anbaugrenze	niedriger	höher
Vegetationsdauer	länger	kürzer
Ernte	früher Sommer	später Sommer

Wintergetreide benötigt eine Vernalisation. Dies bedeutet, dass niedrige Temperaturen über einen bestimmten Zeitraum auf die vegetativ wachsende Pflanze einwirken müssen, bevor die Blütenbildung ausgelöst wird:

	Tage	Temperatur (°C)
Wintergerste	20–40	0–3
Winterroggen	30–50	0–5
Winterweizen	40–70	0–1
Triticale	40–50	0–3

Im Frühjahr ausgesätes Wintergetreide kommt nicht zur Blüte, im Herbst ausgesätes Sommergetreide überlebt die meisten Winter nicht.

Wintergetreide konnte sich gegenüber Sommergetreide immer mehr durchsetzen, da es ertragreicher ist. Vogelschützer haben diese Entwicklung mit Skepsis beobachtet: Wintergetreide wächst im Frühjahr sehr schnell und dicht in die Höhe. Vögel, die zwischen ihm brüten, haben deshalb keine gute Sicht, um Feinde zu erkennen. Oft geben sie hier angelegte Nester auf. Sommergetreide dagegen spielt eine wichtige Rolle für bodenbrütende Feldvögel. Es wächst langsamer, meist weniger dicht als Wintergetreide und erreicht erst im Sommer seine ganze Höhe. Die Vögel können in ihm ihr Brutgeschäft abschließen, bevor das Getreide zu hoch für sie steht.

Getreide als Lebensmittel

Dies ist die klassische Verwendung der Getreidekörner oder der Erzeugnisse aus diesen. Doch nur etwa ein Fünftel des in Deutschland produzierten Getreides dient direkt der menschlichen Ernährung. Am wichtigsten sind die verschiedenen Getreidemahlprodukte, also Mehle in verschiedenen Ausmahlgraden, Grieß, Schrot und Ähnliches, die hauptsächlich für Backwaren und Teigwaren verwendet werden. Getreide liefert über die enthaltene Stärke in erster Linie Kohlenhydrate. Doch trägt es auch zur Eiweißversorgung bei.

Getreide als Futtermittel

Getreide ernährt jedoch nicht nur Menschen. Es stellt weltweit auch das wichtigste Futtermittel dar. Allerdings werden hierbei nicht nur die Körner verfüttert, sondern es steht die ganze Getreidepflanze im Vordergrund. Aus dieser wird hauptsächlich eine Ganzpflanzensilage hergestellt, die besonders an Wiederkäuer verfüttert wird.

In Deutschland dient derzeit fast 60 % des produzierten Getreides als Futter für Schlachtvieh. So wird z. B. Silomais ausschließlich verfüttert, Körnermais zu 70 %, Roggen zu über 30 %.

Getreide als industrieller Rohstoff

Rund ein Fünftel des in Deutschland produzierten Getreides dient momentan als nachwachsender Rohstoff. So eignet sich Getreide zur Herstellung von Biokraftstoffen. Hier spielt stofflich besonders die Stärke der Getreidekörner eine Rolle. Ein Teil wird auch energetisch als Festbrennstoff genutzt.

Zweizeilige Gerste, links Sommergerste, rechts Wintergerste

Weitere Körnerfrüchte

Pseudogetreide/Pseudozerealien

Hierzu gehören Pflanzen, die sehr stärkereiche Körner bilden und ähnlich wie Getreide verarbeitet werden, aber nicht zur Familie der Süßgräser gehören. Sie sind glutenfrei und eignen sich daher auch für Personen, die an Zöliakie leiden. Diese Körner besitzen keine Klebereiweiße. Sollen Pseudogetreide für Backwaren verwendet werden, müssen sie deshalb mit Getreide gemischt werden.

In Mitteleuropa spielt der Anbau von Pseudogetreide gegenüber Getreide nur eine geringe Rolle: Wachsen Pseudogetreide auf für Getreide geeigneten Standorten, so ist ihr Hektarertrag im Vergleich geringer. Außerdem schwankt ihr Ertrag oft stärker als der von Getreide.

Das Buch enthält Porträts zu folgenden Pseudogetreiden:

- Echter Buchweizen
- Quinoa
- Amarant

Fruchtstand Amarant

Körnerleguminosen

Es handelt sich um großsamige Hülsenfrüchtler (Fabaceae, Leguminosen), die landwirtschaftlich angebaut werden, um ihre Samen zu gewinnen. Diese zeichnen sich im Vergleich zu anderen Körnerfrüchten durch einen höheren Eiweißgehalt aus, der bei 25–55 % liegen kann.

Sie sind wichtige Eiweißlieferanten bei der Tierfütterung (Futterhülsenfrüchte). In der menschlichen Ernährung bereichern sie den Speiseplan und sind eine oft preisgünstige Alternative zu tierischem Eiweiß (Speisehülsenfrüchte). Viele davon werden vor allem in den Tropen und Subtropen kultiviert. Weltweit liefern sie etwa 11 % des pflanzlichen Nahrungseiweißes. Sie spielen besonders dann eine Rolle, wenn keine tierischen, eiweißreichen Nahrungsmittel zur Verfügung stehen, diese bewusst reduziert werden oder – wie bei Veganern – ganz darauf verzichtet wird. Dabei kommen häufig nicht die Körner selbst auf den Markt, sondern diese dienen als Rohstoff für die Lebensmitteltechnologie und pharmazeutische Industrie: Sie gewinnen z. B. cholesterinfreies pflanzliches Eiweiß für Fleischersatzprodukte wie Tofu und stellen Aminosäuren, ungesättigte Fettsäuren, Alkaloide und andere Stoffe aus den Samen her.

Die Nachfrage nach entsprechenden Produkten ist in den letzten Jahren stark gestiegen. Gleichzeitig stehen dem Landwirt vermehrt Sorten zur Verfügung, die auch in Mitteleuropa wachsen. Auch der Klimawandel begünstigt den Anbau einiger Körnerleguminosen bei uns.

Auf weitere Eigenschaften der Hülsenfrüchtler wird im Kapitel Hülsenfrüchtler (S. 176) eingegangen.

Im Buch porträtierte Körnerleguminosen:

- Soja
- Ackerbohne
- Linse
- Kichererbse
- Lupinen
- Erbse
- Saat-Wicke

Ölreiche Körnerfrüchte

Bei Pflanzen verschiedener Pflanzenfamilien speichern die Samen oder Früchte viel Fett bzw. Öl (Triglyceride) als Reservestoffe. Oft ist dieser Fettreichtum gleichzeitig gekoppelt mit einem hohen Eiweißgehalt. So zählt die sowohl öl- als auch eiweißreiche Soja in den Handelsstatistiken zu den Ölfrüchten und führt die Statistik der weltweiten Erzeugung von ölreichen Körnerfrüchten an. Auf der zweiten Position folgt Raps. Wichtigster Öllieferant weltweit ist heute jedoch die Ölpalme (Palmöl), bei der das Öl aus den Früchten gewonnen wird und bei der es sich nicht um eine Körnerfrucht handelt.

Die wichtigsten Fettsäuren in den ölreichen Körnerfrüchten sind die einfach ungesättigte Ölsäure sowie die mehrfach ungesättigten Fettsäuren Linolsäure und Linolensäure. Viele Pflanzenöle dienen als Nahrungsmittel. Hier spielen besonders Öle mit mehrfach ungesättigten Fettsäuren eine wichtige ernährungsphysiologische Rolle. Je nach Fettsäurezusammensetzung ist das Fett von Ölfrüchten bereits bei Zimmertemperatur flüssig oder fest und verhält sich unter Lufteinwirkung unterschiedlich. Die technische Industrie verwendet trocknende Öle. Bei diesen verfestigen sich an ungesättigten Fettsäuren reiche Öle an der Luft. Sie eignen sich für Öl- und Druckfarben sowie Lacke. Nicht trocknende Öle mit gesättigten Fettsäuren dagegen dienen z. B. als Schmier- oder Kraftstoff.

Da die meisten bei uns angebauten Ölpflanzen auffällige und vielfältige Blüten oder Blütenstände bilden, bereichern sie die Kulturlandschaft für das Auge und können für verschiedene blütenbesuchende Insekten interessant sein. Vögel schätzen besonders die nahrhaften Samen.

Im Buch porträtierte ölreiche Körnerfrüchte:

- Soja
- Raps
- Rübsen
- Sonnenblume
- Saat-Lein
- Leindotter
- Saflor
- Schlaf-Mohn
- Hanf
- Mexikanische Chia

Erbse, geöffnete Hülse

Schlaf-Mohn

Hackfrüchte

Es handelt sich hierbei um anfangs relativ langsam wachsende Kulturpflanzen, deren Äcker traditionell während der Wachstumsphase, also auch im Frühsommer, mehrmals gehackt werden müssen, damit sie besser gedeihen. Das Hacken unterdrückt Ackerwildkräuter und lockert die oberen Bodenschichten auf, sodass diese besser durchlüftet sind und durch weniger Verkrustungen das Wasser besser aufnehmen können. Der Anbau von Hackfrüchten breitete sich vor allem ab dem 18. und 19. Jh. in Europa aus, in erster Linie mit der Kartoffel. Er rückte in der Dreifelderwirtschaft an die Stelle der Brache. Damit der Acker entsprechend bearbeitet werden kann, ist ein relativ großer Abstand zwischen den Pflanzen bzw. zwischen den Pflanzenreihen erforderlich.

Zu den Hackfrüchten zählen Knollenlieferanten wie Kartoffeln, Rübenlieferanten wie Futter- und Zucker-Rübe und Feldgemüse wie Gemüse-Kohl, Karotten und Salat.

Je nach Abstand der Reihen können auch viele andere Feldkulturen im Hackfruchtanbau betrieben werden, z. B. Mais, Sonnenblumen, Hanf, Ackerbohnen, Lupinen.

Im **ökologischen Landbau** müssen die Äcker je nach Kultur auch heute noch entsprechend bearbeitet werden. Für die Biobetriebe gelten deshalb grundsätzlich alle Kulturen mit weitem Reihenabstand als Hackfrüchte. Dem Landwirt stehen hierfür heute Hackmaschinen zur Verfügung. Alternativen, die Ackerwildkräuter in den entsprechenden Kulturen zu unterdrücken, sind z. B. Untersaaten oder Mulchen des Bodens.

Da der **konventionelle Anbau** heute meist Herbizide einsetzt, um die Wildkräuter zu unterdrücken, kann er selbst bei früher im Hackfruchtanbau betriebenen Kulturen heute auf ein Hacken der Äcker weitgehend verzichten. Unabhängig davon hat sich jedoch auch hier die Bezeichnung „Hackfrüchte“ für entsprechende Kulturen weitgehend erhalten.

Mangold im Hackfruchtanbau

Sonderkulturen

Mit Sonderkulturen kann ein Landwirt auf einer relativ geringen Fläche eine hohe Wertschöpfung erzielen. Der Begriff „Sonderkultur" wird jedoch in der Landwirtschaft nicht einheitlich verwendet. Im vorliegenden Buch werden kosten- und arbeitsintensive Kulturen mit einer großen Marktabhängigkeit und meist kleinparzelligen Anbauflächen sowie meist hohen oder besonderen Ansprüchen an Klima und Boden als Sonderkulturen bezeichnet. Hierunter fallen z. B. Gemüse, Hopfen und Virginischer Tabak, aber auch die in diesem Buch nicht näher behandelten Gewürze, Arzneipflanzen, Blumen, der Obst- und Weinbau oder Weihnachtsbaumkulturen auf landwirtschaftlichen Flächen.

Andere Autoren bezeichnen nach dem Ausschlussprinzip alle Kulturen als Sonderkulturen, die weder Hackfrüchte, noch Getreide oder Futterpflanzen sind. Dann würden jedoch z. B. auch zahlreiche Energiepflanzen dazugehören, die ohne großen Aufwand kultiviert werden.

Hopfenanbau

Heilpflanzenanbau: Roter Sonnenhut (*Echinacea purpurea*)

Gemüseanbau

2020 wurde auf knapp 0,8 % der landwirtschaftlich genutzten Fläche in Deutschland Gemüse angebaut. Damit konnte der Gemüsebedarf der Deutschen zu etwa einem Fünftel gedeckt werden.

Beim Gemüseanbau im Freiland lässt sich Feldgemüsebau von gärtnerischem Freilandanbau abgrenzen.

Feldgemüsebau: Die Anbauflächen werden meist nur einmal im Jahr für Gemüse genutzt. Es findet meist eine Fruchtfolge mit einem regelmäßigen Wechsel zu anderen landwirtschaftlichen Kulturen statt, etwa zu Getreide oder einer abfrierenden Gründüngung. Auch reine Gemüsefruchtfolgen sind möglich. Dabei ist zu beachten, dass der Boden durch Gemüsekulturen stark beansprucht wird und bei reinen Gemüsefruchtfolgen entsprechend gedüngt werden muss, z. B. mit Stallmist, um ihn in einem guten Garezustand zu halten.

Das Gemüse wird direkt ausgesät oder als vorkultivierte Jungpflanze gepflanzt. Der Anbau ist oft stark mechanisiert und erfordert nur teilweise Handarbeit, etwa beim Pflanzen oder der Ernte. Deshalb handelt es sich bei den Arbeitskräften im Gemüsebau häufig um Saisonarbeiter. Der Anbau des Gemüses erfolgt meist in Reihen, die

Bewässerung von Feldsalat

oft in langen Beeten angeordnet sind. Die Breite solcher Beete richtet sich nach den Arbeitsbreiten der Maschinen oder z. B. der Spurbreite des Traktors.

Zu den typischen Feldgemüsen zählen: Karotten, Küchen-Zwiebel, Gemüse-Kohl, Rote Bete, Knollen-Sellerie, Spinat, Einlegegurken sowie die mehrjährigen Arten Gemüse-Spargel und Gemüse-Rhabarber.

Flächenmäßig die wichtigste Kultur in Deutschland ist der Gemüse-Spargel, der mehr als ein Fünftel der Gemüseanbaufläche einnimmt.

Gärtnerischer Freilandanbau: Die Flächen werden teilweise mehrmals im Jahr (meist zwei- bis viermal) mit unterschiedlichen Kulturfolgen angebaut. Der Aufwand ist in der Regel höher als beim Feldgemüsebau und erfordert viel Handarbeit. Die Pflanzen werden an anderer Stelle, auch z. B. im Gewächshaus oder Folienhaus, vorkultiviert. Beispiele: Kohlrabi, Kopf-Salat, Chinakohl, Radieschen. Hierzu werden im Buch nur wenige Beispiele vorgestellt, in der Regel solche Arten, die auch im Feldgemüsebau kultiviert werden.

Spargelernte

Futterbau

Im Jahr 2020 haben Landwirte in Deutschland auf über der Hälfte der landwirtschaftlich genutzten Fläche Futter für Nutztiere erzeugt.

Knapp die Hälfte dieser Futteranbaufläche war Grünland. Dabei kann es sich um Wiesen oder Weiden als Dauergrünland handeln. Diese werden in diesem Buch nicht thematisiert. Alternativ kann der Landwirt im **Feldfutterbau** entsprechende Futterpflanzen ansäen (Ansaatwiesen, -weiden). Die Flächen, auf denen diese angebaut werden, werden auch als Wechselwiesen oder Wechselweiden bezeichnet, da sie den saisonalen Feldanbau anderer Feldfrüchte nicht dauerhaft, sondern nur für einen kürzeren oder längeren Zeitraum ablösen. Im Vergleich zu Wiesen und Weiden mit wildwachsenden Pflanzen kann der Feldfutterbau durch ausgewählte Arten oder Artenkombinationen mehr Ertrag und gezielte Qualitäten liefern.

Der andere Teil der Futteranbaufläche entfällt auf den **Ackerfutterbau**. Dabei werden Futterpflanzen als Hauptfrucht auf den Äckern angebaut, etwa Weizen, Gerste, Hafer oder Mais. Bei Ackerfutterbau wird häufig nicht nur eine einzige Art angebaut, sondern ein Gemenge.

Im ökologischen Landbau spielen besonders Kleegras und Luzernegras – Gemenge mit Weidelgras- und Kleearten und/oder Luzerne – eine wichtige Rolle in der Fruchtfolge. Sie liefern nicht nur Futter, sondern versorgen den Boden mit Stickstoff und können den Bestand an einjährigen Samenunkräutern und ausdauernden Wurzelunkräutern, wie Acker-Kratzdistel oder Gewöhnliche Quecke, zurückdrängen.

Gutes Futter soll u. a. einen hohen Gehalt an verwertbarem Eiweiß, eine ausreichende Menge an Kohlenhydraten und eine ausgewogene Menge an Fasern enthalten. Dazu soll es auch schmackhaft und gut verdaulich sein.

Wickroggen (Gemenge aus Winterroggen und Zottiger Wicke) im Ackerfutterbau

Nutzung

Grünfutter

Die ganzen Pflanzen bzw. die ganzen oberirdischen Teile der Pflanze werden frisch verfüttert. Wenn es sich um Getreide oder Leguminosen handelt, so werden diese vor der Reife der Körner geerntet.

Heu

Die Pflanzen werden gemäht und das Mähgut stark getrocknet.

Silage

Die Pflanzen werden durch Silierung haltbar gemacht. Milchsäurebakterien vergären das zerkleinerte Pflanzenmaterial unter Luftabschluss. Dabei wandeln sie Zucker und Stärke in Säuren, vor allem die aromatisch riechende Milchsäure, um.

Beweidung

Je nach angebautem Feldfutter sowie Klima- und Bodenverhältnissen kann die Feldfutterkultur auch beweidet werden. Dies ist die direkteste Art, „das Grün in das Vieh" zu bringen, zerstört aber bei vielen Pflanzenarten für deren Wachstum wichtige Strukturen. So können z. B. der Boden verdichtet oder überdüngt, aber auch Pflanzenorgane wie Wurzelstöcke verletzt werden. Eignet sich ein Anbau für die mehrmalige Nutzung, bietet sich häufig am Ende der Nutzung eine Beweidung an.

Anbauformen

Der Anbau kann als Zwischenfrucht, Zweitfrucht oder Hauptfrucht erfolgen. Beim Feldfutterbau als Hauptfrucht lässt sich unterscheiden:

Sommerjähriger Hauptfrucht-Futterbau

Aussaat und Umbruch erfolgen im selben Jahr. Diese Anbauform eignet sich damit auch für nicht winterharte Futterpflanzen. Beispiele: Silomais, Alexandriner-Klee.

Überjähriger Futterbau

Die Kultur erfolgt mit einem Ansaatjahr, das keinen oder kaum Ertrag liefert und einem Hauptnutzungsjahr. Beispiele: Inkarnat-Klee, Welsches Weidelgras.

Mehrjähriger Futterbau

Einem Aussaatjahr folgen zwei oder mehr Hauptnutzungsjahre. Diese Kultur setzt voraus, dass die Pflanzen winterhart sind und mehrmals genutzt werden können. Beispiele: Luzerne, Kleegras, Ansaatwiesen oder -weiden aus Gräsern und/oder Leguminosen.

Luzernegras im Ackerfutterbau, Ende April

Luzernegras im Ackerfutterbau, Mitte Juni, mit dominierendem Glatthafer

Einige heimische Grasarten in Ansaatwiesen

Ansaatwiese mit dominantem Wiesen-Knäuelgras

Wiesen-Knäuelgras
(*Dactylis glomerata*)

Gewöhnlicher Glatthafer
(*Arrhenaterum elatius*)

Wiesen-Lieschgras
(*Phleum pratense*)

Wiesen-Schwingel
(*Festuca pratensis*)

Tabelle: Wichtige Futterpflanzen im Futterbau

Familie / Gruppe	Deutscher Name	Wissenschaftlicher Name
Asteraceae	Sonnenblume	*Helianthus annuus*
	Topinambur	*Helianthus tuberosus*
Brassicaceae	Markstamm-Kohl	*Brassica oleracea* var. *medullosa*
Amaranthaceae	Futter-Rübe	*Beta vulgaris* ssp. *vulgaris*, Crassa-Gruppe
Fabaceae / Großkörnige Leguminosen	Soja	*Glycine max*
	Lupinen	*Lupinus* spp.
	Acker-Erbse	*Pisum sativum* convar. *speciosum*
	Ackerbohne	*Vicia faba*
	Saat-Wicke	*Vicia sativa*
	Zottige Wicke	*Vicia villosa*
Fabaceae / Kleinkörnige Leguminosen	Gewöhnlicher Hornklee	*Lotus corniculatus*
	Luzerne	*Medicaco sativa* agg.
	Futter-Esparsette	*Onobrychis viciifolia*
	Echte Serradella	*Ornithopus sativus*
	Alexandriner-Klee	*Trifolium alexandrinum*
	Schweden-Klee	*Trifolium hybridum*
	Inkarnat-Klee	*Trifolium incarnatum*
	Persischer-Klee	*Trifolium persicum*
	Rot-Klee	*Trifolium pratense*
	Weiss-Klee	*Trifolium repens*
Poaceae	Gewöhnlicher Glatthafer*	*Arrhenaterum elatius*
	Wiesen-Knäuelgras*	*Dactylis glomerata*
	Wiesen-Schwingel*	*Festuca pratensis*
	Welsches Weidelgras	*Lolium multiflorum*
	Einjähriges Weidelgras	*Lolium multiflorum* var. *westerwoldicum*
	Deutsches Weidelgras	*Lolium perenne*
	Rispenhirse	*Panicum miliaceum* ssp. *miliaceum*
	Wiesen-Lieschgras*	*Phleum pratense*
	Sorghumhirse	*Sorghum* spp.
	Mais	*Zea mays* ssp. *mays*
Solanaceae	Kartoffel	*Solanum tuberosum*

*Fotos auf S. 27, kein separates Artporträt im Buch

Nachwachsende Rohstoffe

Ein Teil der feldmäßig angebauten Pflanzen dient weder der menschlichen Ernährung noch als Futtermittel. Vielmehr liefern sie organische Rohstoffe, die entweder vielfältig stofflich für verschiedene Produkte (-> Industriepflanzen) oder zur Energiegewinnung (-> Energiepflanzen) eingesetzt werden.

Schon früher wuchsen auf den Feldern auch Pflanzen für Rohstoffe wie Fasern, Lampenöl und andere Produkte. Heute ist die Nachfrage nach nachwachsenden Rohstoffen stark gestiegen und der Anbau von Pflanzen, die hierfür verwendet werden, hat in den letzten Jahren enorm zugenommen. So wuchsen Rohstoffpflanzen in Deutschland 2020 auf knapp 16 % der landwirtschaftlich genutzten Fläche. Einerseits bieten diese Pflanzen dem Landwirt eine neue Einnahmequelle und schonen fossile Ressourcen, andererseits erfolgt der vermehrte Anbau z. T. auf Kosten von bisher nicht als Ackerland genutzten Flächen, wie etwa Wiesen, Feuchtwiesen, Trockenrasen oder Hängen, und kann so zu einem Rückgang naturnaher Lebensräume führen. Wenn bisher für Nahrungszwecke bewirtschaftetes Ackerland verstärkt für nachwachsende Rohstoffe verwendet wird, kann dies auch – neben Missernten, Krisen und anderen Faktoren – zu einer Verknappung von Lebensmitteln und Teuerung der Produkte führen.

Der Bereich der nachwachsenden Rohstoffe ist ein zukunftsträchtiger Forschungszweig, in dem intensive Versuche laufen. Zum einen werden neue alternative Pflanzen erprobt, ob sie sich für Kulturen eignen und entsprechende Erträge liefern. Zum anderen prüfen und entwickeln Wissenschaftler und Tüftler neue Verwendungszwecke für bereits kultivierte Arten oder daraus gewonnene Bestandteile. Im Zuge der Klimaerwärmung kommen auch vermehrt wärmeliebende Arten für einen Anbau in Mitteleuropa infrage.

Faser- und Öllieferanten: Saat-Lein und Hanf

Industriepflanzen

Hierzu zählen Nutzpflanzen, die aufgrund ihrer chemischen Zusammensetzung oder besonderen Eigenschaften als nachwachsende Rohstoffe verwendet werden. Eine Nutzung als Industriepflanze ist nur dann vorhanden, wenn die gewonnenen Rohstoffe nicht für Energiezwecke (-> Energiepflanzen) oder als Nahrungsmittel eingesetzt werden.

In den wenigsten Fällen werden die ganzen Pflanzen genutzt. Meistens verwendet der entsprechende Industriezweig bestimmte Pflanzenstrukturen oder Inhaltsstoffe.

Auch Arzneipflanzen gehören zu den Industriepflanzen, da sie Pflanzenteile oder Pflanzeninhaltsstoffe zur Herstellung von Arzneimitteln liefern.

Möglichkeiten für den Einsatz verschiedener pflanzlicher Rohstoffe:

Inhaltsstoffe	**Beispiele der Verwendung als Industriepflanze**
Öle, Fette	Schmierstoffe, Schmieröle, Hydrauliköl, Schalungsöl, Bodenbeläge, Bindemittel und Zusätze für Farben und Lacke, Seifen, Kosmetika, Reinigungsmittel, Polyole für die Kunststoffe Polyurethan und Polyester, Ölkautschuk (Faktis)
Stärke, Zucker, Kohlenhydrate	Papierstärke, kompostierbare Verpackungen, Einweggeschirr, Pflanztöpfe etc., Kleister, Leim, Waschpulver, Reinigungsmittel, Cremes, Puder, Biokunststoffe, Papier (erhöhte Reißfestigkeit), Bindemittel in Gipskarton, Abbindeverzögerer und Einschalungsmittel für Beton, industrielle Biotechnologie (bei der Herstellung von Chemikalien, mithilfe von fermentativen Prozessen, Enzymen, Zellen und Mikroorganismen)
Pflanzenfasern	Textilien, Schnüre, Seile, Dämmmaterial, Vliesstoffe, verstärkte Kunststoffe, Pressteile in der Autoindustrie, Banknoten, Filtermaterial, Papiere, Pappe
Proteine / Eiweiße	Papiere und Verpackungen (erhöht mechanische Belastbarkeit und Bedruckbarkeit), Leim, Bindemittel für Sperrholz, abbaubare Werkstoffe, Arzneimittelkapseln
weitere Grundstoffe mit besonderen Eigenschaften	Farbstoffe, Arzneimittel

Rizinus (*Ricinus communis*) gehört zu den nachwachsenden Rohstoffen, die bisher in warmen Regionen genutzt werden, deren Anbau sich aber zukünftig auch in Mitteleuropa etablieren könnte. Die Samen des Wolfsmilchgewächses enthalten rund 50 % fettes Öl. Dieses besteht zu rund 80 % aus der dünnflüssigen Ricinolsäure. Das Öl lässt sich als Rohstoff für die Biokunststoffproduktion oder als hochwertiger Schmierstoff für Verbrennungsmotoren einsetzen.

Energiepflanzen

Es handelt sich hierbei um Pflanzen, die als nachwachsende Rohstoffe für die Energiegewinnung genutzt werden. Sie liefern feste, flüssige oder gasförmige Produkte, die als biogene Brennstoffe eingesetzt werden.

Auf Ackerflächen wachsen als Energiepflanzen nicht nur einjährige Arten, sondern immer häufiger auch mehrjährige. Diese haben für den Landwirt den Vorteil, dass er den Bestand nicht regelmäßig neu anlegen muss und sein Arbeitsaufwand sich so in der Regel reduziert. Gleichzeitig schützt und schont eine mehrjährige Kultur den Boden. Die Pflanzen nehmen Nährstoffe schon früh im Jahr und auch noch nach der Ernte auf und erreichen mit ihren Wurzeln meist tiefere Bodenschichten. Dies reduziert Düngermengen und verhindert Nitratauswaschung ins Grundwasser.

Prinzipiell kommen viele raschwüchsige Arten, die viel Biomasse produzieren, als Energiepflanzen infrage. Bei der Auswahl spielt jedoch nicht nur die Wuchsleistung eine Rolle, sondern es muss auch auf die Umweltverträglichkeit geachtet werden:

Der Riesen-Staudenknöterich (*Fallopia sachalinensis* ‚Insignum') ist eine Züchtung des Sachalin-Staudenknöterich (*Fallopia sachalinensis*) und wird als Energiepflanze erforscht. Die trockenen Stängel können als Brennstoff dienen, alternativ lassen sich die frischen Sprosse zu Silage für Biogasanlagen verarbeiten. Die Wildform gehört jedoch als invasiver Neophyt zu den Problempflanzen. Ob die Zuchtform weniger problematisch für die Natur ist, steht noch nicht endgültig fest.

Auch das an Gewöhnliches Schilf (*Phragmites australis*) erinnernde Pfahlrohr oder Spanische Rohr (*Arundo donax*) könnte eine mögliche Alternative zur Gewinnung von Biogas und Festbrennstoffen werden. Es wächst rasch, ist sehr ergiebig, sehr widerstandsfähig und kann auch auf belasteten Böden angebaut werden. In den USA hat sich die asiatische Art jedoch bereits zu einem invasiven Neophyten entwickelt.

Biogas

Immer mehr Biogasanlagen zeugen davon, dass die Gewinnung von Brenngasen aus feuchter Biomasse – neben Gülle und biogenen Abfällen vor allem Energiepflanzen – zunehmend an Bedeutung gewinnt.

Grünes Pflanzenmaterial wird in einem ersten Schritt konserviert. Dazu wird es wie für Silofutter unter Luftabschluss einer Fermentation unterzogen, bei der hauptsächlich Milchsäure entsteht. Das Material für die Silage sollte je nach eingesetzten Pflanzen einen Trockensubstanzgehalt von 30–40 % haben. Oft lässt man die Pflanzen anwelken, um diesen Wert zu erhalten.

Die Silage oder anderes, vorher nicht speziell konserviertes Pflanzenmaterial wie Zucker-Rüben dienen als Substrat für die Biogasanlage. Unterschiedliche Bakterien zerlegen dort unter Luftabschluss die Biomasse über verschiedene Zwischenstufen. Im letzten Schritt, der Methanogenese, bilden methanbildende Archaeen aus Essigsäure und Wasserstoff Methan, Kohlenstoffdioxid und Wasser. Das gasförmige, brennbare Gemisch aus Kohlenstoffdioxid und Methan sammelt sich im Gasspeicher der Anlage. Neben den Hauptbestandteilen enthält Rohbiogas meist auch Stickstoff, Sauerstoff, Schwefelwasserstoff, Wasserstoff und Ammoniak. Es wird vorgereinigt, um den Schwefelwasserstoff und Ammoniak zu entfernen. Gereinigtes Biogas kann direkt in Blockheizkraftwerken zur Wärme- oder Stromgewinnung eingesetzt werden. Es kann aber auch zu Biomethan aufgearbeitet und als biogenes Brenngas in das Erdgasnetz eingespeist werden oder Fahrzeuge antreiben. Der Gärrest, der zurückbleibt, wenn das Biogas aus dem Substrat entwichen ist, wird zu Kompost aufgearbeitet oder als Dünger in der Landwirtschaft verwendet.

Im Jahr 2020 bauten Landwirte in Deutschland auf knapp 13 % der Ackerfläche Energiepflanzen für Biogas an. Ob sich eine Pflanzenart oder -sorte als Substrat für Biogas eignet, hängt von verschiedenen Faktoren ab. Hierzu gehören Biomasseertrag und Methanausbeute. Wichtig ist auch der optimale Ablauf des Fermentationsprozesses in der Anlage. Die Bakterien und methanbildenden Archaeen benötigen bestimmte Gehalte an essenziellen Spurenelementen, wie z. B. Eisen, Mangan, Kobalt, Nickel, Zink, Molybdän, Wolfram, Selen.

Die wichtigste Energiepflanze für die Biogasproduktion ist aktuell der Mais. Wird Mais allerdings als einziges Substrat verwendet, kann es den Organismen nicht alle erforderlichen Spurenelemente in ausreichender Menge zur Verfügung stellen. Deshalb werden in der Regel andere Energiepflanzen zugemischt. Alternativ kann der Landwirt auch Präparate mit Spurenelementen verwenden. Wenn er diese allerdings bereits auf das Feld ausbringt, können sie den Boden kontaminieren.

Das Spektrum der Pflanzenarten, die für Biogas angebaut werden, erweitert sich seit einiger Zeit stetig. Für den Landwirt bedeutet eine größere Auswahl, dass sich negative Auswirkungen von engen Fruchtfolgen besser vermeiden lassen und er die für die jeweiligen Bedingungen besonders geeignete Art auswählen kann. Neben Arten, die als Hauptfrucht kultiviert werden, stehen ihm solche für eine Zweitnutzung zur Verfügung. Auch Zwischenfruchtmischungen eignen sich zum Teil für die Methangewinnung. Zwar liefern die meisten Alternativen zu Mais eine geringere Gasausbeute pro Hektar, doch fördert die Vielfalt und Abwechslung der Arten die Biodiversität der Agrarlandschaft und kann die ökologischen Aspekte verbessern. Besonders deutlich wird dies, wenn Mischungen mehrjähriger Blühpflanzen angebaut werden. Sie bieten Nahrung für Insekten, Lebensraum für Niederwild und tragen zum Gewässerschutz bei. Alle mehrjährigen Kulturen bringen ökologische Vorteile gegenüber Mais: Sie schützen den Boden und mindern Erosion, der Boden nimmt bei starken Niederschlägen in kürzerer Zeit mehr Wasser auf.

Einige Pflanzen für die Biogasproduktion aus Feldkulturen:

- Mais
- Echter Buchweizen
- Quinoa
- Getreide zur Ganzpflanzennutzung: besonders Wintergetreide , bei diesem hauptsächlich Triticale, aber auch Winterroggen, Wintergerste, Winterhafer
- Zuckerhirse, Sudangras
- Gras, Kleegras
- Sonnenblume
- Zucker-Rübe
- Durchwachsene Silphie
- Topinambur
- Riesenweizengras
- Blühmischungen

Biogasanlage

Zucker-Rüben und Silage als Substrat für die Biogasanlage

Biodiesel, Pflanzenölkraftstoff

Aus ausgepressten Pflanzenölen lassen sich diese biogenen Flüssigbrennstoffe gewinnen. Dabei kann das Öl ohne weitere Aufarbeitung direkt in speziellen oder umgerüsteten Dieselmotoren als Pflanzenölkraftstoff oder in bestimmten Heizanlagen eingesetzt werden.

Der Biodiesel entsteht aus dem Pflanzenöl nach einem chemischen Prozess, der Umesterung. Er kann wie Dieselkraftstoff aus Erdöl eingesetzt werden.

Die wichtigste Art für Biodiesel ist bei uns der Raps, doch auch Soja und Sonnenblumen können verwendet werden. Ein Teil des Biodiesels stammt auch aus alten Speisefetten. In Asien wird Biodiesel meist aus Palmöl, in Amerika aus Sojaöl gewonnen.

Bioethanol

Dieser biogene Flüssigbrennstoff entsteht, wenn zucker- und stärkehaltige Pflanzenteile vergoren und destilliert werden. Wichtige Pflanzenteile hierfür sind die Rüben von Zucker-Rüben, Kartoffelknollen sowie Getreide- und Maiskörner. E10-Benzin enthält 10 % Bioethanol, Superbenzin bis zu 7 %.

Biogene Festbrennstoffe

Bei ihnen wird die Energie aus festem Pflanzenmaterial gewonnen. Am bekanntesten ist Holz. Dieses stammt heute häufig von Pappeln oder Weiden, die in Kurzumtriebsplantagen als Dauerkulturen kultiviert werden. Diese sind nicht Thema dieses Buches.

Außerdem spielen auch Stroh, getrocknete Pflanzenteile, Hackschnitzel oder Pellets aus verschiedenen Feldkulturen eine Rolle. Verwendet werden z. B. Gräser, Getreidekörner, Riesen-Chinaschilf und Sida. Das Material muss ausreichend trocken sein. Während der Erzeuger selbst in schnell wachsenden Energiewäldern aus Pappeln oder Weiden jeweils mehrere Jahre auf die nächste Ernte warten muss, fällt die Biomasse aus Feldkulturen jedes Jahr an. So lassen sich mit diesen – über die Jahre betrachtet – rentable Ernten erzielen.

Pappel-Kurzumtriebsplantage

Phytomining – Bergbau mit Pflanzen

Manche Pflanzenarten – sogenannte Hyperakkumulierer – reichern Metalle wie Cadmium oder Nickel bis zu 10 000-fach stärker an als andere Pflanzen. Solche Pflanzen helfen z. B. verseuchte Bergbau- oder Industriebereiche zu sanieren. Ihre Biomasse muss als Sondermüll entsorgt werden, kann aber auch eine Rohstoffquelle sein. Außerhalb von belasteten Gebieten liefern gezielt angebaute Pflanzen neue interessante Lösungsansätze, um z. B. das Halbmetall Germanium und Metalle der Seltenen Erden wie Neodym in einer Art „grünem Bergbau“ zu gewinnen. Diese chemischen Elemente sind weit in den Böden verbreitet, liegen aber nur in winzigen Konzentrationen dort vor. Sie werden z. B. für Computerchips, Leuchtmittel, Katalysatoren, Smartphones, Akkus und Displays benötigt und spielen für Zukunftstechnologien eine wichtige Rolle. Ziel der laufenden Forschungen ist es, die Stoffe schonender zu gewinnen, als es bisher über umweltzerstörerische und menschenausbeutende Minen möglich ist, und gleichzeitig von Importen unabhängiger zu werden.

Die moderne Methode des Phytomining nützt aus, dass Pflanzen während ihres Wachstums chemische Elemente anreichern, die im Boden vorhanden sind. In erster Linie handelt es sich dabei um solche Stoffe, die die Pflanze für ihre Entwicklung benötigt. Doch gelangen auch chemisch ähnliche Elemente in die Pflanze. So zeigt Germanium eine Verwandtschaft zu Silizium und seltene Erden und Lanthanoide können von der Pflanze mit Kalzium verwechselt werden. Dies geschieht bereits bei Pflanzen, die nicht speziell für diesen Zweck gezüchtet wurden. Unter den Pflanzen gelten bisher Rohrglanzgras, Gewöhnliches Schilf, Hirse, Mais und Hafer als Favoriten. Gräser lagern bis zu 4 mg/kg Germanium in ihre oberirdischen Teile ein. Dies klingt zwar nach wenig, doch enthält die Erdkruste nur selten über 1,5 mg/kg des Halbleiters. Die genannten Arten produzieren außerdem viel Biomasse. Ziel ist, dass die Pflanzen nicht nur lohnenden „grünen Bergbau“ betreiben, sondern gleichzeitig auch in Biogasanlagen verwendet werden können und so mehrfach nutzbar sind. Die Rückstände aus der Biogasanlage können verbrannt werden und dabei grünen Strom und Wärme liefern. Aus der Asche lassen sich dann die Metalle extrahieren. Wissenschaftler gehen davon aus, dass die in Deutschland kultivierten Energiepflanzen genauso viel Germanium fördern könnten wie der klassische Bergbau dieses Elements in China.

Gewöhnliches Schilf (*Phragmites australis*)

Rohrglanzgras (*Phalaris arundinacea*)

Gründüngung/Gründecke

Nutzpflanzen entziehen dem Boden Nährstoffe. Der Landwirt muss diesen Verlust wieder ausgleichen, wenn er seine Felder langfristig nutzen möchte. Im Rahmen der Dreifelderwirtschaft ließen früher die Bauern ihre Äcker deshalb ein Jahr lang brach liegen und trieben ihr Vieh darauf, damit dieses den Boden mit seinem Kot düngte. In der heutigen Landwirtschaft folgen die verschiedenen Kulturen viel rascher aufeinander. Damit der Boden trotzdem fruchtbar bleibt, bietet sich neben chemischen Düngern oder tierischen Hinterlassenschaften wie Gülle und Mist eine Gründüngung an. Sie spielt besonders in Betrieben ohne Vieh und im ökologischen Landbau, bei dem der Landwirt keine Kunstdünger einsetzen darf, eine wichtige Rolle.

Man versteht darunter das Einarbeiten von grünen Pflanzen oder welkem Pflanzenmaterial in den Boden. Es handelt sich um eine natürliche Methode zur aktiven Bodenpflege. Eine Gründüngung verbessert den Boden, indem sie das Bodenleben und die Humusbildung fördert und seine Struktur positiv beeinflusst. Sie schützt ihn vor der Auswaschung von Nährstoffen, besonders auch von Nitrat, vor Erosion durch Wind und Wasser sowie vor Austrocknung bei Sonneneinstrahlung und Wind. Wenn rasch wachsende Gründüngungspflanzen als Gründecke den Boden beschatten, können sie außerdem Unkräuter oder das Aufwachsen von Pflanzen der Vorfrucht unterdrücken. Mit bestimmten Pflanzen lassen sich auch gezielt bodenbürtige Schädlinge und Krankheiten bekämpfen. Eine solche Biofumigation wird bereits mit verschiedenen Kreuzblütlern durchgeführt (S. 127). Andere Pflanzen können Ackerwildkräuter durch die Abgabe von chemischen Hemmstoffen unterdrücken. Der Anbau solcher allelopathischen Arten könnte dann einen Reinigungseffekt auf die Felder haben (siehe Kapitel Zwischenfrucht, S. 45). In der Praxis spielt dies aktuell noch kaum eine Rolle. Viele Gründüngungspflanzen spielen auch eine wichtige Rolle als Bienenweide oder sind zumindest schön anzusehen (siehe Kapitel Blühstreifen und Blühflächen, S. 38.).

Im Gegensatz zu Nutzpflanzen erntet der Landwirt Felder mit Gründüngungspflanzen in der Regel nicht ab, sondern mulcht die Biomasse oder pflügt sie unter. Die „Ernte gehört“ also ausschließlich dem Boden und den Bodenlebewesen. Eine Ausnahme stellen Leguminosen dar. Da diese Stickstoff über die Wurzelknöllchen anreichern (S. 176), können sie eine doppelte Funktion erfüllen: Den Boden über die Wurzeln düngen und z. B. als Futterpflanze geerntet werden.

Gründüngungspflanzen werden meist als Untersaat oder Zwischenfrucht gesät, doch ist auch ein Anbau als Hauptfrucht möglich. Letzteres geschieht besonders dann, wenn Böden tief verdichtet sind und grundlegend saniert werden müssen.

Die Sprosse abfrierender Pflanzen, wie etwa Phazelie oder Weißer Senf, bleiben in der Regel den Winter über als bodendeckende Schicht auf den Feldern. Dies schützt den Boden und er bleibt locker. Im Frühjahr wird das verrottende Material untergearbeitet oder es erfolgt Mulchsaat. Winterharte Arten dagegen werden in der Regel vor dem Winter zerkleinert, sodass auch sie eine Mulchschicht bilden. Alternativ arbeitet der Landwirt sie noch vor der kalten Jahreszeit in den Boden ein. Diese Maßnahmen verhindern, dass überwinternde Pflanzen in der Folgekultur durchwachsen. Ein Nachteil eines „grünen Teppichs“ kann allerdings sein, dass sich Mäusepopulationen darunter gut geschützt stark vermehren.

Je nach Fruchtfolge müssen andere Pflanzen ausgewählt werden, damit diese keine Fruchtfolgekrankheiten übertragen. So passen z. B. Weißer Senf und Öl-Rettich nicht vor Kulturpflanzen aus derselben Pflanzenfamilie wie Raps und Gemüse-Kohl (Brassicaceae). Phazelie und Buchweizen dagegen übertragen keine Krankheiten auf die Folgefrucht. Wichtig ist außerdem, wie tief die Pflanzen den Boden durchwurzeln. Tiefer wurzelnde Arten wie Öl-Rettich oder Lupine lockern den Unterboden, Pflanzen mit vielen Feinwurzeln wie Gräser fördern die Krümelbildung im Oberboden.

Besonders beliebt sind Mischungen verschiedener Gründüngungspflanzen. Aus der Mischung gedeihen dann je nach Standort die Arten besonders gut, für die die Bedingungen besonders passend sind.

Einige wichtige Gründüngungspflanzen:

- Weißer Senf
- Raps
- Öl-Rettich
- Buchweizen
- Wicken
- Kleearten
- Weidelgras
- Sonnenblume
- Phazelie
- Abessinisches Ramtillkraut
- Garten-Ringelblume

Sicher abfrierend: Borretsch

Sicher abfrierend: Weißer Senf

Gründüngungs-Gemenge mit Weißem Senf und Öl-Rettich

Blühstreifen und Blühflächen

Blühflächen für Biodiversität

Seit einigen Jahren werden auf Feldflächen für ein oder mehrere Jahre gezielt Mischungen gesät, die eine Vielzahl an insektenbestäubten Blütenpflanzenarten enthalten („Honigbrachen"). Solche Blühstreifen und Blühflächen werten Agrarlandschaften ökologisch auf. Sie schaffen einen Ausgleich zu den oft monotonen Feldkulturen, in denen windbestäubte Gräser dominieren. Sie fördern zudem die Biodiversität der landwirtschaftlichen Flächen, indem sie die Lebensbedingungen für Wildinsekten wie Wildbienen und Schmetterlinge verbessern und auch anderen Kleintieren einen Lebensraum bieten. Damit die Anlage entsprechender Blühflächen auch für den Landwirt attraktiv ist, existieren Fördermaßnahmen.

Bei der Aussaat von Blühmischungen dürfen ihre Ziele nicht aus den Augen verloren werden. Entsprechend sollen die Felder nicht in erster Linie für den Menschen schön aussehen, sondern einer Vielzahl von Insekten und anderen Kleintieren nützen und auch für Spezialisten unter diesen ein Angebot sein. Um dies zu erreichen, sind verschiedene Punkte zu beachten.

Die meisten der ausgesäten Arten liefern bestäubenden Insekten Nahrung in Form von Nektar und Pollen, ein wichtiger Aspekt in der oft dominierenden Blütenarmut der Agrarlandschaft. Bedeutsam ist dies besonders auch im Sommer, wenn das Angebot an Blüten insgesamt nachlässt. Da die Blüten der Pflanzen an bestimmte Bestäuber oder Bestäubertypen angepasst sind, findet nicht jedes Insekt in jeder Blüte Nahrung. Selbst nah verwandte Pflanzen, wie etwa verschiedene Kleearten, locken unterschiedliche Bestäuber an. Ähnliches gilt für Schmetterlingsraupen, Blattkäfer, Wanzen sowie andere Arten, die sich von bestimmten Pflanzen ernähren. Für eine Vielfalt an Insekten ist deshalb auch eine Vielfalt an Pflanzenarten erforderlich. Blühflächen fördern außerdem räuberische Arten wie Spinnen, Marienkäfer und Laufkäfer sowie parasitisch lebende Insekten wie Schlupf- und Brackwespen. Diese finden im vielfältigen Pflanzenbestand sowohl Lebensraum als auch Nahrung.

Wichtig neben dem Blütenreichtum und dem Blütenangebot über eine längere Zeit ist, dass verblühte Pflanzen stehen bleiben. So nisten z. B. viele Wildbienenarten in abgestorbenen Stängeln und Käferlarven oder Schmetterlinge verpuppen sich hier oder zwischen den Blättern. Besonders wertvolle Flächen für Insekten und andere Kleintiere sind deshalb mehrjährige Blühflächen mit vielen Wildarten, die nicht abgeerntet werden.

Einjähriger Blühstreifen mit vielen fremdländischen und gefüllten Arten in Ortsnähe

Damit langfristig ein Mehrwert für die Fauna entsteht, muss die Anlage der Flächen gut geplant und konsequent umgesetzt werden. Sie dürfen nicht nur als kurzlebige Vorzeigeobjekte – fast schaubeetartig – an Ortsrändern oder viel begangenen Wegen entstehen. Vielmehr muss sich die Fläche sowohl in Bezug auf Lage als auch Größe eignen. Idealerweise verteilen sich Blühflächen so in der Landschaft, dass sie die Lebensräume der Bestäuber und anderer Tiere vernetzen. Die Ansprüche der ausgewählten Pflanzenarten müssen für den Standort passen. Die Samen für Wildpflanzen in den Blühmischungen sollten möglichst aus der Region stammen. Dann sind die Pflanzen nicht nur besonders gut an die regionalen Bedingungen angepasst, sondern tragen auch zum Erhalt des gebietstypischen genetischen Reservoirs der Pflanzen bei. Saatgut mit Zierarten oder gebietsfremden Arten kann überdies zu einer Florenverfälschung führen. Manche Arten können sich zudem als Neophyten etablieren. Einige Mischungen mit hohem Zierwert enthalten außerdem Sorten mit gefüllten Blüten, die keinen Pollen liefern, oder Arten, die nur von wenigen Insekten aufgesucht werden.

Anlage und Bewirtschaftung

Je nach Dauer der Kulturen lassen sich verschiedene Formen unterscheiden.

Einjährige Mischungen: Sie enthalten meist 10–15 Arten, wobei es sich hauptsächlich um Kulturarten handelt. Nachdem meist frostempfindliche Arten enthalten sind, erfolgt die Aussaat erst nach den letzten Spätfrösten im April oder Mai. Die Bestände wachsen mindestens bis Ende August. Wenn eine Winterkultur folgen soll, kann die Blühmischung ab September gemulcht oder in den Boden eingearbeitet werden, ansonsten sollte eine Bearbeitung nicht vor Ende November erfolgen. Aus ökologischen Gründen ist es besonders günstig, wenn der Aufwuchs über den Winter bis zur Bestellung der Folgekultur im nächsten Jahr stehen bleiben kann.

Überjährige Mischungen: Diese bestehen meist aus 15–30 Kultur- und Wildarten, die im August oder September ausgesät werden. Ihre Mindeststandzeit reicht bis Ende August des Folgejahres. Die weiteren Abläufe entsprechen denen der einjährigen Mischungen.

Mehrjährige Mischungen: Solche Mischungen umfassten meist 30–50 Arten, wobei es sich überwiegend um Wildarten handelt. Je nach Mischung erfolgt die Aussaat nach den letzten Spätfrösten bis zum Herbst. Die mögliche Standzeit beträgt je nach Bedingungen und Vorgaben bis zu 5 oder auch bis zu 10 Jahren. Das Artenspektrum umfasst auch einjährige Arten, die bereits im Aussaatjahr blühen sowie überjährige mit Blüte im 2. Jahr. So zeigen sich diese Mischungen jedes Jahr in einem anderen Bild. Je nach Artenzusammensetzung und Standdauer können sie

Einjährige Blühmischung mit Garten-Ringelblume, Sonnenblume, Kornblume, Dill u. a.

ab und zu gemäht werden, z. B. ab dem 2. Standjahr alle 2 Jahre zu einem relativ späten Termin oder räumlich versetzt. So bleibt die Vegetation in einem günstigen Sukzessionsstadium: Die auf die Pflanzen angewiesenen Tierarten können auf diese Weise ihre Entwicklung abschließen und die Pflanzen können absamen.

Die unterschiedlichen Korngrößen der Samen in Blühmischungen erschweren häufig eine gleichmäßige Saat. Landwirte strecken das Saatgut deshalb häufig mit einem Füllstoff wie Sojaschrot, Sonnenblumenkuchen oder Sand. Eine solche Mischung lässt sich gut dosiert säen und entmischt sich kaum.

Auf den Blühflächen entwickeln sich nicht nur die ausgesäten Arten, sondern auf dem Feld vorhandene Ackerwildkräuter erweitern das Artenspektrum. Absamende Pflanzen ergänzen den Samenvorrat im Boden, der in den Folgejahren auskeimen kann. Aus ökologischer Sicht ist dies erwünscht, denn die Vielfalt erhöht sich. Dies gilt insbesondere dann, wenn Felder über mehrere Jahre als Blühflächen erhalten bleiben. In manchen Fällen können auflaufende Pflanzen aus den Vorjahren jedoch eine starke Konkurrenz für neu ausgesäte Blühmischungen sein. Auch ausdauernde Wurzelunkräuter wie Acker-Kratzdistel oder Gewöhnliche Quecke konkurrieren mit Arten der Blühmischungen. Für den Landwirt kann außerdem ein Durchwuchs von Arten der Blühmischung in Folgekulturen von Nutzpflanzen störend wirken.

Blühflächen mit weiteren Nutzaspekten für den Landwirt

Grundsätzlich kann als Blühfläche jede Fläche mit einem bestimmten Anteil an blühenden Pflanzen bezeichnet werden. Auch Monokulturen von Raps, Saat-Lein, Sonnenblumen und anderen insektenbestäubten Pflanzen liefern bestimmten Blütenbesuchern Nahrung, allerdings nur einem auf sie abgestimmten Artenspektrum und auch nur für einen eingeschränkten Zeitraum.

Neben Blühmischungen, die ausschließlich der Aufwertung der Agrarlandschaft für Bienen, Schmetterlinge und andere Tierarten dienen, säen Landwirte bevorzugt solche aus, bei denen dies nur einer von weiteren Aspekten ist:

Gründüngung: Die Mischungen stehen nur kurzfristig auf dem Feld (s. voriges Kapitel). Häufig kommen sie dabei nicht oder nur wenig zur Blüte. Dieselbe Mischung, die bei früher Saat eine blühende Fläche hervorbringt und so dop-

Mehrjährige Blühmischung Mitte Juni des 2. Standjahres, u. a. mit Wiesen-Pippau, Witwenblume, Klatsch-Mohn, Wiesen-Margerite, Wiesen-Bocksbart, Wilde Möhre, Kornblume

pelt nützt, kann bei später Saat rein vegetativ bleiben und sich nur als Gründüngung eignen.

Biogas-Blühkulturen: mehrjährig, oft etwa 4-jährig. Es steht der Ertrag im Vordergrund, die Felder werden meist gedüngt und einmal im Jahr, entweder im Hoch- oder Spätsommer, geerntet.

Blühende Leguminosenkulturen: Meistens mehrjährig angelegte Kulturen. Sie binden dank der Wurzelknöllchen Stickstoff aus der Luft, fördern die Bodengare und die Humusbildung. Meistens bestehen sie nur aus einer oder wenigen Arten von Hülsenfrüchtlern. Sie zeichnen sich durch eine lang anhaltende Blütezeit aus, bieten aber nur einem eingeschränkten Tierspektrum Nahrung. Wegen der langen Zeiträume zwischen den Nutzungen finden Bodenbrüter wie Feldlerche sowie Niederwild wie Feldhase einen Lebensraum.

Blühende Mischkulturen: Hier werden meist 2–3 Mischungspartner gemeinsam ausgesät und auch beide geerntet und genutzt. Diese Anbauform kombiniert einen guten Ertrag mit einem größeren ökologischen Nutzen durch das Blühangebot für Insekten. Beispiele: Getreide/Erbse, Getreide/Leindotter.

Getreideanbau mit Untersaat: Bei dieser Kulturform blüht die Untersaat bereits im Getreidefeld und bleibt nach der Ernte des Getreides zusammen mit den Getreidestoppeln stehen. So entfallen der Umbruch und die Aussaat einer Zwischenfrucht nach der Ernte. Die Untersaat schützt außerdem den Boden und fördert die Humusbildung. Einen Sonderfall dieser Anbauform stellen „Lichtäcker" bzw. eine Zwischensaat dar. Bei diesen stehen die Getreidereihen weit voneinander entfernt, der Platz dazwischen gehört den eingesäten Kräutern. Hier finden Bodenbrüter und Niederwild einen guten Lebensraum.

Bienenweide

Blühflächen, Blühstreifen, blühende Hauptkulturen sowie die Blüten von Zwischenfrüchten können Honigbienen, zahlreichen Wildbienen, Hummeln, Schwebfliegen, Schmetterlingen und anderen Insekten Pollen und Nektar liefern. Im allgemeinen Sprachgebrauch werden solche Flächen als Bienenweiden bezeichnet.

Imker dagegen haben ausschließlich die Honigbiene (*Apis mellifera*) im Fokus. Sie verstehen als Bienenweide oder Bienentrachtpflanze deshalb solche Pflanzenarten, die für Honigbienen viel Futter in Form von Nektar oder Pollen spenden. Sie klassifizieren die Bienentrachtpflanzen ausschließlich danach, welchen Wert sie für die

Dasselbe Feld Ende Juli des 2. Standjahres: Besonders auffällig nun die Wilde Möhre

Honigbiene haben und geben dies als Nektarwert und Pollenwert an. Den zuckerhaltigen Nektar sammeln die Bienen für ihren eigenen Energiebedarf sowie jenen ihres Volkes. Den eiweißreichen Pollen benötigen sie für die Aufzucht ihres Nachwuchses. Die entsprechenden Werte werden in den Artenporträts genannt.

Nektarwerte/Pollenwerte
0 nichts
1 gering
2 mittel
3 gut
4 sehr gut

Honigbienen sind in Bezug auf die Blütenauswahl echte Generalisten. Sie sammeln nicht nur den Nektar, sondern auch den Pollen für ihren Nachwuchs je nach Angebot von Pflanzen sehr unterschiedlicher Pflanzenfamilien (polylektische Art). In der Regel werden Trachtpflanzen der Honigbiene auch von Wildbienen und Hummeln angeflogen, jedoch oft nur von wenigen Arten oder diese sammeln dort nur Nektar und keinen Pollen für die Brut. Hummeln und staatenbildende Wildbienen sind ebenfalls polylektisch. Auch unter den solitär lebenden Wildbienen gibt es viele polylektische Arten, doch so vielseitig wie die Honigbiene ist kaum eine. Sehr viele Wildbienen sammeln Pollen nur von einer Pflanzenart oder wenigen nah verwandten Pflanzenarten oder einer Pflanzenfamilie. Solche, die sich i. d. R. auf Arten einer Pflanzenfamilie beschränken, werden als oligolektisch bezeichnet. Besuchen sie nur eine Gattung dieser Familie, so gelten sie als streng oligolektisch.

Viele Landwirte arbeiten eng mit Imkern zusammen. Diese stellen dann z. B. ihre Bienenstöcke in die Nähe von Raps- oder Kleefeldern.

Der Imker profitiert auch von den vielfältigen Zwischenfrüchten, die zu unterschiedlichen Zeiten blühen. Bei Zwischenfrüchten, die nach der Ernte der Hauptfrucht im Juli ausgesät werden, sind meist ab der 2. Septemberhälfte Blüten vorhanden. Später, etwa nach Winterweizen ausgesäte Pflanzen kommen oft erst Mitte Oktober oder gar nicht mehr zur Blüte. Einerseits bieten Pflanzen wie Weißer Senf und Öl-Rettich, Sonnenblumen und Phazelie in den Zwischenfruchtkulturen noch später im Jahr ein wertvolles, reichliches Nahrungsangebot – zu einem Zeitpunkt, zu dem das Blütenangebot sonst nicht mehr sehr hoch ist. Andererseits kann es problematisch werden: Normalerweise bereiten sich Honigbienen ab etwa Anfang September auf die Winterruhe vor, indem sie das Brutgeschäft einstellen und die Flugaktivität reduzieren. Finden sie jedoch noch spät einen reich gedeckten Blütentisch, so tragen sie weiter Pollen ein, produzieren Honig und hegen weitere Bruten. Dieses Verhalten kann das Volk schwächen und z. B. den Befall mit Varroamilben erhöhen.

Bienenweide mit Persischem Klee, Borretsch, Inkarnat-Klee, Geruchloser Kamille, Kornblume, Sonnenblume, Saat-Wicke u. a.

Arten in Blühmischungen

Eine Tabelle mit besonders für Blühmischungen verwendeten Arten befindet sich auf S. 396. Dort ist auch markiert, welche Arten in Einzelporträts beschrieben sind.

Einige auffällige Arten im Bild

Mehlige Königskerze (*Verbascum lychnitis*)

Mauretanische Malve (*Malva sylvestris* ssp. *mauritiana*)

Rainfarn (*Tanacetum vulgare*)

Koriander (*Coriandrum sativum*)

Wilde Karde (*Dipsacus fullonum*)

Färberkamille (*Cota tinctoria*, *Anthemis tinctoria*)

Echter Schwarzkümmel (*Nigella sativa*)

Weißer Steinklee (*Melilotus albus*)

Fruchtfolgen und Anbauformen

Auf Äckern und Feldern wachsen Pflanzen nicht wie natürliche, meist langjährige Pflanzengesellschaften, bei denen nur wenig Pflanzenmasse entnommen wird. Vielmehr kultiviert der Landwirt gezielt verschiedene Pflanzen nacheinander und erntet diese in großem Umfang ab. Dies hat tiefgreifende Einflüsse auf die Bodenfruchtbarkeit, das Bodenleben, die Humusmenge, die Anfälligkeit gegenüber Erosion, das Auftreten und die Häufigkeit von Schaderregern und andere Faktoren. Auf ermüdeten Böden sinken die Erträge.

Die Ackerbauern der Jungsteinzeit wanderten deshalb nach einer bestimmten Zeit weiter und legten neue Felder an (Wanderfeldbau). Etwas später blieben die Siedler sesshaft und wechselten nur periodisch zwischen mehreren bebauten Flächen (Landwechsel).

Etwa ab dem 8. Jh. n. Chr. etablierte sich eine charakteristische Nutzungsfolge – die Dreifelderwirtschaft. Im dreijährigen Wechsel bauten die Menschen auf dem jeweiligen Feld Wintergetreide (Roggen, Weizen oder Dinkel) und dann Sommergetreide (Gerste oder Hafer) an. Die Stoppeln des Getreides blieben meistens stehen, sodass das Vieh auf der Stoppelweide fressen konnte. Im dritten Jahr (Brachjahr) konnte sich das Land, ausgehend von der Stoppelweide des Vorjahres, selbst begrünen. Vom Frühjahr bis zum Frühsommer stand Vieh auf diesem Land. Nach dem 24. Juni wurde das Feld umgebrochen und im Frühherbst nochmals beackert, um dann für einen neuen Zyklus das Wintergetreide auszusäen. Erst ab Mitte des 18. Jh. lockerte sich diese strenge Form der Landnutzung. Langsam machte die Dreifelderwirtschaft einer variablen Fruchtwechselwirtschaft Platz. Anstelle der Brache wuchsen nun entweder Futterpflanzen wie Rot-Klee auf den Äckern oder Hackfrüchte wie Kartoffeln oder Beta-Rüben.

Heute kultivieren Landwirte unterschiedlichste variable Fruchtfolgen, für die ihnen eine große Vielfalt an Kulturpflanzen und deren Sorten zur Verfügung steht. Sie orientieren sich bei Auswahl, Reihenfolge und Bewirtschaftung nicht nur an dem Bedarf ihres Betriebs, sondern an den spezifischen Umweltbedingungen, Nachhaltigkeit, Ressourcenschonung sowie an Vorgaben von Politik und Wirtschaft.

Für die verschiedenen Elemente der Fruchtfolge und die Arten des Anbaus hat sich eine Vielzahl an Begriffen etabliert, die im Buch entsprechend auch bei den Pflanzenporträts verwendet werden. Zum besseren Verständnis der Porträts werden diese bereits hier kurz erläutert.

Hauptfrucht

Die Kulturpflanze, die über die ganze oder den größten Teil der Vegetationsperiode auf dem Feld steht.

Vorfrucht

Hauptfrucht, die in der Fruchtfolge vor der nächsten Kulturart auf einer Fläche wächst.

Nachfrucht

Hauptfrucht, die in der Fruchtfolge nach der Kulturart auf einer Fläche wächst.

Zwischenfrucht

Anbau von Kulturen zwischen zwei Hauptfrüchten. Mit den – oft schnell wachsenden – Zwischenfrüchten lassen sich Anbaulücken schließen.

Hauptziele der Zwischenfrucht (vgl. Gründüngung/Gründecke, S. 36):

- Erhalt und Verbesserung der Bodenfruchtbarkeit durch Gründüngung (Wurzelmasse und Pflanzenrückstände fördern Humusbildung, Leguminosen liefern Stickstoff)
- Verminderung der Erosion und Stickstoffauswaschung durch Gründecke
- Verbesserung der Bodengesundheit
- zusätzlicher Gewinn von hochwertigem Futter (gut verdaulich, eiweißreich, verlängerte Grünfütterungsperiode)
- ökologische Aufwertung (vgl. Blühstreifen/Blühflächen S. 38)

Eine wichtige Funktion der Zwischenfrucht ist auch die Unkrautunterdrückung durch die Gründecke. Für diese spielt in erster Linie die Konkurrenz um Licht eine Rolle. Weitere Faktoren können die Konkurrenz um Wasser und Nährstoffe sein. In bestimmten Fällen kommen auch biochemische Interaktionen zwischen den Pflanzen zum Tragen. Allelopathische Effekte auf Ackerwildkräuter sind zum Beispiel von Buchweizen bekannt. Bei vielen Pflanzenarten gibt es zwar Hinweise und einzelne Ergebnisse, doch sind noch viele weitere Untersuchungen notwendig, um eindeutige Ergebnisse und Erkenntnisse zu gewinnen. Der Anbau von allelopathischen Arten als Zwischenfrucht ließe sich dann für eine gezielte Reinigung der Felder nutzen. Auch wäre es interessant, Kulturpflanzen so zu züchten, dass sie selbst über allelopathische Effekte Unkräuter unterdrücken. Ein anderer Ansatz ist die gleichzeitige Begrünung des Bodens zwischen den Kulturpflanzen mit allelopathischen Pflanzen.

Je nach Aussaat und Nutzungszeit lassen sich bei den Zwischenfrüchten unterscheiden:

Sommerzwischenfrüchte

Die Aussaat erfolgt im Frühjahr als Untersaat in Getreide, als Deckfrucht oder als Stoppelsaat nach der Körnerernte. Die Sommerzwischenfrucht kann noch im selben Jahr geerntet, abgeweidet oder als Gründüngung in den Boden eingearbeitet werden. Bleiben abfrierende Arten über den Winter auf der Fläche stehen, bilden sie eine Mulchschicht und schützen so den Boden vor Erosion.

Winterzwischenfrüchte

Die Aussaat erfolgt im Spätsommer. Die Pflanzen überwintern und werden im kommenden Frühjahr zwischen Ende April bis Ende Mai als Futter geerntet. Winterzwischenfrüchte nützen die Herbst- und Winterniederschläge gut aus.

Landwirtschaftliche Brache

Auch bei den heutigen Fruchtfolgen unterbrechen die Landwirte für ein bis mehrere Jahre auf bestimmten Flächen den Anbau von Kulturarten. Hierbei lassen sich unterscheiden:

Schwarzbrache

Es handelt sich dabei um eine Fläche ohne Gründeckung, also eine brache Ackerfläche. Sie wird durch mechanische Maßnahmen wie Pflügen oder durch Herbizide vegetationsfrei gehalten, sodass Unkräuter zurückgedrängt werden. Solche Flächen sind stark anfällig für Wind- und Wassererosion.

Grünbrache

Brache mit selbst entwickelter oder aus Gründen des Bodenschutzes initial angesäter Vegetationsdecke. Solche Brachen stellen wichtige Lebensräume für eine Vielzahl an Ackerwildkräutern und Ruderalpflanzen sowie Insekten, Spinnen und viele andere Tiere dar.

Schwarzbrache im Juli, zwischen Gerstenfeld und Wiese. Hier durch mechanische Bearbeitung nach Ernte der Winterfrucht offen gehalten.

Rotationsbrache (Kurzbrache)

Ein- oder mehrjährige Unterbrechung der Nutzpflanzenproduktion innerhalb einer Fruchtfolge durch Schwarzbrache oder Grünbrache. Ziel: Verbesserung der Gesamtfruchtfolge und Erhalt der Bodenfruchtbarkeit. Dies ist die Bracheform, die früher bei der Dreifelderwirtschaft zur Anwendung kam.

In Deutschland dienen Rotationsbrachen dazu, landwirtschaftliche Flächen vorübergehend stillzulegen. Sie begrünen sich selbst oder werden im Herbst oder Frühjahr durch gezielte Aussaat begrünt. Sie dürfen während ihrer Wachstumsphase nicht gedüngt, müssen aber gepflegt werden, z. B. indem einmal jährlich gemäht wird.

In der Schweiz sind Rotationsbrachen solche Flächen, die nur mit bestimmtem, von der Schweizer Forschungsanstalt festgelegtem Saatgut von einheimischen Ackerwildkräutern eingesät werden, im Tal liegen und vormals als offenes Ackerland oder Dauerkulturen genutzt wurden.

Ohne Aussaat entstandene Grünbrache mit Wilder Möhre, Gewöhnlicher Kratzdistel und Gewöhnlichem Bitterkraut

Dauerbrache
Unterbrechung des Nutzpflanzenanbaus für längere Zeit.

Buntbrache
Hierbei handelt es sich in der Schweiz um mehrjährig nicht bewirtschaftete Ackerflächen oder -streifen, auf denen einheimische Ackerbegleitarten und Wildkräuter ausgesät werden. Es werden keine Pflanzenschutzmittel eingesetzt und keine Unkräuter bekämpft.

Stilllegung
Das Feld wird aus dem Anbau landwirtschaftlicher Produkte herausgenommen. Obligatorische Flächenstilllegungen waren in Deutschland von 1992 bis 2008 agrarpolitisch wichtige Maßnahmen, um einer Überproduktion von Nahrungs- und Futtermitteln entgegenzuwirken. Auf den Flächen durften höchstens nachwachsende Rohstoffe angebaut werden.

Aktuell gibt es für den deutschen Landwirt keine obligatorische Flächenstilllegung mehr. Vielmehr können die ausgewiesenen Flächen freiwillig stillgelegt werden. Sie dürfen dann weder zu landwirtschaftlichen noch zu nicht landwirtschaftlichen Zwecken genutzt, müssen aber gepflegt werden.

Gepflügter Acker für Blanksaat

Anbauformen

Reinsaat/Monokultur

Hierbei wird ausschließlich eine einzige gewünschte Kulturpflanzenart ausgesät.

Gemenge/Mischkultur

Das Saatgut besteht aus einer Mischung verschiedener Pflanzenarten. Entsprechend wächst auf dem Feld nicht nur eine Art, sondern – vom Landwirt so gewollt – mehrere. Ein seit über 100 Jahren bekanntes und viel genutztes Gemenge im Zwischenfruchtanbau ist das „Landsberger Gemenge", das sich aus Zottiger Wicke, Welschem Weidelgras und Inkarnat-Klee zusammensetzt.

Blanksaat

Vor der Saat wird der Boden mit dem Pflug gewendet.

Stoppelsaat

Eine Zwischenfrucht wird nach einer Hauptfrucht (z. B. Körnergetreide, Frühkartoffeln) in einen mehr oder weniger tief bearbeiteten Boden gesät. Auf der Bodenoberfläche sind teilweise Strohreste oder Stoppeln vorhanden. Sie ist heute die gängigste Methode sowohl im Sommer- als auch im Winterzwischenfruchtanbau.

Stoppelsaat einer Zwischenfruchtmischung nach Weizen

Mulchsaat von Wintergetreide als Hauptfrucht nach Anbau von Raps als Vorfrucht

Direktsaat von Mais in Grasland

Mulchsaat/Direktsaat
Hierbei wird eine Hauptfrucht in die auf dem Acker verbliebenen Reste der Vorfrucht, der Zwischenfrucht oder der Untersaat eingesät. Der Boden wird vor der Aussaat der Hauptfrucht nicht gepflügt, sondern nur bearbeitet, ohne ihn zu wenden. So werden die Pflanzenrückstände des vorigen Bewuchses, wie Stroh oder Gründüngung, höchstens teilweise oberflächlich eingearbeitet oder sie verbleiben als Mulch auf der Oberfläche. Bei der Aussaat der Hauptfrucht sind 30-70 % der Bodenoberfläche von Pflanzenrückständen bedeckt. Besonders häufig kommt dieses Verfahren nach dem Anbau von im Winter abfrierenden Zwischenfrüchten zur Anwendung.

Bei der Direktsaat wird der Boden nicht bzw. nur in der Saatreihe bearbeitet und bleibt dazwischen unbearbeitet.

In beiden Fällen schützen die verbliebenen Pflanzenreste den Boden vor Erosion durch Wind und Wasser, vor Verschlämmung, Austrocknung und Krustenbildung. Gleichzeitig fördert der steigende Humusgehalt das Bodenleben und die Bodenfruchtbarkeit.

Die Begriffe Mulchsaat und Direktsaat werden häufig synonym benutzt. Andere grenzen eine Mulchsaat mit mehr als 50 % Bodenbewegung von einer Direktsaat ohne jegliche Bodenbewegung – also Aussaat in die unbearbeiteten Stoppeln der Vorfrucht – oder mit weniger als 50 % Bodenbewegung ab.

Untersaat
Bei diesem Verfahren wird die Zwischenfrucht zusätzlich zu einer früher erntereifen Hauptfrucht (Deckfrucht) gesät (z. B. Kleeuntersaat in Getreide).

Wachstumsvorsprung der Untersaat:

Luzerne nach Haferernte

Weiß-Klee nach Weizenernte

Teil I: Kultivierte Arten

Fuchsschwanzgewächse (Amaranthaceae)

Allgemeines

Wissenschaftler haben vor einigen Jahren die Familie der Gänsefußgewächse (Chenopodiaceae) in die Familie der Fuchsschwanzgewächse integriert, sodass diese nun weltweit rund 175 Gattungen umfasst. Die Pflanzen haben kleine eingeschlechtliche oder zwittrige Blüten, die oft in dichten Blütenständen vereint sind. Ihre Früchte sind Achänen oder Kapseln und sind oft mit bleibenden Blüten- oder Hochblättern verbunden. Viele Arten tolerieren Salz und wachsen auch auf salzigen Böden. Einige Arten stehen als Zierpflanzen in Gärten, andere sind wichtige Nutzpflanzen.

Besonders wichtige Arten für den Landwirt in Mitteleuropa sind Zucker-Rübe und Futter-Rübe. Im Anbau befinden sich auch verschiedene Gemüse wie Rote Bete, Mangold und Spinat. Die „exotischeren" Pseudogetreide Amarant und Quinoa spielen im Anbau bei uns bisher nur eine untergeordnete Rolle. Außerdem enthält die Pflanzenfamilie verschiedene Arten, die sich auf unseren Feldern als Ackerwildkräuter sehr stark vermehren können, darunter auch Neophyten.

Ausschnitt aus dem Blütenstand des Hybrid-Fuchsschwanzes (*Amaranthus hypochondriacus*)

Besondere Inhaltsstoffe

Viele Fuchsschwanzgewächse enthalten als Farbstoffe Betalaine, die sich in den Vakuolen der Zellen befinden. Sie sind wasserlöslich und bewirken, dass die entsprechenden Pflanzenteile rot gefärbt sind. Im Gegensatz zu den Anthocyanen – z. B. des Rot-Kohls – zeigen sie bei Zugabe von Säure oder Lauge keinen Farbumschlag. Rund 10 % der Bevölkerung kann Betalaine nicht vollständig abbauen, sondern scheidet sie mit dem Urin aus. Bei ihnen färbt sich dieser deshalb z. B. nach Genuss von Roter Bete (S. 66) rot. Diese Beturie ist vollkommen harmlos.

Fotosyntheseweg

Die meisten Vertreter dieser Pflanzenfamilie gehören zu den sogenannten C4-Pflanzen. Sie betreiben eine besonders effiziente Form der Fotosynthese. Während die viel häufigeren C3-Pflanzen das Kohlendioxid, das sie aus der Luft aufnehmen, direkt nutzen, um mithilfe von Lichtenergie und Wasser im Stoffwechselweg des Calvin-Zyklus Kohlenhydrate herzustellen, fixieren die C4-Pflanzen das Kohlendioxid zuerst räumlich getrennt vom Calvin-Zyklus als Oxalacetat (Kohlenstoffverbindung mit 4 Kohlenstoffatomen, daher C4). So reichern sie das Kohlendioxid aktiv an und können auch dann noch intensiv Fotosynthese betreiben, wenn sich ihre Spaltöffnungen z. B. bei Wassermangel verengt haben. Die C4-Pflanzen können damit Trockenheit besser ertragen und bei hoher Lichteinstrahlung und Temperatur mehr Biomasse aufbauen als C3-Pflanzen.

Fuchsschwanz, Amarant

Amaranthus spp.

Beschreibung

Der **Rispen-Fuchsschwanz oder Rispen-Amarant** (*Amaranthus cruentus*) wächst mit einem kahlen oder nur oben kurzhaarigen Stängel bis 2 m hoch und verzweigt sich mehr oder weniger stark. Der endständige, aufrechte Blütenstand wird bis 50 cm lang und ist rot oder gelbbraun gefärbt. Er setzt sich aus dichten, ährenartigen Teilblütenständen mit kleinen männlichen und weiblichen Blüten zusammen. Die seitlichen Blütenstände sind 0,5–1 cm breit. Die Perigonblätter der weiblichen Blüten sind lanzettlich und verschmälern sich in eine Stachelspitze. Bei den winzigen Früchten handelt es sich um Deckelkapseln mit je einem 0,9–1,7 mm großen, etwas abgeflachten Samen. Eine einzige Pflanze bildet rund 50 000 Samen, die weißlich, gelb, braun oder schwärzlich sein können.

Der **Hybrid-Fuchsschwanz** (*Amaranthus hypochondriacus, Amaranthus erythrostachys*) ist eine Kreuzung aus dem in Mexiko und den südlichen USA heimischen Powells Amarant (*Amaranthus powellii*) und dem Rispen-Fuchsschwanz. Seine seitlichen Blütenstände werden 1,2–2 cm breit.

Der **Garten-Fuchsschwanz** (*Amaranthus caudatus, Amaranthus edulis*) bildet kräftige Stängel und lange, dicht ährige, rote, meist von der Basis an überhängende Blütenstände mit kugeligen Blütenknäueln.

Entwicklung und Standortansprüche

Amarant eignet sich für den Anbau in milden, sommertrockenen Gebieten. Die Pflanzen sind anspruchslos und gedeihen auch auf kargen Standorten. Allerdings sind sie empfindlich gegen kühle Temperaturen und Frost, unter 0 °C treten Frostschäden auf. Für einen sich rasch erwärmenden Boden sind sie dankbar und keimen erst bei 12–15 °C. Außerdem benötigen sie viel Sonne. Die Vegetationsdauer beträgt 120–150 Tage.

Amarantarten und -sorten reagieren unterschiedlich auf Tageslängen. Es gibt ausgeprägte Kurztagpflanzen wie Hybrid-Fuchsschwanz und Garten-Fuchsschwanz (s. u.). Sowohl eine Aussaat als Hauptfrucht als auch als Zweitfrucht findet in Mitteleuropa jedoch unter Langtagbedingungen statt, sodass die Pflanzen dieser Arten eine verlängerte vegetative Phase durchlaufen und erst spät zur Blüte gelangen. Als tagneutral gelten Bastard-Fuchsschwanz und Gemüse-Amarant (s. u.). Sie kommen bereits unter Langtagbedingungen zur Blüte und reifen gut ab. Der Rispen-Fuchsschwanz ist besonders gut an Langtagbedingungen angepasst und eignet sich deshalb auch für den Anbau in Mitteleuropa.

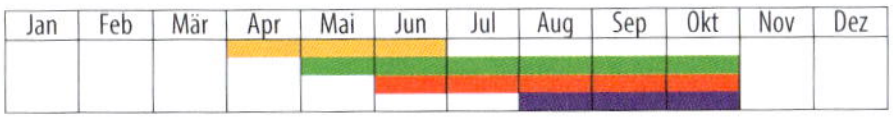

Rispen-Fuchsschwanz

Amarant entwickelt sich in der Jugend sehr langsam und unterliegt deshalb oft in der Konkurrenz gegenüber Unkräutern. Die Pflanzen tragen über einen längeren Zeitraum gleichzeitig Blütenknospen, offene Blüten, unreife und reife Körner.

Herkunft und Geschichte als Nutzpflanze

Körnerliefernde Amarantarten stammen ursprünglich aus Süd- und Mittelamerika. Schon die Inkas und Azteken bauten sie als Nahrungspflanzen an und verwendeten sie als Medizin. Archäologische Nachweise liegen bis mindestens 5000 v. Chr. vor. Damit zählt Amarant zu den ältesten Kulturpflanzen. Im 16. Jh. verboten die Spanier den amerikanischen Ureinwohnern den Anbau von Amarant, sodass die Pflanze für Jahrhunderte fast in Vergessenheit geriet. Heute liegen die Hauptanbaugebiete des Rispen-Fuchsschwanzes in Guatemala. Züchter in den USA schufen in den 1990er-Jahren Sorten und Kreuzungen, die sich unter nordamerikanischen Bedingungen gut entwickeln. Auch in Österreich und Deutschland fanden einzelne Züchtungen statt. Verglichen mit Getreide interessieren sich Züchter jedoch nur wenig für Amarant. In Mitteleuropa spielt auch seine Kultur bisher nur eine untergeordnete Rolle. Damit er sich besser etablieren kann, sollten Züchtungen zum Ziel haben, Arten und Sorten von Amarant an den Langtag anzupassen, für standfesten Wuchs zu sorgen und die Toleranz gegenüber Kälte zu erhöhen. Aktuell ist in Deutschland nur die Sorte *Amaranthus cruentus* ‚Bärnkrafft' zum Anbau zugelassen.

Der Hybrid-Fuchsschwanz wird zur Körnergewinnung besonders in Mexiko, jedoch auch in anderen Regionen weltweit, angebaut, in Gärten steht er dank seiner grünen oder roten Blätter und dem meist dunkelroten bis lila gefärbten Blütenstand als Zierpflanze. In Afrika dient er zudem als Blattgemüse.

Garten-Fuchsschwanz

Hybrid-Fuchsschwanz

Der Garten-Fuchsschwanz ist bei uns in erster Linie als Zierpflanze bekannt und verwildert gelegentlich. In den Höhenlagen Südamerikas wachsen Körnertypen mit Wuchshöhen bis 2 m.

Nutzung

Körneramarant des Handels kann von allen drei oben genannten Arten stammen.

Die Samen erinnern an die von kleinkörniger Hirse, schmecken aber eher nussig. Amarant enthält kein Gluten und ist damit als Getreideersatz für Personen mit Zöliakie geeignet. Er ist reich an Proteinen mit vielen essenziellen Aminosäuren, außerdem enthält er reichlich Mineralstoffe wie Kalzium, Magnesium, Eisen und Zink. Amarantmehl eignet sich – alleine verwendet – nicht als Backmehl, da es kein Klebereiweiß enthält. Brotmehl kann es jedoch mit einem Anteil von bis zu 20 % beigemischt werden. Gekochter Amarant schmeckt als Beilage zu herzhaftem Essen und als Salatzutat, gepuffter Amarant passt für Süßspeisen und Müsli.

Die Samen enthalten 7–8 % Öl, das zu 70 % aus ungesättigten Fettsäuren besteht. Bemerkenswert sind außerdem sein hoher Squalenanteil von 8 % sowie der Gehalt an Vitamin E. Das Öl wird hauptsächlich für Kosmetika verwendet, seltener als Lebensmittel oder Nahrungsergänzung.

In der Biogasanlage eignet sich eine Silage aus Amarantpflanzen als Alternative zu Maissilage. Amarant liefert zwar einen geringeren Ertrag als Mais, benötigt aber weniger Wasser. Die Pflanzen können auch als Cosubstrat anderen Energiepflanzen zugemischt werden oder gemeinsam mit trockensubstanzreicheren Energiepflanzen wie Mais siliert werden. Das Substrat hat einen außergewöhnlich hohen Gehalt an Spurenelementen wie Kobalt und Nickel. Ein Anteil von etwa 30 % Amarant in der Silage kann die am Biogasprozess beteiligten Mikroorganismen da-

Hybrid-Fuchsschwanz im Anbau

mit versorgen und dadurch den Gärprozess im Fermenter positiv beeinflussen. Auf industriell hergestellte Spurenelementadditive kann in diesem Fall verzichtet werden.

Kultur und Ernte

Die Aussaat als Hauptfrucht erfolgt Anfang bis Mitte Mai, in frostbedrohten Regionen erst nach den Eisheiligen. Als Zweitfrucht, etwa nach Grünroggen, sollte Amarant spätestens Mitte Juni gesät werden, damit die Bestände noch ausreichend reifen können. Geerntet werden muss in jedem Fall vor dem ersten Frost. Bei der Körnergewinnung erschweren es die über einen längeren Zeitraum reifenden Körner, den passenden Erntetermin festzulegen. Damit möglichst viele ausgereift sind, sollte die Ernte spät im Oktober stattfinden. Auch für Biogasgewinnung gelten späte Erntetermine als günstig. Für diese Nutzung werden die ganzen Pflanzen mit dem Häcksler geerntet.

Ökologische Bedeutung

Amarant lockert Fruchtfolgen auf und bietet ein farbenfrohes Erscheinungsbild in der Landschaft. Als windbestäubte Pflanze lockt er nur wenige blütenbesuchende Insekten an, etwa Honigbienen, die dort Pollen sammeln. Auch andere Insekten sind kaum an ihm zu finden. An den Fruchtständen machen sich körnerfressende Vögel zu schaffen.

Weitere Arten

Der **Gemüse-Amarant** oder **Dreifarbige Fuchsschwanz** (*Amaranthus tricolor*) stammt aus Asien und liefert dort Blattgemüse. Die Blütenstände stehen unauffällig in den Blattachseln. Außer dieser Art gibt es noch mehr als 15 weitere Arten mit essbaren Blättern.

Für den Landwirt in Mitteleuropa ist besonders der **Zurückgekrümmte Amarant** (*Amaranthus retroflexus*) ein Ackerunkraut, das vor allem in Hackfruchtkulturen und auf Maisäckern auf

Amarantkörner (Korngröße um 1 mm)

nährstoffreichen Standorten oft in großen Mengen auftritt. Er zeigt allelopathische Effekte auf Getreide, Kohl, Luzerne, Mais, Sonnenblumen, Zucker-Rüben und andere Kulturarten. Die Art ist ein Neophyt aus Nordamerika, der im 18. Jh. mit Handelsgütern nach Europa kam. Heute wächst sie wild auf Äckern, Schuttplätzen und an Wegrändern. Die Pflanze ist blassgrün und im oberen Teil dicht behaart. Ihr Stängel wird bis 1,2 m hoch und ist häufig an der Spitze zurückgekrümmt. In den Blattwinkeln und am Stängelende entwickeln sich dichte, hellgrüne, meist verzweigte Blütenstände.

Auch der **Bastard-Fuchsschwanz** oder **Grünährige Amarant** (*Amaranthus hybridus*) ist ein Neophyt und Ackerunkraut, besonders auf Maisäckern und in Gärten. In Osteuropa dienen Sorten von ihm zur Gewinnung von Grünmasse. Er könnte ein wilder Vorfahre des Rispen-Fuchsschwanzes sein. Im Gegensatz zum Zurückgekrümmten Amarant hat er einen kahlen oder höchstens schwach behaarten Stängel. Er wird 0,3–2 m hoch. Der hellgrüne Blütenstand ist zur Fruchtzeit leicht rötlich überlaufen. Er bildet schwarze Körner.

Bastard-Fuchsschwanz als Unkraut im Feld

Gemüse-Amarat
(*Amaranthus tricolor* cv. *splendens*)

Zurückgekrümmter Amarant

Zucker-Rübe, Zuckerrübe

Beta vulgaris ssp. *vulgaris*, Altissima-Gruppe

Beschreibung

Die zweijährige Pflanze bildet im 1. Jahr eine Blattrosette mit bis 30 cm langen, dunkelgrünen Blättern sowie eine bis 1,2 kg schwere, konisch geformte, weiße Rübe. Bei diploiden Formen sind die Blattspreiten löffel-, bei tetraploiden herzförmig. Die Rübe besteht in erster Linie aus verdickter Hauptwurzel, das Hypokotyl ist nur wenig beteiligt. So ragt im Vergleich zur Futter-Rübe nur wenig Rübenkörper aus dem Boden. Im 2. Jahr entwickelt sich ein bis 2 m hoher, verzweigter Spross, an dem sich unscheinbare, grüne, zwittrige Blüten öffnen. Bei sogenannten polykarpen Sorten sind 3–5 Blüten und später auch die Nussfrüchte an der Basis miteinander verwachsen. Monokarpe Sorten bilden je nur 1 Blüte und Frucht. Verbreitet im Anbau sind triploide Sorten, die von diploiden, monokarpen, männlich-sterilen Mutterlinien und tetraploiden, polykarpen Pollenlieferanten stammen und einen dreifachen Chromosomensatz aufweisen.

Wilde Rübe

Entwicklung und Standortansprüche

Die Pflanzen bevorzugen warmes, sonniges Klima. Außerdem brauchen sie tiefgründige, nährstoffreiche Böden mit ausreichend Feuchtigkeit. In zu dichten Böden verzweigen sich die Rüben, was nicht erwünscht ist. Mit ihren bis 1,5 m tief in den Boden reichenden Wurzeln können sie Wasser und Nährstoffe sehr gut aufnehmen. Besonders viel Wasser benötigen sie im Juli und August. Genügend Sonne in der Hauptwachstumszeit erhöht den Zuckergehalt. Die Keimung erfolgt bei Temperaturen über 5 °C. Für die Entwicklung der Blätter und das Dickenwachstum der Rübe sind 15–25 °C optimal. Im Frühjahr ist die Pflanze frostempfindlich, im Herbst erträgt sie bis -5 °C. Die Kulturdauer bis zur Reife der Rübe beträgt 180–220 Tage. Die Pflanzen kommen erst nach einer Vernalisation zur Blüte. Gibt es im Aussaatjahr Spätfröste oder längere Perioden mit 0–8 °C, können bereits dann Pflanzen blühen (Schosser).

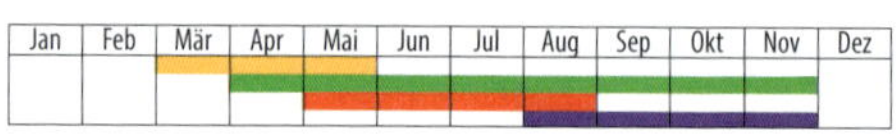

Herkunft und Geschichte als Nutzpflanze

Alle zur Unterart *Beta vulgaris* ssp. *vulgaris* gehörenden Kulturformen stammen von der einjährigen Wild-Rübe (*Beta vulgaris* ssp. *maritima*) ab. Diese wächst auf Salzböden der Küsten Süd- und Westeuropas, hat eine spindelförmige Wurzel und kleine Blätter. Archäologische Funde von Früchten in Holland datieren in die Jungsteinzeit. Wahrscheinlich nutzten die Menschen damals Blätter der Wildform. Kulturformen entstanden wohl im östlichen Mittelmeerraum und Mittleren Osten. Doch sowohl die Assyrer als auch die alten Griechen verzehrten nur Blätter und Blattstiele. Die alten Römer verwendeten die Wurzeln in der Medizin und aßen sie gelegentlich. Doch erst nach dem 16. Jh. gab es Sorten und Varietäten mit fleischigeren Rüben. Damals erkannte man auch, dass sich aus diesen süßer Sirup gewinnen lässt. Bis zum 18. Jh. verwendete man die Rüben sowohl als Nahrungs- als auch Futtermittel. Erst ab Mitte des 18. Jh. dienten spezielle gelbfleischige, gut über den Winter zu lagernde Rüben als Futterrüben. 1747 wies der deutsche Chemiker Andreas Sigismund Marggraf nach, dass die Rüben Saccharose enthalten und die Kristalle identisch mit Rohrzucker aus Zuckerrohr sind. Rohrzucker war zu dieser Zeit noch extrem teuer. Dies war ein großer Ansporn, zuckerreiche Rüben zu züchten. Nach mehr als 50 Jahren Forschungs- und Selektionsarbeit konnte Anfang des 19. Jh. die Zuckergewinnung aus Rüben in größerem Maßstab beginnen. Die erste Zuckerfabrik für Zucker-Rüben nahm 1801 in Cunern in Niederschlesien ihren Betrieb auf. Deutschland, Russland, Österreich und Frankreich betrieben bis etwa 1813 den Anbau sehr intensiv, denn sie konnten zur Zeit der von Napoleon verhängten Kontinentalsperre ab 1806 keinen Zucker aus den englischen Kolonien importieren. Nach der Blockade fielen die Zuckerpreise. Einige Jahre führte nur noch Frankreich den Anbau und die Züchtung weiter. Erst ab etwa 1830 stiegen die anderen Länder wieder in die Produktion von Rübenzucker ein. Ab etwa 1850 fiel der Zuckerpreis massiv, Zucker wurde damit für alle Bevölkerungsschichten erschwinglich. Heute ist die Zucker-Rübe die wichtigste Kulturform der Beta-Rübe. Bereits seit vielen Jahren werden gentechnisch veränderte Rüben im Freiland getestet. Ziele sind veränderte Inhaltsstoffe, Winterhärte, Virus- und Herbizidresistenz. Die USA, Kanada und Japan bauen gentechnisch veränderte Rüben an, für Produkte daraus existiert eine Import-Zulassung der EU.

Nutzung

Heutige Sorten der Zucker-Rübe enthalten 15–27 % Rohrzucker. Ein Hektar liefert im Durchschnitt 10 Tonnen Zucker. Wenn dieser als Kris-

Schosser überragen die Kultur.

tallzucker industriell gewonnen wird, fällt als Nebenprodukt Melasse an. Dieser noch zuckerhaltige, nährstoffreiche Sirup kann vielfältig verwendet werden. Als Nährmedium für Mikroorganismen spielt er in der Biotechnologie eine wichtige Rolle: Durch Vergärung lässt sich aus ihm Alkohol gewinnen, er kommt aber z. B. auch bei der Herstellung von Zitronensäure sowie bei der Vermehrung von Backhefe zum Einsatz.

Auch die Futtermittelindustrie verwendet Melasse. Als Viehfutter, besonders für Wiederkäuer, spielen außerdem die weitgehend ausgelaugten Rübenschnitzel eine Rolle, die nicht nur Zucker, sondern auch Eiweiß enthalten. Die bei der Ernte anfallenden Blätter und Rübenköpfe werden meist nach kurzem Anwelken als Gründüngung in den Boden eingearbeitet, alternativ dienen sie als Viehfutter.

Aus geschnetzelten, gekochten Rüben lässt sich auch Zuckerrübensirup pressen. Dieser dunkelbraune, würzige Sirup spielt nur lokal eine Rolle als Brotaufstrich oder Back- und Kochzutat.

Als nachwachsender Rohstoff spielen Zucker-Rüben eine zunehmende Rolle. Aus ihnen lässt sich nicht nur Bioethanol, sondern auch Biogas gewinnen. Rund die Hälfte des in Deutschland erzeugten Bioethanols stammt aus Zucker-Rüben. Für Biogas eignen sich die Rüben optimal und sind eine Alternative zu Mais. Ihre Trockenmasse besteht zu einem Großteil aus leicht umsetzbaren, stickstofffreien Stoffen, in erster Linie Zucker. So lassen sie sich in der Biogasanlage rasch mikrobiell abbauen – schon nach 4 Tagen sind 90 % des Biogases gebildet – und die Erträge sind hoch. Bei Zugabe von Zucker-Rüben zu Mais im Fermenter lassen sich dessen lange Verweilzeiten von 70–90 Tagen verkürzen und der Methangehalt im Biogas steigern. Rübensilagen bauen sich außerdem gut ab und lassen sich dank des geringen Rohfasergehalts im Fermenter gut rühren.

Feld im Mai

Rübe mit Blattschopf

Aus Zucker lassen sich auch abbaubarer Biokunststoff und Verpackungen erzeugen, außerdem wird er für Kosmetika verwendet.

Kultur und Ernte

Landwirte säen Zucker-Rüben ab Mitte März bis Anfang Mai. Wenn sie bei polykarpen Sorten die Fruchtknäuel ausbringen, wachsen entsprechend viele Keimpflanzen, die sie vereinzeln müssen. Dieser Schritt entfällt, wenn sie „Monogermsaatgut" verwenden, bei dem die Nüsschen technisch voneinander getrennt wurden, oder bei Saat von monokarpen Sorten. Das Handelssaatgut ist meist von einer Hülle umgeben (pilliert). Die Ernte erfolgt in der Regel Ende September, kann aber bis in den Dezember dauern. Dabei wird der obere Teil der Rübe mitsamt den Blättern geköpft und die Rüben gerodet. Sollen die Rüben in die Biogasanlage, werden sie häufig nur entblättert. Dies gibt mehr Ertrag und die weniger stark beschnittenen Rüben lassen sich besser lagern.

Zucker-Rüben gehören zu den Hackfrüchten. Sie sind recht konkurrenzschwach und bedecken den Boden erst spät vollständig. So können sich Wildkräuter zwischen ihnen entwickeln, die vom Landwirt je nach Bewirtschaftungsform mechanisch oder chemisch bekämpft werden.

Die Pflanzen sind mit sich selbst nicht verträglich, sodass ausreichende Anbaupausen einzuhalten sind. Die „Rübenmüdigkeit" entsteht durch den Befall mit Rübenzystennematoden (*Heterodera schachtii*). Nematodenresistente Sorten wirken dieser entgegen, ebenso geeignete Zwischenfrüchte. Besonders günstig sind dabei Feindpflanzen wie Saat-Lein, Luzerne, Mais oder Roggen oder nematodenresistente Zwischenfrüchte wie Sorten von Öl-Rettich und Weißem Senf, die die Entwicklung der weiblichen Nematoden hemmen (vgl. S. 150). Bei Zucker-Rüben handelt es sich um unkrautarme Vorfrüchte. Als Nachfrüchte eignen sich alle, die spät im Herbst oder im folgenden Frühjahr ausgesät werden. Für

Geschlossener Bestand im Juli

Rübe mit Wachstumsringen (vgl. S. 66)

Getreide als Nachfrucht gelten Rüben als Gesundungsfrucht, die Krankheitsbefall vermindert.

Ökologische Bedeutung

Besonders auf ökologisch bewirtschafteten Äckern können sich Ackerwildpflanzen entwickeln. Die Rüben stellen jedoch als tief wurzelnde Nährstoffzehrer eine Konkurrenz für andere tief wurzelnde Arten wie Disteln und Ampfer dar. Meist bestäubt Wind die Blüten, manchmal sammeln jedoch auch Insekten den Pollen. Gelangen Samen von Schossern in den Boden, bleiben diese viele Jahre lang keimfähig und können in den folgenden Jahren auskeimen.

Geerntete Rüben

Futter-Rübe, Futterrübe, Runkel-Rübe, Runkelrübe

Beta vulgaris ssp. *vulgaris*, Crassa-Gruppe

Beschreibung

Im Gegensatz zur Zucker-Rübe entwickeln sich die Rüben zu einem größeren Anteil aus dem Hypokotyl. So ragen sie teils weit aus dem Boden heraus. Tonnen- und walzenförmige Massenrüben sitzen oft nur zu 10–25 % der Länge im Boden, keil- und pfahlförmige Gehaltsrüben zu 50–60 %. Es gibt auch Sorten mit oliven- und kugelförmigen Rüben. Die Färbung variiert je nach Sorte von Weiß bis Rot. Besonders häufig sind gelbe oder orange Sorten. Im Schnitt werden Futter-Rüben etwa 1,5–3 kg schwer und bis 25 cm lang. Je nach Sorte kann eine einzelne Rübe jedoch auch fast 10 kg wiegen.

Entwicklung und Standortansprüche

Futter-Rüben benötigen mehr Wasser als Zucker-Rüben, stellen aber einen geringeren Anspruch an den Boden. Sie sind im Frühjahr nur wenig frostempfindlich. Im Herbst dagegen schädigen Temperaturen unter -2 °C die Blätter und unter -4 °C die Rüben.

Herkunft und Geschichte als Nutzpflanze

Die Geschichte vor dem 18. Jh. ist bei der Zucker-Rübe beschrieben. Lange Zeit waren Futter-Rüben für den Landwirt eine wichtige Futterpflanze, die er selbst auf seinem Betrieb anbauen konnte. Da sie jedoch in Bezug auf Kultur und Ernte aufwändig sind, ging ihr Anbau in neuerer Zeit besonders zugunsten von Mais zurück.

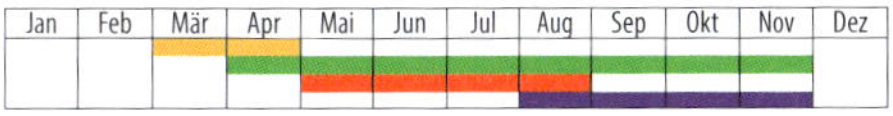

Nutzung

Futter-Rüben sind sehr ertragreiche Futterpflanzen und erreichen einen ähnlichen Futterwert wie Kraftfuttermittel. Landwirte verfüttern sie im Winter als Nassfutter an Rinder, Schafe und Zuchtschweine. Daneben verkaufen sie die Rüben auch an Jäger sowie Pferde- und Kleinviehhalter. Meerschweinchen, Zwergkaninchen und Hühner freuen sich gleichermaßen über die Kost. Der wichtigste Nährstoff in den Rüben ist Zucker, dieser begrenzt auch die Rübenmenge, die in der täglichen Futterration enthalten sein darf. Der Wassergehalt kann bei fast 90 % liegen. Massenrüben haben mehr Feuchtigkeit als Gehaltsrüben und damit einen geringeren Futterwert. Sie sind aber weicher und können unzerkleinert verfüttert werden. Gehaltsrüben dagegen müssen zerkleinert werden. Die Farbe der Rübe beeinflusst den Futterwert nicht.

Die Blätter der Futter-Rübe liefern weniger wertvolles Futter als jene der Zucker-Rübe. Sie verbleiben meist als Gründüngung auf dem Feld.

Bei Trockenheit und Hitze „schlafen“ Rüben: Die Blätter werden schlaff, um möglichst wenig Wasser zu verbrauchen.

Für die Biogasanlage eignen sich Futter-Rüben weniger gut als Zucker-Rüben, da ihre Trockenmasse geringer ist und weniger leicht umsetzbare Extraktstoffe vorhanden sind. Die Biogasausbeute sinkt dadurch. Sie kommt aber für Standorte, die für die Zucker-Rübe nicht geeignet sind – etwa Höhenlagen – infrage.

Auf Wildäckern wachsen die Pflanzen als energiereiches Saftfutter. Besonders im Winter locken die Rüben Schalenwild an. Im Sommer fressen die Tiere auch von den Blättern. Zwischen den dichten Blattrosetten findet Niederwild eine gute Deckung.

Kultur und Ernte

Wie die Zucker-Rübe gehört auch die Futter-Rübe zu den Hackfrüchten. Die Saat erfolgt ab Ende März bis April. Die Rüben sind dann erntereif, wenn ältere Blätter vergilben und absterben. Die Ernte findet in der Regel früher als jene von Zucker-Rüben statt, spätestens Ende Oktober. Sie muss vor den ersten Frösten erfolgen, denn Rüben mit Kälteschäden lassen sich nicht lagern. Besonders Massenrüben, die nur flach im Boden sitzen, werden auf kleinen Anbauflächen oft von Hand geerntet. Größere Flächen werden wie Zucker-Rüben maschinell abgeerntet. Für die Lagerung der Rüben eignen sich Mieten oder Scheunen. Ideal sind dort Temperaturen von 2–4 °C. Auch Silage ist möglich.

Orange Sorte mit weit aus dem Boden ragender Rübe

Weißliche Sorte mit unebener Rübe

Frisch geerntete Rüben

Mangold, Krautstiel

Beta vulgaris ssp. *vulgaris*, Cicla-Gruppe und Flavescens-Gruppe

Wie die anderen Nutzpflanzen der Unterart *Beta vulgaris* ssp. *vulgaris* wächst auch Mangold zweijährig. Im 1. Jahr bildet er eine große Blattrosette, im 2. Jahr kommt er zur Blüte. Seine Hauptwurzel ist kaum verdickt, reicht jedoch tief in den Boden.

Mangold liefert Blattgemüse. Bis Anfang des 20. Jh. war er bei uns bekannter als Spinat, dann lief ihm dieser den Rang ab. Heute wächst Mangold nur gelegentlich auf Gemüseäckern, doch in neuerer Zeit steigt das Interesse an ihm wieder. Er kommt in erster Linie in der Sommerzeit auf den Markt. Bei den Sorten der **Flavescens-Gruppe (Stiel- oder Rippen-Mangold)** haben die 30–45 cm langen Blätter fleischige, weißliche, gelbe oder rötliche Blattstiele, die sich als stark hervortretende Mittelrippen in die Blattspreiten fortsetzen. Sie ergeben ein spargelartiges Stängelgemüse, das etwas nussig schmeckt. Die Sorten der **Cicla-Gruppe (Schnitt- oder Blatt-Mangold)** bilden kleinere, breite Blätter mit schmalen Stielen, die zur Basis hin breiter werden. Die Blattspreiten sind etwas gekräuselt oder gewellt. Die Blätter werden mit den Stielen abgeschnitten und wie Spinat verarbeitet. Sie schmecken würziger und kräftiger als dieser. Auch im Nährwert ähnelt Mangold dem Spinat. Er enthält verhältnismäßig viel Eiweiß, reichlich Phosphor, Kalzium, Kalium, Magnesium und Eisen sowie B-Vitamine, Vitamin C und Carotinoide. Der Gehalt an Oxalsäure liegt unter dem von Spinat. Größere Mengen dieser Pflanzensäure können Magen-Darm-Beschwerden auslösen und zu Nierensteinen führen.

Jan	Feb	Mär	Apr	Mai	Jun	Jul	Aug	Sep	Okt	Nov	Dez

Die Saat erfolgt Ende März oder im April. Es handelt sich um einen Dunkelkeimer. Die Blätter können nach einer Kulturdauer von 80–90 Tagen ab Juli geschnitten werden. Bei Aussaat von Juli bis Mitte August ist eine Ernte im Herbst möglich. Die Blätter können aber auch noch im 2. Jahr bis zum Schossen geerntet werden. Im kommerziellen Anbau erfolgt die Kultur in der Regel einjährig. Gelegentlich ist Mangold auch in Zwischenfruchtmischungen enthalten oder wird wegen der bunten Stängel als Zierpflanze kultiviert.

Rote Bete, Rote Beete, Rote Rübe, Rande

Beta vulgaris ssp. *vulgaris*, Conditiva-Gruppe

Zwar kannten bereits die Römer Beta-Rüben mit verdickten Knollen, doch die heutigen Formen der Roten Bete entstanden erst im 19. und 20. Jh. Die fleischige, 100–600 g schwere Knolle wächst im 1. Jahr und ragt zum Großteil aus der Erde heraus. Bei runden Sorten entsteht sie ausschließlich aus dem Hypokotyl (Hypokotylknolle), bei länglichen beteiligt sich auch der oberste Wurzelteil daran. Am Bekanntesten sind Rote-Bete-Sorten mit purpurrotem Fleisch und ebenso gefärbten Blattstielen, doch gibt es auch weiß-rot-geringelte sowie solche mit hellgelben bis weißen Knollen. Die rote Farbe verdanken die Pflanzen in erster Linie dem Betalain Betanin.

Bei dem anomalen Dickenwachstum der Beta-Rüben entstehen nacheinander von innen nach außen konzentrische Kambiumringe. Jeder davon gibt für kurze Zeit nach außen Bast- und nach innen Holzgewebe ab, die beide reichlich Parenchym enthalten. Bei der Roten Bete kann jenes des Bastes besonders viel Betanin einlagern.

Der Anbau ähnelt jenem von Zucker-Rüben. Von der Aussaat Mitte März bis Anfang Juli bis zur Ernte vergehen 120–150 Tage. In der Jugend entwickeln sich die Pflanzen nur langsam. Die Ernte erfolgt von Hand oder maschinell. Sie kann Anfang August beginnen, Haupterntezeit ist jedoch Oktober bis Ende November. In Hallen oder abgedeckten Feldmieten können die Knollen frostfrei über den Winter bis Ende März gelagert werden. Gemüsebauern kultivieren meist walzenförmige Rote Bete für Konservenfabriken, Saft und zur Farbstoffgewinnung. Nur ein kleiner Teil der Knollen – hauptsächlich runde – kommt nahezu ganzjährig frisch auf den Markt. Sie sind ein gesundes Gemüse, das sowohl roh als auch gegart verwendbar ist. Die Knollen sind reich an organischen Säuren, Vitaminen und Mineralstoffen. Hervorzuheben ist der Gehalt an B-Vitaminen, Kalium, Eisen sowie Folsäure. Sie schmecken erdig-aromatisch, manchmal durch Saponine auch etwas kratzend und leicht bitter. Rote Bete führen im Körper zu einem Basenüberschuss, regen den Appetit an und fördern die Gallensekretion. Als nachwachsender Rohstoff können sie nicht nur Lebensmittelfarbstoff (E 162) liefern, sondern auch ökologische Reinigungsmittel, deren Reinigungskraft in erster Linie auf Oxalsäure zurückzuführen ist.

Jan	Feb	Mär	Apr	Mai	Jun	Jul	Aug	Sep	Okt	Nov	Dez

Ringelbete ‚Tonda di Chioggia'

Quinoa, Reismelde

Chenopodium quinoa

Beschreibung

Der aufrechte, 0,6–2 m hohe, knotige Stängel der sommerannuellen Pflanze trägt unten eher dreieckige, oben lanzettliche Blätter, die wechselständig angeordnet sind. Sie sind hell- bis dunkelgrün gefärbt und können durch Blasenhaare wie bemehlt erscheinen. Die aufrechten, endständigen, 20–30 cm langen Blütenrispen enthalten in knäuelig gedrängten Teilblütenständen unscheinbare, kleine, fünfzählige, zwittrige und weibliche Blüten mit 5 bootförmigen Perigonblättern. Je nach Typ bzw. Sorte färben sich Stängel, Blätter und Fruchtstände bei der Abreife gelb bis rötlich, variieren die Wuchshöhen, Fruchtstandsformen und Korngrößen. Die Achänen sind 1–2,6 mm groß, linsenförmig, weiß, gelblich, gelb-orange oder schwarz.

Entwicklung und Standortansprüche

Die raschwüchsige Art hat in Mitteleuropa eine Vegetationsdauer von 110–150 Tagen. Sie erträgt keine Staunässe, stellt aber sonst wenig Ansprüche an den Untergrund. Am besten wächst sie auf durchlässigen sandigen bis sandig-lehmigen Böden. Sie toleriert sogar Salz, indem sie den für ihren Stoffwechsel schädlichen Stoff in die Blasenhaare verlagert. Außerdem ist die Pflanze sehr resistent gegenüber Trockenheit. Hierzu tragen neben dem tief reichenden, stark verzweigten Wurzelsystem unter anderem ein Wachsbelag sowie hygroskopisch wirkende Kalziumoxalat-Kristalle auf den Blättern bei, die die Verdunstung begrenzen. Erst Temperaturen unter -5 °C schädigen die Pflanze.

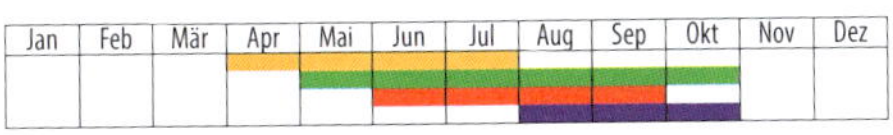

Herkunft und Geschichte als Nutzpflanze

Bereits 5000–3000 v. Chr. domestizierten die Ureinwohner der Andenländer Südamerikas die Pflanze. Die Indios bauten sie bis in Höhenlagen von 4300 m an. Bei den Inkas gehörten die Körner neben Mais und Kartoffeln, die in hohen Lagen nicht mehr wachsen, zu den Grundnahrungsmitteln und galten als gesundheitsfördernd. Sie sollten die Stärke und Ausdauer von Kriegern steigern und die Gesundheit fördern. Die Pflanze spielte auch eine Rolle in religiösen Zeremonien. Als die Spanier in die Andenländer eindrangen, ging der Anbau zurück und wurde weitgehend von Weizen und Gerste ersetzt. Vermutlich verboten die Eroberer den Anbau, um die Bevölkerung zu schwächen. In Höhenlagen über 3500 m, in denen Getreideanbau nicht mehr möglich ist, spielt die Pflanze jedoch bis heute eine wichtige Rolle für die Ernährung.

Spross mit Blütenknospen, von Blasenhaaren bedeckt

Fruchtend

Nachdem 1993 die NASA die Nährwerte der Körner lobte, stieg die Nachfrage in den USA und in Europa. Heute bauen überwiegend Bolivianer, Peruaner und Ecuadorianer Quinoa an. In Europa fanden Ende des 18. Jh. erste Anbauversuche statt. Weitere folgten im 1. Weltkrieg, als die Pflanze neben Körnern auch Gemüse, Tierfutter und Faserrohstoff lieferte. Obwohl die Kulturen erfolgsversprechend waren, konnten sie sich nicht etablieren. Seit den 1980er-Jahren steigt das Interesse in Mittel- und Nordeuropa an dieser alternativen Kulturpflanze. Bis heute wird die Art zwar hier nur kleinflächig angebaut, doch der Markt für regional erzeugtes Quinoa wächst. Betriebe, die sie in Deutschland anbauen, arbeiten meist auf Vertragsbasis mit einer Mühle.

Nutzung

Gewöhnlich wird Quinoa als Körnerfrucht genutzt (Pseudogetreide). Die Fruchtwand und die Samenschale enthalten bei den meisten Sorten bitter schmeckende Saponine. Sie werden deshalb bei der Reinigung entfernt, sodass das verwendete Korn nur noch aus Embryo und Nährgewebe besteht. Diese sind ernährungsphysiologisch wertvoll und in Deutschland als „Superfood“ im Trend. Neben 50–60 % Stärke sind sie im Vergleich zu Getreide reich an Mineralstoffen, besonders Eisen und Magnesium, und enthalten 11–20 % hochwertiges Eiweiß, in dem alle essenziellen Aminosäuren vorhanden sind. Quinoakörner sind glutenfrei und damit auch für Personen geeignet, die an Zöliakie leiden. Brot lässt sich aus ihrem kleberarmen Mehl nur

Erntereifer Bestand

backen, wenn über 25 % kleberreiches Getreidemehl wie Weizenmehl zugesetzt wird.

Die Quinoa gilt als sehr gutes Grünfutter mit vorzüglicher Proteinqualität. Sie eignet sich auch in Gemengen für die Wildäsung. Neuerdings beschäftigten sich Forscher mit dem Wert von Quinoa als Energiepflanze für die Biogasgewinnung und bewerteten ihn positiv. Das Pflanzenmaterial hat einen für die an der Umsetzung beteiligten Mikroorganismen positiven hohen Gehalt an Kobalt und Nickel und erreicht einen geeigneten Trockensubstanzgehalt von 28 bis über 35 %.

Kultur und Ernte

Nachdem Quinoa nicht mit anderen weit verbreiteten Kulturarten verwandt ist, kann es in Fruchtfolgen problemlos verwendet werden. Die Art dient für die meisten verbreiteten Schaderreger nicht als Wirtspflanze, kann jedoch von Erdflöhen und Blattläusen (*Myzus persicae, Aphis fabae*) befallen werden.

Die Art kann je nach Fruchtfolge sehr variabel über einen langen Zeitraum ausgesät werden. Von der Saat bis zur Druschreife der Körner vergehen im Mittel etwa 140 Tage. Allerdings reifen die Körner sehr unterschiedlich und müssen nach dem Dreschen nachgetrocknet werden. Von der Aussaat bis Siloreife für die Biogasproduktion vergehen nur 90–110 Tage, sodass auch bei einem späten Anbau als Zweitfrucht ab Mitte Juni noch ausreichend Zeit für die Entwicklung der Pflanze bleibt. Die Ernte kann auch erst nach den ersten Frühfrösten erfolgen.

Die Früchte entwickeln sich versteckt zwischen der bleibenden Blütenhülle.

Ökologische Bedeutung

Als trockenresistente Art gehört Quinoa zu den Pflanzen, die im Rahmen des Klimawandels zunehmend interessant werden. Als Zweit- oder Zwischenfrucht schützt Quinoa den Boden vor Nährstoffauswaschung und trägt zur Humusbildung bei. Die Bodenerosion wird vermindert. Die Pflanze bietet Spinnen und anderen Kleintieren einen Lebensraum. Die Blüten bestäuben sich meist selbst. Sie bieten keinen Nektar, jedoch Pollen, der Honigbienen und verschiedene andere Blütenbesucher anlockt, die dann für eine Fremdbestäubung sorgen können.

Geschälte, linsenförmige Samen mit hellerem Rand durch den umlaufenden Embryo

Echter Spinat, Gemüse-Spinat

Spinacia oleracea

Ursprünglich stammt der Echte Spinat aus Mittelasien. Im Mittelmeerraum ist er seit der Antike eingebürgert. In Deutschland wächst er seit dem 16. Jh. als Gemüsepflanze in den Gärten. Es handelt sich um eine einjährige Art, die bei uns sommer- oder winterannuell kultiviert wird. Anfangs bilden die Blätter eine Rosette. Sie sind lang gestielt und haben eine leicht fleischige, bis 15 cm lange Blattspreite, die zwischen den Blattadern mehr oder weniger stark gewölbt ist. Ihr Umriss ist eiförmig bis dreieckig-spießförmig, je nach Sorte kann ein Paar Seitenlappen vorhanden sein. Bei Langtagbedingungen schieben die Pflanzen einen bis 100 cm hohen, beblätterten Stängel und kommen zur Blüte. Meist stehen die unscheinbaren männlichen und weiblichen Blüten auf verschiedenen Pflanzen. Die Achänen verwachsen mit den überdauernden Vorblättern der weiblichen Blüten. Es gibt auch schossfeste Sorten, die im Sommer angebaut werden können, ohne dass sie Blüten ausbilden.

Die Pflanzen bevorzugen tiefgründige, sandige Lehmböden. Auf leichten Böden wachsen sie rascher als auf schweren. Besonders auf reinen Sandböden muss die Kultur ausreichend bewässert werden. Es erfolgt Direktsaat in Reihen. Frühjahr- und Sommerspinat wird von Frühjahr bis August gesät. Im September gesäte Pflanzen bleiben über den Winter auf dem Feld und werden im Frühjahr als Winterspinat geerntet. Bei Blattspinat handelt es sich um einzeln geerntete Blätter. Für Wurzelspinat dagegen wird die ganze Blattrosette am Wurzelhals abgeschnitten, sodass die Blätter beieinanderbleiben. Die Ernte von Frühjahr- und Sommerspinat erfolgt je nach Erntetyp und Verwendungszweck etwa 38–80 Tage nach der Aussaat. Die Blätter älterer oder geschossener Pflanzen schmecken bitter.

Spinat lässt sich nur kurz lagern. Er spielt als Frischware eine wesentlich geringere Rolle als für die industrielle Verarbeitung zu Tiefkühlware, Konserven, Saft und anderem. Die Blätter können roh, gedünstet oder gekocht genossen werden. Sie enthalten bis zu 94 % Wasser, sind aber reich an den Mineralstoffen Kalium, Kalzium, Magnesium, Phosphor, Kupfer und Jod. Der Eisengehalt liegt zwar über dem von anderem Gemüse, ist aber nicht außergewöhnlich hoch und viel niedriger als in Fleisch oder Fleischerzeugnissen.

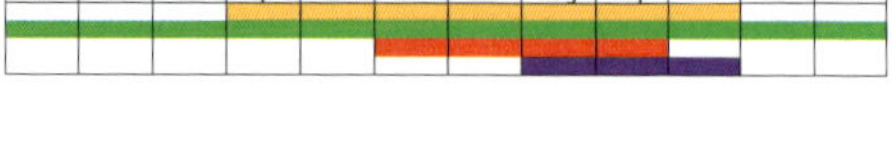

Küchen-Zwiebel, Sommer-Zwiebel

Allium cepa

Beschreibung

Bis es zur Blütenbildung kommt, bleibt die Sprossachse der ausdauernden Pflanze gestaucht. Es bildet sich eine 5–15 cm dicke Zwiebel als Speicherorgan. Diese besteht aus einer scheibenförmigen Achse („Zwiebelkuchen") und dicht aneinanderliegenden, fleischig verdickten Unterblättern, den Zwiebelschalen. Die äußersten Schalen trocknen ein und bilden eine schützende Hülle. Nur bei einem Teil der Laubblätter sind grüne, röhrenförmige Oberblätter vorhanden, die jedoch im Laufe der Entwicklung absterben. Ab dem 2. Jahr kann die Pflanze zur Blüte kommen. Dann streckt sich der Zwiebelkuchen zu einem bis 1,2 m hohen, blattlosen, hohlen, besonders etwa in der Mitte aufgeblasenen Schaft. Dieser trägt eine kugelige, 5–10 cm große Scheindolde aus bis über 100 Einzelblüten. Anfangs ist der Blütenstand von einem Hochblatt umhüllt, das beim Öffnen eintrocknet und zurückklappt. Die Blüten sind 1,5–4 cm lang gestielt. Sie haben 6 weiße Perigonblätter mit grünem Mittelstreif und werden von den Staubblättern überragt. Die Kapseln enthalten schwarze Samen. Wird die Zwiebel nicht geerntet, treibt sie auch in den folgenden Jahren wieder aus.

Gemüsezwiebeln: Sorten mit großen, mild schmeckenden Zwiebeln.

Gewürzzwiebeln, Trockenzwiebeln: Sorten mit kleineren, scharf schmeckenden Zwiebeln. Es gibt flache, kugelige und schlank-ovale Formen in Farben von weiß über bräunlich bis dunkelrot.

Entwicklung und Standortansprüche

Gemüsezwiebeln benötigen viel Wärme und eignen sich deshalb besonders für den Anbau in südlichen Ländern. In Mitteleuropa haben sich viele Sorten der Gewürzzwiebeln bewährt. Doch auch sie wachsen dann besonders gut, wenn das Sommerwetter warm ist und sie ausreichend Licht erhalten. Gebiete mit Jahresniederschlagsmengen unter 800 mm sind besonders günstig. Zur Erntezeit sollte es warm und trocken sein. Die Pflanzen bevorzugen mittelschwere, humus- und nährstoffreiche Böden, etwa sandiger Lehm, lehmiger Sand oder Löss. Im Keimlingsstadium sind sie kaum anfällig gegenüber Frost. Bei vielen Sorten schadet Frost auch überwinternden Zwiebeln nicht, das in ihnen enthaltene Inulin wirkt dabei als Frostschutzmittel.

Küchen-Zwiebeln wachsen sehr langsam und sind konkurrenzschwach gegenüber Ackerwildkräutern. Im 1. Jahr bildet sich eine nicht blühende Pflanze. Früh gesät liefert sie direkt die erntereife „Speisezwiebel". Spät gesät, überwintert sie als kleine Pflanze auf dem Acker. Kleine Zwiebeln können auch im 1. Jahr für die Gewinnung von „Steckzwiebeln" abgeerntet werden. Diese werden im folgenden Jahr gepflanzt und entwickeln neue Wurzeln, Blätter und größere Zwiebeln. Werden Zwiebeln im 2. Jahr nicht abgeerntet, kommen sie zur Blüte. Zwiebelsamen verlieren ihre Keimfähigkeit rasch und sind nach 2 Jahren nicht mehr verwendbar.

Herkunft und Geschichte als Nutzpflanze

Die Küchen-Zwiebel ist ausschließlich aus Kultur bekannt. Sie gilt als eine der ältesten Kulturpflanzen. Schon vor etwa 5000 Jahren bauten die alten Ägypter und Babylonier Zwiebeln an. Damals dienten sie als Nahrungs-, Würz- und Heilmittel und Opfergabe. Die Arbeiter der Pyramiden erhielten Zwiebeln, damit sie kräftig und gesund blieben. Römische Legionäre brachten die Zwiebel

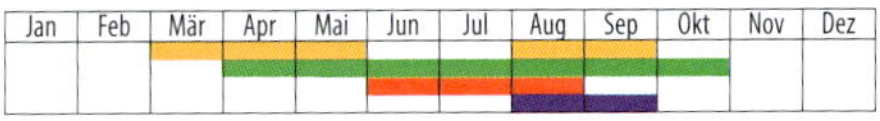

nach Mitteleuropa. Hier wurde sie im Mittelalter vor allem für Arme zu einem wichtigen Nahrungsmittel. Sie sollte auch vor Pest und Cholera schützen. Ab dem 19. Jh. hatte sich ihr Anbau endgültig etabliert und zahlreiche Sorten waren entstanden. Heute zählen Küchen-Zwiebeln in Deutschland zu den wichtigsten Gemüsen im Feldanbau.

Nutzung

Küchen-Zwiebeln dienen in der Küche sowohl als Gewürz als auch als Gemüse. Frische Zwiebeln enthalten rund 9% Kohlenhydrate, davon etwa 4% Zucker, der für ihren süßen Geschmack verantwortlich ist, sowie etwa 1,7% Inulin als Ballaststoff. Für Geruch und die scharfe Würze sorgen organische Schwefelverbindungen. Sie werden beim Zerschneiden durch Enzyme in stechend riechende und reizende Stoffe gespalten. Zwiebeln regen den Appetit an und fördern die Verdauung.

Kultur und Ernte

Landwirte können Gewürzzwiebeln auf verschiedene Arten kultivieren: Direktsaat, Steckzwiebeln oder Jungpflanzen. Haben sie Steckzwiebeln zur Verfügung, ist diese Anbauform am sichersten. Auf unkrautarmen Böden bietet sich sonst eine Direktsaat an, oder – sofern Pflanzmaschinen zur Verfügung stehen – auch ein Anbau über Jungpflanzen.

Je nach Region ist Winter- oder Sommerkultur möglich. Bei Winterkultur werden winterharte Sorten ab August gesät oder ab Oktober gepflanzt oder gesteckt und im Juni oder Juli des folgenden Jahres geerntet. Bei Sommerkultur sät, pflanzt oder steckt der Landwirt die Küchen-Zwiebeln zwischen März und Juli und erntet sie im gleichen Jahr

Blütenstand, noch vom Hochblatt umhüllt

Fast erntereife Küchen-Zwiebel, Rote Sorte

Blüten

zwischen Juli und September. Um Steckzwiebeln zu erhalten, wird im März oder April gesät und bereits im Juli geerntet. Die kleinen Zwiebeln werden dann kühl und trocken überwintert.

Gewürzzwiebeln sind erntereif, sobald 1/3 bis 2/3 der grünen Röhrenblätter umgeknickt sind. Sie werden dann aus dem Boden gezogen und getrocknet. Lagerfähig sind sie erst nach mehrmaligem Wenden und Abrubbeln. Sie müssen rascheltrocken und der Ansatz der Röhrenblätter darf nicht mehr fleischig sein.

Zwischen dem Anbau von Zwiebelgewächsen sollte eine Pause von 4–5 Jahren eingehalten werden.

Ökologische Bedeutung

Die Art ist auf Fremdbestäubung angewiesen und lockt verschiedene Insekten als Bestäuber an (Nektarwert 3, Pollenwert 2). Bei den Wildbienen besuchen polylektische Arten, aber auch die streng oligolektische Lauch-Maskenbiene (*Hylaeus punctulatissimus*), die Blüten. Sie braucht im Sommer blühende Alliumarten und bevorzugt solche mit kugeligen Blütenständen, um Pollen und Nektar für den Nachwuchs zu sammeln.

In Mischkulturen gilt die Küchen-Zwiebel als eine Art, die gut zu vielen anderen Gemüsepflanzen passt. Eine Mischkultur mit Karotten oder Petersilie wirkt der Zwiebelfliege (*Delia antiqua*) entgegen, deren Larven an den unterirdischen Teilen fressen. In einer Karottenkultur kann die Küchen-Zwiebel gleichzeitig den Befall der Möhrenfliege (*Chamaepsila rosae*) mindern.

Anbau, Rote Sorte

Winterheck-Zwiebel

Weitere Art

Manchmal werden in Winterkultur angebaute Küchen-Zwiebeln auch als Winterzwiebeln bezeichnet. Dies kann zu Verwirrung mit einer anderen Zwiebelart führen: Der **Winter-Zwiebel oder Winterheck-Zwiebel** (*Allium fistulosum*). Diese bildet Horste aus langen, zylindrischen, meist weißen Zwiebeln. Ihre Blütenstände sind nur 3–4 cm dick, die Blütenstiele nur etwa so lang wie die Perigonblätter. Diese Art kommt hauptsächlich ihrer grünen Blätter wegen in den Handel und wird dann als Lauchzwiebel, Bundzwiebel, Grünzwiebel oder Schlottenzwiebel bezeichnet. Die meist in Bündeln gehandelten Pflanzen haben in diesem Stadium höchstens eine dünne Zwiebel, einen Schaft aus ineinandersitzenden Blattbasen und frisches, grünes Laub.

Küchen-Zwiebel in Winterkultur, gepflanzt (Oktober)

Lauch, Porree

Allium porrum, Allium ampeloprasum Lauch-Gruppe

Im Gegensatz zur Küchen-Zwiebel bildet der Lauch als 2-jährige Pflanze keine ausgeprägte Zwiebel. Bei ihm verlängern sich die fleischigen Unterblätter stark und bilden einen bis zu 40 cm langen und 3–8 cm dicken Scheinspross, den sogenannten Schaft. Die Oberblätter sind kahl, abgeflacht, aber gekielt und bis über 8 cm breit. Sie entspringen dem Schaft in zwei Zeilen. Im 2. Jahr entwickelt die Pflanze einen kugeligen, 3–8 cm dicken Blütenstand. Dessen einseitiges Hüllblatt fällt früh ab. Die Perigonblätter sind rosa bis weißlich und werden von den Staubblättern überragt (Nektarwert 3, Pollenwert 2).

Die wilde Stammpflanze des kultivierten Lauchs ist der aus dem Mittelmeerraum stammende Acker-Lauch (*Allium ampeloprasum*). Lauch ist seit dem Altertum bekannt und gelangte wahrscheinlich im Mittelalter von Italien nach Mitteleuropa.

Die Aussaat erfolgt zwischen Anfang Januar und Anfang März in einem kalten Gewächshaus oder im März oder April in einem Saatbeet im Freien. Jungpflanzen aus dem Gewächshaus werden ab Ende März bis Ende Mai ausgepflanzt und können zwischen Juni und September geerntet werden (Sommerlauch). Solche aus dem Saatbeet kommen erst zwischen Ende Mai und Ende Juli auf das Feld. Da die meisten dieser späten Sorten gut frosthart sind, können sie den Winter über dort verbleiben (Herbst- und Winterlauch). Damit die Pflanzen den von den Verbrauchern gewünschten bleichen Schaft erhalten, werden sie in etwa 20 cm tiefe Furchen gesetzt und diese allmählich mit Erde aufgefüllt. Anschließend erfolgt mehrmaliges Anhäufeln. Lauch enthält reichlich Mineralstoffe, besonders viel Kalium und Kalzium, sowie B-Vitamine und die Vitamine C und E. Er gilt als gesundes Gemüse. Sommerlauch hat lange, dünne Schäfte und ist weicher, zarter und feiner im Geschmack als der Winterlauch mit kürzeren und dickeren Schäften. Lauch ist nur begrenzt lagerfähig, geerntete Stangen welken innerhalb weniger Wochen. Er soll nicht in der Nähe von Ethylen ausscheidenden Produkten wie Äpfeln gelagert werden, da dieses Gas seine Haltbarkeit mindert.

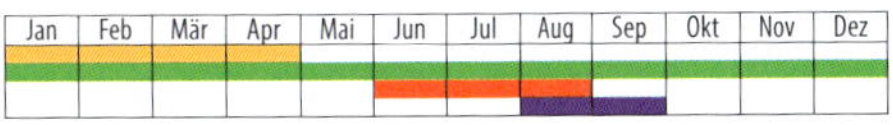

Doldenblütler (Apiaceae)

Allgemeines

Die in Mitteleuropa angebauten Arten dieser Pflanzenfamilie sind krautige Pflanzen. Sie haben einfach oder mehrfach gefiederte Blätter mit einer oft auffällig vergrößerten Blattscheide. Der Blütenstand der kultivierten Arten ist eine Doppeldolde: Eine meist vielstrahlige Dolde trägt an den Doldenstrahlen jeweils ein Döldchen. An der Basis der Dolde können Hüllblätter, an der Basis der Döldchen Hüllchenblätter stehen. Die Blüten sind klein und haben 5 Kronblätter. Bei den Früchten handelt es sich um Spaltfrüchte (Doppelachänen), bei denen 2 einsamige, längs gerippte Teilfrüchte über einen Fruchthalter miteinander verbunden sind.

Bedeutung als Nutzpflanzen

Die verschiedenen Doldenblütler werden insbesondere wegen ihrer ätherischen Öle als Gewürz- und Arzneipflanzen genutzt. Anis, Süß- und Bitter-Fenchel, Kümmel und Koriander sind Beispiele von Doldenblütlern, bei denen die Früchte verwendet werden. Bei anderen Arten, wie Dill und Liebstöckel, nutzt man die Blätter, bei Echtem Sellerie die Blätter und die Knolle, bei Petersilie je nach Form die Blätter oder die Wurzeln, bei Knollen-Fenchel die Zwiebel oder die Früchte. Bei Karotten und Pastinaken sowie Wurzelpetersilie steht nicht eine Würz- oder Heilkraft im Vordergrund, sondern ihre Rüben dienen als kohlenhydratreiche Gemüse.

Ökologische Bedeutung

Besonders wenn Doldenblütler zur Blüte kommen, sind sie ökologisch sehr wertvoll. Deshalb gehören sie in ein- und mehrjährigen Blühmischungen zu den fast regelmäßigen Mischungspartnern. Vor allem Garten-Fenchel, Dill, Koriander und Wilde Möhre wachsen in den Mischungen (vgl. auch Tabelle S. 396).

Die kleinen, aber sehr zahlreichen Blüten bieten Pollen und sondern reichlich Nektar ab, der offen auf einem Griffelpolster liegt. Er ist somit für alle Insekten leicht zugängig und stellt für sie eine wichtige und ergiebige Nahrungsquelle dar. Zweiflügler, besonders Schwebfliegen und andere Fliegen sowie Käfer, sind die häufigsten Besucher, aber auch Wildbienen besuchen die Blüten regelmäßig. Entsprechend bieten die Pflanzen auch Lebensraum für viele Tiere, die sich von Insekten ernähren, etwa Spinnen, Marienkäfer, Larven von Schwebfliegen. An den Blättern fressen Raupen verschiedener Schmetterlinge. Die hohlen Stängel, zusammengerollten Blätter und Fruchtstände dienen Insekten auch als Unterschlupf. Vögel fressen im Winter die Samen und suchen nach Insekten und Spinnen.

Pastinak mit Roten Weichkäfern (*Rhagonycha fulva*)

Raupe des Schwalbenschwanzes (*Papilio machaon*) auf Garten-Fenchel

Wichtige Kulturarten auf den Feldern

Außer den auf den Folgeseiten in Einzelporträts vorgestellten Arten sind folgende im Gemüse- bzw. Gewürzpflanzenanbau regelmäßig zu sehen:

Vom Pastinak (*Pastinaca sativa*) wird die bis zu 40 cm lange Rübe im 1. Jahr geerntet. Sie lässt sich zu Gemüse, Suppen, Püree oder Salaten verarbeiten.

Blatt-Petersilie (*Petroselinum crispum* ssp. *crispum*) ist ein an den Vitaminen C und A reiches Gewürzkraut mit süßlich-aromatischem Geschmack. Es gibt glatt- und krausblättrige Sorten.

Wurzel-Petersilie (*Petroselinum crispum* ssp. *tuberosum*) bildet eine spitze Rübe, die wesentlich kleiner als die vom Pastinak ist. Sie schmeckt kräftiger als Pastinak oder Karotten und dient als Gemüse oder würzt Suppen und Eintöpfe.

Dill (*Anethum graveolens*) wird in Monokulturen als Gewürz- und Arzneipflanze kultiviert. Er ähnelt Fenchel, ist aber kleiner und zarter.

Echter Sellerie

Apium graveolens

Beschreibung

In Mitteleuropa wächst der Echte Sellerie als zweijährige Pflanze. Im 1. Jahr bildet er eine Rosette aus dunkelgrünen, gefiederten Blättern, deren Abschnitte mehr oder weniger rhombisch sind. Nach Vernalisation treibt die Pflanze im 2. Jahr einen bis über 1 m hohen Stängel, der kantig gefurcht ist und sich stark verzweigt. Die weißen oder grünlichen Blüten stehen in 5–10-strahligen Doppeldolden ohne Hülle und Hüllchen. Die Spitzen der Kronblätter sind weder eingebuchtet noch einwärts gebogen. Die Teilfrüchte sind rundlich, abgeflacht, etwa 1,5 cm groß.

Knollen-Sellerie, Wurzel-Sellerie (*Apium graveolens* var. *rapaceum*) hat eine fleischige, rundliche Rübe, die bis 20 cm dick werden kann und halb unterirdisch wächst. An ihrer Bildung sind Hauptwurzel, Hypokotyl und Sprossachse je zu etwa 1/3 beteiligt (Sprossrübe).

Stauden-Sellerie, Bleich-Sellerie, Stangen-Sellerie (*Apium graveolens* var. *dulce*) besitzt verdickte Blattstiele.

Schnitt-Sellerie (*Apium graveolens* var. *secalinum*) ähnelt noch der Wildform. Er besitzt keine oder nur eine kleine Knolle und breit gefiederte Blätter, die eher an glatte Blattpetersilie erinnern.

Knollen-Sellerie

Entwicklung und Standortansprüche

Knollen-Sellerie wächst besonders gut auf schweren Böden mit viel Humus sowie auf Niedermoorböden. Stauden-Sellerie bevorzugt mittelschwere, tiefgründige, humusreiche Böden. Jungpflanzen reagieren empfindlich auf Stress: Mangelt es ihnen an Licht, Wasser oder Nährstoffen oder ist es zu kalt, besteht die Gefahr, dass sie schossen.

Herkunft und Geschichte als Nutzpflanze

Die Kulturformen stammen von dem Wilden Sellerie (*Apium graveolens* var. *graveolens*) ab, der an den Küsten des Mittelmeeres und des

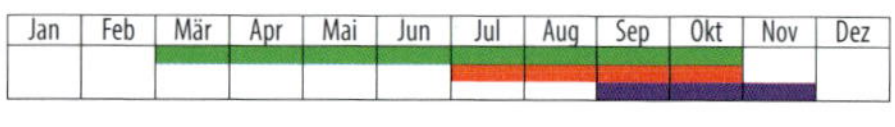

Atlantiks wächst. Die alten Ägypter nutzten die Pflanze wohl zu kultischen Zwecken und in der Heilkunde. Bei den Griechen und Römern war sie dem Gott der Unterwelt geweiht. Um die Zeitenwende wurde Sellerie bereits angebaut. Im frühen Mittelalter kam er aus Italien nach Deutschland. Im 9. Jh. tauchte er sowohl in der Landgüterverordnung Karls des Großen als auch im Klosterplan von St. Gallen auf. Bis ins 16. Jh. nutzte man ihn wegen seiner harntreibenden Wirkung hauptsächlich als Heilpflanze. Erst ab dem 17. Jh. wurden die Bitterstoffe weggezüchtet, die heutigen Varietäten entstanden. Nun wurden Blätter, Stängel und Knollen auch für die Küche interessant. Im 19. Jh. gab es bereits mehrere Sorten Stauden- und Knollen-Sellerie sowie Schnitt-Sellerie.

Nutzung

Blätter und Knollen würzen Suppen. Die Knollen eignen sich auch für Rohkostsalat und herzhafte Gemüse und werden als Essiggemüse in Konserven angeboten. Die Blattstiele des Stauden-Selleries verwendet man als „Selleriestangen“ für Salate oder gedünstet wie Gemüse-Spargel. Sie schmecken milder als Knollen-Sellerie. Die

Stauden-Sellerie

Schnitt-Sellerie

intensiv aromatischen Blätter des Schnitt-Selleries dienen als Würzgemüse. Seinen typischen Geschmack erhält Sellerie durch ätherische Öle. Außerdem sind die Pflanzen auch reich an Vitamin C und Mineralstoffen.

Kultur und Ernte

Landwirte bei uns kultivieren am häufigsten Knollen-Sellerie. Die Pflanzung erfolgt Ende April bis Ende Juni. Damit er gut gedeiht, muss er meist in der Einwurzelungsphase und während der Hauptwachstumszeit im September/Oktober beregnet werden. Ab Mai bis in den Frühsommer werden Knollen mit Laub als Suppensellerie geerntet. Die Haupternte findet zwischen Mitte Oktober und den ersten stärkeren Frösten statt. Nun werden die ausgewachsenen Knollen ohne Laub in der Regel vollmechanisch geerntet. Sie können frostfrei bis zu 6 Monate gelagert werden.

Stauden-Sellerie kann ab Mitte März gepflanzt werden, wenn er abgedeckt wird. Ab Anfang Mai sind weder Vlies noch Folie erforderlich. Wenn es trocken ist, muss beregnet werden, da sonst die Blattstiele bastig werden können. Damit sie blass bleiben, wird Erde angehäufelt. Bei der Ernte werden die Pflanzen knapp unter der Oberfläche per Hand oder maschinell abgeschnitten. Das Erntegut muss rasch auf 0°C heruntergekühlt werden. Die Lagerdauer beträgt 2–3 Wochen.

Zwischen zwei Selleriekulturen und zu anderen Doldenblütlern wird eine Anbaupause von 3–5 Jahren empfohlen.

Ökologische Bedeutung

Blühender Sellerie lockt Insekten, besonders Schwebfliegen und andere Zweiflügler, Käfer sowie Wildbienen an. Bilden sich Früchte, kann die Pflanze verwildern.

Anbau Knollen-Sellerie

Karotte, Möhre, Mohrrübe, Gelbe Rübe, Wurzel

Daucus carota ssp. *sativus*

Beschreibung

Die zweijährige Pflanze bildet im 1. Jahr eine Pfahlwurzel und eine Rosette aus aufrecht gerichteten, doppelt bis dreifach gefiederten, fein zerteilen Blättern. Die Pfahlwurzel verdickt sich zur Rübe, bei der eine dicke Rindenschicht einen Holzkörper umschließt (Bastrübe). Der oberste Teil wird als Kopf bezeichnet. Er besteht aus dem Hypokotyl und färbt sich grün, wenn er Licht erhält. Erst im 2. Jahr – selten bereits im ersten – kommt die Pflanze zur Blüte. An einem reich verzweigten, bis 1,8 m hohen Stängel bilden sich schirmartige Doppeldolden mit vielen fast weißen Blüten. Häufig befinden sich 1 bis wenige rötliche oder schwarze sterile Blüten im Zentrum (Mohrenblüten). Die Hüllblätter sind auffallend groß, 3-teilig oder fiederspaltig. Der Fruchtstand mit den borstigen Doppelachänen neigt sich bei Feuchtigkeit vogelnestartig zusammen.

Entwicklung und Standortansprüche

Gerade gewachsene Rüben entwickeln sich am besten in Sandböden oder sandigen, kalkhaltigen Lehmböden. Die Böden sollten feucht sein, aber nicht zu Vernässung neigen. Außerdem sollten sie keine Steine enthalten. Die Pflanzen bevorzugen ein kühleres Klima mit Tagesdurchschnittstemperaturen von 16–18 °C wie es z. B. in Mittel- und Westdeutschland herrscht. Doch sie kommen auch mit anderen Klimabedingungen wie in den Subtropen zurecht. Die Wurzeln reichen bis 1 m tief in den Boden und ertragen Frost. Die Samen sind Dunkelkeimer. Anfangs entwickeln sich die Pflanzen langsam und sind gegen Wildkräuter wenig konkurrenzfähig. Die Rüben werden erntereif, sobald ihr Zucker- und Carotingehalt optimal ist. Dann haben sich ihre Blattspitzen rötlich bis gelblich verfärbt. Je nach Sorte und Verwendung dauert die Zeit zwischen Aussaat und Rübenernte 70–220 Tage.

Wenn die Pflanze nach der Jugendphase, sobald sie mindestens 8–12 Blätter hat, eine Verna-

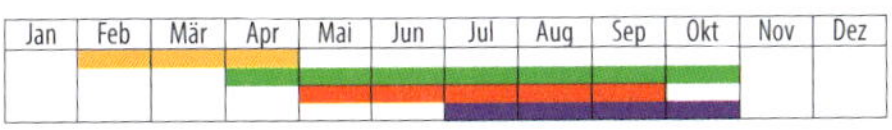

Blühend

lisationsphase mit Temperaturen zwischen 1 und 10 °C durchläuft, kommt sie zur Blüte. Je nach Sorte muss diese Phase 1–12 Wochen dauern und ist in der Regel erst nach dem Winter erreicht. Außerdem benötigt die Pflanze zur Blüteninduktion Langtagbedingungen. Nach der Vernalisation verholzen die Wurzeln rasch und verlieren damit ihren Marktwert.

Herkunft und Geschichte als Nutzpflanze

Wahrscheinlich sind die unterschiedlich gefärbten Karotten als Kreuzungen der bei uns heimischen Wilden Möhre (*Daucus carota* ssp. *carota*), der südeuropäischen Riesen-Möhre (*Daucus carota* ssp. *maximus*) und der Orientalischen Schwarz-Möhre (*Daucus carota* ssp. *afghanicus*) entstanden. Da sich Früchte der Karotte nicht von der Wilden Möhre unterscheiden lassen, fehlen archäologische Nachweise. Bei Beschreibungen aus der Antike, aber auch bei Hildegard von Bingen (1098–1179) bleibt unklar, ob es sich um Pastinaken (*Pastinaca sativa*) oder Karotten handelt. Beide Namen wurden bis nach dem Mittelalter oft wechselseitig verwendet. Im Iran wurden bereits im 10. Jh. rote und gelbe Karotten angebaut. In den Kräuterbüchern des 16. Jh. gibt es eindeutige Nachweise von Karottenkulturen in Mitteleuropa. Spätestens ab Ende des 17. Jh. gab es in den Niederlanden orangefarbene Karotten. Im 19. Jh. wurde eine große Vielfalt an Karotten für Futter und Speisezwecke angebaut, sowohl die Farbe als auch die Form betreffend. Heute liegt der Schwerpunkt bei Karotten auf orangefarbenen Sorten mit dickem Rindenteil, hohem Carotingehalt und süßem Geschmack.

Nutzung

Speisemöhren: Die Rüben liefern ein beliebtes Gemüse, das bei uns fast das ganze Jahr aus regionalem Anbau stammen kann. Der Handel bezeichnet oft nur rundliche Sorten mit kurzen, dicken Rüben als Karotten, solche mit länglichen Rüben dagegen als Möhren. Karotte ist aber auch der Überbegriff für alle Sorten. Nur orangefarbene Karotten enthalten viel Carotinoide, die als Vorstufe von Vitamin A wichtig sind. Mit 10–20 mg Gesamtcarotinoiden pro 100 g sind sie eines der carotinreichsten Lebensmittel. Gelbe Sorten enthalten andere gelbe Farbstoffe und nur wenig Carotin. Die Farbe von roten und schwärzlichen Sorten entsteht durch Anthocyane. Diese überlagern die Carotinoide. Bei den weißen Sorten fehlen Farbstoffe ganz.

Anbau (Dammkultur)

Heimische Bundmöhren werden von Mai bis Oktober mitsamt des grünen Krauts in Bündeln verkauft. Sie sind bis dahin meist 80–100 Tage im Treibhaus oder auf dem Feld gewachsen. Die Blätter sollten gleich nach dem Kauf entfernt werden, da die Rüben sonst rascher schrumpfen. Bei Waschmöhren handelt es sich um frisch vom Feld kommende, gewaschene Ware ohne Kraut. Die Einzelrübe ist meist schwerer als bei Bundmöhren. Lagermöhren stammen von späten Karottensorten, die eine lange Kulturzeit von 150–190 Tagen benötigen. Sie können den ganzen Winter über verkauft werden. Babymöhren sind meist schlanke, süße Rüben, die maschinell auf eine kleine Größe zugeschnitten und besonders zu Konserven verarbeitet werden.

Futtermöhren: Beschädigte oder krumme Speisemöhren liefern Futter. Außerdem werden auch weiße Sorten als Futtermöhren angebaut. Karotten liefern weniger Energie und Nährstoffe als Futter-Rüben, doch gelten sie wegen ihres Vitamingehalts als hochwertiges Futtermittel. Sie werden besonders an Rinder und Pferde verfüttert. Durch die Carotinoide kann sich das Milchfett gelb färben und damit auch die Butter, die dadurch zudem besser streichfähig wird.

Kultur und Ernte

In tief gelockerten, feinkrümeligen, leichten Böden säen Landwirte die Samen in ebene Reihen. Handelt es sich um schwere oder zu Vernässung neigende Böden, legen sie meist Dämme an, in die die Samen ausgebracht werden. Die Erde in den Dämmen erwärmt sich rasch und trocknet besser ab. Werden die Beete mit Vlies abgedeckt, kann schon ab Anfang Februar gesät werden, sonst im März oder April. Die Pflanzen benötigen gleichmäßig Wasser. Außerdem muss Unkraut maschinell, mit Herbiziden oder in Handarbeit beseitigt werden. Anhäufeln der Reihen verschüttet keimende Wildkräuter und beugt gleichzeitig grünen Rübenköpfen vor. Bundmöhren werden maschinell oder von Hand geerntet. Bei Wasch- und Lagermöhren zieht ein Roder die Karotten aus der Erde und schlägt das Grün meist direkt ab. Waschmöhren werden direkt anschließend gewaschen und poliert. Lagermöhren werden meist im Oktober geerntet und die Rüben mitsamt der Erde in großen Kisten bei 2–5 °C gelagert. In klimatisch günstigen Gebieten sind auch Feldmieten oder eine Strohabdeckung auf dem Feld möglich. Erst kurz bevor sie in den Handel kommen, werden sie gewaschen.

Anbau (ebene Kultur)

Verschiedene Sorten von Speisemöhren

Verzweigte Speisemöhren

Zur nächsten Karottenkultur oder zu anderen Doldenblütlern wie Sellerie, Petersilie oder Garten-Fenchel muss eine Anbaupause von 4–5 Jahren eingehalten werden. Dies dämmt Krankheiten und Schädlinge wie die Möhrenfliege (*Psila rosae*) ein, deren Larven Fraßgänge in die Rüben nagen.

Ökologische Bedeutung

Neben Käfern und Fliegen lassen sich auf den Dolden über 20 verschiedene Wildbienenarten beobachten. Auch die Honigbiene findet hier Nahrung (Nektarwert 2, Pollenwert 2). In den zusammengeneigten Fruchtständen finden Spinnen und Insekten besonders gute Verstecke. Sehr häufig ist hier die Streifenwanze (*Graphosoma lineatum*) zu beobachten.

Oben: orange Karotte, unten: Wilde Möhre

Streifenwanzen

Garten-Fenchel

Foeniculum vulgare ssp. *vulgare*

Beschreibung

Die zwei- bis mehrjährige Staude entfaltet beim Zerreiben einen würzigen, anisartigen Geruch. Sie bildet eine tief reichende Pfahlwurzel und mehrfach fiederteilige Blätter mit feinen, fädigen Blättchen. Die Blattscheiden sind groß und kapuzenförmig. Nach der Blüteninduktion, gewöhnlich ab dem 2. Jahr, wachsen aufrechte, gerillte Stängel mit verzweigten Blütenständen. Die bis über 15 cm breiten Doppeldolden setzen sich aus zahlreichen gelben Blüten zusammen.

Knollen-Fenchel, Gemüse-Fenchel (*Foeniculum vulgare* ssp. *vulgare* var. *azoricum*): Die grundständigen Blätter bilden aus ihren fleischig verdickten, gerippten Blattscheiden eine große Zwiebel, die landläufig als „Knolle“ bezeichnet wird.

Süß-Fenchel, Gewürz-Fenchel (*Foeniculum vulgare* ssp. *vulgare* var. *dulce*): Die Pflanzen wachsen bis zu 2,5 m hoch und besitzen weiche, hohle Stängel. Die Früchte enthalten bis 3 % ätherisches Öl mit wenig Fenchon und mindestens 80 % trans-Anethol.

Bitter-Fenchel (*Foeniculum vulgare* ssp. *vulgare* var. *vulgare*): Die Pflanzen bleiben meist kleiner als 1,25 m und haben einen harten, mit Mark gefüllten Stängel. Ihre Früchte enthalten mehr ätherisches Öl und schmecken wegen eines wesentlich höheren Anteils an Fenchon bitter.

Entwicklung und Standortansprüche

Die Pflanzen gedeihen gut auf nährstoff- und basenreichen Lehm- und Lössböden. Sie sind wärmeliebend und bevorzugen sonnige Standorte mit ausreichender Bodenfeuchte. Die Pflanzen sind je nach Sorte frosthart bis -15 °C. Bei Knollen-Fenchel werden die Zwiebeln bei Temperaturen unter -4 °C glasig. Fenchel gehört zu den Langtagpflanzen, lange Sommertage oder auch große Temperaturschwankungen zwischen Tag und Nacht können Schossen und Blütenbildung auslösen. Knollen-Fenchel war deshalb lange Zeit eine typische Herbstkultur. Mittlerweile gibt es jedoch schossfeste Sorten, die sich für einen Sommeranbau eignen. Ihre Kulturdauer liegt je nach Sorte, Anbautermin und gewünschter Größe bei 60–110 Tagen. Für die Gewinnung der Früchte wird die Pflanze zweijährig kultiviert, doch ist auch mehrjährige Nutzung möglich. Damit die Früchte gut ausreifen, eignen sich besonders Lagen mit trockenen Spätsommern.

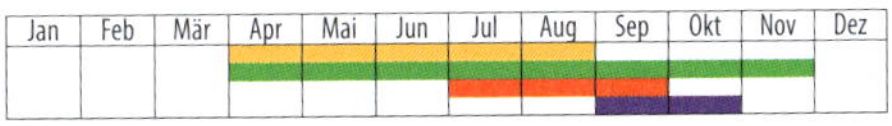

Blüten Bitter-Fenchel

Süß-Fenchel, unreif fruchtend

Herkunft und Geschichte als Nutzpflanze

Als Urform gilt der Esels- oder Pfeffer-Fenchel (*Foeniculum vulgare* ssp. *piperitum*). Er wächst wild von den Kanaren bis in den östlichen Mittelmeerraum. Bereits die alten Ägypter, Griechen und Römer sowie die frühen chinesischen Hochkulturen kannten Fenchel als Gewürz und Heilpflanze. Seit dem Mittelalter wuchs er zu diesen Zwecken auch in Klostergärten Mitteleuropas. Erst im 19. Jh. gelang es Italienern, Knollen-Fenchel zu züchten. Er wurde rasch eine wichtige Zutat mediterraner Speisen. In Deutschland ist Knollen-Fenchel erst seit dem letzten Drittel des 20. Jh. bekannt.

Nutzung

Knollen-Fenchel wird roh wie Stauden-Sellerie oder gekocht gegessen. Er ist kalorienarm, aber reich an Ballaststoffen, Folsäure und Vitamin C und kann einen Beitrag zur Kalziumversorgung leisten. Süße Fenchelfrüchte spielen als Gewürz sowie in Spirituosen eine Rolle. Bittere Fenchelfrüchte wirken gegen Blähungen und Erkältungen.

Garten-Fenchel gehört zu den häufigen Mischungspartnern im Zwischenfruchtanbau. Eine besonders wichtige Rolle spielt er in mehrjährigen Blühmischungen. Er ist auch für Mischungen geeignet, die für Biogasanlagen verwendet werden.

Kultur und Ernte

Knollen-Fenchel kann direkt auf das Feld gesät oder als vorgezogene Pflanzen ausgepflanzt werden. Die Pflanzen dürfen nicht zu tief gesetzt werden, sonst werden die Knollen lang und flach. Eine Direktsaat ist nicht vor April sinnvoll. Jungpflanzen können jedoch bereits ab Anfang März gepflanzt und bis Mai mit Vlies bedeckt werden. Gestaffelte Pflanzungen, zuerst Sommerfenchelsorten, dann Herbstfenchel, sind bis Ende August möglich. So kann ab Ende Mai bis in den November hinein geerntet werden. Pflanzung auf Mulchfolien kann sinnvoll sein, um Unkräuter zu unterdrücken. Auch eine mechanische Unkrautbekämpfung ist möglich. Bei Trockenheit muss bewässert werden, sonst bilden sich keine Knollen. Um Schossen zu verhindern, müssen für den

Knollen-Fenchel kurz vor der Ernte im Oktober

jeweiligen Erntezeitraum geeignete Sorten gewählt werden. Stehen die Pflanzen zu lange auf dem Feld, verholzen und platzen die Knollen.

Für die Körnernutzung stehen Sorten von Winter- und Sommerfenchel zur Verfügung. Sommerfenchel sät der Landwirt zwischen Mitte März und Mitte April, Winterfenchel kann noch nach der Getreideernte bis Ende August gesät werden. Sobald sich die Früchte gelb färben und ihre Rippen deutlich dunkler gefärbt sind, werden sie mit dem Mähdrescher geerntet. Die Stängel sind zu diesem Zeitpunkt noch grün oder gelblich grün. Unkräuter müssen nur am Anfang bekämpft werden. Hat sich der Bestand etabliert, werden sie von der üppigen Blattmasse unterdrückt.

Als Vorfrüchte eignen sich Hackfrüchte und Getreide gut. Andere Doldenblütler sollten als Vorfrucht gemieden werden. Nach einer Fenchelkultur wird eine 3–7-jährige Anbaupause empfohlen.

Ökologische Bedeutung

Blühender Fenchel lockt neben Schwebfliegen und anderen Insekten auch Honigbienen und viele Windbienen an, vor allem Furchenbienen (*Halictus* spp.), Schmalbienen (*Lasioglossus* spp.) und Buckelbienen (*Sphecodes* spp.) (Nektarwert 3, Pollenwert 2). Die Pflanzen verwildern gelegentlich durch Selbstaussaat. Lokal ist die Art auch in Mitteleuropa eingebürgert.

Früchte von Bitter-Fenchel (links) und Süß-Fenchel (rechts)

Blühender Garten-Fenchel in einer mehrjährigen Blühmischung

Gemüse-Spargel, Kultur-Spargel

Asparagus officinale

Beschreibung

Die Wurzeln reichen 3–5 m tief in den Boden. Aus einem kurzen, dicken Rhizom wachsen meist überhängende, bis 1,5 m hohe Stängel. Diese verzweigen sich besenartig und tragen Büschel mit nadelförmigen, an Blätter erinnernden Seitenzweigen. Die Blättchen sind unauffällige häutige Schuppen. Die hängenden, glockigen Blüten haben 6 gelbliche, höchstens 5 mm lange Perigonblätter. Es gibt weibliche, männliche und zwittrige Pflanzen. Bei den Früchten handelt es sich um rote, etwa 8 mm dicke Beeren mit 1–6 schwarzen Samen.

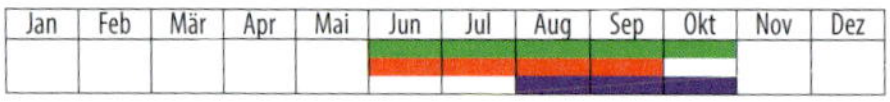

Entwicklung und Standortansprüche

Der Wurzelstock und die dicken Wurzeln speichern Nährstoffe aus dem Vorjahr. Wenn im Frühjahr ab Bodentemperaturen von 10–12 °C die

Blühend

Fruchtend

Knospen des Wurzelstocks austreiben, können die entstehenden Sprosse pro Tag 3–5 cm wachsen und so nach 8–10 Tagen erntereife „Stangen“ liefern. Solange sie in der Erde sind, bleiben sie weiß (Bleichspargel), dringen sie ans Licht, bilden sie Chlorophyll und färben sich grün (Grünspargel). Nach dem letzten Erntetermin wachsen die noch entstehenden Stängel aus. Ihre Fotosynthese sorgt dafür, dass wieder Nährstoffe in das Rhizom eingelagert werden können.

Soll Bleichspargel geerntet werden, brauchen die Pflanzen humosen oder leicht lehmigen, nährstoffreichen, möglichst etwas kalkhaltigen Sandboden in sonnigen, warmen Lagen. Der Boden muss tiefgründig und durchlässig sein. Grünspargel kann auch von Pflanzen auf schwereren Böden wie Lehm oder Löss stammen.

Herkunft und Geschichte als Nutzpflanze

Die wildwachsende Form des Gemüse-Spargels gedeiht heute in Mittel- und Südeuropa, Vorderasien, im westlichen Sibirien und Nordafrika. Die Zentren lagen früher wohl im Mittelmeerraum und Osteuropa. Wachsen in Deutschland Pflanzen außerhalb der Kulturen, handelt es sich in erster Linie um verwilderte Vorkommen.

Nachweise über die Kultur und Verwendung von Spargel reichen in Griechenland und Italien bis in das Altertum zurück. In Griechenland wurde im 4. Jh. v. Chr. allerdings ausschließlich eine andere, dornige Spargelart, der Spitzblättrige Spargel (*Asparagus acutifolius*), kultiviert. In Italien wuchs sowohl diese als auch Gemüse-Spargel.

Wahrscheinlich brachten Mönche den Spargel im Laufe des Mittelalters nach Deutschland. In den Kräuterbüchern des 16. Jh. taucht er sowohl als Arznei als auch als Nahrungsmittel auf, doch war er damals noch eine teure Delikatesse. Die Anbauflächen in Deutschland haben sich in den letzten Jahren weiter vermehrt. In Bezug auf die bewirtschaftete Fläche ist er heute das wichtigste Freilandgemüse in Deutschland. Er steht jedoch in Konkurrenz zu billigen Importen.

Nutzung

Gemüse-Spargel gilt als „Königin des Feingemüses“ und gehört zu den beliebtesten Gemüsearten. Die meisten Spargelstangen kommen frisch auf den Markt. Am meisten nachgefragt wird Bleichspargel. Sein Wassergehalt liegt bei 93–94 %, sodass er sehr kalorienarm ist. Er liefert etwas Eiweiß und verwertbare Kohlenhydrate, Ballaststoffe sowie Kalium, Vitamin C und Carotinoide. Grünspargel besitzt einen etwas anderen Geschmack und enthält mehr Vitamin C und Carotinoide als Bleichspargel. Außerdem gibt es violetten Spargel mit rosa bis violettem Kopf und nach unten zu weißer Stange und violett-grünen Spargel. Die für Spargel typische Asparaginsäure wirkt harntreibend. Viele Menschen haben ein Enzym, das die Säure in

Grünspargel

schwefelhaltige Abbauprodukte zersetzt. Bei ihnen riecht der Urin nach einem Spargelessen sehr typisch.

Kultur und Ernte

Der Anbau erfolgt als Dauerkultur für meist 6–8, gelegentlich bis 12 Jahre. In einer Vorbereitungsphase werden die Nährstoffe im Boden durch Kompost, Mist oder Gründüngung angereichert und der Boden tief gelockert. Im Pflanzjahr setzt der Spargelbauer Anfang bis Mitte April die Jungpflanzen mit einer Maschine in Reihe. Während der Wachstumsphase benötigen die Pflanzen weiteren Dünger, außerdem müssen die Reihen gehackt werden. Im 2. Jahr kann mit einer speziellen Spargeldammfräse erstmals ein Spargeldamm angehäufelt werden. Auch erste Stangen können gestochen werden. Gute Stangenerträge über den gesamten Erntezeitraum erzielt der Spargelbauer ab dem 4. Standjahr. Jeweils im Herbst werden die gebildeten Sprosse gehäckselt und dem Boden wieder zugeführt. Die Dämme für den Bleichspargel werden jeweils im Spätherbst oder im zeitigen Frühjahr angelegt. Sie sorgen dafür, dass die Sprosse immer von Erde bedeckt und damit weiß bleiben. Bei den meisten Spargelfeldern liegen bis mindestens Ende April Folien auf den Reihen. Sie beschleunigen das Wachstum, sorgen schon früh für erste Ernten und unterdrücken Ackerwildkräuter. Die Erträge lassen sich so um bis zu 30 % steigern. Teils erwärmen auch Heißwasserleitungen den Boden und ermöglichen so eine erste Ernte schon Anfang März. Grünspargel muss nicht angehäufelt werden, sodass seine Kultur einfacher ist.

Die Ernte erfolgt ausschließlich von Hand und ist sehr aufwändig, da jede einzelne Stange zum richtigen Zeitpunkt geerntet werden muss – bei Bleichspargel, sobald ihr Kopf an die Dammoberfläche stößt. In der Regel stechen Erntehelfer Stangen je nach Witterung und Folienanbau ein- oder zweimal täglich von etwa Mitte April bis 24. Juni. Bei Folienkultur endet die Erntephase meist früher.

Die Stangen werden gewaschen, sortiert und rasch gekühlt. Ein Hektar Spargelanlage benötigt in den Erntejahren einen Arbeitszeitaufwand von 1200–1500 Arbeitsstunden. Das meiste davon entfällt auf die Ernte. Nach der Rodung muss zum nächsten Spargelanbau eine mehrjährige Anbaupause eingehalten werden.

Spargelfeld, Ökolandbau, Mitte August

Ökologische Bedeutung

Heimischer Gemüse-Spargel ist zwar ein Produkt mit kurzen Wegen zum Verbraucher. Die Folienkulturen stören aber das Landschaftsbild. Die Folien können mehrere Jahre verwendet werden. Nur ein Teil lässt sich recyceln, der andere wird in der Regel verbrannt. Für Vögel bieten Spargelfelder während der Brutzeit und Jungenaufzucht keine Mäuse, Amphibien und Großinsekten als Nahrungsquelle. Auf konventionellen Spargelfeldern führt der Spargelbauer teilweise bis über 30 Pflanzenschutzbehandlungen durch, um Schädlinge wie Spargelfliege (*Plioreocepta poeciloptera*), Zwölfpunkt-Spargelkäfer (*Crioceris duodecimpunctata*) und Gemeines Spargelhähnchen (*Crioceris asparagi*), Schadpilze sowie Ackerwildkräuter zu bekämpfen.

Im Ökolandbau liegen die Pflanzreihen weiter auseinander. So trocknet der Boden besser ab und Pilzbefall wird reduziert. Wildkräuter werden mechanisch bekämpft. Gegen Schädlinge kommen z. B. Schutznetze, Neembaumextrakte und Nützlinge zum Einsatz. Nach der Stechperiode können Gründüngungspflanzen als Zwischenfrucht den Boden mit Nährstoffen anreichern. Wächst Biospargel unter Folie, handelt es sich oft um biologisch abbaubare Mulchfolie, z. B. aus Maisstärke.

Die Blüten locken Insekten an (Nektarwert 3, Pollenwert 3). Die seltene Spargel-Sandbiene (*Andrena chrysopus*) ist eine streng oligolektische Wildbienenart, die an Spargel als Pollenquelle für ihren Nachwuchs gebunden ist. Sie fliegt von Mitte Mai bis Ende Juni und legt ihre Nester in sandigen Böden an. Lange Zeit ging man davon aus, dass sie auf wilden Spargel angewiesen ist und Spargelfelder für sie ungeeignet sind, da der Spargel dort erst spät zur Blüte kommt. Doch dank vieler neu angelegter Felder und Folienkulturen blühen mittlerweile viele Kulturen bereits zur Flugzeit der Biene, sodass sich diese nun etwas häufiger beobachten lässt.

Anlage der Dämme und Abdecken mit Folie

Zwölfpunkt-Spargelkäfer

Gemeines Spargelhähnchen

Korbblütler (Asteraceae)

Typisch für diese Familie sind zu Blütenkörbchen vereinte Einzelblüten. Die Blütenstandsachse ist dabei zu einem abgeflachten oder verlängerten Körbchenboden umgebildet, der von oft charakteristischen Hüllblättern umgeben ist. Bei den Einzelblüten lassen sich Röhrenblüten und Zungenblüten unterscheiden. Sie können zwittrig, eingeschlechtlich oder steril sein. Wenn sowohl Zungen- als auch Röhrenblüten vorhanden sind, sitzen die Zungenblüten außen und umgeben die Röhrenblüten, sodass das Körbchen wie eine Einzelblüte mit Kronblättern wirkt. Eine entsprechende Schauwirkung übt das Körbchen auch auf Bestäuber aus.

Die Arten der Unterfamilie Asteroideae haben Röhrenblüten. Wenn zusätzlich Zungenblüten vorhanden sind, so weist deren Zunge 3 Zipfel auf.

Die bei uns wachsenden Vertreter der Unterfamile Cichorioideae (früher Familie Cichoriaceae) besitzen ausschließlich Zungenblüten, deren Zunge aus 5 verwachsenen Kronzipfeln gebildet wird. Die Arten enthalten meistens Milchsaft, der bei Verletzung austritt.

Die Blüten innerhalb eines Körbchens öffnen sich nacheinander von außen nach innen. So ist die Blühdauer eines Körbchens im Vergleich zu Einzelblüten verlängert. Die Körbchen können einzeln stehen oder Gesamtblütenstände bilden.

Bei den Früchten handelt es sich um Achänen. An diesen können noch Teile der Blütenhülle oder des Blütenbodens sitzen und so z. B. als Haarkranz deren Verbreitung erleichtern.

Zahlreiche Korbblütler wachsen als Ackerwildkräuter auf den Feldern. Doch gehören auch einige auf Feldern kultivierte Pflanzen zu dieser Familie.

Körbchen mit Zungen- und Röhrenblüten (Durchwachsene Silphie, *Silphium perfoliatum*)

Körbchen nur mit Zungenblüten (Zuckerhut, *Cichorium intybus* var. *foliosum*)

Die bei uns nur gelegentlich kultivierte Gemüse-Artischocke (*Cynara cardunculus* ssp. *scolymus*) besitzt auffällige Hüllblätter mit fleischiger, essbarer Basis.

Garten-Ringelblume

Calendula officinalis

Die nur aus Kultur bekannte, beim Reiben typisch duftende Pflanze stammt wohl aus dem Mittelmeerraum und kam im frühen Mittelalter nach Mitteleuropa. Sie wächst meist einjährig und liebt Wärme. Meist friert sie im Winter ab, kann bei milder Witterung aber auch überwintern. Insgesamt sind Garten-Ringelblumen anspruchslos, vertragen aber keine Staunässe. Ihre faserig verzweigte Pfahlwurzel nimmt Stickstoff aus dem Boden auf und hinterlässt eine gute Bodenstruktur. Die lanzettlichen bis verkehrt-eiförmigen Blätter sind durch filzige und drüsige Haare leicht klebrig. Eine Pflanze wird bis 50 cm hoch und kann bis zu 50 Blütenkörbchen bilden, die je 4–8 cm breit werden. 30 bis über 150 gelbe oder orange, weibliche Zungenblüten umrahmen meist 30–50, selten bis über 100 helle oder bräunliche Röhrenblüten. Diese sind männlich, besitzen aber noch sterile Fruchtknoten. Bei gefüllten Körbchen ist ein Teil der Röhrenblüten zu Zungenblüten umgewandelt, sodass deren Zahl entsprechend höher liegt. Die Früchte sind unterschiedlich geformt und werden je nach Form vom Wind verblasen oder von Tieren verschleppt.

Feldmäßige Sonderkulturen versorgen Arzneimittel- und Kosmetikhersteller mit Blüten für ihre Produkte. Viel häufiger ist die Pflanze jedoch in Mischungen für einjährige Blühstreifen und -flächen enthalten und in Zwischenfruchtmischungen. Auf solchen Flächen erfreut sie als „schöne Pflanze" auch Spaziergänger. Für blütenbesuchende Insekten bieten die Körbchen mittelmäßig Nektar und Pollen (Nektarwert 2, Pollenwert 2). Beobachtet wurden neben der Honigbiene und Hummeln auch Blattschneider- und Kegelbienen sowie die beiden oligolektisch auf Korbblütler spezialisierten Arten Gewöhnliche Löcherbiene (*Heriades truncorum*) und Bedornte Mauerbiene (*Osmia spinulosa*), verschiedene Tagfalter, Goldeulen und Schwebfliegen. Durch die lange Blütezeit können Insekten die Art auch noch spät im Jahr als Nektarquelle nutzen. Doch unterscheidet sich der Wert von gefüllten und ungefüllten Blütenkörbchen: Nur die Röhrenblüten produzieren Pollen und Nektar, die Zungenblüten dagegen weder noch. In gefüllten Körbchen finden die Insekten damit weniger oder keine Nahrung. Die Raupen von 2 Nachtschmetterlingsarten fressen an der Pflanze. Garten-Ringelblumen verwildern unbeständig, haben sich aber nicht eingebürgert.

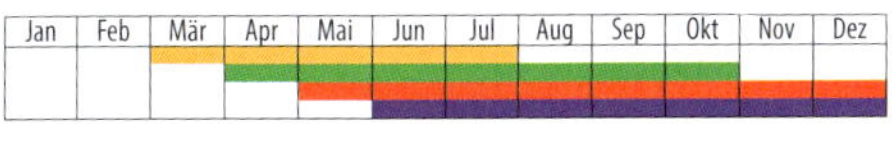

Saflor, Färberdistel

Carthamus tinctorius

Die sommerannuelle Pflanze bildet eine lange Pfahlwurzel und einen verzweigten, bis 1,3 m hohen Stängel mit eilanzettlichen, ganzrandigen oder stachelig gezähnten Blättern. Die 3–5 cm breiten Blütenkörbchen enthalten 20–150 leuchtend gelbe bis orangerote Röhrenblüten. Ihre Hüllblätter sind länglich-lanzettlich und haben ein eiförmiges, dornig zugespitztes Anhängsel. Die Achänen werden 3–4 mm lang.

Saflor hat ähnliche Ansprüche wie Sonnenblumen. Er benötigt ausreichend Wärme und bevorzugt sonnige Lagen auf sandigen Lehm- oder lehmigen Sand- sowie Lössböden. Auf Staunässe reagiert er empfindlich, eine Kultur auf trockenen Böden ist dagegen gut möglich. Die Saat für die Ölgewinnung erfolgt Ende März bis Mitte April. Jung ertragen die Pflanzen leichte Fröste, ausgewachsen bis -7 °C. Sie entwickeln sich relativ rasch, ihre ersten Blüten öffnen sich im Juli. Während der Blütezeit sollte es nicht zu viel regnen, da sonst die Körbchen durch Pilze geschädigt werden. Im Spätsommer vertrocknen die Blätter. Die reifen Früchte werden ab Mitte September gedroschen und nachgetrocknet.

Die Pflanze stammt aus dem Mittelmeerraum. Schon die alten Ägypter und Römer färbten Textilien mit ihr. Sie diente auch als Ersatz für den teuren Safran beim Färben von Speisen. Ab dem 16. Jh. wurde Saflor auch in Deutschland angebaut. Bis um 1900 waren die Blüten eine wichtige Quelle für einen gelben und einen roten Farbstoff (Carthamidin, Carthamin), dann wurden sie von Anilinfarben weitgehend verdrängt. Heute dient die Pflanze meist als Öllieferant. Die Früchte enthalten 18–50 % fettes Öl, das reich an ungesättigten Fettsäuren ist. Es besteht zu 70–80 % aus Linolsäure, außerdem sind Öl- und Palmitinsäure sowie Vitamin E enthalten. Safloröl ist ein hochwertiges Speiseöl, eignet sich aber auch für Farben, Lacke und Schmiermittel. Der Presskuchen dient als Viehfutter. Aktuell wird Saflor besonders in Indien, Mexiko und den USA angebaut. In Deutschland gilt er als Nischenprodukt mit Potenzial. Möglicherweise kann er sich hier zukünftig als Ölpflanze etablieren, aber auch als „Lebensmittel mit färbenden Eigenschaften“. Die Art ist auch in Zwischenfrucht- und Blühmischungen enthalten. Die Körbchen locken vor allem Honig- und Wildbienen an (Nektarwert 3, Pollenwert 2), die Früchte körnerfressende Vögel.

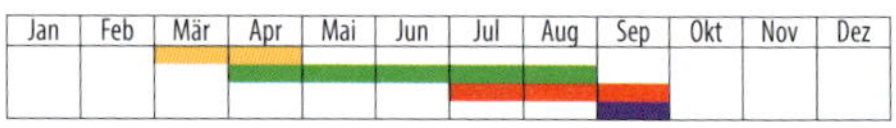

Endivie; Zuckerhut, Radicchio, Chicorée

Cichorium endivia; Cichorium intybus var. *foliosum*

Beschreibung

Die 1–2-jährigen Pflanzen bilden Blattrosetten, die sich mehr oder weniger stark zu Köpfen zusammenschließen können. Wenn sich Blütenstängel entwickeln, werden diese bis über 1,5 m hoch. Bei Endivie umfassen die oberen Stängelblätter den Stängel mit spitzen Zipfeln; bei den Salaten, die von *Cichorium intybus* abstammen, sind sie sitzend. Die Blütenkörbchen haben einen Durchmesser von 3–5 cm. Sie sind nur morgens geöffnet. Ihre Zungenblüten sind hellblau. Die grünen Hüllblätter sind bei Endivie kahl oder schwach behaart, bei *C. intybus* drüsig behaart.

Endivie (*Cichorium endivia*): Die Sorten bilden Rosetten aus relativ kräftigen, gezähnten, kahlen Blättern, aber keine geschlossenen Salatköpfe.

Winterendivie (*Cichorium endivia* var. *latifolium*): Die Rosetten sind groß und abgeflacht. Die äußeren der breiten, dickripppigen Blätter sind grün, die inneren blassgelb.

Frisée (*Cichorium endivia* var. *crispum*): Diese Salate haben stark zerschlitzte, gekrauste Blätter.

Zuckerhut (*Cichorium intybus* var. *foliosum* f. *cylindricum*, *Cichorium intybus*, Sugar-Loaf-Gruppe): Es bildet sich zuerst eine Blattrosette mit großen, länglich ovalen, zerstreut rauhaarigen Blättern, die sich dann zu einem länglichen, festen Kopf schließt.

Radicchio (*Cichorium intybus* var. *foliosum*, *Cichorium intybus*, Radicchio-Gruppe): Die Pflanzen bilden lockere Blattrosetten oder lockere bis feste Köpfe, die rund oder zylindrisch geformt sind.

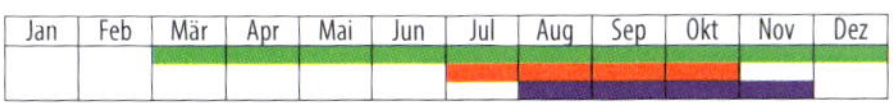

Die Blätter sind meist weinrot, seltener hellgrün oder weißlich mit weinroter Sprenkelung. Die Blattrippen sind fest, oft breit und weiß gefärbt. Die rote Farbe entsteht durch Anthocyane.

Blühend

Chicorée (*Cichorium intybus var. foliosum, Cichorium intybus*, Foliosum-Gruppe): Die Pflanzen haben Rüben, die im Dunklen blassgelbe, dichte Knospen mit länglichen, löffelartig vertieften Blättern treiben.

Entwicklung und Standortansprüche

Die Pflanzen benötigen ausreichend Wasser und Nährstoffe, sind aber nicht auf besondere Böden oder spezielles Klima angewiesen. Die Salate der Gattung *Cichorium* haben eine längere Entwicklungszeit als die Garten-Salate der Gattung *Lactuca* (S. 112). Die Kulturdauer auf dem Feld beträgt abhängig vom Pflanztermin bei Endivie zwischen 50 und 80 Tagen, bei Radicchio zwischen 65 und 120 Tagen. Unkräuter können deshalb bei diesen Salaten eher problematisch werden. Sie sind außerdem anfällig gegen Schwarzfäule (*Rhizoctonia*). Die Salate gehören zu den Langtagpflanzen, die im Sommer Blüten bilden (schossen). Moderne Sorten sind teilweise so gezüchtet, dass sie nicht schossen und somit auch im Frühjahr und Sommer angebaut werden können.

Winterendivie

Herkunft und Geschichte als Nutzpflanze

Als Stammpflanze der Endivie vermuten Forscher die im Mittelmeerraum heimische Kleine Wegwarte (*Cichorium pumilum*). Endivie wurde bereits in der Antike in Ägypten als Heil- und Salatpflanze kultiviert. Kräuterbücher des 16. Jh. belegen, dass sie spätestens ab diesem Zeitraum auch im deutschsprachigen Raum genutzt wurde. Die anderen *Cichorium*-Salate stammen von der Gewöhnlichen Wegwarte (*Cichorium intybus*) ab (s. S. 98). Im 18. und 19. Jh. spielte Kaffeeersatz aus den gerösteten, rübenartigen Wurzeln der Wurzel-Zichorie (*Cichorium intybus* var. *sativum*) eine wichtige Rolle (Zichorienkaffee, Ersatzkaffee). Gebleichten Chicorée kennt man erst seit dem 19. Jh. für die Küche. Radicchio stammte bis etwa 1985 bei uns hauptsächlich aus Italien. Seither gibt es Sorten, die sich auch für den Anbau in Mittel- und Nordeuropa eignen.

Nutzung

Die verschieden geformten und gefärbten Blattrosetten kommen als „Salat" in den Handel. Sie spielen besonders als Herbst- und Wintersalate eine Rolle. Sie lassen sich besser und länger lagern als die Salate der *Lactuca*-Gruppe. Besonders gut lagerfähig sind Zuckerhut und Radicchio. Die Blätter werden roh verwendet, eignen sich aber auch zum Dünsten, Gratinieren und Kochen. Der Milchsaft schmeckt durch Lactucopikrin mehr oder weniger bitter. Der Bitterstoff regt den Appetit an und fördert den Harn- und Gallefluss. Waschen oder Einlegen in warmes Wasser mildert den Geschmack.

Aus den Wurzeln der Wurzel-Zichorie kann das Polysaccharid Inulin für die Lebensmittelindustrie gewonnen werden.

Kultur und Ernte

Der Salatanbau ist arbeitsintensiv. Bei Endivie, Radicchio und Zuckerhut werden zwischen Anfang März und Anfang August Jungpflanzen auf die Felder gesetzt. Sie werden entweder in Erdpresstöpfen vorkultiviert oder weisen kleine Ballen auf. Im März und April erfolgte Pflanzungen müssen mit Vlies oder Folie gegen Kälte geschützt werden. Größere Mengen Endivie und Zuckerhut werden meist erst für eine Ernte Richtung Herbst/Winter angebaut. Alte Sorten sollten nicht vor Mitte/Ende Juni gesät werden, da die Pflanzen sonst zum Schossen neigen. Zuckerhut toleriert Temperaturen bis unter -4 °C und kann je nach Region bis in den Dezember hinein geerntet werden. Radicchio übersteht Fröste bis -5 °C.

Chicorée wird im Mai im Freiland ausgesät. Im Herbst rodet der Landwirt die Wurzeln. Diese können bis zu 8 Monate lang in Kühlräumen eingelagert werden. Um Verkaufsware zu produzieren, werden die Wurzeln im Dunkeln angetrie-

Zuckerhut

Radicchio

Chicorée

ben. Nach 20–25 Tagen sind die bleichen Knospen groß genug für den Verkauf.

Als Vorfrüchte eignen sich Kartoffeln und Zwiebelgewächse. Enge Fruchtfolgen mit Salat, Gemüse-Kohl, Bohnen, Karotten und Mais sollten vermieden werden.

Ökologische Bedeutung

Kommen die Pflanzen zur Blüte, werden sie von Honigbienen und einer Vielzahl an Wildbienen und Schwebfliegen besucht (Nektarwert 3, Pollenwert 3). Fruchtende Körbchen locken Körnerfresser wie Distelfinken an.

Weitere Art

Die bei uns heimische **Gewöhnliche Wegwarte** (*Cichorium intybus*) wächst als Wildart nicht nur an Wegrändern, sondern wird auch für mehrjährige Blüh- und Wildackermischungen verwendet. Die Staude verzweigt sich sparrig. Ihre unteren Blätter sind meist fiederteilig mit rückwärts gerichteten Seitenabschnitten und einem großen Endabschnitt.

Gewöhnliche Wegwarte

Anbau Radicchio

Abessinisches Ramtillkraut, Gingellikraut, Nigersaat

Guizotia abyssinica

Beschreibung

Die sommerannuelle Pflanze bildet eine Pfahlwurzel, die bis 30 cm tief reicht und zahlreiche Seitenwurzeln aufweist. Der verzweigte, hohle, leicht brechende Stängel wird 1–2 m hoch. Er ist rötlich oder grünlich und im oberen Teil oft dunkler rot gefleckt und klebrig-rau behaart. Er trägt bis 20 cm lange und 5 cm breite, eilanzettliche, gezähnte oder ganzrandige Blätter, die unten am Stängel gegenständig, oben wechselständig angeordnet sind. Am Ende der Verzweigungen öffnen sich 1,5–4,5 cm breite Blütenkörbchen. Ihre Hülle besteht aus 2 Reihen grüner Hüllblätter, von denen die äußeren laubblattartig sind. Die meist 8 leuchtend gelben, seltener grünlichen weiblichen Zungenblüten werden 0,5–2 cm lang und umgeben zwittrige, gelbe bis leicht orange gefärbte Röhrenblüten. Jedes Körbchen kann etwa 40 schwarze oder dunkelbraune, etwas kantige, schmal längliche, 3,5–5 mm lange Achänen bilden. Die Pflanze gehört zu den Trocken- und Dunkelkeimern.

Entwicklung und Standortansprüche

Die Art gedeiht auf fast allen Böden und kann selbst auf vernässten Standorten wachsen. Sie braucht nur wenig Wasser und ist deshalb auch für Gegenden mit trockenen Spätsommern geeignet. Optimal entwickelt sie sich bei Temperaturen zwischen 18–23 °C. Hitze erträgt sie gut, Frost dagegen überhaupt nicht.

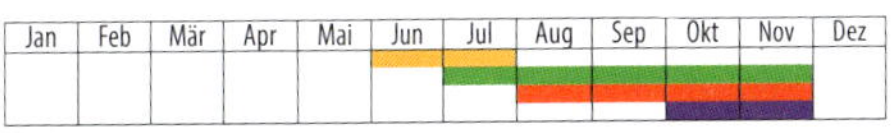

In den ersten zwei bis drei Wochen wachsen die Keimlinge nur wenig, dann entwickeln sie sich sehr rasch. Von der Aussaat bis zur Blüte vergehen etwa 8 Wochen, bis zur Samenreife 21–25 Wochen. Im Juli gesät, können die Pflanzen nach 10 Wochen bis zu 2 m hoch sein. In der Kulturphase bedeckt die Pflanze den Boden gut, durchwurzelt ihn intensiv und unterdrückt Unkraut. In Gebieten mit frühem Frost kommt sie nicht oder kaum zur Blüte. Früchte reifen nur bei früher Saat.

Blütenkörbchen

Blühende Pflanze

Herkunft und Geschichte als Nutzpflanze

Die ursprüngliche Heimat liegt in den Hochlagen des tropischen Afrikas. Dort kommt die Art wild besonders im äthiopischen Hochland westlich des Rift Valleys vor, doch ist sie auch im Sudan sowie in Zaire, Tansania, Uganda, Malawi und Zimbabwe zu finden. Forscher vermuten, dass die Pflanze wegen ihrer ölhaltigen Samen in Äthiopien domestiziert wurde und die Menschen sie schon im 3. Jahrtausend v. Chr. nach Indien brachten. Indien ist noch heute der wichtigste Erzeuger und Exporteur der Früchte und ihrer Produkte. Im 19. Jh. versuchten auch Russen den Anbau, stellten ihn aber wegen der geringen Samenausbeuten in mäßig warmen Gebieten ein. Erst seit wenigen Jahren nutzen Landwirte in Mitteleuropa die Art.

Nutzung

Die mitteleuropäische Landwirtschaft verwendet das Kraut als Zwischenfrucht zur Gründünung, seltener als Futterpflanze oder Biogassubstrat.

In außereuropäischen Ländern, darunter besonders Äthiopien, Indien, Pakistan, Birma und Nepal erfolgt der Anbau der Früchte wegen. Die leicht aus den Körbchen fallenden Achänen enthalten viel Fett und Protein. Als Lebensmittel können sie zusammen mit Hülsenfrüchten oder geröstetem Getreide verarbeitet werden. Das aus ihnen gewonnene Öl schmeckt nussig und riecht angenehm. In Äthiopien ist es das wichtigste einheimische Speiseöl. Die Kosmetik verarbeitet es in Antifaltencremes und Körperlotionen oder

Im Gemenge fallen die Pflanzen auch vegetativ dank der gegenständigen Blätter auf.

verwendet es als Massageöl. Heilkundige in den Ursprungsländern verwenden es auch, um Rheuma zu lindern. Da im englischen Sprachraum Sesam (*Sesamum indicum*) als „gingelly" und Sesamöl als „gingelly oil" bezeichnet wird, kann es zu Verwechslungen kommen. Ramtillöl heißt im Englischen „niger-seed oil" oder „ramtil oil".

Vogelliebhaber in Mitteleuropa kennen die schwarzen Früchte als Zusatzfutter für Wald- und Ziervögel. Sie sind unter der Bezeichnung Nigersamen, Nigersaat oder Negersaat im Handel. Mikrobiologen setzen sie einem bestimmten Nährboden für Bakterien zu.

Kultur und Ernte

Die rasch wachsende Pflanze wird gewöhnlich nach dem Abernten von Gerste oder Weizen ab Juli bis Mitte August ausgesät. Später ausgebracht, entwickelt sie sich oft nicht mehr rasch genug. Bereits bei den ersten Frösten werden die Bestände braun und brechen zusammen, wesentlich früher als z. B. Kulturen von Weißem Senf. Nach dem Absterben hinterlässt die Art reichlich organische Masse, aber keine verholzten Teile. Als Futterpflanze oder Biogassubstrat wird das Kraut im Knospen- oder beginnenden Blühstadium geerntet und siliert.

Neben Reinsaat sind besonders Mischungen mit anderen rasch wachsenden Gründüngungspflanzen, wie Alexandriner-Klee, Buchweizen, Phazelie und Weißem Senf, üblich.

In der Fruchtfolge muss darauf geachtet werden, dass die Art anfällig gegenüber bodenbürtigen Pilzen wie *Rhizoctonia* und *Scerotinia* ist. Fachleute empfehlen sie besonders für Fruchtfolgen mit nicht verwandten Arten, wie Raps und Rüben, oder als Mulchsaat vor Mais.

Ökologische Bedeutung

Kommt die Pflanze zur Blüte, finden Bienen reichlich Nektar. Wenn sich Früchte bilden, locken diese Vögel an. Die Pflanze gilt als unbeständiger Neophyt. Ihre kurzfristigen Standorte an Ödflächen, Schutthalden und Straßenrändern besiedelt sie derzeit hauptsächlich über Vogelfutter. Landwirte sollten die Pflanze nicht zu früh säen oder eine Versamung durch rechtzeitige Ernte vermeiden.

Schon beim ersten Frost färben sich die Bestände schwarz.

Fruchtstände und Früchte

Sonnenblume

Helianthus annuus

Beschreibung

Die sommerannuelle Pflanze wächst je nach Sorte 1–3 m hoch. Ihre 1–5 cm dicken, rau behaarten Stängel tragen zahlreiche gestielte, behaarte, breit herzförmige Blätter, die bis über 35 cm breit werden und fast alle wechselständig angeordnet sind. Sowohl junge Blätter als auch der junge Blütenkorb folgen tagsüber dem Lauf der Sonne. Später richtet sich der Korb nach Südosten aus. Die landwirtschaftlich kultivierten Sorten bilden in der Regel nur einen endständigen, tellergroßen Blütenkorb, auf dessen flachem Blütenboden bis über 15 000 Einzelblüten sitzen. Die randständigen, sterilen Zungenblüten sind gelb bis rötlich, die Röhrenblüten bräunlich, zwittrig und vormännlich. Die bis 17 mm langen Achänen entwickeln sich meist nach Fremdbestäubung. Bereits 3 Tage nach der Befruchtung beginnt die Fettsynthese im Samen. Während der Reife hängen die Köpfe immer weiter nach unten. Sorten des Öltyps haben besonders viele Blüten und meist eine schwarze Fruchtwand („Schale“). Sorten des Speisetyps besitzen große, locker sitzende Achänen, die meistens braun-weiß oder schwarz-weiß gestreift sind. Sorten des Futtertyps bilden sehr viel Blattsubstanz.

Entwicklung und Standortansprüche

Sonnenblumen wachsen sehr gut in Regionen, die sich auch für Maisanbau eignen. Sie stellen nur geringe Ansprüche an den Boden, doch sollten diese im Frühjahr leicht erwärmbar und nicht zu humusreich sein. Verdichtete Tonböden oder flachgründige Kiesstandorte eignen sich nicht. Die Pflanzen benötigen vor allem in der Haupt-

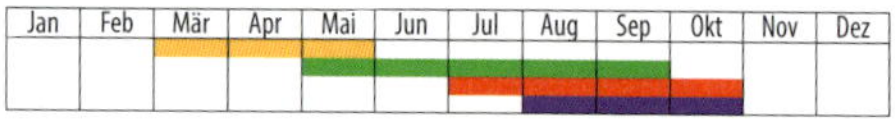

vegetationszeit und beim Abreifen ausreichend Wärme. Sie brauchen wenig Wasser, liefern aber nur geringere Erträge, wenn dieses zwischen Beginn der Knospenbildung und Abschluss der Blüte fehlt. Während der Ausreife sollte es trockener sein, sonst können sich Pilze und Bakterien entwickeln und Stängel und Fruchtkörbe abknicken. Sonnenblumen bilden bis 3 m tiefe Pfahlwurzeln und zusätzlich ein verzweigtes Wurzelwerk bis in 30 cm Tiefe. So können sie Feuchtigkeit und Nährstoffe aus allen Bodenschichten holen. Wenn sie nicht zu dicht wachsen, werden die Stängel stabil und standfest. Bis die Pflanzen 5 oder 6 Blätter entwickelt haben, reagieren sie empfindlich auf Konkurrenz durch Wildkräuter. Bis zur Samenreife benötigen sie eine lange Vegetationsdauer von ca. 130–150 frostfreien Tagen. Im Winter frieren sie sicher ab.

Herkunft und Geschichte als Nutzpflanze

Genanalysen haben ergeben, dass wilde Sonnenblumen einst im US-Bundesstaat Arkansas domestiziert wurden und alle heutigen Sorten auf diesen Ursprung zurückgehen. Wie prähistorische Funde zeigen, wurden die Pflanzen bereits um 3000 v. Chr. in Arizona und Neu-Mexiko, später auch in anderen Regionen der USA angebaut. Die Ureinwohner aßen die Samen, buken Fladenbrot mit Sonnenblumenmehl und nutzten die Pflanzen in der Medizin und für religiöse Zeremonien. Spanische Seefahrer brachten Samen 1510 nach Europa, wo sich die Pflanze rasch als Zierpflanze etablierte. Erst ab dem 17. Jh. verwendeten Europäer die Kerne zum Backen oder rösteten sie als Kaffeeersatz. Als Ölpflanze wurde die Sonnenblume ab dem 19. Jh. bekannt und hierzu besonders in der Ukraine, Russland und auf dem Balkan kul-

Blühstreifen am Maisacker

tiviert. In der deutschen Landwirtschaft spielte die Art erst spät eine Rolle: Anbauversuche fanden während des 2. Weltkriegs und bis in die 1950er-Jahre statt. Doch erst 1986 wurde sie erstmals in größerem Maßstab angebaut, bis Anfang der 1990er-Jahre beschränkten sich Kulturen überwiegend auf klimatisch günstige Lagen im Südwesten. Heute kann der Landwirt je nach Standort und Zweck passende Sorten wählen, die sich in Ertrag, Ölgehalt und -zusammensetzung, Reifezeit, Korngewicht und Anfälligkeit gegenüber Krankheiten unterscheiden.

Fruchtend

Nutzung

Sonnenblumen sind für den Landwirt in erster Linie Ölfrüchte. Ungeschälte Früchte enthalten 40–50 % Öl, geschälte Kerne 55–65 %. Gesättigte Fettsäuren machen weniger als 15 % des Öls aus. Bei den ungesättigten Fettsäuren dominiert bei den normalen Sorten Linolsäure mit 44–70 % gegenüber Ölsäure mit 14–43 %. Das ernährungsphysiologisch wertvolle Öl dient als kaltgepresstes Speiseöl für Salate, zum Kochen und zur Margarineherstellung. Es dient auch als Füllmaterial für Weichgelatinekapseln sowie für Salben oder Cremes. Industriell werden mit dem trocknenden Öl Farben, Lacke und Kunststoffe hergestellt. Außerdem lässt es sich direkt als Pflanzenölkraftstoff in entsprechenden Motoren verbrennen. Im Biokraftstoffsektor ist es jedoch üblicher, Biodiesel daraus herzustellen. Dabei handelt es sich um Sonnenblumenöl-Methylester (SME), der aus Sonnenblumenöl und Methanol durch Umesterung entsteht.

Wegen des hohen Gehalts an Linolsäure eignet sich gewöhnliches Sonnenblumenöl nicht als Frittieröl. Hierfür steht jedoch Öl aus besonders ölsäurereichen Sorten zur Verfügung (high-oleic-Varianten, HO-Sonnenblumen). Bei ihnen liegt der Anteil an Ölsäure bei etwa 75–93 %. Dieses Öl ist stabil bei Hitze und gegen Oxidation. Es wird praktisch nicht ranzig. Aus Öl mit über 90 % Ölsäure werden in der chemischen Industrie hochwertige Schmierstoffe, Hydraulik- und Spezialöle hergestellt. Als Energiepflanze liefert die Sonnenblume Biogas mit einem hohen Methangehalt.

Der Presskuchen, der bei der Ölgewinnung zurückbleibt, ergibt ein energiereiches Kraftfutter für Wiederkäuer. In geringerem Umfang kommen

Früchte (links Speisetyp und rechts Öltyp) und herausgeschälte Samen (Mitte)

die Achänen der Sonnenblumen als Vogelfutter sowie die geschälten Samen als Nahrungsmittel, z. B. für Müsli oder Brot, in den Handel.

Sorten des Futtertyps eignen sich in verschiedenen Gemengen für Grünfutter oder Silage und zur Gründüngung. Die Stängel zersetzen sich aber nur langsam. Nicht nur auf Wildäckern äst Wild gerne die Knospen und Blätter und findet gute Deckung zwischen den Pflanzen.

Sonnenblumen gehören zu den typischen Pflanzen auf Blühflächen und Ackerrandstreifen. Imker schätzen sie als hervorragende Bienenweide (Nektarwert 3, Pollenwert 3). Die Honigausbeute kann bei über 50 kg pro Hektar liegen. Allerdings blühen einige Sorten nur kurz und haben so lange Röhrenblüten, dass Honigbienen kaum an den Nektar gelangen. Manche Sorten bilden auch kaum mehr Pollen aus.

Kultur und Ernte

Die Saat als Hauptkultur erfolgt ab Ende März bei Bodentemperaturen ab 8 °C. Nur an ausreichend warmen Standorten und bei geeigneter Sortenwahl reifen die Samen aus. Sie werden in der Regel zwischen Anfang September und Anfang Oktober gedroschen, sobald die Laubblätter abgestorben und die Rückseiten der Körbchen gelb verfärbt sind. Auch die Schalen der inneren Achänen sind nun fest, die Samen selbst noch weich. Nach der Ernte müssen die Früchte nachgetrocknet werden.

Sollen die Pflanzen als Biogassubstrat genutzt werden, können sie als Zweitfrucht nach früh geerntetem Wintergetreide oder in ungünstigeren Regionen als Hauptfrucht angebaut werden. Sie werden je nach Saatzeit ab Mitte September bis Ende Oktober als Ganzpflanzen geerntet, sobald die Samen Öl eingelagert haben und der Trockenmassegehalt 24–26 % beträgt. Der Ölgehalt kann 12–16 % der Pflanzenmasse erreichen. Im Vergleich zu Mais liefern Sonnenblumen jedoch weniger Biomasse. Landwirte bauen sie deshalb zur Energiegewinnung auch als Blühstreifen im Maisacker an und ernten und silieren sie gemeinsam mit diesem.

Als Sommerzwischenfrucht zur Begrünung, Gründüngung und Futternutzung sind Stoppel- oder Blanksaaten im Juli und Anfang August üblich. Die Pflanzen wachsen dann meist in Gemengen und dienen dabei z. B. Leguminosen als Stützpflanzen.

In der Fruchtfolge wachsen Sonnenblumen sehr gut nach Getreide und Hackfrüchten. Landwirte sollten sie aber nicht nach Leguminosen, Feldgemüse oder Grünland anbauen, da diese zu viel Stickstoff im Boden hinterlassen, der die Sonnenblumen anfälliger gegen Krankheiten macht. Sonnenblumen selbst haben einen mäßigen Vorfruchtwert und sollten frühestens nach 4 Jahren wieder auf demselben Feld wachsen. Sie können von *Sclerotinia* und *Phoma* befallen werden und passen deshalb nicht in Rapsfruchtfolgen. Ökolandwirte schätzen Sonnenblumen, weil sie mit Ausnahme von Kalium nur wenige Nährstoffe benötigen.

Ökologische Bedeutung

Sonnenblumenfelder locken viele blütenbesuchende Insekten an, neben der Honigbiene z. B. polylektische Wildbienenarten, Hummeln, Fliegen, Wespen und Schwebfliegen. Die Röhrenblüten jedes Körbchens öffnen sich über einen Zeitraum von 5–12 Tagen in Ringen von außen nach innen. Sie liefern Pollen und bilden besonders zwischen 10 und 14 Uhr reichlich Nektar mit einem Zuckergehalt von bis zu 35 %. Über die reifen Samen machen sich Scharen von körnerfressenden Vögeln her. Landwirte, die die Früchte ernten möchten, vertreiben diese z. B. mit Knallschreckgeräten. Sie benutzen diese Geräte häufig auch schon im Frühjahr, wenn Vögel die ausgesäten und aufgelaufenen Pflanzen für sich entdecken. Aus ausgefallenen Achänen können Sonnenblumen in der Nachfrucht auftauchen. Sie bleiben bis zu 10 Jahre keimfähig. Bleiben abgestorbene Stängel lange genug bis ins Folgejahr auf den Feldern, können sie Wildbienen als Nistplatz dienen. Die Art verwildert nur unbeständig und ist nicht eingebürgert.

Topinambur, Erdbirne

Helianthus tuberosus

Beschreibung

Im Unterschied zur Sonnenblume wächst diese bis 3 m hohe Art als ausdauernde Staude. An der Sprossbasis bildet sie unterirdische Ausläufer, an deren Spitzen ab Juli unregelmäßig buckelige, rundliche bis spindelförmige, bis faustgroße Sprossknollen entstehen. Ihr Fleisch ist je nach Sorte weiß, bräunlich, rötlich oder violett. Die unteren bis mittleren Blätter stehen gegenständig und sind eiförmig. Jeder Stängel trägt bis 15 aufrecht stehende, 4–14 cm breite Blütenkörbe mit gewölbtem Blütenboden. Die selbststerilen Blüten locken Insekten – vor allem Hummeln und Schwebfliegen – als Bestäuber an (Nektarwert 2, Pollenwert 2). Die Früchte reifen bei uns nur selten aus.

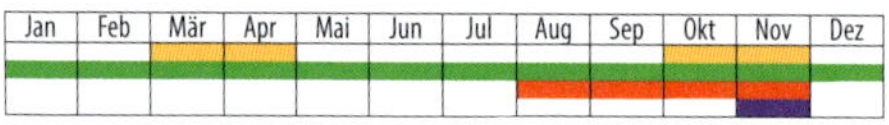

Entwicklung und Standortansprüche

Die Pflanzen benötigen viel Licht und Wasser. Sie stellen geringere Ansprüche an den Boden als die Kartoffel, bevorzugen aber frische, nährstoffreiche Böden. Wenn genügend Wasser vorhanden ist, liefern sie auch auf Sand- und Kiesböden hohe Erträge. Die ausgebildeten Knollen sind gegen Staunässe empfindlich. Topinambur gehört zu den Kurztagpflanzen. Seine Blüten-

Blühend

Blütenkörbchen

körbe öffnen sich deshalb erst spät im Jahr, bei manchen Sorten so spät, dass sie oft nicht mehr zum Blühen kommen. Die Triebe frieren bei Temperaturen unter -5 °C ab, die Knollen dagegen ertragen im Boden bis zu -30 °C und treiben nach einer Keimruhe im folgenden Frühjahr aus.

Herkunft und Geschichte als Nutzpflanze

Die Art stammt aus Nordamerika: Bereits Indianer bauten sie als Knollengemüse an. Seefahrer brachten Anfang des 17. Jh. erstmals Knollen nach Europa. In der Folge bauten besonders Franzosen die „Indianerkartoffel" wegen ihrer essbaren Knollen an, im übrigen Europa wuchs sie hauptsächlich zur Zierde in Gärten. Mitte des 18. Jh. verdrängte die ergiebigere Kartoffel den Topinambur in der Ernährung immer mehr. Seit Ende des 19. Jh. werden die Knollen in der Schnapsbrennerei verwendet.

Nutzung

Knollen von Topinambur bereichern als Gemüse gekocht, gedämpft oder gebraten den Speiseplan und finden sich seit einigen Jahren wieder vermehrt im Angebot der Lebensmittelgeschäfte und auf Wochenmärkten. Sie enthalten 7–8 % Inulin als Speicherkohlenhydrat. Dieses ist für den Menschen unverdaulich, sodass es als Ballaststoff wirkt. Erst im Dickdarm wird es von Bakterien fermentiert und kann dann gelegentlich zu Blähungen führen. Die Knollen sind für Diabetiker besser verträglich als Kartoffeln („Diabetikerkartoffeln"). Sie können auch dabei helfen, Blutfettwerte zu senken. Präparate daraus sollen auch das Hungergefühl dämpfen und das Abnehmen unterstützen. Noch heute spielt Topinambur regional, etwa im badischen Landesteil von Baden-Württemberg, eine Rolle in der Brennerei von Verdauungsschnaps.

Junges Kraut dient als Grünfutter für Pferde, Schafe und Schweine, auch die Knollen eignen

Anbau zur Bioenergiegewinnung

sich als Futter für diese sowie für Ziegen und Kleintiere.

Seit einigen Jahren stößt Topinambur vermehrt als nachwachsender Rohstoff auf Interesse. Als Energiepflanze kann er Biogas und Bioethanol liefern. Wenn Landwirte ihn für Biogas nutzen möchten, können sie ihn mehrjährig kultivieren und jeweils nur die oberirdischen Teile ernten. Der Ertrag an Biogas liegt dann etwa 10 % unter dem von Silomais. Bei der einjährigen Kultur, bei der auch die Knollen geerntet werden, steigt der Ertrag. Allerdings können Erd- und Sandreste das Silogut verschmutzen und zu Problemen führen.

Für Bioethanol lassen sich sowohl die ganzen Pflanzen als auch die Knollen verwenden. Aus 100 kg Knollen lassen sich etwa 10 Liter Alkohol gewinnen. Der Ertrag an Bioethanol wird nur noch von der Zucker-Rübe übertroffen.

Das aus den Knollen isolierte Inulin dient u. a. als Trocknungsmittel im Haushaltsbereich und bei Lebensmittelverpackungen, als Alkoholbinder bei der Herstellung alkoholfreier Getränke und in der medizinischen Diagnostik sowie bei der Herstellung von Gels, abbaubaren Kunststoffen und als Phosphatersatz in Waschmitteln. Indirekt unterstützt es als Nährmedium für Mikroorganismen diese dabei, Aminosäuren, Antibiotika und Vitamine zu produzieren. Die aus Inulin gewonnene Fruktose süßt 1,5–2,5-fach stärker als Saccharose. Sie ist für die Getränkeindustrie und als Grundstoff für die chemische Industrie interessant.

Pellets aus getrocknetem Topinambur liefern Brennstoff für Hackschnitzel- und Pelletheizungen. Aus den Stängeln lässt sich Zellulose für Papier gewinnen oder sie können für Dämmstoffe oder Spanplatten verwendet werden.

Die Pflanzen werden auch als Wildfutter und auf Wildäckern angepflanzt. Besonders im Winter scharren Hasen sowie Rot- und Schwarzwild die Knollen aus dem Boden, die hohen Pflanzen bieten Vögeln und Säugetieren gute Deckung.

Kultur und Ernte

Landwirte legen die Knollen im Herbst oder im Frühjahr aus und häufeln sie ähnlich wie Kartof-

Anbau für Knollenernte

feln in Reihen an. Im einjährigen Anbau ernten sie die Knollen ab November bis ins Frühjahr mit dem Kartoffelroder, immer nur so viele, wie sie aktuell benötigen. Ausgegrabene Knollen lassen sich nur kurz lagern, da sie durch ihre dünne Schale rasch Wasser verlieren. Für die nächste Kultur bleiben einige Knollen im Boden, sodass die Pflanze auch bei einjähriger Nutzung mehrere Jahre am selben Standort wachsen kann. Allerdings ist der Bestand in den Folgejahren oft sehr dicht. Um hohe Knollenerträge zu erzielen, ist es deshalb besser, jedes Jahr eine neue Kultur anzulegen. Bei der mehrjährigen Kultur für die Biogas- und Bioethanolgewinnung werden die oberirdischen Teile noch im grünen Zustand geerntet.

Als Nachkulturen eignen sich nur solche, die durchwachsende Austriebe des Topinamburs gut unterdrücken, wie z. B. Kleegras, Klee oder Hafer/Erbsen-Gemenge.

Ökologische Bedeutung

Wildkräuter können sich in einem geschlossenen Topinamburbestand kaum entwickeln. Die Art ist in Mitteleuropa als Neophyt an Flussufern und in Flussauen, seltener an Ruderalstellen eingebürgert. Sie ist meist nicht so problematisch wie manche invasiven Neophyten, kann aber lokal Probleme verursachen. An Flüssen ist dies besonders dann der Fall, wenn Topinambur an gehölzfreien Ufersäumen große Bestände entwickelt. Die tief liegenden Rhizome schützen das Ufer nur schlecht vor winterlichem Hochwasser, außerdem wühlen Wildschweine, Bisamratten, Wanderratten und andere Nager nach den Knollen und beschädigen dabei die Uferbefestigungen. Topinambur sollte deshalb nicht in der Nähe von Gewässern kultiviert werden. Bereits Bruchstücke der Knollen reichen aus, um in den Folgekulturen durchzuwachsen oder an anderen Stellen auszutreiben. Mit ihren Ausläufern unterwandert die Pflanze auch andere Pflanzenbestände. Um Wildvorkommen einzudämmen, hat es sich bewährt, beschattende Gehölze zu pflanzen oder die Bestände mehrere Jahre lang zweimal im Jahr – Ende Juni und Ende August – abzumähen, um die Ausbildung der Knollen zu unterdrücken.

Spindelförmige Knollen der Wildform

Kartoffelartige Knollen der Kulturform

Garten-Salat, Grüner Salat, Garten-Lattich

Lactuca sativa

Beschreibung

Es handelt sich um 1–2-jährige Pflanzen, die anfangs eine lockere oder dicht geschlossene Blattrosette entwickeln. Diese ist der „Salat", der auf den Markt kommt. Wenn die Pflanzen zum Blühen kommen, bilden sie einen bis 1 m hohen, aufrechten, kahlen Stängel, der stängelumfassende Blätter und eine doldige Blütenrispe trägt („Salat schießt"). In den Blütenkörbchen sitzen 7–15, gelegentlich bis über 30 hellgelbe Zungenblüten. Die Achänen tragen einen weißen Haarkranz mit einfachen Haaren. Die Pflanzen enthalten besonders in den Stängeln und Blütenständen einen weißlichen Milchsaft. Die rote Farbe mancher Sorten entsteht durch Anthocyane.

Vom Garten-Salat gibt es verschiedene Sortengruppen, von denen in Mitteleuropa besonders folgende eine Rolle spielen:

Kopf-Salat (*Lactuca sativa* var. *capitata, Lactuca sativa*, Butterhead-Gruppe): Die weichen Rosettenblätter bilden einen dichten, rundlichen Kopf.

Krach-Salat (*Lactuca sativa*, Crisphead-Gruppe): Eis-Salat, Eisberg-Salat: Die festen, knackig brechenden Rosettenblätter überlappen sich. Die inneren werden dabei von den äußeren so fest umschlossen, dass sie sich nicht mehr entfalten. Sie bleiben hellgrün und bilden einen dichten Kopf. Batavia-Salat: ältere Form mit noch oben geöffneten Köpfen.

Schnitt-Salat, Blatt-Salat, Pflück-Salat (*Lactuca sativa* var. *crispa*): Die Blätter schließen sich nicht zu Köpfen zusammen. So können nicht nur die Pflanzen auf einmal, sondern alternativ die Blätter nach und nach geerntet werden. Bekannt sind besonders die Eichblatt-Salate mit ihren eichblattförmigen sowie die Lollo-Salate mit stark gekrausten Blättern.

Römischer Salat, Romana-Salat, Binde-Salat (*Lactuca sativa*, Cos-Gruppe, *Lactuca sativa* var. *longifolia*): Die Blätter sind länglich, kräftig grün und haben eine kräftige Mittelrippe. Sie stehen fast aufrecht und bilden einen lockeren Kopf.

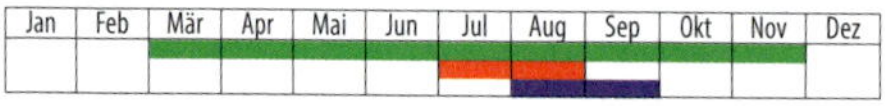

Entwicklung und Standortansprüche

Garten-Salat benötigt für ein gutes Wachstum eine ausreichende und gleichmäßige Wasserver-

Geschossener Garten-Salat, rechts fruchtend

Blühend

Kopf-Salat ‚Augspurger' und Romana-Salat ‚Forellenschluss'

sorgung und muss deshalb in der Regel bewässert werden. Direkt gesät, entwickeln die Pflanzen eine nach unten strebende Pfahlwurzel, bei gepflanztem Salat bleibt diese oberflächennah. Die Kulturdauer beträgt nur wenige Wochen, bei Kopf-Salat je nach Pflanzzeit 30–50 Tage, bei Eis-Salat 50–70 Tage. Garten-Salat gehört zu den Langtagpflanzen und neigt deshalb im Sommer zur Blütenbildung (Schossen). Bei vielen modernen Sorten wurde diese Eigenschaft weggezüchtet, sodass diese auch im Frühjahr und Sommer angebaut werden können. Die Pflanzen sind anfälliger gegenüber falschem Mehltau und Salatfäulen durch Pilze der Gattungen *Rhizoctonia* (Schwarzfäule), *Botrytis* (Grauschimmel) und *Sclerotinia* als jene der *Cichorium*-Gruppe. Außerdem können Blatt- und Wurzelläuse und Raupen als Schädlinge auftreten.

Herkunft und Geschichte als Nutzpflanze

Die Art stammt vom Kompass- oder Stachel-Lattich (*Lactuca serriola*) ab. Schon die alten Ägypter sowie die Griechen und Römer der Antike kannten kultivierten Salat. In Mitteleuropa breitete er sich erst ab dem 8. Jh. unter Karl dem Großen aus, der ihn in seiner Hofgüterverordnung nannte. Kopf-Salat mit seinen dichten Köpfen wurde zu Beginn der Neuzeit gezüchtet.

Nutzung

Garten-Salat mit seinen vielen Sorten ist ein beliebtes, kalorienarmes und schmackhaftes Lebensmittel. Meist wird er roh verwendet. Im Vergleich zu den Salaten der *Cichorium*-Gruppe (S. 95) enthält er nur wenig Bitterstoffe.

Kultur und Ernte

In der Regel pflanzt der Landwirt vorkultivierte Jungpflanzen ab März im Freiland aus. Früh und spät im Jahr muss er die Kultur mit einem Vlies vor Frost schützen. Um die Pflanzen gesund zu halten, sollen sie nicht zu eng gesetzt werden. Außerdem kann auf Dämme oder Mulchfolien gepflanzt werden. Wenn bewässert wird, sollte dies möglichst morgens erfolgen, sodass die Blät-

Eissalat

Kopf-Salat und Roter Lollo-Salat

ter zügig wieder abtrocknen. Sobald die Pflanzen ihre Erntereife erreicht haben, sollten sie möglichst rasch geerntet werden.

Da geernteter Garten-Salat druckempfindlich ist und rasch verdirbt, müssen Ernte und Vermarktung gut organisiert sein. Die Ernte geschieht überwiegend von Hand. Der Anbau erfolgt meist gestaffelt, oft mit wöchentlichem Satz einer bestimmten Parzelle. So steht über längere Zeit frische Ware zur Verfügung.

Wenn 2 Salatkulturen im Jahr erfolgen sollen, wird empfohlen, nach einem Salat der Gattung *Lactuca* einen der Gattung *Cichorium* zu pflanzen. Dies gilt besonders dann, wenn die erste Kultur stark von Mehltau befallen war. Nach einem Jahr, in dem Salat angebaut wurde, sollte eine Anbaupause von 2–3 Jahren eingehalten werden. Dies mindert die Salatfäule als typische Fruchtfolgekrankheit. Als günstige Vorfrüchte gelten Getreide, Zwiebelgewächse und Karotten, ungünstig sind Kulturen, die viel Erntereste hinterlassen.

Ökologische Bedeutung

Im ökologischen Landbau pflanzen Landwirte häufig Wildblumenstreifen zwischen die Salatkulturen, um Blattlausfeinde wie Marienkäfer, Florfliegen und Schwebfliegen zu fördern. „Geschossene" Salate locken Wildbienen und Schwebfliegen an. Selbst wenn Salatsorten zum Fruchten gelangen, verwildern sie nur selten und kurzfristig.

Anbau Kopf-Salat

Echte Kamille

Matricaria chamomilla, Matricaria recutita

Die winter- oder sommerannuelle, angenehm und typisch duftende Pflanze wurzelt bis 70 cm tief und bildet einen 10–100 cm hohen, mehr oder weniger verzweigten Stängel, der 2–3-fach fiederteilige Blätter mit 0,5 mm breiten stachelspitzigen Abschnitten sowie bis mehrere Hundert 1–2,5 cm breite Blütenkörbchen trägt. Der Körbchenboden ist hohl und wölbt sich während der Blühdauer stark. Bei jungen Körbchen stehen die 11–27 weißen Zungenblüten schräg aufwärts oder waagerecht, später neigen sie sich abwärts. Sie umrahmen meist über 100 zwittrige gelbe Röhrenblüten. Die Körbchen locken über 100 verschiedene Blütenbesucher an, darunter solche Wildbienen, die Pollen von Korbblütlern mit kleinen Röhrenblüten benötigen. Jede Pflanze kann mehrere Tausend Früchte ausbilden. Diese verschleimen bei der Reife und können an vorbeistreifenden Tieren kleben bleiben, überleben aber auch eine Darmpassage durch Wiederkäuer und Pferde. Wenn sie nach der Getreideernte mit der Spreu auf dem Feld bleiben, werden sie auch von Regenwürmern aufgenommen und wieder ausgeschieden. Im Boden bleiben sie bis über 10 Jahre keimfähig. Die Art gehört zu den Lichtkeimern, ist eine Langtagpflanze und bevorzugt frische, nährstoffreiche Lehm- und Tonböden.

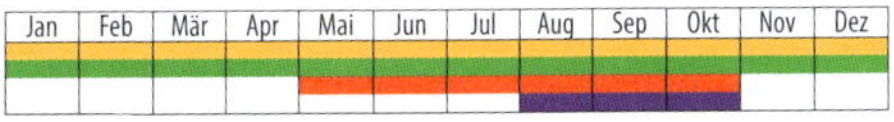

Die Echte Kamille ist in Mitteleuropa ein Archäophyt. Ihre ursprüngliche Heimat liegt in Süd- und Osteuropa sowie Vorderasien. Als Ackerwildpflanze taucht sie heute besonders im Wintergetreide, Kartoffelanbau und bei Zucker-Rüben häufig auf, seltener im Sommergetreide. Wenn Kühe größere Mengen fressen, kann dies den Geschmack ihrer Milch verändern. Obwohl sich die Pflanze in der Jugend langsam entwickelt, erweist sie sich später als konkurrenzkräftig und kann auch größere Flächen einnehmen. Ihre Schadwirkung auf den Äckern wird jedoch als geringer gegenüber jener der Geruchlosen Kamille (S. 362) eingeschätzt. Die Pflanze ist oft stark von Blattläusen besiedelt und lockt damit Marienkäfer und andere Nützlinge in die Felder. Besonders der ökologische Landbau toleriert sie deshalb in vielen Fällen. Die Echte Kamille ist auch in Mischungen für Blühstreifen und Blühflächen im Ackerbau enthalten. Reine Kamillenbestände finden sich als feldmäßige Sonderkulturen für Arzneimittel und Kosmetikhersteller.

Durchwachsene Silphie, Stängelumfassende Becherpflanze

Silphium perfoliatum

Beschreibung

Die imposante Staude wird 1,5–3 m hoch und wurzelt bis über 2 m tief. Ihre 3 bis 10 dicken, vierkantigen, hohlen Stängel tragen dreieckige bis breit lanzettliche, durch kurze, steife Haare raue, bis 40 cm lange Blätter mit gezähntem Rand. Diese stehen gegenständig und sind an der Basis so miteinander verwachsen, dass eine typische Tüte oder ein Becher entsteht, in dem sich Regenwasser oder Tau sammelt. Die 6–8 cm breiten

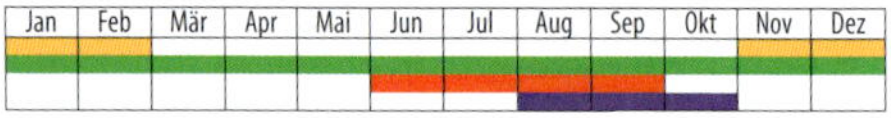

Feld Anfang August

Blütenkörbchen mit je 20–25 weiblichen, gelben, etwa 2,5–3 cm langen Zungen- und vielen männlichen, braun-gelben Röhrenblüten stehen in lockeren Schirmrispen und öffnen sich ab Juli bis in den September. Ihre Hülle besteht aus grünen, anliegenden Hüllblättern. Bei der Fruchtreife im September oder Oktober zerfällt das Körbchen und die etwas an flache Sonnenblumenfrüchte erinnernden, am Rand leicht geflügelten Achänen fallen zu Boden.

Standortansprüche

Die Pflanze ist recht anspruchslos und winterfest, bevorzugt aber ein mildes Klima. Sie wächst auch auf ärmeren Böden und kommt vergleichsweise gut mit Trockenheit aus. Auf humosen Böden mit genügend Wasser liefert sie hohe Erträge. Staunasse Böden eignen sich dagegen nicht für den Anbau.

Herkunft und Geschichte als Nutzpflanze

Die Silphie wächst wild in gemäßigten Breiten Nordamerikas, in östlichen Bundesstaaten der USA sowie in Kanada. Die in den USA mit dem Spitznamen ‚Giraffen der Prärie' bezeichnete Art gedeiht besonders in frischen bis feuchten Hochgrasprärien auf tiefgründigen Böden, doch auch in feuchten Staudenfluren, lichten Auenwäldern und Gebüschen.

Die Indianer der nordamerikanischen Prärien schätzten die Silphie als Heilpflanze und nutzten sie unter anderem als heilende Wundauflage. Um 1740 gelangte sie erstmals nach Europa. 1808 wuchs sie bereits im Botanischen Garten Berlin. Landwirte in der ehemaligen DDR bauten die Pflanze in den 1980er-Jahren als Futterpflanze für Kleintiere wie Schafe, Ziegen und Kaninchen an. Sie war damals auch bereits bei Imkern beliebt. Nach der Wende ging sie im Agrarbereich in Vergessenheit und stand – neben anderen Arten der Gattung – höchstens noch als Zierpflanze in Gärten. Seit 2007 etabliert sie sich in Deutschland als Energiepflanze und hat im Jahr 2020 eine Anbaufläche von rund 3500 ha erreicht.

Blattbasen

Blütenkörbchen

Unreif fruchtend

Kultur und Ernte

Bei Pflanzung bis Mitte Juli bildet die Staude im 1. Jahr nur eine bodendeckende, bis etwa kniehohe Blattrosette. Im Herbst des 2. Jahres kann erstmals geerntet werden. Pflanzgut bietet den Vorteil, dass es sich im 1. Jahr besser der Konkurrenz von Unkräutern behaupten kann, es großflächig auszubringen ist jedoch arbeitsintensiv und teuer. Ist der Bestand einmal geschlossen – gewöhnlich ab dem Herbst des 1. Jahres – spielen Unkräuter keine Rolle mehr. Zwar frieren die oberirdischen Teile nach den ersten Frösten ab, doch bereits ab März treibt der Wurzelstock wieder aus und schon Ende Mai ist der Boden vollständig bedeckt. Die Silphie kann auch zwischen Mitte April und Mitte Juni ausgesät werden. Hierfür wird vorbehandeltes Saatgut mit höherer Keimfähigkeit verwendet. Dieses kann als Untersaat in Mais ausgebracht werden, sodass bereits im 1. Jahr auf dem Feld ein Ertrag über die Deckfrucht erzielt wird. Die Ernte des Mais schädigt zwar die oberirdischen Teile der Silphie, im Folgejahr spielt dies jedoch keine Rolle mehr.

Einmal etabliert, liefert die Staude über 12–15 Jahre einen hohen Flächenertrag an Biomasse für die Biogaserzeugung und benötigt nur noch einen geringen Arbeitsaufwand. Die Ernte erfolgt je nach Standort von Ende August bis Mitte September und kann mit einem Maishäcksler erfolgen. Die Stängel sollen bei der Ernte noch nicht zu stark verholzt sein, da sonst die Methanausbeute sinkt. Nach der Ernte treiben die Pflanzen nochmals aus.

Blütenkörbchen mit Honigbiene

Nutzung

Der Anbau erfolgt derzeit besonders an Grenzstandorten, die für eine landwirtschaftliche Nutzung nur bedingt ideal sind, sowie auf schwer zugänglichen Flächen.

Das geerntete Material gehört zu den nachwachsenden Rohstoffen. Es eignet sich sehr gut als Substrat für die Biogasproduktion. Die Methanausbeute liegt etwa 15–25 % unter der von Mais, zeigt jedoch je nach Standort eine große Spannweite. Nach der Ernte wird das Erntegut siliert. Die Silage liefert Biogas mit einem Methangehalt von 51–53 %. Der Ertrag von einem Hektar Anbaufläche kann bei fast 5000 m^3 Methan liegen. Eine Ernte und Einsilierung zusammen mit Silomais ist möglich, wirkt sich aber – durch den späteren Erntezeitpunkt – negativ auf den Methanertrag aus. Die Pflanze kann in der Biogasanlage auch zusammen mit Gülle verarbeitet werden.

Silphie dient auch als Industriepflanze. Seit 2019 gibt es Silphie-Papier und -Pappe für Verpackungen. Die getrockneten viereckigen Stängel bilden ein leichtes, feinporiges Material, das zukünftig möglicherweise eine Rolle als Wärmedämm- und faseriger Bauzusatzstoff spielen könnte.

Alternativ können die Pflanzen ein- oder zweimal im Jahr für Futterzwecke geschnitten werden. Sie eignen sich für eine Vielzahl an Nutztieren, wie Rinder, Schafe, Ziegen, Schweine, Pferde oder Lamas. Diese erhalten die Pflanze entweder frisch oder als Silage. Silphie ist für das Vieh ungiftig und besitzt einen relativ hohen Proteingehalt.

Imker schätzen die Art als Bienentrachtpflanze (Nektarwert 3, Pollenwert 2). Sie kann einen Honigertrag von rund 150 kg/ha liefern. Der Honig kristallisiert kaum aus.

Ökologische Bedeutung

Unter den Energiepflanzen gilt die Silphie derzeit als die beste ökologische Alternative zu Biogas-Silomais. Ab dem 2. Jahr benötigt der Anbau weder Herbizide noch Dünger. Ackerwildkräuter können sich in den dicht schließenden Beständen nur bedingt entwickeln. Bisher tauchen an den Kulturen keine Insekten auf, die die Pflanze schädigen. Der Boden erodiert in der Dauerkultur kaum und behält auch seine Nährstoffe gut. Nachdem das tiefe Wurzelwerk allen ausgebrachten Dünger aufnimmt, stellt der Anbau keine Gefahr für das Grundwasser dar und eignet sich auch für Wasserschutzgebiete. Der Boden ist ein gutes Habitat für Regenwürmer. Die Be-

Feld Ende Dezember

schattung des Bodens fördert die Humusbildung, ausgelaugte Böden können sich regenerieren. Wildtiere finden guten Schutz in den Anbauflächen. Im Gegensatz zu Mais dringen Wildschweine auf Nahrungssuche nicht in Silphienfelder ein. Damit kann diese Pflanze bei der Regulierung der zunehmenden Wildschweinpopulationen helfen. Die vielen Blütenkörbchen locken nicht nur Honigbienen, sondern zahlreiche Insekten wie Bienen, Hummeln, Schwebfliegen und Schmetterlinge an. Insgesamt kann der Anbau dieser Pflanze die Artenvielfalt im Kulturland erhöhen und gleichzeitig Abwechslung in die Landschaft bringen.

Die Pflanze ist dabei, sich als Neophyt in der heimischen Flora zu etablieren. Da sie keine Ausläufer oder weit kriechende Rhizome bildet, schätzen Experten ihr invasives Potenzial jedoch als gering bis mittel ein. Sie empfehlen aber, umliegende Flächen auf auskeimende Samen zu kontrollieren und die Pflanze nicht direkt an Gewässern zu kultivieren, sodass keine Früchte verschwemmt werden können.

Feld Anfang Juni

Borretsch

Borago officinalis

Die sommerannuelle, borstig-steifhaarige Pflanze stammt ursprünglich aus Südspanien und dem westlichen Nordafrika und kam im späten Mittelalter nach Mitteleuropa. Sie bildet eine Pfahlwurzel. Je nach Nährstoffgehalt des Bodens kann sie bis 70 cm hoch und sehr breit werden und so ihre Nachbarn unterdrücken. Die lanzettlichen bis eiförmigen Blätter verschmälern sich in einen geflügelten Stiel. Die 2–3 cm breiten Blüten haben eine fünfzählige Krone mit flach ausgebreiteten, anfangs rosa, später blauen Zipfeln und vorstehende weiße Schlundschuppen. Sie sind auf Fremdbestäubung angewiesen. Borretsch blüht schon 8–10 Wochen nach der Aussaat und bildet bis Ende September oder sogar bis zum ersten Frost laufend neue Blüten. Bereits 3 Wochen nach der Bestäubung sind die Klausenfrüchte reif und fallen aus. Es handelt sich um einen Dunkelkeimer.

Viele kennen die Art als „Gurkenkraut" und damit als Küchengewürz. Die seltenen Feldkulturen liefern jedoch vor allem Samen für Borretschsamenöl, das reich an Gamma-Linolensäure und

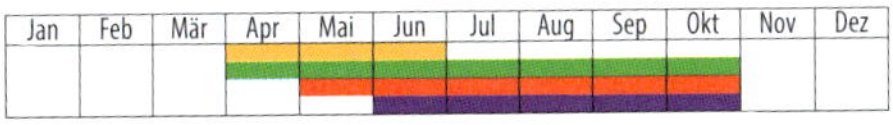

Linolsäure ist und Hauterkrankungen wie Neurodermitis lindert. Viel häufiger als in Reinkulturen zur gezielten Ernte der Pflanze ist die Art in Blühmischungen enthalten. Sie ist nicht winterhart. Da meist ein Teil der reichlich gebildeten Samen im Folgejahr auskeimt, hat die Art sowohl in einjährigen als auch mehrjährigen Mischungen ihre Berechtigung. In Folgekulturen sind die auflaufenden Samen dagegen unerwünscht. Borretsch verwildert nur unbeständig. Am häufigsten besuchen Honigbienen und Hummeln die Blüten und sammeln den reichlichen Nektar und Pollen (Nektarwert 4, Pollenwert 2). Auch andere Hautflügler, Schmetterlinge und Fliegen tauchen an den Blüten auf. Aufgrund der langen Blütezeit bietet die Pflanze auch noch spät im Jahr eine Nektarquelle. Um die Mittagszeit produzieren die Blüten am meisten Nektar. Er enthält bis zu 50 % Zucker – die Pflanze heißt deshalb bei den Imkern auch „Bienenbrot". Borretsch bildet allerdings auch Pyrrolizidinalkaloide, eine Gruppe von Pflanzenstoffen, die Fressfeinde abhalten soll. Nimmt der Mensch sie in bestimmten Mengen auf, können sie die Leber schädigen und Krebs auslösen. Es ist bekannt, dass diese Stoffe über die Biene auch in den Honig gelangen können – Imker müssen darauf achten, dass ihr Honig nicht nur von dieser Pflanze stammt.

Phazelie, Rainfarn-Büschelschön

Phacelia tanacetifolia

Beschreibung

Die sommerannuelle, rau behaarte Pflanze bildet einen 20–120 cm hohen, stark verzweigten, hohlen Stängel, der wechselständige, feingliedrige, doppelt fiederschnittige Blätter trägt. Die Blüten sind weißbläulich bis blauviolett. Ihre 5 Staubblätter überragen die 7–10 mm lange, fünfzipfelige, glockige Krone deutlich. Die endständigen, traubigen Blütenstände sind einseitswendig und bilden Doppelwickel, die vor dem Aufblühen schneckenförmig eingerollt sind. Ab Blühbeginn verholzen die Pflanzen. Die Blütezeit erstreckt sich über mehrere Wochen. Die Kapseln springen mit 2 Spalten auf und entlassen hartschalige, dunkelbraune, warzig-rippige Samen.

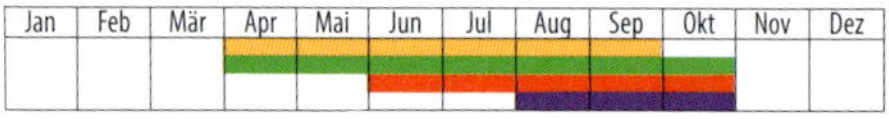

Entwicklung und Standortansprüche

Die Phazelie ist insgesamt sehr anspruchslos, nur auf sehr nassen und kalten Standorten gedeiht sie schlecht. Sie liebt Wärme und mittlere, feuch-

Blütenstände

Das Blatt ähnelt jenem von Rainfarn (*Tanacetum vulgare*).

te Böden. Bei Temperaturen unter -5 °C frieren sowohl die Pflanzen als auch die Samen ab. Die Pflanze ist ein Dunkelkeimer. Bei etwa 15 °C keimen die Samen nach 10–15 Tagen. Je nach Standort blüht die Art bereits 5–7 Wochen nach der Aussaat.

Herkunft und Geschichte als Nutzpflanze

Die Art stammt aus dem Südwesten der USA und Nordmexiko. Der Schotte David Douglas schickte sie 1832 erstmals nach England, von dort gelangte sie als schöne Zierpflanze in Gärten. In Mitteleuropa ist sie seit 1843 bekannt. Bald entdeckten auch Imker die Pflanze und rühmten sie als „Königin der Bienenpflanzen". Erst im letzten Drittel des 20. Jh. erkannten Landwirte die darüber hinausgehenden Werte der Pflanze.

Nutzung

Imker schätzen die Phazelie mit ihrer üppigen Blütenpracht und langen Blühdauer als wichtige Sommer- und Spättrachtpflanze. Jede Blüte sondert in 24 Stunden 0,8–0,85 mg Nektar mit einem Zuckergehalt von 22–43 % ab und bildet reichlich dunkelblau gefärbten Pollen. Doch für den Landwirt ist das Kraut mehr als eine gute Bienenweidepflanze, die sich im Gemenge für einen Anbau auf stillgelegten Flächen eignet. Besonders beliebt ist sie als abfrierende Zwischenfrucht für die Gründüngung und als Erosionsschutz. Für Grünbrachen kann die Pflanze auf fast allen Böden eingesetzt werden. Bis zu einem gewissen Grad lässt sich Phazelie auch verfüttern. Jung sind die Pflanzen schmackhaft und gut verdaulich, später frisst das Vieh sie nur noch ungern. Auf der Weide stört es sich an den Haaren und den zahlreichen Insekten an den Pflanzen. Nur Schafen macht dies nichts aus. Eine Silierung von Gemengen mit Phazelie ist jedoch gut möglich. Auch in Gemengen zur Wildäsung ist die Pflanze häufig enthalten, obwohl der Äsungswert sowohl für Schalenwild als auch für Hasen und Fasane nur niedrig ist. Auf dem Wildacker spielt deshalb die Nährstoffbindung der Pflanze eine größere Rolle als ihr Futterwert.

Kultur und Ernte

Die Entwicklung der Pflanze ist nicht von der Tageslänge abhängig, sodass sie über einen großen Zeitraum ausgesät werden kann.

Als Bienenweide wird die Pflanze meist mit anderen blühenden Arten kombiniert, etwa mit Malven, Sonnenblume, Öl-Rettich, Koriander, Garten-Ringelblume, Kornblume und Borretsch.

Zur Gründüngung wird die Pflanze alleine oder meist in Gemengen mit anderen Arten wie Buchweizen, Echte Serradella, Persischer Klee, Alexandriner-Klee oder Saat-Wicke ausgebracht.

Steht die Nitratbindung in Wasserschutzgebieten im Vordergrund, kann die Phazelie z. B. mit Buchweizen, Hafer und Einjährigem Weidelgras kombiniert werden.

Phazelie ist sowohl mit sich selbst verträglich als auch in der Fruchtfolge unbegrenzt einsetzbar, da sie mit keiner landwirtschaftlich genutzten Art verwandt ist. Bleiben die abgestorbenen Pflanzen im Winter auf dem Feld, verrotten ihre Wurzeln bis zum Frühjahr und es kann eine

Alter Fruchtstand im Winter

Mulchsaat erfolgen, z. B. mit Zucker-Rüben oder Mais.

Ökologische Bedeutung

Phazelie fördert die Bildung der Bodengare und verbessert die Bodenstruktur. Sie ist ein guter Nitrat- und Güllebinder und eignet sich für den Anbau in Wasserschutzgebieten. Vor Bodenerosion schützt sie nicht nur im lebenden Zustand, sondern auch im Winter nach dem Abfrieren, wenn die Pflanzen den Boden fein strukturiert bedecken und dann rasch verrotten. Krankheiten oder Schädlinge der Pflanze treten bei uns kaum auf. Sie gilt als „Gesundungspflanze" für Mais- und Rübenfruchtfolgen.

Außer Honigbienen suchen auch zahlreiche andere Insekten die Blüten auf (Nektarwert 4, Pollenwert 3). Neben Schwebfliegen fanden Insektenkundler 25 Wildbienen- und Hummelarten an den Blüten, besonders polylektische Arten der Gattungen *Bombus*, *Halictus* und *Lasioglossum*. Oligolektische Arten fehlen an dieser Art. Unter den Schmetterlingen konnten in erster Linie die häufigen Weißlingsarten, der Weißklee-Gelbling, C-Falter und Tagpfauenauge beobachtet werden.

Doch auch Fressfeinde von Schadinsekten, z. B. Marienkäferarten, tauchen auf den Pflanzen auf, sodass Phazelie als Nützlinge fördernde Pflanze gilt.

Die Art kann vorübergehend und kurzfristig verwildert auftreten und gilt als unbeständiger Neophyt.

In Amerika sind starke Kontaktallergien durch die Pflanze bekannt. In Europa treten diese kaum auf, da die hier angebauten Sorten offensichtlich nur geringe Mengen der Kontaktallergene enthalten.

Honigbiene beim Tanken von Nektar

Im Gemenge mit Sonnenblumen

Kreuzblütler (Brassicaceae)

Merkmale

Die typischen Blüten gaben dieser Pflanzenfamilie ihren Namen: In ihnen stehen die 4 Kronblätter wie ein Kreuz zueinander. Meistens haben die Blüten 4 Kelch- und 4 Kronblätter. Auffällig sind auch die Staubblätter: In der Regel gibt es einen äußeren Kreis mit 2 kurzen und einen inneren mit 4 langen Staubblättern. Aus dem oberständigen Fruchtknoten entwickelt sich entweder eine Schote oder ein Schötchen. Wenn bei der Schote das obere Ende samenlos ist, so wird dieses als Schnabel bezeichnet. Bei der Reife fallen meist 2 Klappen von der Frucht ab, eine Scheidewand bleibt stehen.

Blüte des Öl-Rettichs

Schote: Die Frucht ist mindestens 3-mal so lang wie breit. Beispiel: Weißer Senf (mit Schnabel).

Schötchen: Die Frucht ist weniger als 3-mal so lang wie breit. Beispiel: Acker-Hellerkraut.

Eine vergleichende Übersicht der Bestimmungsmerkmale der im Buch vorgestellten Kreuzblütlerarten findet sich auf S. 400.

Der typische Kohl- oder Senfgeruch und -geschmack kommt durch schwefel- und stickstoffhaltige Senfölglykoside (Glucosinolate) zustande, die in den Vakuolen der Pflanzenzellen in unterschiedlicher Menge und Zusammensetzung vorhanden sind. Werden die Zellen verletzt oder zerstört, etwa durch Kauen, Insektenfraß, Pflügen oder Erhitzen, so kommen sie mit dem im Zellplasma bis zu diesem Zeitpunkt räumlich getrennten Enzym Myrosinase in Kontakt. Das Enzym spaltet sie in Zucker und Senföle (Isothiocyanate). Diese riechen je nach Substanz mehr oder weniger stechend oder sie sind geruchlos und schmecken dafür scharf und würzig. Der Pflanze dienen diese sekundären Pflanzenstoffe in erster Linie als „chemische Waffe", um Schadorganismen abzuwehren.

Kreuzblütler gehören zu den wenigen Pflanzenfamilien, die keine Mykorrhiza ausbilden. Um im Bodengefüge ausreichend Nährstoffe und Wasser aufnehmen zu können, entwickeln sie im Vergleich zu anderen Pflanzen lange Wurzelhaare.

Kreuzblütler auf Äckern und Feldern

Neben Hauptfruchtarten wie Raps und Kohlarten gibt es aus dieser Familie auf den Feldern zahlreiche Zwischenfruchtarten sowie Ackerwildkräuter. Von den Wildkräutern werden im Buch nur die häufig auftretenden Arten Acker-Hellerkraut (*Thlaspi arvense*), Gewöhnliches Hirtentäschel (*Capsella bursa-pastoris*) und Acker-Senf (*Sinapis arvensis*) vorgestellt.

Die im Ackerbau verwendeten Arten dieser Familie zeichnen sich durch eine rasche und konkurrenzstarke Entwicklung aus. Sie nehmen Stickstoff aus dem Boden auf und können so selbst im Winter verhindern, dass Stickstoff ausgewaschen wird.

Kreuzblütler, die als Zwischenfrüchte angebaut werden, können auch als Futter genutzt werden. Eine Möglichkeit ist dabei die Nutzung als Grünfutter. Die Arten sind jedoch in folgender Reihenfolge absteigend schmackhaft für das Vieh:

- Speiserüben
- Winterrübsen
- Winterraps
- Markstamm-Kohl
- Sommerraps
- Öl-Rettich
- Weißer Senf

Schon Öl-Rettich eignet sich kaum mehr zur Beweidung. Neben dem Geschmack können auch ein geringer Rohfasergehalt, hohe Nitratgehalte oder die Zusammensetzung der sekundären Pflanzenstoffe die Verfütterung einschränken.

Bei der Verwendung von Kreuzblütlern als Zwischenfrucht ist zu beachten, dass diese mit den Hauptfrüchten Raps oder Gemüse-Kohl verwandt sind. Ihre Kultur kann damit das Risiko für Kohlhernie erhöhen, wenn diese zu früh nach der Zwischenfrucht folgt. Bei dieser Pflanzenkrankheit, die an den meisten Kreuzblütlern auftreten kann, löst der parasitische Schleimpilz *Plasmodiophora brassicae* Wurzelwucherungen aus, die Pflanzen welken und kümmern, da

Rapskeimlinge mit langen Wurzelhaaren

Kleiner Kohlweißling (*Pieris rapae*) auf Brokkoli-Blütenstand

sie nicht mehr genügend Wasser und Nährstoffe aufnehmen können.

Andererseits gibt es unter den Kreuzblütlern aber auch solche, die sich in der Fruchtfolge positiv auf die Gesundheit der Kulturpflanzen auswirken. Einige Senföle können das Wachstum von pflanzenparasitischen Nematoden wie Rübenzystennematoden (*Heterodera schachtii*) und von bodenbürtigen pilzlichen Schaderregern wie *Fusarium* spp., *Gaumannomyces graminis* var. *tritici* oder *Sclerotinia* spp. unterdrücken. Pflanzenarten und -sorten, die diese freisetzen, können entsprechende Schaderreger auf natürliche und umweltfreundliche Art bekämpfen. Im Rahmen der sog. **Biofumigation** zerkleinern Landwirte die zur Gründüngung verwendeten Pflanzen zur Blütezeit – wenn der Gehalt an Senfölglykosiden besonders hoch ist – und arbeiten sie gezielt in den Boden ein. Für dieses noch relativ neue umweltschonende Verfahren des Pflanzenschutzes eignen sich besonders bestimmte Sorten von Öl-Rettich, Weißem und Braunem Senf.

Bedeutung für Insekten

Für viele Wildbienen sind Kreuzblütlerarten Nektar- und Pollenlieferanten. Auch manchen Schmetterlingen dienen sie als Nektarquelle. Besonders wichtig sind die Pflanzen für eine Vielzahl an pflanzenfressenden Insektenarten. Sehr auffällig sind verschiedene Echte Weißlinge (Pierinae), deren Raupen sie als Futterpflanzen nutzen. Ihnen schaden die Senfölglykoside der Pflanzen nicht – im Gegenteil: Das Senfölglykosid Sinigrin lockt die Falter an und stimuliert sie zur Eiablage, bei den Raupen regt es die Fresstätigkeit an. Wenn die Raupen die Senfölglykoside aufnehmen, schützt sie dies wiederum vor Fressfeinden.

An Käfern treten hauptsächlich verschiedene Erdfloharten (z. B. Kohlerdflöhe der Gattung *Phyllotreta*, Rapserdfloh *Psylliodes chrysocephala*) und Rüsselkäferarten auf, die auf den Anbauflächen größere Schäden verursachen können.

Raupe des Kleinen Kohlweißling auf Grün-Kohl

Raupen des Großen Kohlweißling (*Pieris brassicae*) auf Rosenkohl

Brauner Senf, Sarepta-Senf, Ruten-Kohl

Brassica juncea

Beschreibung

Diese sommerannuelle Art wird, wenn sie im Herbst auf gelb blühenden Feldern steht, häufig für Schwarzen Senf gehalten. Sie lässt sich jedoch anhand der nicht dem Stängel angedrückten Früchte und Fruchtstiele gut von diesem unterscheiden. Einige Sorten bilden kaum Blüten aus. Weitere Merkmale siehe S. 400.

Entwicklung und Standortansprüche

Für den Anbau eignen sich besonders kalkreiche Lehmböden mit guter Wasserversorgung. Die Art ist wärmebedürftig und empfindlich gegen stärkere Spätfröste, toleriert jedoch Trockenheit. In trockenen, heißen Jahren entwickelt sie sich deshalb besser als der Weiße Senf. Brauner Senf ist eine Langtagpflanze.

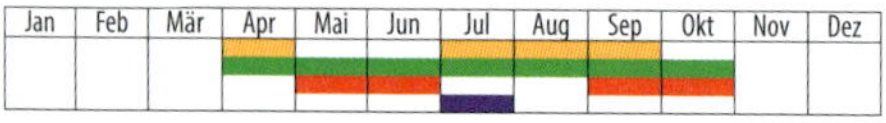

Herkunft und Geschichte als Nutzpflanze

Die Art entstand durch eine natürliche Hybridisierung von Rübsen (*Brassica rapa* ssp. *oleifera*) mit Schwarzem Senf (*Brassica nigra*) in Asien. Ähnlich wie auch bei Raps fand dabei eine Verdoppelung des Genoms statt, sodass die Art tetraploid ist. Die erste Kultivierung erfolgte entweder im Nahen Osten, in China oder in den Regionen dazwischen. In Mitteleuropa ist die Art spätestens seit 1870 bekannt. Im Gewürzanbau Europas und Nordamerikas hat dieser Senf den Schwarzen Senf weitgehend abgelöst.

Nutzung

Brauner Senf eignet sich als raschwüchsige Zwischenfrucht zur Gründüngung. Er wird weniger

Die Knospen überragen die geöffneten Blüten nicht.

Früchte dem Stängel nicht angedrückt, mit 6–10 mm langem Schnabel

Schwarzer Senf mit typischen Früchten

häufig angesät als der Weiße Senf, findet sich aber auch in manchen Gründüngungsmischungen. Die Pflanzen enthalten reichlich Senfölglykoside und kommen je nach Sorte zur Bekämpfung und Reduzierung von Nematoden und im Boden vorkommenden Schadpilzen infrage (Biofumigation). Forscher haben außerdem herausgefunden, dass Brauner Senf in der Lage ist, besonders große Mengen an Blei aus den Böden aufzunehmen. Er eignet sich deshalb zur Phytosanierung entsprechend belasteter Böden.

Die Körner des Braunen Senfs schmecken schärfer als die des Weißen Senfs und entwickeln ihre Schärfe auch in Rachen und Nase. Sie liefern deshalb als Gewürz die Schärfe in Senfprodukten. Hierfür wird er in wärmeren Regionen gelegentlich kultiviert. Als „Blattsenf" bieten Gärtnereien und Samenhändler Sorten mit unterschiedlich geformten und gefärbten Blättern an, die sich für Gemüse und Salate eignen.

Kultur und Ernte

Zur Gründüngung erfolgt die Aussaat in der Regel zwischen Juli und September. Die Pflanzen frieren über den Winter ab und lassen sich anschließend unterpflügen. Zur Biofumigation werden die Pflanzen bereits zur Blütezeit zerkleinert und in den Boden eingearbeitet.

Abessinischer Kohl ‚Redbone' in Zwischenfruchtmischung

Landwirte, die diesen Senf als Gewürz anbauen, säen diesen meist im April. Die Vegetationsdauer beträgt etwa 100–140 Tage, sodass die Samenernte mit dem Mähdrescher bei Vollreife Mitte bis Ende Juli erfolgen kann.

Ökologische Bedeutung

Brauner Senf schützt mit seinem reichverzweigten, tiefen Wurzelwerk den Boden vor Erosionen, lockert verdichteten Boden auf und trägt zur Bodengesundheit bei. Kommt er zur Blüte, wird er gerne von Insekten besucht (Nektarwert 4, Pollenwert 4). Die Art taucht zerstreut und unbeständig auf Müllplätzen, an Straßenrändern, Straßen und anderen Ruderalstellen auf.

Ähnliche Arten

Der **Abessinische Kohl** oder **Äthiopische Senf** (*Brassica carinata*) stammt aus Äthiopien. Bei ihm handelt es sich offensichtlich um eine tetraploide Kreuzung aus Schwarzem Senf (*Brassica nigra*) und Gemüse-Kohl (*Brassica oleracea*). Seit einiger Zeit werden verschiedene Sorten dieser wüchsigen Art als Zwischenfrucht in Mischung oder alleine angesät. Auch in Mischungen zur Wildäsung ist er zu finden. Außerdem können Landwirte ihn mit Frühjahrsaat als Futterpflanze anbauen.

Der ursprünglich aus dem östlichen Mittelmeerraum stammende **Schwarze Senf** oder Senf-Kohl (*Brassica nigra*) wurde ab der Römerzeit auch in Mitteleuropa als Nutzpflanze kultiviert. Heute wird er bei uns höchstens noch in Sonderkulturen als Heilpflanze angebaut. Die Naturheilkunde verwendet das Mehl aus den Samen für durchblutungsfördernde Senfwickel und Senfpflaster bei Bronchitis und Rheuma. Als Zwischenfrucht spielt diese Art bisher keine Rolle. Verwildert und eingebürgert taucht er auf Schuttplätzen und anderen Ruderalstellen besonders im Bereich der großen Flüsse auf.

Raps

Brassica napus ssp. *napus*

Beschreibung

Die Art *Brassica napus* ist eine Kreuzung aus *Brassica oleracea* × *Brassica rapa*, bei der sich die Chromosomensätze der Elternpflanzen vereint haben, sodass ein tetraploider Bastard entstanden ist. Sie gehört zu den Langtagpflanzen. Es existieren zwei Varietäten: Der hier vorgestellte Raps und die Kohlrübe (*Brassica napus* ssp. *rapifera*, siehe folgendes Porträt). Winterraps sorgt im Frühjahr für weithin gelb leuchtende Felder und lässt sich dann mit keiner anderen Ackerpflanze verwechseln. Zu den Merkmalen siehe Tabelle S. 400.

Entwicklung und Standortansprüche

Raps bevorzugt kühlgemäßigte, niederschlagsreiche Regionen und solche mit hoher Luftfeuchtigkeit. Besonders während des Schossens und in der Blüte benötigt er ausreichend Wasser. Außerdem verlangt er für sein bis in 1,80 m Tiefe reichendes Wurzelsystem tiefgründige Böden. Staunässe oder leichte Böden mit langen Trockenperioden mindern den Ertrag. Unter Schnee toleriert Winterraps Temperaturen bis zu – 25 °C, bei schneefreiem Boden erträgt er bis –15 °C. In gefrorenem Boden kann er allerdings vertrocknen und seine Wurzeln zerreißen beim Gefrieren des Bodens. Im Rahmen der Klimaveränderung befürchten Wissenschaftler, dass die Erträge von Raps sinken werden, da er zu wenig Wasser bekommt und dann zu früh abreift.

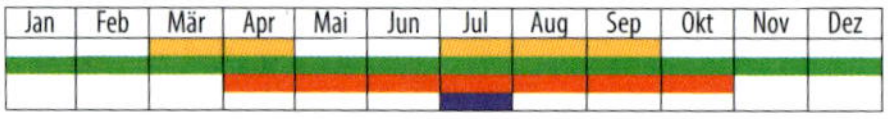

Knospen überragen die offenen Blüten, Kelchblätter aufrecht abstehend

Je nach Sorte und Zweck wird Raps zweijährig als Winterraps oder sommerannuell als Sommerraps kultiviert. In Mitteleuropa wird hauptsächlich Winterraps angebaut. Er kommt erst im 2. Jahr zur Blüte. Wenn die Pflanzen noch vor dem Winter eine kräftige Rosette mit gestauchter Sprossachse bilden, erreichen sie ihre maximale Winterhärte. Um dieses Stadium zu erreichen, benötigen sie einen Zeitraum von 80–100 Tagen, bevor die Temperaturen mehrere Tage unter 2° C fallen. Im Frühjahr löst sich die Rosette auf und die Sprossachse wächst in die Länge. Die Blütentrauben blühen von unten nach oben auf, sodass eine Pflanze 3–4 Wochen lang blühen kann und gleichzeitig Knospen und junge Früchte trägt. Schon 1–2 Tage vor der Entfaltung der Blütenblätter ist die Narbe für die Bestäubung bereit. Der Pollen kann durch direkten Kontakt oder Wind auf Nachbarpflanzen gelangen. Hauptsächlich wird er aber durch Insekten verbreitet. Nach erfolgreicher Bestäubung reifen pro Schote meist 10–15 Samen.

Herkunft und Geschichte als Nutzpflanze

Wahrscheinlich entstand der Raps im Mittelmeerraum, in einer Region, in der beide Eltern

Unreif fruchtend

vorkommen. Wann dies war, ist unbekannt. Es liegen weder gesicherte archäologische Funde vor, noch sind wilde Vorfahren bekannt. Bei den Römern gab es zwar Rüben unter den Namen „beta", „napus" und „rapum", doch ob sie auch Raps kannten, ist ungewiss. Bis in das 16. Jh. unterschieden die Gelehrten nicht zwischen Raps und Rübsen (S. 141). Erst für das 17. Jh. ist Rapsanbau in den Niederlanden eindeutig belegt. Wichtig war Rapsöl in der Folgezeit vor allem als Brennstoff für Öllampen und für die Seifenherstellung. Mit der Industrialisierung Anfang des 19. Jh. stieg der Bedarf an technischen Ölen, z. B. als Schmierstoff für Maschinen. Entsprechend weitete sich der Anbau in Mittteleuropa aus. Als mit Erdöl ab der zweiten Hälfte des 19. Jh. preiswerte Alternativen zur Verfügung standen, ging er jedoch wieder stark zurück.

Bis in die 1970er-Jahre konnte das Öl kaum als Speiseöl verwendet werden, da in diesem mehr als die Hälfte der Fettsäuren auf Erucasäure entfiel. Diese schmeckt nicht nur bitter und kratzig, sondern kann auch zu Organschäden und Herzproblemen führen. Auch der Pressrückstand konnte nur zu einem geringen Anteil an Tiere verfüttert werden. Er enthielt große Mengen Senfölglykoside, die dem Vieh nicht schmecken. Lediglich in Notzeiten, wie in den beiden Weltkriegen, stellte man vor allem Margarine aus dem Öl her.

Geöffnete Früchte und Samen

Um unerwünschte Begleitstoffe zu entfernen, musste das Öl bei hohen Temperaturen unter Vakuum mit Wasserdampf destilliert (desodoriert) werden. Das so raffinierte Öl war geschmacklich weitgehend neutral und konnte zu Backfett und Margarine gehärtet werden.

Nach Auslese und intensiver Forschung gelang es, Sorten zu entwickeln, die kaum noch Erucasäure enthalten (Null-Raps, 0-Raps). Ab 1974 stellten Landwirte in Norddeutschland auf diese um, die sich nun hervorragend für Speiseöl und als Rohstoff für Speisefette eigneten. Erucasäurereiche Sorten für technische Zwecke blieben vereinzelt besonders in Süddeutschland im Anbau. Seit 1981 stehen den Landwirten neue Sorten zur Verfügung, bei denen nicht nur der Gehalt an Erucasäure, sondern auch der an Senfölglykosiden minimiert wurde (Doppelnull-Raps, 00-Raps). Diese können damit sowohl Lebens- als auch Futtermittel liefern und gleichzeitig als nachwachsender Rohstoff dienen. Daneben gibt es heute Sorten, die reichlich Erucasäure aber wenig Senfölglykoside enthalten (Plusnull-Raps, +0-Raps). Ihr Öl dient als industrieller Rohstoff, ihr Pressrückstand eignet sich als Futtermittel.

Nutzung

Heute wird in Deutschland vor allem 00-Raps angebaut. Sein Öl ist ernährungsphysiologisch wertvoll. Es enthält sehr viel Ölsäure sowie reichlich Linolsäure als essenzielle Fettsäure. So setzte sich Rapsöl der 00-Sorten immer mehr als Nahrungsmittel durch. Seit der Jahrtausendwende rücken die Pflanzen als nachwachsender Rohstoff in den Fokus, sodass heute die Hauptmenge ihres Öls in die Herstellung von Biodiesel fließt. Der Rapsdiesel (Rapsmethylester) entsteht aus raffiniertem Rapsöl und Methanol. Als Nebenprodukt fällt Glycerin an, das in der Futtermittel- und in der chemischen Industrie genutzt wird und als Energieträger dient. Rapsöl eignet sich auch als Treibstoff in Blockheizkraftwerken und lässt sich in speziellen Ölheizungen verbrennen.

Für die Verwendung in der Technik kommen je nach Zweck Sorten mit unterschiedlicher Ölzusammensetzung infrage. So besitzt z. B. die Erucasäure des Öls gute Schmiereigenschaften. Rapsöl dient als Schmier-, Hydraulik- und Schalungsöl sowie als Grundstoff für Farben, Bio-Kunststoffe, Weichmacher, Tenside und Kaltschaum.

Die eiweißreichen Rückstände, die beim Pressen des Öls anfallen, dienen als Tierfutter. Neben Sorten für die Ölgewinnung (Körnerraps) existieren blattreiche Futterrapssorten. Sie eignen sich zur Gründüngung oder als Futter. Raps kann auch in Mischungen für die Wildäsung enthalten sein.

Imker stellen ihre Bienenstöcke oft gezielt in die Nähe blühender Rapsfelder. Die Blüten bieten ein sehr gutes Nektar- und Pollenangebot (Nektarwert 4, Pollenwert 4). Die Erträge an Rapshonig können bei 40–230 kg pro Hektar liegen.

Mittlerweile gibt es auch mehrmals verwendbare Trinkhalme aus Rapsstroh. Sie sind stabiler als Strohhalme aus Weizenhalmen und geschmacksneutral.

Kultur und Ernte

Landwirte säen Winterraps zwischen Mitte August und Anfang September. Als Vorfrüchte eignen sich frühräumende Kulturen wie Wintergerste, Frühkartoffeln, Erbsen oder Kleegras. Andere Kreuzblütler sollen vermieden werden, da sie dieselben Krankheiten und Schaderreger beherbergen können wie der Raps. Aus dem gleichen Grund sollte Raps höchstens alle 3–4 Jahre auf demselben Feld kultiviert werden. Als Folgefrüchte eignen sich besonders Wintergetreide wie Winterweizen.

Die Ernte erfolgt meistens mit dem Mähdrescher, sobald sich die Körner schwarz verfärbt haben und beim Schütteln rascheln (Vollreife). Dies ist in der Regel in der 2. Julihälfte der Fall. Wenn die Gefahr besteht, dass zu viele Samen vorzeitig aus den Schoten fallen, wie dies z. B. in den stark windigen Küstenregionen der Fall sein kann, wird in einem mehrteiligen Verfahren geerntet: Sobald die Körner beiderseits braun werden, mähen die Landwirte die ganzen Pflanzen und legen sie

Ausgefallene Samen keimen bereits zwischen den Rapsstoppeln aus.

zum Trocken auf das Feld. Erst wenn die Pflanzen ausgetrocknet sind, werden sie aufgenommen und ausgedroschen.

Ausgefallene Samen keimen oft auf dem Feld (Ausfallraps). Sie können sofort oder in der Folgefrucht aufwachsen und deren Ertrag mindern. Für Landwirte bedeutet dies aber auch, dass nach +0-Raps kein 00-Raps für die menschliche Ernährung angebaut werden kann, da dessen Ernte mit dem +0-Raps der Vorfrucht verunreinigt sein kann.

Sowohl Winter- als auch Sommerraps dienen auch als Zwischenfrucht zur Ackerbegrünung, Gründüngung oder als Viehfutter. Häufig erfolgt der Anbau hierzu in Mischungen. Winterraps als Sommerzwischenfrucht wird im Herbst als Futter geschnitten, beweidet oder zu Silage verarbeitet. Als Winterzwischenfrucht ausgesät begrünt er das Feld über den Winter und wird ab Mitte April geschnitten. Sommerraps dagegen kann bei Einsaat vor August durch den Langtageinfluss noch im Herbst Blüten entwickeln und dann als Bienenweide dienen. Im Zwischenfruchtbau zur Futternutzung wird er oft erst ab dem 10. August ausgesät, damit die Pflanzen viel Grünmasse bilden. Vor oder spätestens bei Blühbeginn geschnitten, eignet er sich für Silage. Im Winter friert er ab.

Ökologische Bedeutung

Die Blüten locken mit Nektar und Pollen zahlreiche Insekten an. Am meisten davon enthalten

Raps blüht früh im Jahr.

sie morgens. Als Pollensammler sind zahlreiche Wildbienenarten bekannt, davon 6 oligolektische Arten und 58 Generalisten.

Der 00-Raps schmeckt auch dem Wild. Es äst deshalb in den Wintermonaten oft auf den Feldern. Ernähren sich Rehe jedoch weitgehend oder ausschließlich von diesem Raps, kann es zu schweren Verdauungsstörungen kommen, an denen die Tiere zugrunde gehen können. Verantwortlich dafür sind der hohe Eiweißgehalt und der geringe Gehalt an Rohfasern sowie die schwefelhaltige Aminosäure Methylcysteinsulfoxid.

Verschiedene Vogelarten können auf Rapsfeldern sowohl Nahrung als auch Deckung finden. Zwischen Raps kommen etwa 30 Wildkraut- und Wildgrasarten vor. Besonders reichlich können sich Vogelmiere, Acker-Fuchsschwanzgras, Geruchlose Kamille, Taubnesseln und Kletten-Labkraut, aber auch Kornblumen entwickeln. Obwohl Raps eigentlich eine gute Konkurrenzkraft besitzt, können die Wildkräuter je nach Bestand zu Ertragseinbußen führen, sodass sie vom Landwirt bekämpft werden. Deshalb erfolgte der Anbau bis in die 1970er-Jahre als Hackfrucht. Heute wird nur noch im ökologischen Anbau gehackt, ansonsten kommen meist Herbizide zum Einsatz.

Raps verwildert häufig, aber meist nur unbeständig, besonders an Ackerrändern, auf Bahngeländen und anderen Ruderalstandorten. Die Samen bleiben im Boden bis über 15 Jahre keimfähig.

Winterraps im November

Steckrübe, Kohlrübe, Runkelrübe, Runke, Wruke

Brassica napus ssp. *rapifera*, *Brassica napus* var. *napobrassica*

Diese zweijährige Pflanze soll im 17. Jh. aus Skandinavien nach Deutschland gelangt sein. Sie wird im 1. Jahr geerntet und kommt deshalb nicht zur Blüte. Ihren Namen „Steckrübe" erhielt sie, weil man in früheren Zeiten die jungen Pflanzen umsetzte („steckte"). Steckrüben haben im Gegensatz zum nah verwandten Raps (S. 130) eine verdickte Basis, die sich recht rasch entwickelt. Als Sprossrübe leitet sich die Verdickung zum größten Teil vom Hypokotyl und nur zu einem geringen Teil von der Hauptwurzel ab. Sie besitzt viel zartes, saftiges Holzgewebe und nur wenig derbe Rinde, kann bis kopfgroß und mehrere Kilogramm schwer werden. Außen ist sie grün, gelblich oder rötlich, innen weißlich oder durch Carotinoide gelb. Zu den weiteren Merkmalen siehe S. 400.

Meistens wurde die Pflanze als gut lagerfähiges Winterfutter für Vieh, hauptsächlich für Schweine, angebaut. Besonders in Notzeiten lieferte sie jedoch ein wichtiges Gemüse für die Bevölkerung. Im 1. Weltkrieg, als 1916 Kartoffeln nur eine Missernte lieferten, schrieb sie Geschichte: Steckrüben dienten als Ersatz für unterschiedlichste Lebensmittel. Auch im Hungerwinter 1946/1947 war sie ein wichtiges Nahrungsmittel. Traditionell dienen die weißfleischigen Sorten als Viehfutter, aus den gelbfleischigen kochen vor allem Norddeutsche einen Eintopf sowie Rübenmus, einen Brei aus Steckrüben und anderen Zutaten. Viele Sorten gingen in den letzten Jahrzehnten verloren. Für die Jahre 2017/2018 ernannte der Verein zur Erhaltung der Nutzpflanzenvielfalt e.V. die Steckrübe zum Gemüse des Jahres. Lange Zeit als „Armeleuteessen" verschrien, erregt sie als „Ananas des Nordens" seit einigen Jahren sogar das Interesse von Sterneköchen. Die Nachfrage steigt, liegt aber immer noch weit unter der für Kohlrabi. Das Gemüse gedeiht auch in kühlem Klima gut, schmeckt je nach Sorte sehr zart und herbsüß bis süßlich, etwas kohlartig und gilt als „Powergemüse". Es enthält Vitamin B1, B2 und C sowie Traubenzucker, Eiweiß und viele Mineralien. Für den Anbau eignen sich besonders humus- und lehmhaltige Böden. Die Aussaat erfolgt ab Mitte Mai bis Mitte Juni, die Ernte von September bis November. Leichter Frost oder Lagerung lassen die Rüben süßer schmecken.

Jan	Feb	Mär	Apr	Mai	Jun	Jul	Aug	Sep	Okt	Nov	Dez

Gemüse-Kohl

Brassica oleracea

Beschreibung

Von dieser Art wurden zahlreiche Varietäten gezüchtet, bei denen unterschiedliche Pflanzenteile verwendet werden. Allen gemeinsam sind die auffällig hervortretenden Blattnarben an den unteren Sprossabschnitten, an denen die Blätter bereits abgefallen sind. Weitere Merkmale siehe Tabelle S. 401. Die meisten Varietäten sind zweijährig. Blumen-Kohl (var. *botrytis*) und Brokkoli (var. *italica*) sind einjährig. Alle Varietäten sind miteinander kreuzbar, ebenso lässt sich Gemüse-Kohl mit Rübsen und Schwarzem Senf kreuzen.

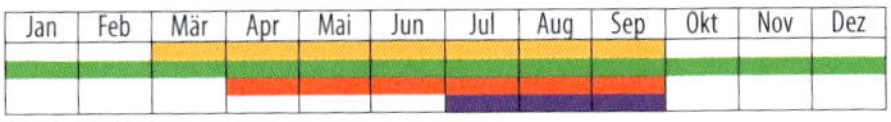

* Tabelle übergreifend für die wichtigsten Sorten

Entwicklung und Standortansprüche

Insgesamt ist Gemüse-Kohl nicht besonders anspruchsvoll, doch gibt es Unterschiede zwischen den Varietäten. So ist z. B. Kopf-Kohl (var. *capitata*) im Gegensatz zu Rosen-Kohl (var. *gemmifera*)

Weiß-Kohl (var. *capitata* var. *alba*) und Rot-Kohl (var. *capitata* var. *rubra*)

frostempfindlich. Für alle Regionen Mitteleuropas gibt es Varietäten, die geeignet sind. Manche Blattkohlarten lassen sich sogar in den Alpen bis auf 2000 m Höhe kultivieren. Als Erbe seiner wilden Vorfahren verträgt Gemüse-Kohl auch salzhaltigen Boden und kann bis in Küstennähe wachsen.

Herkunft und Geschichte als Nutzpflanze

Alle Varietäten stammen von Wild-Kohl (var. *oleracea*) ab, der an den Küsten Europas wächst. Schon der griechische Gelehrte Theophrastos unterschied im 3. Jh. v. Chr. krause und glattblättrige Formen des Kohls. Spätestens ab dem Mittelalter wurde Kohl auch in Mitteleuropa kultiviert, wie z. B. aus dem Plan des Klosters von St. Gallen aus dem 9. Jh. hervorgeht. Die Kräuterbücher des 16. und 17. Jh. unterscheiden verschiedene Kohlsorten wie Kopf-Kohl, Kohlrabi und Blumen-Kohl. Rosen-Kohl entstand wohl erst im 18. Jh. in Flandern („Brüsseler Kohl").

Nutzung und Kultur

Die verschiedenen Varietäten des Kohls liefern in erste Linie Gemüse. Je nach Region werden sie zu traditionellen Gerichten verarbeitet, etwa zu Sauerkraut oder „Kohl und Pinkel". Frostunempfindliche Varietäten können dabei im Winter auf dem Feld bleiben und erst bei Bedarf geerntet werden, andere lassen sich z. T. mehrere Monate einlagern. Kohl ist arm an Kalorien, enthält aber reichlich Vitamine und Mineralstoffe sowie Ballaststoffe. Seinen typischen Geschmack verdankt er den Senfölglykosiden.

Sauerkraut gilt für Veganer als eine nichttierische Quelle von Vitamin B12. Es enthält geringe Mengen dieses Vitamins, das durch die für die Milchsäuregärung verantwortlichen Bakterien gebildet wird. Die geringen Mengen reichen jedoch nicht aus, um den Bedarf eines Menschen zu decken.

Markstamm-Kohl (var. *medullosa*) wird bei uns nur selten für die Ernährung angepflanzt. Südeuropäer dagegen wickeln garende Speisen sehr

In Schleswig-Holstein treiben Schäfer ihre Tiere im Herbst z. T. auf abgeerntete Kohlfelder, damit sie dort die restlichen Kohlköpfe und nahrhaften Strunke fressen können.

gerne in seine Blätter. Zusammen mit Blatt- oder Furchen-Kohl (var. *viridis*) spielt er eine Rolle als eiweiß- und vitaminreiche Futterpflanze, besonders für Milchvieh (Futterkohl). Kohl gilt dabei als „milchtreibend".

Als Hauptfrucht wird Futterkohl ab März/April ausgesät. Markstamm-Kohl eignet sich sehr gut als Zweitfrucht nach früh geerntetem Getreide. Hierfür können auch Stecklinge vorgezogen und dann ausgepflanzt werden. Wenn er vor Ende Juli ausgesät wird, bildet er viel Grünmasse. Bei Stängelsorten können sich die markgefüllten Stängel auf über 10 cm Durchmesser verdicken und bleiben trotzdem gut verdaulich. Den besten Futterwert haben jedoch blattreiche Sorten mit dünneren Stängeln. Futterkohl erträgt Frost und kann so bis in den Winter hinein geerntet werden. Auch für Silage wird er verwendet. In der Kulturfolge eignet er sich außerdem als Winterzwischenfrucht zur Gründüngung, als Erosionsschutz und zur Lockerung des Bodens. Der von ihm aus dem Boden aufgenommene Stickstoff steht nach dem Verrotten im Frühjahr der Folgekultur zur Verfügung.

Futterkohl ist außerdem häufig in Saatgutmischungen für Wildäsungsflächen enthalten. Besonders gut eignet sich hierfür der bis über 1,5 m hohe Furchen-Kohl. Er kann zwei oder drei Jahre auf dem Acker stehen und Vögeln und Säugetieren guten Schutz bieten. Die im Sommer angereicherten Senfölglykoside verhindern einen Verbiss der Pflanzen in der futterreichen Jahreszeit. Nach den ersten Frösten dagegen nimmt ihr Gehalt ab und der Kohl wird nun als eiweißreicher Energielieferant gerne von Schalenwild beäst. Selbst nach starkem Wildverbiss treibt er aus den Blattachseln wieder aus.

Grün-Kohl

Verschiedene Kohlsorten

Markstamm-Kohl

Brokkoli

Ökologische Bedeutung

Grün-Kohl (var. *sabellica*) eignet sich, in standardisierten Behältern im Freiland aufgestellt, für ein aktives Biomonitoring. Seine gekräuselten Blätter reichern mit ihrer großen Oberfläche Schadstoffe aus der Luft an, deren Menge nach mehreren Wochen im Labor ermittelt wird.

Gelegentlich taucht verwilderter Gemüse-Kohl auf Schuttplätzen und Äckern auf.

Blühender Gemüse-Kohl bietet reichlich Nektar und Pollen für Insekten (Nektarwert 3, Pollenwert 2). Außer Honigbienen beobachteten Wissenschaftler 6 verschiedene Wildbienenarten beim Pollensammeln. Neben Schnecken, Kaninchen und Vögeln fressen viele Insekten an den verschiedenen Kohlsorten.

Rosen-Kohl

Kohlrabi (var. *gongylodes*)

Rübsen, Rübsamen

Brassica rapa ssp. *oleifera*

Beschreibung

Rübsen ähnelt mit seinen gelben Blüten stark dem Raps, lässt sich von diesem aber unter anderem an den grasgrünen Grundblättern sowie den oberen Blättern unterscheiden, welche den Stängel ganz umfassen. Blühende Pflanzen haben im Gegensatz zum Raps einen eher kurzen, gedrungenen Blütenstand, bei dem die Knospen von den jüngsten aufgeblühten Blüten überragt werden. Weitere Merkmale siehe Tabelle S. 401.

Entwicklung und Standortansprüche

Rübsen stellt geringere Ansprüche an den Standort und die Vegetationszeit als Raps. Er entwickelt sich auch auf mageren und leichten Böden und kommt sogar mit leichter Versalzung zurecht. Da Winterrübsen tiefere Temperaturen als Winterraps erträgt, wird er hauptsächlich in jenen Regionen als Ölfrucht angebaut, in denen Raps nicht gut über den Winter kommt, also in nördlichen und klimatisch kontinental beeinflussten Ländern, besonders in Kanada und Skandinavien.

Herkunft und Geschichte als Nutzpflanze

Rübsen ist nah mit dem in Europa, Nordafrika und Asien vorkommenden Feldkohl (*Brassica*

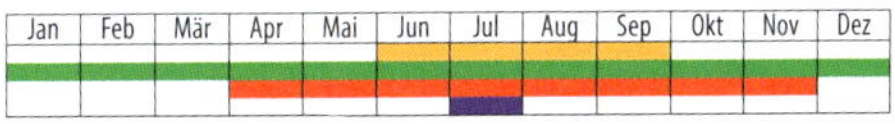

Geöffnete Blüten überragen die Knospen

Fruchtstiel abstehend, Schnabel 1–2 cm lang

rapa ssp. *campestris*) verwandt. Dessen Samen konnten Archäologen in der Schweiz und im nördlichen Alpenvorland bereits in Siedlungen der Jungsteinzeit nachweisen, doch war die Pflanze damals wohl nur Unkraut. Auch Funde und Schriften bis ins späte Mittelalter zeugen nicht von einem Anbau, sondern von wild gesammelten Samen. Eine Kultur der Pflanzen war wohl deshalb nicht interessant, weil für Speisezwecke bereits andere, geeignetere Ölfruchtarten (Leindotter und Saat-Lein) im Anbau waren und zur Beleuchtung Kienspäne, Talg und Fett verwendet wurden. Erst im 16. und 17. Jh. beschrieben Gelehrte für Holland, Belgien und Deutschland den Anbau von Rübsen. Dieser erfolgte besonders für Lampenöl, das heller und geruchloser brannte als die bisherigen Lichter. Im 19. Jh. nutzte die ärmere Bevölkerung das Öl auch anstelle von Leinöl für Speisezwecke. In der zweiten Hälfte des 19. Jh. wurde Rüböl aus Rübsen und Raps als Leuchtöl von Petroleum und später von Gas abgelöst.

Speiserübe ‚Purple Top of Milan'

Rübsen ist eine der Elternarten des Rapses (s. Seite 130). Wie beim Raps störten beim Rübsen ursprünglich die hohen Gehalte an Erucasäure in seinem Öl die Verwendung als Nahrungsmittel. Doch auch hier ist es im letzten Jahrhundert gelungen, erucasäurearme Sorten zu züchten. Züchter beschäftigten sich allerdings weniger mit Rübsen als mit dem ertragreicheren Raps.

Nutzung

Rübsen liefert wie Raps Ölsaat. Das Öl des Rübsens unterscheidet sich in der Zusammensetzung fast nicht von Rapsöl. Wegen der praktisch gleichen Verwendung wird seit 1966 in den deutschen Statistiken nicht mehr zwischen Raps und Rübsen unterschieden. Rübsen liefern jedoch geringere Samenerträge und damit weniger Öl als Raps, sodass er als Öllieferant bei uns fast vollständig von diesem verdrängt wurde.

In Mitteleuropa wird Rübsen heute fast nur als Futterpflanze und zur Gründüngung angebaut. Bei der Nutzung als Zwischenfrucht zu Futterzwecken schätzen Landwirte, dass er früh schnittreif wird und hohe Grünmasseerträge liefert. Für die Gründüngung ist von Vorteil, dass die Bestände leicht eingearbeitet werden können und viel Stickstoff für die Nachfrucht enthalten. Bei Anbau als Sommerzwischenfrucht kommt Rübsen auch als Substrat für Biogas infrage und stellt eine gute Bienenweide dar. Außerdem ist er auf Wildäckern zur Grünäsung im Winter zu finden. Die Samen eignen sich auch als Vogelfutter und sind z. B. in vielen Kanarienmischungen enthalten.

Kultur und Ernte

Von Rübsen gibt es wie von Raps Sommer- und Winterformen. Sommerrübsen spielt als Sommerzwischenfrucht nur eine geringe Rolle. Er entwickelt weniger Blattmasse als Winterrübsen, eignet sich aber als Bienenweide im Herbst. Dazu muss er als Langtagpflanze im Juni oder Juli ausgesät werden. Bei Winterrübsen kann die Saat bis Mitte September erfolgen. Bei früher Saat ist er schon nach 6–8 Wochen so kräftig, dass er beweidet werden kann und anschließend erneut austreibt und das Feld im Winter begrünt. Soll er nach dem Winter als Grünfutter genutzt werden, erfolgt die Ernte Mitte bis Ende April. Häufig erfolgt der Anbau in Mischungen, bei denen sich die Arten in ihren Ansprüchen und Eigenschaften ergänzen. Wird z. B. Winterrübsen im Winterzwischenfruchtanbau zur Gründüngung mit Weißem Senf kombiniert, nimmt er die Nährstoffe auf, die beim Abfrieren des Senfes frei werden und stellt sie nach dem Unterpflügen der Folgefrucht zur Verfügung. Aus nur abgemähten Wurzelstöcken treibt er wieder aus und kann in der Folgefrucht durchwachsen.

Ökologische Bedeutung

Blühender Sommerrübsen kann im Herbst Lücken im Nahrungsangebot für blütenbesuchende Insekten schließen (Nektarwert 4, Pollenwert 2). An Rübsen wurden 15 Wildbienenarten beim Pollensammeln beobachtet, davon 4 oligolektische Arten, die anderen sind Generalisten.

Winterrübsen als Winterbegrünung schützt den Stickstoff im Boden vor Auswaschung.

Weitere Unterarten

Neben dem Rübsen gehören weitere Nutzpflanzen zur Art *Brassica rapa*. Die zweijährigen **Speise-, Stoppel- oder Herbstrüben** (ssp. *rapa*) liefern im 1. Jahr Wurzelrüben oder Hypokotylknollen als Gemüse sowie Rüben und Blätter als Tierfutter. Sie wurden wahrscheinlich schon im klassischen Altertum in Italien und Griechenland kultiviert und sind auch in Kräuterbüchern des 16. und 17. Jh. abgebildet. Heute gelten sie als ertragreiche Futterzwischenfrüchte, die sich zur Herbstbeweidung und die gerodeten ganzen Pflanzen als Frischfutter im Stall und für Silage eignen. Sie ertragen auch nasses, relativ raues und kühles Klima und sind wenig frostempfindlich. Für hohe Erträge werden sie meist im Juli, spätestens bis Mitte August als Stoppelsaat gesät. Es gibt Sorten mit weißen, grünen oder violetten Rübenköpfen und solche, deren Rübe ganz im Boden oder bis zu zwei Drittel über dem Boden sitzt. Das Fleisch ist meist weiß. Als Gemüse sind gelegentlich Teltower Rübchen (*Brassica rapa* ssp. *rapa* f. *teltowiensis*) und Mairüben (*Brassica rapa* ssp. *rapa* var. *majalis*) zu finden, raschwüchsige Speiserüben, die sich auch im Garten kultivieren lassen. Rübstiel oder Stielmus (ssp. *rapifera*) liefert essbare Blattstiele und Blätter. Auch Peking-Kohl oder China-Kohl (ssp. *pekinensis*) und Pak Choi (ssp. *chinensis*), beide aus China, gehören hierher.

Pak Choi

China-Kohl

Leindotter, Saat-Leindotter

Camelina sativa

Beschreibung

Die Pflanze mit dem steifen Wuchs lässt sich besonders gut an den dicken, birnenförmigen Schötchen erkennen. Weitere Merkmale siehe S. 402.

Entwicklung und Standortansprüche

Leindotter ist aufgrund seiner Anspruchslosigkeit mancherorts dem Raps als verbreitetste Ölfrucht überlegen. Er kann überall dort kultiviert werden, wo sich das Klima auch für Wintergetreide eignet. Auf mittelschweren Böden wie sandigem, kalkigem Lehm wächst er am besten, doch er gedeiht auch noch auf trockenen Sandböden und benötigt nur wenige Nährstoffe. Frost schadet ihm nicht sofort, über den Winter friert er jedoch ab. Gegenüber Wind und Salz ist er nur wenig empfindlich.

Die Pflanzen bilden zuerst eine bodennahe Blattrosette, die das Keimen von Wildkräutern unterdrückt. Wissenschaftler fanden auch heraus, dass die Pflanzen Stoffe abgeben, die das Wachstum von Nachbarpflanzen negativ beeinflussen (Allelopathie). Besonders ausgeprägt ist der Einfluss auf Saat-Lein, dessen Ertrag sich bereits dann stark reduziert, wenn geringe Mengen an Leindotter in seinem Bestand vorkommen.

Die Vegetationsdauer von Leindotter beträgt 100–120 Tage. Die Blüten bestäuben sich meist selbst, Untersuchungen zeigten aber, dass sich der Ertrag bei Bestäubung durch Wildbienen um bis zu 7 % steigert. Die Samen besitzen keine Keimruhe und bleiben nur kurz keimfähig. Es handelt um einen Trockenkeimer.

Traube mit Blüten und Früchten

Herkunft und Geschichte als Nutzpflanze

Die Art stammt von wilden Ausgangsformen ab, die in Steppen Südosteuropas und Vorderasiens wachsen. Sie entwickelte sich zuerst als Ackerunkraut und wurde als solches nach Mitteleuropa eingeschleppt. Hier stammen die ältesten archäologischen Nachweise aus der Jungsteinzeit, als die Menschen die Samen noch von den Unkrautpflanzen sammelten. In der Eisenzeit dienten die ganzen öl- und eiweißreichen Samen als Zutat für Brot und Getreidebrei, erst später presste man

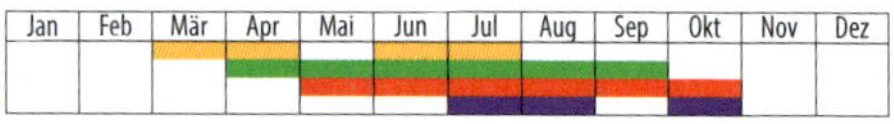

das Öl aus ihnen. Etwa ab 500 v. Chr. bis 500 n. Chr. baute man Leindotter in Mitteleuropa und besonders rund um die Nordsee in Reinkultur an. Die Pflanze hatte sich zu einer sekundären Kulturpflanze entwickelt und einen ähnlichen Stellenwert wie Gerste, Hafer, Saat-Lein und Feldbohnen erreicht. Im Mittelalter ging der Anbau zurück. Leindotter war zu einem unerwünschten Unkraut in Getreide- und Leinfeldern geworden. Selbst in den Kräuterbüchern des 16. Jh. galt sie nicht mehr als Nutzpflanze. Erst ab dem 18. Jh. säten Bauern sie manchmal als Ersatzfrucht für die Ölgewinnung, wenn Winterraps erfroren war oder nur arme Böden vorhanden waren. Die in den Dreschrückständen verbliebenen Schötchen lieferten früher Schaffutter, aus dem steifen, harten Stroh band man Besen oder verwendete es als Einstreu in Ställe. Im 20. Jh. sank der Anbau massiv. In den letzten Jahren interessieren sich Landwirte wieder für die anspruchslose Pflanze. Wesentlich dazu beigetragen hat, dass eine EU-Richtlinie geändert wurde: Bis 2008 gehörte der nach der Ölpressung verbleibende Presskuchen zu den unerwünschten Futtermitteln, dann wurde er von dieser Liste gestrichen.

Nutzung

Leindotter gehört zu den Ölpflanzen. Seine Samen enthalten 28–42 % fettes Öl, im Mittel etwa 35 %. Die Ertragsmenge an Öl pro Hektar liegt unter der von Raps und Sonnenblumen, aber über der von Saat-Lein. Das Öl weist einen hohen Anteil an ungesättigten Fettsäuren, besonders α-Linolensäure und Linolsäure auf. Es besitzt eine gelbe Farbe, schmeckt ähnlich wie Rapsöl und kann als Speiseöl verwendet werden. Sein Gehalt an Erucasäure liegt bei rund 4 % und damit höher als bei 00-Raps (S. 132) und anderen Ölpflanzen, jedoch noch unterhalb der Grenze von 5 %, die für pflanzliche Öle und Fette als Lebensmittel zulässig sind.

Aus technischer Sicht handelt es sich bei Leindotteröl um ein schnell trocknendes Öl, das sich für Firnisse, Druckfarben und Lacke, Bodenbeläge, Polymere und Tenside, aber auch für pharmazeutische Produkte, kosmetische Öle, Cremes und Lotionen eignet. Es besitzt eine geringe Viskosität und lässt sich gut verarbeiten. Außerdem kann es zu Biodiesel und Biokerosin verarbeitet oder gemischt mit anderen Ölen als Pflanzenölkraftstoff in entsprechenden Ölmotoren verbrannt werden.

Der Presskuchen, der nach der Ölgewinnung übrig bleibt, eignet sich als eiweißreicher Futterzusatz für Wiederkäuer, Schweine und Geflügel, kann aber auch als Dünger oder in der Biogasanlage genutzt werden.

Kultur und Ernte

Es gibt Winterleindotter und Sommerleindotter. In Mitteleuropa wird nur Sommerleindotter ausgesät. Die Art kann nicht nur als Hauptfrucht,

Birnenfömige Schötchen

sondern aufgrund der kurzen Vegetationsdauer sehr gut auch als Zwischen- oder Zweitfrucht angebaut werden. Sie eignet sich für extensiven Anbau. Im ökologischen Anbau schätzt man sie in Mischkulturen, um konkurrenzschwache Kulturen vor Verunkrautung zu schützen. Die Saat erfolgt dann zusammen mit der Kultur, beide Partner sollten möglichst gleichzeitig abreifen. Nach der Ernte lassen sich die verschieden großen Samen der Mischungspartner ganz einfach durch Sieben trennen. Bewährt haben sich Mischkulturen mit Sommereiweißerbsen und Sommergerste. Auch Mischungen mit Linsen sind möglich, können aber Unkräuter weniger gut unterdrücken. Als Hauptfrucht ausgesät, ist der Leindotter Mitte bis Ende Juli druschreif. Seine Schoten platzen erst bei starker mechanischer Belastung auf, sodass relativ intensiv gedroschen werden muss.

Gelegentlich ist die Art in Mischungen für Zwischenfruchtanbau, Bienenweiden, Blühflächen und Blühstreifen enthalten. Sie kann auch Mischungen von Weiß- und Inkarnat-Klee hinzugefügt werden, die als Untersaat in Getreide angesät werden und trägt dann dort zur Unkrautbekämpfung bei.

Ökologische Bedeutung

Wissenschaftler beobachteten als Blütenbesucher neben der Honigbiene verschiedene Wildbienen, darunter besonders häufig die polylektische Pförtner-Schmalbiene (*Lasioglossum malachurum*), außerdem weitere Furchenbienenarten sowie die Gewöhnliche Maskenbiene (*Hylaeus communis*), eine Sandbienenart und Hummeln. Auch mehrere Schwebfliegenarten tauchten auf. Die Pflanze spielt außerdem eine Rolle als Lebensraum für verschiedene Käfer wie den oligophagen Leindotter-Kleinrüssler (*Ceutorhynchus syrites*). Die Samen schmecken körnerfressenden Vögeln, sodass sich häufig besonders Finken und Zeisige in den Feldern niederlassen. Wild taucht die Pflanze zerstreut auf Äckern, Ödland und Schuttplätzen auf.

Früchte und Samen

Samen im Vergleich: links Leindotter, rechts Saat-Lein

Als Stützfrucht im Linsenfeld

Garten-Kresse, Saat-Kresse

Lepidium sativum

Auf den Feldern wirkt diese Pflanze aus der Ferne graugrün und durch die wenigen schmalen Blätter und reichlichen Verzweigungen sehr locker. Auch größere Bestände vermitteln einen lichten Eindruck. Zu den Merkmalen siehe S. 402.

Die wilden Vorfahren der nur aus Kultur bekannten Art stammen aus dem Mittelmeerraum und dem Nahen Osten. Für Mitteleuropa erwähnt Karl der Große im 8. Jh. die Kresse als eines der anzubauenden Gewächse. Außer als Salat- und Gewürzpflanze war sie im Mittelalter besonders als Arzneipflanze geschätzt. Heute kennt man von der Art hauptsächlich die schnell wachsenden Keimlinge, die eine würzige und leicht scharf schmeckende Rohkost und Salatbeigabe liefern. Hierzu lässt sie sich einfach auf dem Fensterbrett oder im Garten kultivieren und kann bereits nach 7–14 Tagen geschnitten werden. Im Rahmen des „Kressetests" verwendet man die Pflanzen als Bioindikator. Die Entwicklung der keimenden Kresse ermöglicht Rückschlüsse über die Belastung von Böden oder Luft oder den Reifezustand von Kompost.

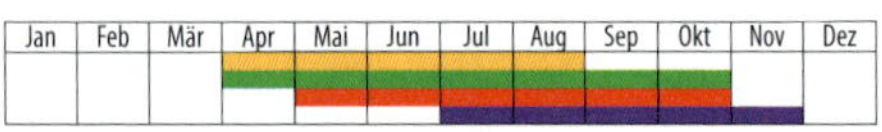

Seit den 2010er-Jahren etabliert sich die Garten-Kresse in Deutschland auch als Zwischenfrucht. Sie kann bereits ab Mai ausgesät werden. Häufig erfolgt jedoch Stoppelsaat nach der Getreideernte bis Anfang September. Landwirte nutzen sie besonders dann, wenn im Frühjahr eine Mulchsaat, z. B. mit Mais oder Getreide, erfolgen soll. Garten-Kresse erträgt Trockenheit, kann aber auch auf schweren, nassen Böden wachsen. Sie durchwurzelt den Boden nur flach in den obersten Schichten. Sie ist ein Lichtkeimer, beschattet rasch den Boden und unterdrückt so Wildkräuter. Da sie nur wenig Blattmasse bildet, ist sie insgesamt jedoch konkurrenzschwach. Im Winter friert sie sicher ab. Ihre Rückstände lassen sich dann leicht in den Boden einarbeiten, in den Folgefrüchten wächst sie nicht mehr durch. Garten-Kresse wird selten alleine, sondern meist im Gemenge mit anderen Zwischenfruchtarten ausgesät. Sie wird nicht von Kohlhernie befallen.

Die Art ist auch in Mischungen für Blühstreifen und Blühflächen enthalten. Sie lockt Wildbienen und Hummeln als Bestäuber an. Wild tritt sie nur sehr zerstreut und unbeständig auf.

Öl-Rettich

Raphanus sativus var. *oleiformis*, *Rapahnus sativus* ssp. *oleiferus*

Beschreibung

Die Art hat auffallend große, meist weiße bis violette oder violett geaderte Kronblätter. Die Schoten werden bis 6 cm lang und 1 cm dick und sind innen schwammig. Weitere Merkmale siehe Tabelle S. 401.

Entwicklung und Standortansprüche

Der robuste Öl-Rettich keimt bereits bei Bodentemperaturen von 2–3 °C sehr schnell. Er wächst rasch, seine Entwicklungsdauer bis zur Blüte beträgt nur 6–8 Wochen. Er ist dankbar für Feuchtigkeit, sonst aber bezüglich Klima und Boden sehr anpassungsfähig. Bei längerem Frost unter -6 °C friert er ab. Nach milden Wintern kann die rettichartige Wurzel jedoch in der nachfolgenden Kultur durchtreiben.

Herkunft und Geschichte als Nutzpflanze

Die Abstammung der ausschließlich aus Kultur bekannten Rettich-Varietäten ist nicht eindeutig geklärt. Als ein Vorfahre gilt der im östlichen Mittelmeerraum heimische Strand-Rettich (*Raphanus maritimum*). Im 1. Jh. n. Chr. beschrieb Plinius der Ältere, dass die Pflanze wegen des vielen Öls der Samen in Ägypten in großem Ansehen steht. Spätestens ab dieser Zeit gab es bereits zwei verschiedene Kulturformen des Rettichs: Den in Ägypten kultivierten Öl-Rettich und den in Italien und Griechenland angebauten Garten- oder Wurzel-Rettich (*Raphanus sativus* convar. *sativus*). Öl-Rettich wird noch heute in Ägypten sowie in China und Japan zur Gewinnung des Samenöls genutzt.

Garten-Rettich ist in Deutschland ab dem Mittelalter nachweisbar. Der Öl-Rettich wurde ab dem 19. Jh. in Nordeuropa, zuerst in Schlesien, angebaut und gezüchtet. Etwa seit den 1980er-Jahren erlebt die Pflanze einen Anbauboom und gehört heute zu den wichtigsten Zwischenfrüchten.

Nutzung

Landwirte schätzen bei der Nutzung als Zwischenfrucht die starke Konkurrenzkraft gegenüber Ackerwildkräutern und -gräsern. Da sich die Pflanze rasch entwickelt, schützt sie den Boden auch vor Erosion. Beim Einsatz als Gründüngung und Grünbrache ist besonders auch die starke Wurzelentwicklung – die stärkste der genutzten Kreuzblütler – günstig: Sie lockert den Unterboden sehr gut auf. Einige Sorten wirken gegen Rübenzystennematoden (*Heterodera schachtii*) im Boden, einem der in Mitteleuropa bedeutendsten Schädlinge im Zuckerrübenbau. Es gibt auch Sorten zur biologischen Bekämpfung des Wurzelgallennematoden *Meloidogyne hapla*, der Karotten, Zwiebeln und andere Kulturpflanzen schädigt. Als Vorfrucht vor Kartoffeln kann

Kronblätter mit deutlichen Adern

Öl-Rettich Infektionen mit dem Tabak-Rattle-Virus vermindern, die zu Knolleneisenfleckigkeit führt. Als Futterpflanze wird Öl-Rettich besonders als Grünfutter vor der Blüte an Kühe und Schafe verfüttert. Die Futterqualität ist jedoch durch den hohen Stängelanteil und den hohen Gehalt an Senfölen nur mittel. Zusammen mit anderen Pflanzen eignet sie sich auch als Silage für Schweine. Öl-Rettich ist in vielen einjährigen Blühmischungen enthalten, kann dort aber konkurrenzschwache Arten unterdrücken.

Kultur und Ernte

Wenn Öl-Rettich als Zwischenfrucht genutzt werden soll, erfolgt Stoppelsaat nach der Hauptfrucht ab Ende Juli. Dabei ist eine Aussaat bis Ende September möglich. Für Rapsfruchtfolgen ist er nicht geeignet, da er Kohlhernie übertragen kann. Als Futterpflanze ist Öl-Rettich besonders dann ertragreich, wenn mit Gülle gedüngt oder vorher Leguminosen kultiviert wurden. Um den Futterwert zu verbessern, erfolgt oft ein Anbau im Gemenge mit anderen Kreuzblütlern. Auf stickstoffarmen Böden wird die Art auch im Gemenge mit Leguminosen angebaut, auf leichten Böden besonders mit Echter Serradella, auf mittleren mit Acker-Erbsen. Auf Stilllegungsflächen erfolgt die Aussaat zwischen Mitte April bis Ende Mai.

Ökologische Bedeutung

Öl-Rettich bindet Nitrat und kann deshalb in Wasserschutzgebieten als „Nitratschlucker" kultiviert werden. Der Pflanzenwuchs bedeckt den Boden, lockert ihn und macht ihn krümelig. Das „Aushungern" von Rübenzystennematoden stellt eine sehr verträgliche Art der biologischen Schädlingsbekämpfung dar: Ebenso wie anfällige Wirtspflanzen regen auch Wurzelausscheidungen des Rettichs die Nematodenlarven zum Schlupf

Früchte dick, aufgeblasen

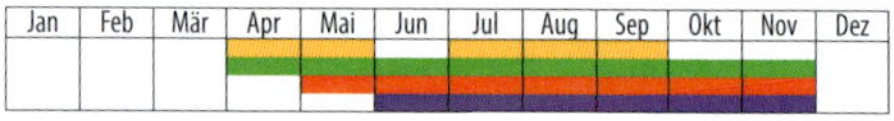

Frucht innen schwammig

Anbau

an. Die Larven dringen in die Rettichwurzeln ein. Anfällige Wirte entwickeln auf diesen Reiz hin ein Nährgewebe, von dem sich die Larven ernähren. Resistente Öl-Rettichsorten dagegen bilden kein oder kaum Nährgewebe, sondern umgeben den attackierten Bereich mit einer festen Schicht, die von den Larven nicht durchdrungen werden kann. Besonders die Entwicklung der weiblichen Tiere ist dadurch gestört, die Nematodenpopulation sinkt drastisch.

Die Pflanzen blühen über einen recht langen Zeitraum und locken Honig- und Wildbienen, Hummeln und Schmetterlinge an (Nektarwert 3, Pollenwert 2). Bei einer Aussaat im Frühjahr kommt es nach der ersten Blüte häufig noch zu einer Nachblüte im Sommer. Von den Blättern leben die Raupen des Großen Kohlweißlings (*Pieris brassicae*) und des Grünader-Weißlings (*Pieris rapae*). Öl-Rettich samt leicht aus und kann in der Nähe der Äcker verwildern. In natürlichen Pflanzengesellschaften taucht er nur recht selten und kurzfristig auf.

Weitere Art

Der **Garten-Rettich** (*Raphanus sativus* var. *sativus*) bildet fleischige Rüben, die im 1. Jahr geerntet werden. Im Gemüsebau werden verschiedene Formen mit schwarzen, weißen, gelben oder violetten Rüben kultiviert. Beim Radieschen verdickt sich ausschließlich das Hypokotyl zu einer außen meist roten Knolle.

Öl-Rettich im Winter

Garten-Rettich: Weißer Bier-Rettich

Weißer Senf, Gelbsenf

Sinapis alba

Beschreibung

Diese Senfart ist für leuchtend gelbe Felder im Sommer und Herbst verantwortlich. Sie ist an den stark borstig behaarten Schoten mit dem abgeflachten Schnabel gut zu erkennen. Weitere Merkmale siehe Tabelle S. 401.

Entwicklung und Standortansprüche

Dieser sehr anspruchslose Senf entwickelt sich gut im gemäßigten Klima. Er kann sogar noch bei Temperaturen um den Gefrierpunkt wachsen, bei unter -6 °C friert er sicher ab. Er gedeiht auf fast allen Bodenarten, sofern sie gut mit Kalk versorgt und ausreichend feucht sind. Seine Entwicklungszeit ist sehr kurz, bereits nach 6 Wochen kann er als Futter genutzt werden. Die Vegetationsdauer liegt bei 100–140 Tagen. Im Langtag verkürzt sich die vegetative Entwicklung, Blatt und Wurzelbildung gehen zugunsten einer raschen Blütenentwicklung zurück. Die Wurzeln können bis zu 1 m tief in den Boden eindringen. Die Samen bleiben im Boden bis über 40 Jahre keimfähig.

Herkunft und Geschichte als Nutzpflanze

Die Art stammt ursprünglich aus dem östlichen Mittelmeergebiet. Bereits den alten Griechen und Römern war sie als Heilpflanze, Gewürz und Genussmittel bekannt. Nördlich der Alpen gab es Senfkulturen seit dem 9. Jh. – sie galten in erster Linie zur Gewinnung der Samen. Besonders vom 12.-14. Jh. dienten die jungen Laubblätter auch der Ernährung von Mensch und Tieren, seit dem 16. Jh. jedoch nur noch als Viehfutter, wenn andere Futterpflanzen schlecht gediehen. Ab dem 18. Jh. wurde die Pflanze auch zur Gründüngung empfohlen.

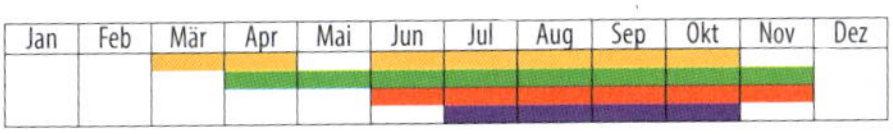

Nutzung

Heute gehört der Weiße Senf zu den wichtigsten Zwischenfruchtarten für Gründüngung und Grünbrache. Er eignet sich besonders gut, um den Boden im Herbst und Winter vor Erosion zu schützen. Im Frühjahr bedeckt das abgefrorene Kraut den Untergrund, bis spät gesäte Hauptfrüchte wie Mais oder Rüben ausgebracht werden. Für Kartoffelfruchtfolgen passt der Weiße Senf im Gegensatz zum Öl-Rettich nicht, da er sehr stark vom Tabak-Rattle-Virus befallen wird, das im Kartoffelanbau zur Eisenfleckigkeit führt: An den Kartoffelknollen entstehen „eisenfleckige" abgestorbene Bereiche. Weißer Senf ist außerdem anfällig für Kohlhernie, sodass er in der Fruchtfolge auch nicht vor Kohlarten oder Raps angesät werden darf. Je nach Sorte reduziert der Weiße Senf jedoch verschiedene bodenbürtige Schadpilze und eignet sich zur biologischen Bekämpfung von Rübenzystennematoden (*Heterodera schachtii*). Als Futterpflanze wird die Art nur selten verwendet. Die Pflanze soll dazu jedoch

Blüten mit waagerecht abstehenden Kelchblättern

noch nicht blühen, da sonst der Gehalt an Senfölen zu hoch wird und sie deswegen nur sehr ungern gefressen wird. Einmal zur Blüte gekommen, blüht der Weiße Senf über mehrere Wochen üppig und bietet reichlich Nektar und Pollen, sodass er als gute Bienenweide gilt (Nektarwert 3, Pollenwert 2). Neben Honigbienen fliegen auch Wildbienen und Hummeln sowie Schmetterlinge die Blüten an.

Viel seltener erfolgt der Anbau von Körnersenf. Hierfür müssen besondere Sorten verwendet werden, die frei an Erucasäure sind. Die ganzen Senfkörner aromatisieren eingelegte Gurken und Wurstwaren, die größte Menge wird jedoch gemahlen zu Speisesenf verarbeitet. Weiße Senfkörner schmecken würzig und leicht scharf, aber nicht so stechend wie die Körner von Braunem und Schwarzem Senf.

Kultur und Ernte

Als Zwischenfrucht wird Weißer Senf als Stoppelsaat in Reinkultur oder im Gemenge ausgesät. Dabei kann er z. T. noch im Oktober ausgebracht werden und den Boden auch dann noch vor dem Winter ausreichend abdecken. Auch Blank- und Untersaat ist möglich. Die Folgekultur wird meist als Mulchsaat ausgebracht. Für eine Gründüngung und zum Erosionsschutz darf die Aussaat nicht zu früh erfolgen, da sonst kein dichter Bestand mit ausreichend Grünmasse und starker Durchwurzelung entsteht, sondern stattdessen Blüten gebildet werden. Im Gemenge wächst die Art häufig mit Sommerraps und Öl-Rettich oder auch zusammen mit Erbsen und Wicken.

Wird Weißer Senf für Speisesenf angebaut, werden die Pflanzen meist früh, möglichst Ende März bis Anfang April gesät. Die Ernte der reifen Körner mit dem Mähdrescher erfolgt je nach Saatzeit zwischen Mitte Juli und Mitte August, etwa 10 Tage nach der Ernte von Winterraps.

Ökologische Bedeutung

Der Weiße Senf gehört zu den Arten, die als „Nitratbremse" das Auswaschen von Nitrat verhindern und damit dem Gewässerschutz dienen und auch in Wasserschutzgebieten angebaut werden können. Die Blüten locken Wildbienen, Käfer, Fliegen und Schmetterlinge an. Bienenspezialisten konnten alleine 26 verschiedene Wildbienen-

Früchte stark borstig behaart

Geöffnete Früchte und Samen

arten beim Pollensammeln nachweisen. Für Honigbienen ist die Pflanze nicht unproblematisch, wenn sie erst Ende September oder im Oktober blüht: Das überreichliche späte Blütenangebot kann ihren normalen Lebenszyklus und die Vorbereitung auf die Winterruhe stören. Die polyphagen Raupen des Grünader-Weißlings (*Pieris napi*) fressen an der Pflanze.

Es handelt sich um einen Archäophyten, der über Samen nicht selten besonders auf Ruderalstellen und an Wegrändern auftaucht. Die Vorkommen sind jedoch meist unbeständig.

Ähnliche Art

Der **Acker-Senf** (*Sinapis arvensis*) ist ein Ackerwildkraut, das als Archäophyt aus dem Mittelmeerraum nach Mitteleuropa kam. Im Gegensatz zum Weißen Senf sind seine Schoten kahl, nur manchmal spärlich rückwärts borstenhaarig, ihr Schnabel ist nur wenig abgeflacht. Zu den weiteren Merkmalen siehe S. 402. Er taucht besonders in Hackfruchtäckern, auf Brachen und Ruderalstellen auf und bevorzugt frische Erdaufschüttungen. Seine Samen bleiben im Boden über 80 Jahre lang keimfähig.

Acker-Senf

Zwischenfrucht im Herbst

Hanf, Echter Hanf, Kultur-Hanf

Cannabis sativa ssp. *sativa*

Beschreibung

Die sommerannuelle Pflanze bildet eine Pfahlwurzel, die bis über 1,5 m tief in den Boden eindringen kann. Hanf wächst je nach Sorte und Anbauform buschig, bis etwa 1 m hoch, oder mit einem langen, kaum verzweigten, eckigen Stängel bis über 3 m hoch. Die lang gestielten Blätter sind typisch 5–9-fach gefingert. Ursprünglich ist Hanf zweihäusig, d.h. es gibt männliche und weibliche Pflanzen. Durch Züchtung entstanden jedoch auch einhäusige Sorten. Die männlichen Blüten sitzen in lockeren Rispen, die weiblichen bilden zusammen mit Trag- und Vorblättern einen ährenartigen Blütenstand. Besonders an den weiblichen Blüten sowie den Trag- und Vorblättern sitzen in großer Zahl kleine gestielte Drüsen (Trichome), die Cannabinoide und ätherische Öle enthalten. Bei den Cannabinoiden handelt es sich um sekundäre Pflanzenstoffe aus der Gruppe der Terpenphenole. Sie sind harzartig. Die ätherischen Öle dagegen sind leicht flüchtig und für den typischen Duft der Pflanze verantwortlich. Bei den Früchten („Körnern") handelt es sich um grauweiße, eiförmige, 2–5 mm lange Achänen.

Einhäusige Pflanze mit männlichen und weiblichen Blüten

Entwicklung und Standortansprüche

Hanf wächst gut auf mittelschweren bis schweren, tiefgründigen, humusreichen Böden mit ausreichender Wasserversorgung. Besonders im Sommer benötigt er genügend Feuchtigkeit. Staunässe und saure Böden mag er jedoch nicht. Die Pflanze ist wärmebedürftig und friert bei Frost sicher ab. Ein Anbau ist bis in Höhen von 900 m möglich. Die Pflanzen keimen rasch, benötigen hierfür aber Bodentemperaturen von mindestens 5° C. Hanf blüht nach ca. 3 Monaten, je nach Aussaatzeit zwischen Juni und September. Besonders stark ist die Blütenentwicklung, wenn die Tage kürzer werden, Hanf ist damit eine quantitative Kurztagpflanze. Die Pollenübertragung erfolgt über den Wind. Wenn die Befruchtung ausbleibt, entwickeln sich samenlose Fruchtstände. Aus befruchteten Blüten entwickeln sich innerhalb von 2–3 Wochen die Achänen. Nach der Samenreife stirbt die Pflanze ab. Männliche Pflanzen sterben bereits 2–3 Wochen vor den

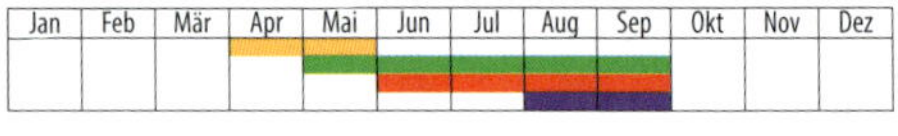

weiblichen ab. Die Vegetationsdauer liegt je nach Sorte bei 100–140 Tagen.

Herkunft und Geschichte als Nutzpflanze

Der Ursprung des Hanfes soll in Mittelasien liegen. Bereits 4000 v. Chr. stellten die Chinesen Taue, Textilien und das erste Papier aus den Fasern her und nutzten die Früchte als Nahrungsmittel sowie die Blüten und Blätter als Heilmittel. In Europa gibt es Funde aus der Eisenzeit, regelmäßiger taucht Hanf in Fundstellen ab der Römerzeit auf. In größerer Menge wird er aber erst im Mittelalter kultiviert. Die Fasern waren wichtig für Taue, Segel, Fischernetze und Getreidesäcke. Vom 15.-17. Jh. erlebte der Hanfanbau in Europa seine Blütezeit. Ab dem 18. Jh. – als vermehrt Baumwolle verwendet wurde – ging er massiv zurück. Henry Ford präsentierte 1941 ein Fahrzeug mit einer Karosserie, die überwiegend aus harzgebundenen Hanffasern bestand. Da in der 2. Hälfte des 20. Jh. der Missbrauch von Hanf als Rauschmittel zunahm, wurde in Deutschland ab 1982 der Anbau vollständig verboten. Seit 1996 können jedoch wieder rauschmittelarme Sorten angebaut werden. Diese Sorten der EU-Sortenliste haben einen THC-Gehalt von max. 0.3 %. Durch Züchtung konnte der Fasergehalt der Stängel auf 25–35 % gesteigert werden.

Männliche Blüten

Nutzung

THC-Hanf: Sorten, deren Gehalt an Tetrahydrocannabiol (THC) über 1 % liegt. Es handelt sich bei diesem Inhaltsstoff um einen von über 100 Cannabinoiden in den Trichomen der weiblichen Blütenstände. Er ist deshalb bedeutsam, weil er psychoaktiv wirkt – entsprechender Hanf gehört zu den Drogen und unterliegt dem Betäubungsmittelgesetz. THC-Hanf und aus ihm gewonnene Produkte werden im allgemeinen Sprachgebrauch oft einfach als „Cannabis“ bezeichnet. Marihuana oder Gras besteht aus den getrockneten Blüten und Blättern des Blütenstands und wird wie Tabak

Weibliche Blüten

geraucht. Bei Haschisch handelt es sich um das mechanisch durch Trockensiebung oder Verreiben mit der Hand gewonnene oder chemisch extrahierte Harz der Trichome. Meist wird Haschisch geraucht oder nach Verdampfen inhaliert, seltener in Lebensmittel verarbeitet. THC-Hanf liefert auch Cannabis für medizinische Zwecke. Nur hierfür ist ein staatlich kontrollierter Anbau mit Sicherheitsvorkehrungen zulässig. Arzneimittel mit Cannabis werden z. B. bei chronischen Schmerzen, Tumorschmerzen oder Multipler Sklerose verordnet.

Nutzhanf: Es handelt sich um Sorten, die nicht als Rausch- oder Arzneimittel angebaut werden. Der THC-Gehalt in den Pflanzen muss unter 0,3% liegen.

Hanf bildet wie Saat-Lein (S. 237) im äußeren Teil des Pflanzenstängels stabile Bastfasern, die den hohen, schlanken Stängel stabilisieren. Diese zähen Fasern sind auch bei Nässe ausgesprochen fest. Sie eignen sich je nach Faserlänge für Textilien und Kleidung, Säcke, Netze und Seile sowie Filter-, Zigaretten- und Zeitungspapier. Kurzfasern dienen für technische Zwecke wie Dämmstoffe, technische Vliese und Formteile. Hanffaser-Verbundstoffe können z. B. für Auto-Innenverkleidungen verwendet werden. Außerdem können Zellulosefasern gewonnen werden.

Die bei der Fasergewinnung anfallenden Holzstückchen (Schäben, 50–70 % des Gesamtertrags) liefern nicht nur Brennstoff, sondern lassen sich ebenfalls als Dämmstoff, Füllstoff, für Leichtbauplatten, Bodenplatten oder als Einstreu in der Landwirtschaft nutzen.

Hanfkörner („Hanfnüsse") werden entweder ganz als Vogelfutter oder geschält oder zu Hanfmehl verarbeitet für die Küche angeboten. Sie

Fruchtend

schmecken etwas nussig. Geröstet und gesalzen eignen sie sich auch als Snack. Sie enthalten bis 35 % Öl und rund 25 % Protein mit allen für die Ernährung notwendigen Aminosäuren. Außerdem sind sie reich an den Vitaminen B1, B2 und E sowie Phosphor, Kalzium, Kalium und Magnesium. Sie können damit für Fleischersatzprodukte (Hanf-Tofu) verwendet werden, doch spielt dies bisher noch eine untergeordnete Rolle. Meist wird das Hanföl aus den Körnern gepresst. Öl aus ungeschälten Körnern ist grün und etwas bitter, das aus geschälten Körnern heller und nussiger. Es ist ein sehr wertvolles Speiseöl, da es mehr als 90 % mehrfach ungesättigte Fettsäuren, besonders Linolsäure und die α-Linolensäure, enthält. Hanföl ist frei von Cannabinoiden. Das Öl oxidiert rasch und ist hitzeempfindlich. Es wird auch für Kosmetika und Pharmazeutika sowie als Lampenöl, für Ölfarben oder Reinigungsmittel verwendet. Der Presskuchen, der nach dem Pressen des Öls zurückbleibt, eignet sich als Futtermittel.

Aus den Blättern und Blüten lässt sich mit Wasserdampf ätherisches Hanföl destillieren, das den für Hanf typischen Duft entfaltet. Es kann Bonbons, Hanfbier und Schokolade aromatisieren oder Kosmetika, Massage- und Hautölen sowie Parfüms zugesetzt werden. Es soll entzündungshemmend, antibakteriell und antiviral wirken.

CBD-Produkte: Seit einiger Zeit gibt es eine Vielzahl von Hanfprodukten, denen gesundheitsfördernde Eigenschaften zugeschrieben werden, ohne psychoaktiv zu wirken. Sie enthalten das Cannabinoid Cannabidiol (CBD). Es soll u. a. krampflösende, beruhigende und angstlösende Eigenschaften haben und Hungergefühle unterdrücken. CBD-Hanf lässt sich wie Marihuana rauchen. Die Produktpalette reicht jedoch viel weiter: Von Tee über Kosmetika, wie Cremes und

Nutzhanf Mitte Juni

Gels, bis zu Nahrungsmitteln wie CBD-Öl oder Kaugummis. CBD-Öl ist nicht identisch mit Hanföl, vielmehr handelt es sich um ein beliebiges fettes Öl, das mit CBD angereichert ist. CBD-Produkte können Nebenwirkungen wie Schlaflosigkeit, Benommenheit, Durchfall oder Ausschläge auslösen. Je nach Land gelten für Produkte aus CBD-Hanf andere Vorschriften und Verbote.

Hanf diente vor der Einführung des Deutschen Reinheitsgebots häufig zum Bierbrauen. Seit Nutzhanf wieder kultiviert werden darf, lebt diese Tradition wieder auf. In Deutschland zählt „Hanfbier“ zu den „Biermischgetränken“.

Auch als Partner in hochwüchsigen, ertragreichen Biogas-Blühkulturen kommt Hanf zum Einsatz.

Er kann außerdem als rasch- und starkwüchsige, sicher abfrierende Zwischenfrucht in Mischungen ausgesät werden.

Kultur und Ernte

Die Kultur von Hanf ist streng geregelt. Der Anbau von THC-Hanf für Arzneimittel ist höchstens unter besonderer Aufsicht der für die Betäubungsmittel zuständigen Behörden möglich. Doch selbst Landwirte, die Nutzhanf anbauen möchten, müssen sich Genehmigungen einholen, die Herkunft und Menge des Saatgutes sowie den Zweck des Anbaus dokumentieren. Zusätzlich erfolgen Kontrollen durch die Behörden. Für CBD-Hanf gelten strengere Vorgaben als für Faser- und Körnerhanf. Da der Anbau und der Handel je nach Land unterschiedlich geregelt ist und einem Wandel unterliegt, müssen sich Landwirte genau über aktuelle Vorgaben informieren.

Die Aussaat von Faser- und Körnerhanf erfolgt in der Regel zwischen Mitte April und Ende Mai. Er wird in relativ dichten Reihen gesät, um lan-

Nutzhanf zur Faser-/Körnernutzung, Feld Mitte August

ge Stängel bzw. eine gute Körnerausbeute zu erreichen.

Faserhanf wird im August oder September zur Zeit der Blüte geerntet. Dann liefert er einen hohen Stängelertrag und die Fasern sind noch nicht zu stark verholzt. Die Pflanzen werden gemäht oder gehäckselt und dann 2–3 Wochen zur „Feldröste“ auf dem Feld belassen (vgl. Faserlein, S. 241). Sobald sich die Fasern vom Holzteil trennen lassen, wird das Erntegut gepresst und verarbeitet.

Körnerhanf ist erntereif, sobald die Körner hart sind und die ersten davon ausfallen. Dies ist in der Regel im September. Die Pflanzen selbst sind zu diesem Zeitpunkt grün oder gelbgrün. Die starken Hanffasern können sich beim Dreschen leicht um die Trommel wickeln. So müssen Landwirte modifizierte Drescher einsetzen, die nur den oberen Teil der Pflanze ernten und dreschen. Die Körner werden nach der Ernte getrocknet. Das zurückbleibende Stroh eignet sich nicht zum Mulchen. Es muss niedergewalzt und untergepflügt werden. Eine weitere Möglichkeit ist, es über den Winter liegen zu lassen und erst im Frühjahr einzuarbeiten.

Soll der Hanf sowohl Körner als auch Fasern liefern, wird er bei der Reife der Körner geerntet. Der untere Teil der Pflanze wird dann wie bei Faserhanf aufbereitet.

Futterhanf wird kurz vor der Reife der Körner mit einem Maishäcksler geerntet. Zu Trockenwürfeln verarbeitet, gibt es ihn als Zusatzfutter für Heimtiere. Er darf jedoch aktuell in Deutschland nicht an Nutztiere verfüttert werden.

CBD-Hanf, Anbau in der Schweiz

Soll Hanf für CBD-Produkte verwendet werden, pflanzt der Landwirt meist bestimmte Zuchtsorten, die bis zu 20 % CBD in den getrockneten Blütenständen enthalten. Es handelt sich ausschließlich um weibliche Pflanzen, die in Form kleiner Büsche wachsen. Sie werden über Stecklinge vermehrt und in großen Abständen angebaut. Die Blüten sollen nicht befruchtet werden, damit die Ausbeute an CBD besonders hoch ist. Entsprechend dürfen keine Faser- oder Körnerhanffelder in der Nähe sein. Die Kultur selbst ist anspruchsvoll, die in oft großer Zahl aufkommenden Wildkräuter müssen durch sorgfältiges Hacken entfernt werden. Erfolgt die Ernte mit einem Häcksler, ist das Erntegut eine feuchte Biomasse aus Blättern und Blüten. Wesentlich aufwändiger ist die manuelle Ernte der „tauben" Blütenstände als auch die mitsamt der kleinen Blätter, die besonders viele Drüsen aufweisen.

In der Kulturfolge sollte zum nächsten Hanfanbau eine Pause von 2–3 Jahren eingehalten werden. Hanf gilt als gute Vorfrucht für alle Kulturen, da seine Wurzeln den Boden lockern.

Ökologische Bedeutung

Ausgefallene Hanfsamen können in der Nachfrucht durchwachsen. Bei Saat in dichten Reihen unterdrückt Hanf Ackerwildkräuter, diese entwickeln sich nur bei größerem Reihenabstand. Dichte Hanffelder sind kaum durch Erosion gefährdet und bringen auch kein Nitrat ins Grundwasser. Da die Pflanzen kaum anfällig gegen Krankheiten und Schädlinge sind, entfallen Pflanzenschutzmaßnahmen (Herbizide, Pestizide) selbst bei konventioneller Bewirtschaftung. Insektenkundler fanden heraus, dass Hanf in der Fruchtfolge zur Erhöhung der Insektenvielfalt beitragen kann und dabei besonders Käfer und räuberische Zweiflügler fördert. Die extensive Bewirtschaftung wirkt sich insgesamt positiv auf die Artenvielfalt aus.

Hanfnüsse ganz und geschält

Freipräparierte Fasern

Hopfen, Gewöhnlicher Hopfen, Echter Hopfen

Humulus lupulus

Beschreibung

Die Staude bildet einen teilweise verholzten Wurzelstock sowie kräftige Wurzeln. Die bis über 10 m langen einjährigen Triebe (auch als „Hopfenreben" bezeichnet) brauchen eine Stütze, an der sie sich rechtswindend in den Luftraum erheben. Kleine Klimmhaare, die in 6 Reihen an den bis fingerdicken Stängeln sitzen, verhindern zusätzlich, dass die Triebe abrutschen. In 24 Stunden wachsen sie bis zu 10 cm, bei günstigen Bedingungen sogar bis zu 30 cm. Die gegenständigen Blätter sind 3–5-lappig, an den Triebenden auch ungelappt. Es gibt männliche und weibliche Pflanzen. Im Anbau befinden sich jedoch ausschließlich weibliche Pflanzen. Sie bilden Scheinähren, bei denen in den Achseln von Tragblättern je 2 Blüten mit langen Narben sitzen. Kulturhopfen bildet in der Regel keine Früchte aus. Trotzdem vergrößern sich die Tragblätter nach der Blüte und legen sich schuppenartig übereinander, sodass sterile Fruchtstände entstehen, die an kleine Zapfen erinnern. An der Basis der Tragblätter sitzen gelb glänzende, leicht abfallende Drüsen.

Entwicklung und Standortansprüche

Hopfen ist anspruchsvoll. Er benötigt lockere, tiefgründige Böden, die sich im Frühjahr schnell erwärmen, sowie windgeschützte Lagen, mäßigen Sonnenschein ohne Hitzeperioden und reichlich Niederschlag im Sommer. Der Wurzelstock ist frosthart, die Triebe jedoch frostempfindlich. So darf es zwischen dem Austrieb ab April bis in den September keinen Frost geben.

Jan	Feb	Mär	Apr	Mai	Jun	Jul	Aug	Sep	Okt	Nov	Dez

In der Nähe von Kulturhopfen sollte möglichst kein wilder Hopfen und damit keine männlichen Hopfenpflanzen wachsen, da sonst die Gefahr besteht, dass Pollen der männlichen Pflanzen auf den Kulturhopfen gelangt und dieser dann Nussfrüchte in den Fruchtzapfen entwickelt. Diese schmälern die Qualität der Ernte. Männliche Pflanzen werden deshalb gezielt gerodet und spielen nur bei der Hopfenzüchtung eine Rolle.

Die Vermehrung der einzelnen Sorten erfolgt über unterirdische Sprossstücke. Einmal gepflanzt, liefern die Pflanzen bis zu 50 Jahre lang Erträge. Sie treiben jedes Jahr ab Mitte April oder im Mai aus dem Boden. Ab einer Länge von 40–60 cm können die Triebe winden. Nach rund 70 Tagen – etwa Ende Juni bis Anfang Juli – erreichen sie die Gerüsthöhe von rund 7 m. Hopfen benötigt als Langtagpflanze je nach Sorte bis zu 16 Stunden Licht am Tag, um zur Blüte zu kommen. Die Blüten öffnen sich im Juli oder Anfang August. Bis Ende August haben sich bei den ersten Sorten erntereife Fruchtstände gebildet.

Typische Blätter

Weibliche Blütenstände

Männliche Blüten von wildem Hopfen

Herkunft und Geschichte als Nutzpflanze

Die ersten Nachweise für Hopfenanbau stammen aus dem 8. Jh.: Damals gab es Hopfengärten in Klöstern. Mönche und Nonnen nutzten die Pflanze als Getränkezutat, da sie die Getränke haltbarer machte. Als Brauzutat von Bier wird Hopfen erstmals im 11. Jh. erwähnt. Damals wurde Bier noch aus unterschiedlichen Zutaten gebraut. Diese Kräuterbiere wurden erst zwischen dem 13. und 16. Jh. in Mitteleuropa zunehmend von Hopfenbier verdrängt. Im Jahr 1516 wurde das Bayerische Reinheitsgebot für Bier erlassen. Es ist in Deutschland bis heute gültig und regelt, dass Bier ausschließlich aus Wasser, Malz, Hefe und Hopfen hergestellt werden darf. Zahlreiche Hopfensorten wurden in jahrhundertelanger Auslese aus Wildformen gezüchtet. Seit einigen Jahren gibt es auch Aromasorten, die zusätzlich zum typischen Hopfenaroma fruchtige oder exotische Richtungen, wie Mandarine, Zitrusfrüchte, Mango, Honigmelone oder Erdbeere, ins Bier bringen können, ohne dass das Reinheitsgebot gebrochen wird.

Tragblätter mit Hopfendrüsen

Nutzung

Rund 99 % der weltweiten Hopfenernte fließen in Bier: Hopfen sorgt für die angenehme Bitterkeit, den typischen Geruch und Geschmack und fördert die Schaumbildung. Für 1 Liter Bier benötigt man etwa 1 Gramm Hopfen. Damit reicht die Erntemenge einer einzigen Hopfenpflanze für etwa 400 Liter Bier.

Hopfen ist auch eine Arzneipflanze: Alleine oder in Kombination mit anderen Pflanzen, wie Baldrian, Melisse, Passionsblume oder Saat-Hafer, dient er als mildes Schlaf- und Beruhigungsmittel. Wenn jedoch Bier beruhigend wirkt, so ist dafür in erster Linie der Alkohol verantwortlich.

Sehr selten gelangt auch Hopfenspargel auf den Markt: Junge, helle Sprosse des Hopfens, die im Frühjahr geerntet werden, noch bevor sie aus der Erde treiben.

Unreif fruchtend

Anbau, Ende August

Kultur und Ernte

Hopfen gehört zu den aufwändigen Sonderkulturen. 1 Hektar erfordert ca. 250–280 Arbeitsstunden im Jahr und es heißt „der Hopfen will jeden Tag seinen Herrn sehen". Damit die Pflanzen gut in die Höhe wachsen können, errichten Hopfenbauern spezielle, stabile Gerüste: Masten, zwischen denen sie in etwa 7 m Höhe ein Stahlnetz spannen. An diesem Gerüst lassen sich Hopfenkulturen auch im Winter schon von weitem erkennen. Die Aufleitdrähte, an denen sich die Triebe emporwinden, werden dagegen jedes Jahr neu aufgehängt.

Zwischen Mitte März und Mitte April werden die Wurzelstöcke zurückgeschnitten, um ihren tiefen Sitz im Boden beizubehalten und auch um Jungpflanzen („Fechser") für die vegetative Vermehrung zu erhalten. Sobald die nun austreibenden jungen Hopfentriebe eine Höhe von etwa 50 cm erreicht haben, werden von den 40–60 Trieben einer Pflanze 2–4 gleich starke im Uhrzeigersinn um die Aufleitdrähte gewickelt und die überschüssigen Triebe entfernt. Während des Wachstums wird meistens zweimal beackert, um den Wurzelstock gut mit Erde zu bedecken und somit die Sommerwurzeln zu fördern, Wildkräuter zu verschütten und Dünger einzuarbeiten. Bei der Ernte Ende August bis Anfang Oktober fahren die Hopfenbauern mit Ladewagen in die Kulturen, reißen mit einem Rebenreißgerät die Hopfenreben mitsamt den noch grünen Fruchtzapfen („Dolden") und den Aufleitdrähten vom Gerüst und fahren sie zur stationären Pflückmaschine. Diese streift die Zapfen ab und reinigt sie von Beiwerk. Anschließend wird der getrocknete Hopfen zu Ballen gepresst oder in einem weiteren Schritt zu Pellets aufgearbeitet. Hopfen sollte nicht länger als 1 Jahr gelagert werden. Dann ändert sich der würzige Duft und die Zapfen riechen eher nach Schweißfüßen. Außer den ganzen Zapfen wird auch „Hopfenmehl" gewonnen: Die gelben, glänzenden Drüsen der Tragblätter. In ihnen sitzen die wichtigen Bitter- und Aromastoffe.

Ökologische Bedeutung

Als windbestäubte Pflanze spielt Hopfen für blütenbesuchende Insekten keine Rolle. Die Pflanzen bieten jedoch verschiedenen Wanzen, Zikaden, Spinnen und Schmetterlingsraupen einen Lebensraum, in den Hopfenbeständen finden Vögel und Wildtiere Schutz. Die Gerüste dienen Greifvögeln, Raben und anderen Vögeln als gute Sitz- und Aussichtsplätze.

Hopfenpellets

Ernte

Gewöhnliche Kornrade

Agrostemma githago

Ursprünglich stammt die Art wahrscheinlich aus dem Vorderen Orient und kam als Archäophyt mit dem Ackerbau nach Mitteleuropa. Noch im Mittelalter war sie eines der häufigsten Wildkräuter im Getreideacker, das geerntete Getreide konnte bis zu 5 % der Samen enthalten. Mit ihnen verunreinigter Weizen ergab brennend schmeckendes, bläulich gefärbtes Mehl. Die filzig behaarte Pflanze bildet eine bis 90 cm lange, spindelförmige Hauptwurzel und einen 50–100 cm hohen, kaum verzweigten Stängel. Ihre gegenständigen Blätter sind schmal und ganzrandig. Bei den endständigen Blüten überragen 5 schmale Kelchblätter ebenso viele purpurviolette, dunkler geaderte, 3–3,5 cm lange Kronblätter. Jede Pflanze kann in ihren Kapseln über 200 nierenförmige, 3–4 mm große schwarze Samen bilden. Als Kältekeimer keimen sie entweder im Herbst oder im Frühjahr. Selbst bei trockener Lagerung verlieren sie ihre Keimfähigkeit bereits nach einigen Monaten.

Die Kornrade hat ihren Lebenszyklus der früheren Form des Getreideanbaus angepasst. Bauern ernteten das langstängelige Kraut zusammen mit dem Getreide und banden es in die Garben, die in die Scheunen eingefahren wurden. Da die Samen kaum aus den Kapseln herausfallen, gelangten sie mit dem Stroh in den Viehstall und zusammen mit dem Mist wieder auf das Feld. Am besten entwickelten sich die Pflanzen zwischen Wintergetreide.

Heute sind Wildvorkommen eine große Seltenheit, die Art gilt als stark gefährdet. Die heutige Form der Bewirtschaftung beseitigt ihre Samen bei der Ernte: Bereits auf den Feldern trennt der Mähdrusch das Korn vom Stroh, die Saatgutreinigung sondert die vollkommen anders geformten Samen aus. Neuerdings ist Kornrade jedoch in Gemengen für den Zwischenfruchtanbau enthalten. Als Gründüngung und in Gründecken gilt sie als Gesundungsfrucht, da sie mit keiner Nutzpflanze verwandt ist und mit ihren Saponinen außerdem gegen Nematoden wie den Rübenzystennematoden *Heterodera schachtii* wirkt. Die Samen finden sich auch in Blühmischungen für Blühstreifen. Lieferanten von Samen für „Bienenmischungen“ haben sie jedoch häufig durch die aus der Türkei und Israel stammende Zierliche Kornrade (*Agrostemma gracilis*) ersetzt. Die Blüten locken besonders Tagfalter an. In den Kapseln überwintern häufig Spinnen und kleinere Insekten.

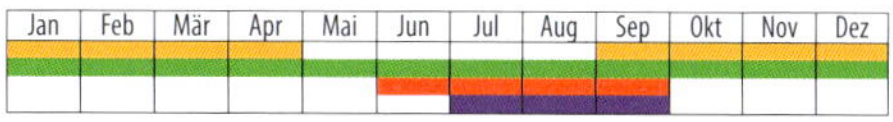

Gurke

Cucumis sativus

Die sommerannuellen Pflanzen sind borstig steif behaart. Sie bilden einen langen, liegenden oder kletternden, vierkantigen Stängel und fünfeckige Blätter mit zugespitzten Ecken. Die eingeschlechtlichen Blüten sind wesentlich kleiner als beim Kürbis. Sie werden von Honigbienen, Wildbienen, Hummeln und anderen Insekten bestäubt (Nektarwert 3, Pollenwert 2). Die mehr oder weniger warzigen Panzerbeeren werden noch grün geerntet. Kultivierte Gurken stammen wahrscheinlich von der wilden *Cucumis sativus* var. *hardwickii* ab, die in subtropischen Tälern des Himalayas wächst und in Indien in Kultur genommen wurde. Die alten Griechen und Römer legten die Früchte wohl mit Weinhefe, Salzlake oder Essig ein. Im Mittelalter konservierten slawische Völker Gurken mit Milchsäuregärung. In Mitteleuropa waren Gurken spätestens ab dem 16. Jh. bekannt.

Im Feldgemüsebau spielen besonders die nur wenige Zentimeter langen Einlegegurken eine Rolle. Feldkulturen von längeren, dickeren, warzigen Schälgurken beschränken sich auf wenige klimatisch günstige Gebiete. Die bis über 40 cm langen, stachellosen Salat- oder Schlangengurken wachsen fast nur unter Glas. Sie bilden nur weibliche Blüten und samenlose Früchte. Gurken wachsen gut auf humushaltigen Lehm- oder Lössböden. Die optimale Temperatur liegt bei 18–33 °C, Nachttemperaturen unter 12 °C hemmen das Wachstum, unter 4°C treten Schäden auf. Von der Aussaat bis zur ersten Ernte vergehen etwa 60–65 Tage. Die Pflanzen wachsen häufig auf Mulchfolie, unter der sich der Boden rasch erwärmt. Um ab Mitte April säen zu können, wird häufig mit Vlies abgedeckt. Die Ernte erfolgt dann ab Mitte Juni bis Anfang September. Ohne Vlies können Gurken ab Mitte Mai gesät oder gepflanzt und bis Ende September geerntet werden. Besonders während der Ernteperiode muss bewässert werden. Da die Früchte rasch wachsen, kann meist alle 2–4 Tage geerntet werden. Der Feldanbau wurde in den letzten Jahrzehnten zunehmend mechanisiert, trotzdem liegt der Arbeitsaufwand bei rund 2500 Stunden pro Hektar und es besteht ein hoher Bedarf an Saisonarbeitskräften.

Gurken bestehen zu 96–98 % aus Wasser und sind damit das wasserreichste und kalorienärmste Gemüse. Sie enthalten reichlich Kalium, Kalzium sowie Eisen. Heutige Sorten sind fast frei von Bitterstoffen.

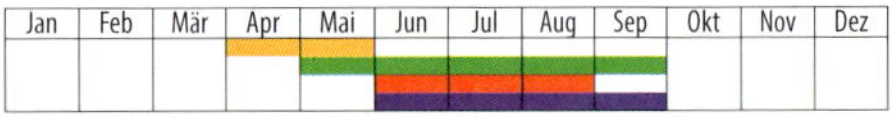

Kürbis

Cucurbita spp.

Beschreibung

Alle kultivierten Kürbisse wachsen sommerannuell. Ihre Sprosse sind niederliegend oder mit 3–7-fach verzweigten, am Blattgrund entspringenden Ranken kletternd. Die Blüten sind getrennt geschlechtlich, aber einhäusig. Ihre Krone ist goldgelb gefärbt, trichterförmig und 6–10 cm lang. Der Fruchtknoten ist unterständig, sodass weibliche Blüten bereits als Knospe gut zu erkennen sind. Bei den z. T. sehr großen und viele Kilo schweren Früchten handelt es sich um Panzerbeeren mit harter Fruchtwand. Das Innere ist in 3–5 Fächer geteilt.

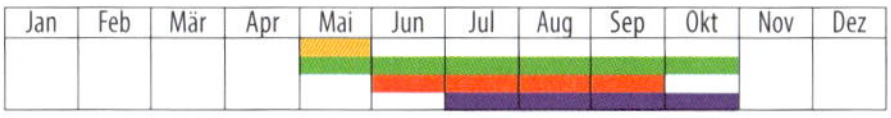

Die zahlreichen Sorten, die feldmäßig angebaut werden, lassen sich folgenden Arten zuordnen:

Riesen-Kürbis (*Cucurbita maxima*): Stängel weich, rund, bis 5 m lang, rankend. Blätter nicht oder nur wenig geteilt, mit stumpfen Zipfeln und Buchten, ohne weiße Flecken, weich behaart. Blüten- und Fruchtstiel und Ansatz des Stiels an der Frucht rundlich, nicht 5-kantig. Fruchtstiel ziemlich weich, reif korkig. Früchte dickschalig, meist orange. Samen weißlich bis braun, 2–3 cm lang. Sorten z. B.: Hokkaido, Roter Zentner, Gelber Zentner, Orange Knirps, Hubbard, Turbankürbisse.

Garten-Kürbis: Pflanze blühend und fruchtend

Garten-Kürbis: weibliche Blüte

Feigenblatt-Kürbis (*Cucurbita ficifolia*): Stängel rankend. Blätter feigenblattähnlich, mit rundlichen Buchten, rau behaart, am Rand schwach gesägt. Blüten- und Fruchtstiel rundlich, nicht 5-kantig, Ansatz des Stiels an der Frucht stark verbreitert. Früchte grün-weiß marmoriert, erinnern von außen an eine Wassermelone, haben aber ein weißes Fleisch, das nach dem Kochen eine sauerkrautähnliche Konsistenz hat. Samen meist dunkelbraun bis schwarz.

Garten-Kürbis (*Cucurbita pepo*): Stängel hart, kantig, stachelig, je nach Sorte rankend oder nicht rankend. Blätter hart, oft fast bis zum Grund 5-teilig, mit spitzen Zipfeln und Buchten, manchmal (z. B. bei Zucchini) weiß gefleckt, Blattrand scharf gesägt, Blattstiel und -adern stachelig. Blüten- und Fruchtstiel 5-kantig. Fruchtstiel fest, verholzt, Ansatz des Stiels an der Frucht höchstens schwach verbreitert. Frucht kugelig, flaschenförmig oder zylindrisch, gelb, orange, grün, braun, oft auch mehrfarbig, Fruchtfleisch fest. Samen 0,7–1,5 cm lang, weißlich oder bräunlich. Hierher gehören viele Formen von Zierkürbissen, Zucchini (*Cucurbita pepo* var. *giromontina*), Spaghetti-Kürbis (*Cucurbita pepo* var. *fastigata*), Öl-Kürbis (*Cucurbita pepo* var. *styriaca*). Der Öl-Kürbis zeichnet sich durch Kerne aus, die nur von einem dünnen Häutchen umgeben sind, durch das die oliv- bis dunkelgrünen Keimblätter durchscheinen. Jede seiner der meist 8–10 kg schweren Früchte enthält 250–500 Samen.

Moschus-Kürbis (*Cucurbita moschata*): Stängel rankend. Blätter wie beim Riesen-Kürbis, aber oft mit weißen Flecken. Fruchtstiel und Ansatz des Stiels an der Frucht 5-kantig, Fruchtstiel fest, verholzt. Früchte länglich, flaschenförmig oder rundlich, grün, hellbraun oder orange, mit festem Fruchtfleisch, wohlschmeckend, etwas nach Moschus duftend. Samen weißlich. Sorten z. B.: Butternut, Musquée de Provence.

Als Sommerkürbisse werden Sorten des Garten-Kürbis bezeichnet, die noch unreif geerntet

Sortenvielfalt

werden, wie Zucchini und Patisson. Alle Kürbisse, die erst ausgereift geerntet werden, gehören – unabhängig von der Artzuordnung – zu den Winterkürbissen.

Entwicklung und Standortansprüche

Kürbisse sind Dunkelkeimer. Die Pflanzen brauchen für ihr Wachstum reichlich Nährstoffe und Platz. Besonders gut eignen sich lockere, gut erwärmbare, humushaltige, leichte bis mittelschwere Böden, die bereits vor der Pflanzung mit Stallmist oder Mineraldünger gedüngt wurden. Die Pflanzen reagieren empfindlich auf Kälte, bereits Temperaturen unter 5 °C schädigen sie. Besonders im Juni und Juli müssen sie ausreichend Wasser erhalten, da sie in diesem Zeitraum stark wachsen und blühen. Das Wurzelwerk ist sehr ausgedehnt, aber flach. Für einen Fruchtansatz müssen die Blüten bestäubt werden. Sie blühen nur 1 Tag und locken mit ihrem Duft Insekten an. Die männlichen Blüten bieten Pollen und Nektar, die weiblichen nur Nektar (Nektarwert 2, Pollenwert 2). Hummeln haben sich mit ihrem haarigen Pelz als effektive Bestäuber erwiesen, aber auch Bienen fliegen die Blüten an. Fehlen Insekten, etwa bei schlechtem Wetter, kann der Landwirt die Blüten von Hand bestäuben.

Herkunft und Geschichte als Nutzpflanze

Kürbisse gehören zu den ältesten Kulturpflanzen der Menschheit. Die Stammformen aller kultivierten Speisekürbisarten der Gattung *Cucurbita* wachsen in Amerika. Sie besitzen ein sehr bitteres Fruchtfleisch, sodass Indianer früher ursprünglich wohl nur die bitterstofffreien Samen aßen. Doch schon vor 10 000–8000 Jahren nahmen sie erste Pflanzen in Kultur. In der Folge selektierten sie Formen ohne bitteren Geschmack, sodass auch das Fruchtfleisch genießbar wurde. Bereits bevor Kolumbus nach Amerika reiste, gab es sehr viele von den Indios und Azteken kultivierte Sorten. Traditionell bauten – und bauen heute noch – die

Riesen-Kürbis: Hokkaido

Stielansatz Hokkaido

Indios in Mittelamerika Kürbis in Mischkultur mit Mais und Bohnen an („Drei Schwestern", „Milpa"). Der Kürbis beschattet hierbei den Boden und schützt ihn vor Austrocknung. 1523 tauchte der Kürbis erstmals in einem europäischen Kräuterbuch auf. In der Folge diente er als Zierpflanze, die Kerne als Heilmittel gegen Nierenentzündungen und Blasenleiden, später dann gegen Band- und Spulwürmer. Erst später konnte er sich als Nahrungsmittel etablieren. Zucchinis wurden in Italien gezüchtet und 1856 erstmals beschrieben. Der Öl-Kürbis, dessen Samen sich dank ihrer nur dünnen, häutigen Samenschale besonders gut zur Ölgewinnung eignen, wurde in der Steiermark wahrscheinlich nach 1870 selektiert. Besonders in den letzten 20 Jahren hat der Anbau von Kürbissen bei uns stark zugenommen.

Feigenblatt-Kürbis

Nutzung

Das Fruchtfleisch enthält bis über 90 % Wasser. Der Rest entfällt hauptsächlich auf verwertbare Kohlenhydrate (Zucker, Stärke) sowie Ballaststoffe, außerdem sind nennenswerte Mengen an Kalium, Vitamin B und bei gelb- und orangefleischigen Sorten Carotinoide als Vorstufe von Vitamin A vorhanden. Schmecken die Früchte bitter, enthalten sie Cucurbitacine. Diese sekundären Pflanzenstoffe wehren nicht nur Schädlinge und Fressfeinde ab, sondern sind auch für den Menschen giftig. Entsprechende Früchte – z. B. Zierkürbisse – dürfen nicht gegessen werden.

Für den hohen Nährwert der Samen sorgen über 50 % fettes Öl, das besonders aus ungesättigten Fettsäuren wie Ölsäure und Linolsäure besteht, sowie bis über 40 % Eiweiß. Außerdem enthalten sie Vitamin E sowie wichtige Mineralstoffe und Spurenelemente. Die Samen schmecken als Knabberei und in Broten.

Das aus den Samen gepresste Öl ist ein würziges, dunkles Speiseöl, das sich besonders für Salate eignet. In der Medizin dienen die Samen und Zubereitungen daraus heute dazu, Beschwerden der Harnwege zu lindern, die mit einer gutartig vergrößerten Prostata zusammenhängen.

Bei der Verwendung als Gemüse interessierten sich Verbraucher in Deutschland bis vor wenigen Jahren in erster Linie für Zucchini. In den letzten Jahren stieg jedoch auch ihr Interesse an Winterkürbissen. Besonders die Sorten des Hokkaido-Kürbis finden einen guten Markt, da sie eine handliche Größe haben, nicht geschält werden müssen und aromatisch-nussig schmecken. Manche Sorten des Riesen-Kürbis und des Garten-Kürbis spielen ausgehöhlt und zu Fratzen geschnitzt am 31. Oktober zu Halloween eine Rolle.

Der Feigenblatt-Kürbis dient in Europa in erster Linie als Pfropfunterlage für Gurken. Er ist resistent gegenüber der Pilzkrankheit Fusariose, die von Schlauchpilzen der Gattung *Fusarium* ausgelöst werden. In Spanien stellt man auch eine marmeladenartige Süßspeise („Engelshaar-Marmelade", „Cabello de ángel") aus dem süßen Fruchtfleisch der hartschaligen Früchte her.

Kürbisse können auch als nachwachsende Energieträger für die Biogasanlage verwendet werden. Sie enthalten leicht und rasch fermentierbare Inhaltsstoffe. Hierfür kann z. B. das Kürbisfleisch, das vom Öl-Kürbis nach Gewinnung der Samen anfällt, verwendet werden.

Kultur und Ernte

Je nach Klima müssen die Pflanzen in Töpfen vorgezogen werden. Beim Auspflanzen sollten sie zwei bis drei Blätter und einen gut durchwurzelten Ballen haben. Nur an günstigen Standorten mit Weinbauklima ist eine Direktsaat möglich. Die Saat oder das Auspflanzen erfolgt ab Mitte Mai, sobald die Bodentemperatur bei 10–15 °C liegt und keine Nachtfröste mehr zu erwarten sind. Ist es nach dem Auspflanzen trocken, müssen die Jungpflanzen angegossen werden. Um Unkräuter abzuhalten, können die Beete vor dem Pflanzen mit schwarzer Mulchfolie abgedeckt werden. Sonst müssen Ackerwildkräuter bekämpft werden, bevor die Kürbisse zu ranken beginnen. Sobald sich die Bestände geschlossen haben, stellen Wildkräuter kein Problem mehr dar. Die Kulturen werden besonders im Spätsommer oft von Echten Mehltaupilzen befallen, die jedoch meist nicht zu größeren Ausfällen führen. Die Ernte von Zucchini, Patisson und anderen Sommerkürbissen kann meist bereits 4–6 Wochen nach der Pflanzung bzw. 6–8 Wochen nach der Direktsaat beginnen und erfolgt dann laufend nach Bedarf. Winterkürbisse werden in ausgereiftem Zustand geerntet, je nach Sorte ab etwa August. Der Fruchtstiel soll dann trocken, verkorkt

Garten-Kürbis: Öl-Kürbis

Garten-Kürbis: Stielansatz Spaghetti-Kürbis

Anbau Zucchini

Moschus-Kürbis

Öl-Kürbisse, bereit zum Aufbrechen und Gewinnen der Kerne, Anfang Oktober

bzw. verholzt und die Farbe der Früchte sortentypisch ausgebildet sein. Reife Früchte klingen hohl. Viele Landwirte bieten verschiedene von ihnen kultivierte Kürbissorten im Herbst in ihren Hofläden oder direkt vom Feld an. Gut lagerungsfähig sind abgereifte, unverletzte Früchte mit Stiel. Die Lagerung erfolgt frostfrei, aber kühl.

Der Öl-Kürbis wird ab Ende September bis in den Oktober geerntet, wenn die Blattmasse abgestorben ist. Die Früchte werden zu Reihen zusammengeschoben. Eine spezielle Maschine nimmt sie dann auf und trennt noch auf dem Feld die Kerne vom Fruchtfleisch. Das Fruchtfleisch verbleibt auf dem Feld. Die Kerne werden sofort gewaschen und getrocknet.

Als Vorfrüchte eignen sich Kartoffeln, Leguminosen und Getreide. Zum nächsten Anbau von Kürbissen oder anderen Vertretern der Kürbisgewächse (z. B. Gurken) sollte eine Anbaupause von 4 Jahren eingehalten werden.

Samen Hokkaido (links), Öl-Kürbis (rechts)

Zu Halloween geschnitzte Riesen-Kürbisse

Anbau Öl-Kürbis, Anfang September

Hülsenfrüchtler, Leguminosen (Fabaceae)

Die Hülsenfrüchtler, die in der Landwirtschaft Mitteleuropas eine Rolle spielen, gehören alle zu der Unterfamilie der Schmetterlingsblütler (Faboideae). Diese zeichnet sich durch zweiseitig-symmetrische Blüten mit 5 freien Kronblättern aus. Das oberste nennt man die Fahne, die seitlichen die Flügel und die beiden unteren bilden das Schiffchen, das die Staubblätter und den Griffel umschließt.

Schmetterlingsblütler sind sehr wichtige Nahrungsquellen für Insekten, besonders für Honigbienen und verschiedene Wildbienen. Die einzelnen Arten zeigen verschiedene Mechanismen, wie Pollen und Narben mit bestäubenden Insekten in Berührung kommen. Je nach Typ der Schmetterlingsblüte locken sie diese mit zuckerreichem Nektar und/oder mit Pollen an. Pollen wird nicht nur von Honigbienen und vielen polylektischen Wildbienenarten gesammelt, es gibt auch zahlreiche oligolektische Wildbienenarten, die ausschließlich Schmetterlingsblütler als Pollenspender aufsuchen oder nur eine oder wenige Gattungen dieser Familie.

Bei der Frucht handelt es sich um eine Hülse. Sie entwickelt sich aus einem Fruchtblatt und öffnet sich bei der Reife gewöhnlich sowohl auf der Bauch- als auch auf der Rückennaht.

Die Blätter sind bei zahlreichen Arten gefiedert. Dabei können sie unpaarig gefiedert oder paarig gefiedert sein oder einige der Blättchen sind zu Ranken umgebildet. Für Kleearten sind dreizählige Blätter typisch, also solche mit 3 Blättchen. Die Nebenblätter sind häufig auffällig und typisch ausgebildet.

Wurzelknöllchen

Über 90 % aller Hülsenfrüchtler besitzen an den Wurzeln Knöllchen als kleine Düngerfabriken. So wachsen Kulturpflanzen dieser Pflanzenfamilie auch auf ungedüngten Böden ganz passabel.

Wurzelknöllchen entstehen, wenn freilebende Knöllchenbakterien (z. B. aus den Gattungen *Rhizobium*, *Mesorhizobium*, *Bradyrhizobium*) von organischen Botenstoffen der Wurzeln angelockt werden, in deren Zellen eindringen und die Pflanze sie in Wucherungen einkapselt. Gut

Vielblättrige Lupine

Acker-Erbse

geschützt und von der Pflanze mit Kohlenhydraten versorgt, vermehren sich die Bakterien im Inneren des Knöllchens. Als Symbiosepartner der Pflanze stellen sie ihren Stoffwechsel um: Sie bilden das Enzym Nitrogenase und sind nun in der Lage, gasförmigen Stickstoff aus der Luft zu binden und dieses Nährelement der Pflanze in verwertbarer Form als Ammoniak oder Ammoniumstickstoff zur Verfügung zu stellen. Aktive, stickstofffixierende Wurzelknöllchen sind innen rot gefärbt. Das dafür verantwortliche Leghämoglobin bindet Sauerstoff und hält ihn so von den Bakterien fern. Er würde sonst das Enzym Nitrogenase für die Stickstofffixierung blockieren.

Die Pflanzen bauen den Stickstoff aus den Knöllchen in Eiweiße ein. Schmetterlingsblütler sind deshalb besonders proteinreiche Futterpflanzen. Doch nicht nur die Pflanzen selbst enthalten viel Eiweiß, sondern der Stickstoff kommt auch der Folgekultur zugute. Sterben die Pflanzen ab, zerfallen die Knöllchen und die Stickstoffverbindungen gelangen in die Erde. So stehen für Nachfrüchte über Gründüngung oder auch über Ernterückstände bis über 100 kg, bei manchen Symbiosen sogar bis 400 kg Stickstoff pro Hektar zur Verfügung. Allerdings können die Stickstoffverbindungen auch ins Grundwasser ausgewaschen werden.

Ein Schwarzkolbiger Braun-Dickkopffalter (*Thymelicus lineola*) saugt Nektar an einer Vogel-Wicke (*Vicia cracca*).

Bei den Wurzelknöllchen bildet gewöhnlich jede Leguminosenart in einer bestimmten Region eine Symbiose mit nur einem oder wenigen Stämmen der Knöllchenbakterien. Während passende Bakterien für Klee und Wicken in fast allen heimischen Böden vorkommen, fehlen sie für nicht heimische Leguminosen wie Soja. Auch auf Flächen, auf denen schon lange keine Leguminosen mehr angebaut wurden, kommen oft nicht mehr genügend freilebende Knöllchenbakterien im Boden vor. Da sie keine Sporen bilden, sind sie nicht sehr konkurrenzfähig und können leicht vertrocknen. Selbst wenn wohl jedes Knöllchen auf ein einziges Bakterium zurückgeht, würden sich an neu ausgesäten Schmetterlingsblütlern nur wenige Wurzelknöllchen bilden. Ertrag und Eiweißgehalt der Pflanzen wären entsprechend niedriger. Landwirte können dem entgegenwirken, indem sie die Samen vor der Aussaat mit einem Produkt behandeln, das die passenden Knöllchenbakterien enthält. Alternativ können die Landwirte auch den Boden entsprechend beimpfen.

Die wichtige Rolle von Leguminosen in der Fruchtfolge ist schon seit Jahrhunderten bekannt. Als Fabriken in großem Maßstab Kunstdünger produzierten, verloren sie etwas an Bedeutung. Heute sind sie besonders im biologischen Landbau für die meisten Landwirte unverzichtbar. Im konventionellen Anbau hatten Leguminosen bis 2013 stark abgenommen, da Nachfrage und Preis zu gering waren. Seit heimische Proteinpflanzen mehr gefördert werden, steigt der Anbau jedoch: 2021 wuchsen Körnerleguminosen in Deutschland auf knapp 245 000 Hektar Ackerfläche.

Kultivierte Schmetterlingsblütler

Landwirte bauen einige Schmetterlingsblütler in Monokulturen an. Als Zwischenfrucht oder bei einem mehrjährigen Anbau, z. B. zur Futternutzung, werden jedoch oft Gemenge verschiedener Leguminosen oder von Leguminosen mit anderen Pflanzen, meist solchen aus der Familie der Süßgräser, verwendet. Außerdem enthält die Unterfamilie der Schmetterlingsblütler auch eine Vielzahl an Ackerwildkräutern.

Die Form und Größe der Knöllchen unterscheidet sich bei den einzelnen Leguminosen:

Soja mit Wurzelknöllchen durch *Bradyrhizobium japonicum*

Luzerne mit Wurzelknöllchen durch *Sinorhizobium meliloti*

Die kultivierten Schmetterlingsblütler können nach der Korngröße und der Hauptnutzung bestimmten Gruppen zugeordnet werden:

Großkörnige Leguminosen:
- Ackerbohne
- Erbse
- Soja
- Lupine
- Kichererbse

Kleinkörnige Leguminosen:
Kleinkörnige Futterleguminosen:
- Luzerne
- Rot-Klee
- Weiß-Klee

Sonstige kleinkörnige Leguminosen:
- Wicken
- Linsen
- Futter-Esparsette
- Echte Serradella
- Gelbklee
- Gewöhnlicher Hornklee

Luzernegras, Kleegras, Leguminosengras

Es handelt sich hierbei um Gemenge von verschiedenen Wiesengräsern, wie Weidelgras, Wiesenlieschgras, Wiesenschwingel, Glatthafer oder Knäuelgras, mit Leguminosen.

Je nach Bezeichnung enthalten sie Luzerne, Weiß-Klee, Rot-Klee, Schweden-Klee, Alexandriner-Klee, Persischen Klee, Futter-Esparsette und Gewöhnlichen Hornklee in unterschiedlichen Mengenanteilen oder neben Gräsern nur einen oder wenige der Hülsenfrüchtler. Die Mischungen können 4–5-mal im Jahr geschnitten werden und eignen sich als Frischfutter oder Silage. Zum Teil werden sie auch auf Brachen zur Bodenverbesserung eingesetzt.

Im Ökolandbau enthält die Fruchtfolge selbst in viehlosen Betrieben in der Regel einen überjährigen oder zweijährigen Anbau von Futterleguminosen, besonders Rot-Klee, Weiß-Klee oder Luzerne. Diese führen dem Boden Stickstoff zu und helfen, Unkräuter zu unterdrücken.

Inkarnat-Klee mit Wurzelknöllchen durch *Rhizobium leguminosarum* biovar. *trifolii*

Zottige Wicke mit Wurzelknöllchen durch *Rhizobium leguminosarum* biovar. *viciae*

Kichererbse, Echte Kicher

Cicer arietinum

Die sommerannuelle Pflanze ist mit klebrigen Drüsenhaaren besetzt. Die bis 1 m hohen Stängel tragen unpaarig gefiederte Blätter. Ihre einzeln stehenden Blüten sind purpurrot, violett oder weiß und bestäuben sich meist selbst. Die Hülsen sind um 3 cm lang und 1,5 cm dick und enthalten 2–3 Samen. Diese sind erbsen- bis haselnussgroß, gelb-beige, rötlich oder braun. Ihre Form erinnert an einen Widder- oder Vogelkopf (engl. Name: chickpea). Sie schmecken etwas nussig und spielen in der orientalischen und mediterranen Küche eine wichtige Rolle, z. B. in Currys, Eintöpfen oder Falafeln. Vegetarier und Veganer schätzen sie als Fleischersatz. Sie kommen getrocknet oder als Konserven in den Handel und enthalten etwa 20 % Eiweiß, das reich an den essenziellen Aminosäuren Lysin und Threonin ist, sowie Ballaststoffe, Vitamine A, B, C und E, Eisen, Kalzium und Magnesium. Das in den Samen vorhandene Gift Phasin wird beim Garen zerstört. Getrocknete Samen müssen davor mindestens 12 Stunden eingeweicht werden.

In Kleinasien wurden schon vor etwa 10 000 Jahren Kichererbsen angebaut. Von dort gelangten sie nach Griechenland und Italien. Ab dem frühen Mittelalter führen alle Kräuterbücher Europas die Pflanze als Nahrungsmittel und Heilpflanze. Noch im 19. Jh. gab es in den deutschen Weinbaugebieten zwei Formen, ab Anfang des 20. Jh. wurde sie hier kaum mehr kultiviert. Heute findet der Hauptanbau in Indien, Pakistan, Nordafrika, Mexiko und Spanien statt. In Südeuropa wachsen Kichererbsen oft anstelle von Saat-Erbsen. Die Art erträgt Trockenheit und benötigt viel Sonne und Wärme – ideal sind Temperaturen um 25 °C. Sie ist empfindlich gegen Frost und übermäßige Nässe. Besonders gut wächst sie auf kalkreichen, sandigen Lehmböden. Seit einiger Zeit laufen in Mitteleuropa Sortenversuche und einige Biolandwirte bauen die Art wieder an. Nachdem dies nur in trocken-warmen Regionen möglich ist, könnte die Pflanze besonders im Zuge des Klimawandels interessant werden.

Anfangs wachsen Kichererbsen langsam und lassen viel Platz für Ackerwildkräuter. Eine Aussaat im Gemenge mit Leindotter vermindert dies etwas. Die Pflanzen sind standfest, ihre Hülsen platzen kaum und lassen sich mit dem Mähdrescher ernten. Zu anderen Leguminosen muss eine Anbaupause von 5–6 Jahren bestehen.

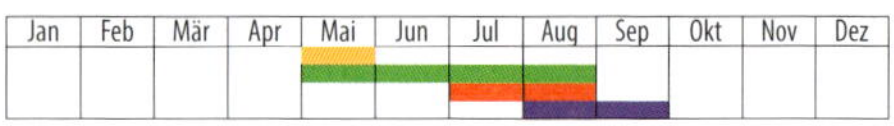

Soja, Sojabohne

Glycine max

Beschreibung

Die sommerannuelle Pflanze ähnelt im Erscheinungsbild einer Busch-Bohne (S. 204). Sie wird 30–80 cm hoch und ist stark borstig behaart. Die lang gestielten Blätter sind dreizählig, mit etwa 10 cm langen Blättchen. Die kleinen weißen oder lilafarbenen Blüten bilden sich in büscheligen Trauben. Pro Pflanze entwickeln sich meist 20–30 braunborstig behaarte Hülsen. Sie sind 3–5 cm lang und enthalten je 1–3 Samen, die je nach Sorte hellgelb, grün, braun oder schwarz gefärbt sind.

Entwicklung und Standortansprüche

Klimatisch eignen sich für Sojaanbau besonders solche Regionen, die auch für Körnermais passen. Soja bevorzugt leicht erwärmbare, tiefgründige, mittelschwere Böden. Die Aussaat sollte erst ab 10 °C Bodentemperatur erfolgen. Sobald sie das erste Laubblattpaar entwickelt haben, ertragen die Pflanzen auch leichten Frost. Optimal wachsen sie bei Temperaturen von 20–25 °C. Keimlinge und Jungpflanzen sind empfindlich gegenüber mechanischen Maßnahmen, ihre Stängel brechen sehr leicht. Die Pflanzen wachsen anfangs sehr langsam und weisen deshalb eine geringe Konkurrenzkraft gegenüber Ackerwildkräutern auf. Sie entwickeln ein gutes Wurzelsystem mit einer bis zu 2 m tiefen Pfahlwurzel. Besonders ab der Blüte und zur Zeit der Körnerentwicklung benötigen sie ausreichend Wasser. Soja ist eine Kurztagpflanze. Ihre Blüten bilden sich erst, wenn die Tageslänge weniger als 12–14 Stunden beträgt. Für eine gute Samenreife sollte der Herbst mild und sonnig sein. Die Vegetationsdauer liegt bei 150–180 Tagen.

Jan	Feb	Mär	Apr	Mai	Jun	Jul	Aug	Sep	Okt	Nov	Dez

Herkunft und Geschichte als Nutzpflanze

Als Wildform der kultivierten Soja gilt die in Ostasien verbreitete Unterart *Glycine max* ssp. *soja*. Schon vor 5000 Jahren wurde Soja dort angebaut, sie gehört damit zu den ältesten Kulturpflanzen. Erst im letzten Jahrhundert hat sich ihr Anbau auch in wärmeren Regionen anderer Erdteile eta-

Blüten

bliert und erst seit dem 2. Weltkrieg findet außerhalb Asiens ein nennenswerter Anbau statt. Heute hat Soja einen hohen Anteil an der Weltproduktion sowohl von eiweiß- als auch von fettliefernden Pflanzen. Für Mitteleuropa war es wichtig, Sorten zu züchten, die mit dem kühleren Klima zurechtkommen, möglichst tagneutral blühen und früh reifen. Seit Züchtern dies gelungen ist, steigt der Anbau in Mitteleuropa. So hat sich von 2016 bis 2020 die Anbaufläche von Soja zur Körnergewinnung in Deutschland mehr als verdoppelt.

Soja war eine der ersten Pflanzen, die Diskussionen über das Ausbringen von gentechnisch veränderten Pflanzen ins Freie anfachten. Heute sind weltweit etwa 80 % des Sojas gentechnisch verändert. In der EU ist der Anbau dieser „gv-Soja“ bisher nicht zugelassen.

Unreif fruchtend

Nutzung

Je nach Sorte enthält Soja 38–48 % Rohprotein in der Trockenmasse. Der Ölgehalt der Samen liegt bei etwa 20 %. Für die menschliche Ernährung eignen sich nur spezielle Sojasorten. Die Samen werden als Gemüse gekocht oder zu Sojasprossen ausgekeimt. Die Eiweißqualität des Sojaproteins ist mit der von tierischem Eiweiß vergleichbar. Es besteht nur aus Albuminen und Globulinen. Mit den aus den Samen gewonnenen Eiweißkonzentraten und -isolaten lassen sich der Proteingehalt und die Verarbeitungsqualität vieler Nahrungsmittel – etwa Wurst, Backwaren, Kindernahrung – verbessern. Sie dienen als Rohstoff für Tofu, Miso, Sojadrinks und andere Produkte, die in der veganen und vegetarischen Ernährung eine wichtige Rolle spielen. Sojagetränke eignen sich als Milchersatz.

Sojaöl weist einen hohen Anteil mehrfach ungesättigter Fettsäuren auf. Rund 50 % Linolsäure und 5–12 % Linolensäure machen es zu einem wertvollen Speiseöl. Die Nahrungsmittelindustrie verwendet es für Backfette, Margarine, aber auch als Pflanzenöl in vielen Fertigprodukten. Kalt gepresstes natives Öl schmeckt kräftig, etwas nussig und eignet sich als Salatöl. Extrahiertes Sojaöl wird industriell mithilfe von Extraktionsmitteln wie Hexan aus den Samen gewonnen. Dieses Öl wird nicht nur für die Ernährung verwendet, sondern zunehmend auch für technische Zwecke. Es kann zu Biodiesel aufgearbeitet werden oder zu Sojamethylester. Dieser Ester dient als Ersatz für Dieselkraftstoff und als Bindemittel für Gussformen im Automobilbau. Als schnell trocknendes Öl eignet sich Sojaöl auch für Anstrich- und Druckfarben. Die Fettsäuren dienen u. a. als Grundlage für Kosmetika und Körperpflegeprodukte. Mithilfe des aus Sojaöl isolierten ß-Sitosterin lassen sich Sexualhormone für Arzneimittel synthetisieren.

Soja besitzt eine hohe Futterwertigkeit. Rohe Sojabohnen werden jedoch kaum verfüttert. Sie enthalten mit Trypsininhibitoren Stoffe, die die Verwertung der Nährstoffe einschränken und die Verdaulichkeit der Proteine senken. Je nach Tierart und Verwendungszweck kann eine andere „Veredlung" der Bohnen zu Tierfutter notwendig sein. Nach Behandlung mit heißem Wasserdampf liegen getoastete Sojabohnen vor, die neben Protein auch einen hohen Ölgehalt aufweisen, den viele Tiere nicht vertragen. Presskuchen aus der Kaltpressung des Öls enthält immer noch zu viel Öl für Mastschweine. Vielseitig einsetzbar dagegen ist Sojaextraktionsschrot, das als Nebenprodukt bei der Gewinnung von Extraktionsöl anfällt. Es enthält nur noch einen geringen Restölgehalt, aber 42–48 % Rohprotein. Es eignet sich nach Erhitzen als Futter für Geflügel, Rinder, Schweine und Haustiere.

Nicht nur die Samen, sondern die ganze Pflanze enthält reichlich Eiweiß. Als Grünfutter bietet sie eine günstige Nährstoffkombination. Sie eignet sich auch zur Gründüngung und in Gemengen zur Wildäsung. Soja kann mit seinen Wurzelknöllchen 60–300 kg Stickstoff pro Hektar fixieren.

Kultur und Ernte

Landwirte bauen Soja zur Körnergewinnung als Hauptfrucht an. Die für eine erfolgreiche Sojakultur erforderlichen Knöllchenbakterien wie *Bradyrhizobium japonicum*, *B. elkanii* oder *B. diazoefficiens* kommen in unseren Böden (noch) nicht vor. So muss das Saatgut oder der Boden beimpft werden, um einen guten Korn- und Eiweißgehalt zu erreichen. Ohne passende Impfung, in Mitteleuropa mit *B. japonicum*, kann der Ertrag um ein Drittel niedriger ausfallen, der Eiweißgehalt um 5–10 % geringer sein.

Die Aussaat erfolgt erst, wenn der Boden genügend warm ist. Kalter Boden verlangsamt die Entwicklung des Sojas, während Ackerwildkräuter bereits gut wachsen. Als Vorfrucht eignen sich Wintergetreide oder Hackfrüchte wie Zucker-Rüben, nicht jedoch andere Körnerleguminosen. In Hanglagen sollte nach der Vorfrucht noch eine abfrierende Zwischenfrucht wachsen, um den Boden vor Erosionen zu schützen. Bewährt hat sich ein Anbau von Soja als Hackfrucht. Erfolgt Mulchsaat oder Direktsaat, z. B. in niedergewalztem, blühendem Grünroggen, so sinkt der Unkrautdruck auf den Feldern. Selbst im konventionellen Anbau können Landwirte dann in manchen Fällen vollständig auf Herbizide verzichten.

Sobald die Blätter abfallen und die Körner beim Schütteln in den Hülsen rascheln, sind sie reif und werden mit dem Mähdrescher geerntet. Die Folgefrucht nach Soja kann pfluglos ausgesät werden. Da die Sojaernte spät erfolgt, kann als Folgefrucht meist keine Winterfrucht mehr angesät werden.

Hülse geöffnet

Samen: trocken (links), gequollen (rechts)

Als günstige Nachfrüchte gelten Weizen, Sommergetreide, Mais, Futter-Rüben und Kartoffeln.

Bei einem Anbau von Soja als Zwischenfrucht kann die abgefrorene Pflanzenmasse im Frühjahr gut in den Boden eingearbeitet werden.

Ökologische Bedeutung

Soja ist eindeutig ein Gewinner des Klimawandels. Die höheren Temperaturen und die längere Vegetationsdauer ermöglichen heute einen Anbau dieser Kulturpflanze an vielen Orten Mitteleuropas, an denen dies noch vor wenigen Jahren nicht möglich war.

Feld im Juli

Der Anbau von Soja in Mitteleuropa erleichtert die Kontrolle, ob es sich um gentechnisch veränderte Produkte handelt. Besonders in der ökologischen Tierhaltung ist es außerdem ein Ziel, den Eiweißbedarf mit heimischen Futtermitteln zu decken. Soja hilft ebenso wie der Anbau anderer Eiweißpflanzen, die Eiweißfuttermittel-Exporte aus Übersee zu reduzieren.

Die Blüten bieten nur wenig Nektar und Pollen, werden jedoch von verschiedenen Bienen und Hummeln besucht. Auch wenn Soja ein Selbstbefruchter ist, fanden Forscher in den USA mittlerweile heraus, dass sich der Ertrag nach Bestäubung durch Wildbienen erhöht.

Soja ist – neben vielen Wildpflanzenarten wie Disteln und Brennnesseln – eine Futterpflanze für die Raupen des Distelfalters (*Vanessa cardui*). In sehr warmen Jahren kann dieser Wanderfalter nördlich der Alpen zwei Generationen ausbilden. Kommt es zu einem Massenbefall in Sojafeldern, fressen die Raupen mehr oder weniger große Flächen kahl und mindern den Ertrag. In Deutschland gibt es auch für den Ökolandbau zugelassene spezifische Bakterienpräparate, die Landwirte im Einzelfall gegen die Raupen anwenden können.

Feld im September kurz vor der Ernte

Linse

Lens culinaris

Beschreibung

Die sommerannuelle, etwas an eine Wicke erinnernde, weich behaarte Pflanze wird 20–70 cm hoch. Sie wirkt zierlich und wächst wegen ihrer dünnen Stängel ohne Stückpflanzen mehr oder weniger liegend bis aufsteigend. Die Blätter besitzen 3–8 Paar fast sitzende, meist ganzrandige Blättchen und enden in einer Ranke. Die Blüten stehen zu 1–3 an blattachselständigen Stielen. Sie sind sehr klein und unscheinbar, meist bläulich weiß gefärbt und bestäuben sich fast immer selbst. Die kahlen, flachen, 1-3-samigen, 10–15 mm langen Hülsen reifen von unten nach oben über einen längeren Zeitraum. Ihre typisch abgeflachten Samen haben einen Durchmesser von 2–9 mm. Je nach Sorte besitzen sie eine grüne, graugrüne, rotbraune, lilabraune, schwarze oder gesprenkelte Schale und einen gelben oder leuchtend orangeroten Kern.

Pflanze

Entwicklung und Standortansprüche

Die Linse gedeiht auch auf armen, kargen Kalk-, Mergel- und Gesteinsschuttböden, die sich für andere Nutzpflanzen wegen des Nährstoffmangels nicht eignen. Stickstoff erhält sie über ihre Knöllchenbakterien. Die anspruchslose Pflanze wächst in kühlen bis warmen Lagen und ist lediglich empfindlich gegen Nässe und Frost. Besonders während der Blüte und zur Erntezeit sollte es nicht zu viel regnen, da sonst die Blüten abfallen oder die Samen bereits auskeimen. Als sehr konkurrenzschwache Art kann sich die Linse auf wildkräuterreichen Äckern nur schlecht behaupten.

Herkunft und Geschichte als Nutzpflanze

Die kultivierte Linse entstand wohl vor mehreren tausend Jahren aus der Orientalischen Linse (*Lens orientalis*). Sie gehört damit zu den ältesten Kulturpflanzen der Menschheit und spielte in der Entwicklung des Ackerbaus neben Getreide eine wichtige Rolle. Als ihr ursprüngliches Genzentrum gilt Südwestasien, als sekundäres der Mittelmeerraum. Archäologen kennen steinzeitliche Funde aus Syrien, dem Nordirak

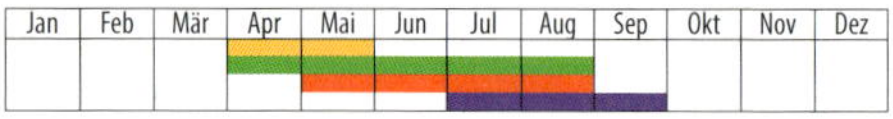

und von Kreta. Im alten Ägypten zählte sie zu den Grundnahrungsmitteln. Heute findet der Anbau vor allem in Amerika (besonders Kanada) und in Asien (hauptsächlich Indien und Türkei) statt, daneben auch in Nordafrika. In Europa liegen die Hauptanbaugebiete in Spanien und Frankreich.

In Süddeutschland reicht der Nachweis der Linse bis in die Jungsteinzeit zurück. Ihr Anbau beschränkte sich jedoch auch danach, über die Römerzeit, das Mittelalter bis heute, auf kalkhaltige Mittelgebirge und Lössgebiete. Ortsnamen wie „Linsenhofen" weisen auf die Bedeutung im Mittelalter hin, doch spielte sie nie eine so große Rolle wie im Vorderen Orient oder Ägypten. Lange Zeit galten Linsen als „Arme-Leute-Essen". Nach dem 2. Weltkrieg kam der Linsenanbau in Deutschland weitgehend zum Erliegen und erfährt erst in neuerer Zeit eine Renaissance.

Nutzung

Der Anbau erfolgt fast ausschließlich, um die Samen für den menschlichen Verzehr zu gewinnen. Deutschland bietet keine optimalen Voraussetzungen für die Art. Jedoch kann sie besonders an Grenzstandorten auf Kalkböden eine interessante Alternative sein. Aktuell findet der Anbau besonders in Baden-Württemberg, Hessen und Niederbayern statt. Die Anbaufläche ist relativ klein und wird hauptsächlich ökologisch bewirtschaftet. Möglicherweise wird der Linsenanbau zukünftig nicht nur im Zuge der Rückbesinnung

Anbau mit Saat-Hafer als Stützfrucht

auf frühere Werte und der häufigeren vegetarischen oder veganen Ernährung, sondern auch wegen des Klimawandels attraktiver.

Die Samen sind sehr nahrhaft und enthalten neben Kohlenhydraten viel Eiweiß, Ballast- und Mineralstoffe, außerdem auch B-Vitamine. Vegetarier und Veganer müssen darauf achten, dass Linsen nicht alle essenziellen Aminosäuren enthalten. Sie sollen deshalb mit anderen Produkten kombiniert werden. Gichtkranke sollten wegen des hohen Purin-Gehaltes nur wenig Linsen essen. Linsen können Blähungen auslösen, da ihre Mehrfachzucker im Dickdarm von Darmbakterien abgebaut werden und dabei Gase wie Kohlendioxid entstehen.

Linsen gehören auch zu den Arten in Saatgutmischungen für einjährige Blühstreifen und -flächen.

Kultur und Ernte

Linsen zur Körnerernte werden so früh wie möglich, meist Mitte bis Ende April gesät. Sie keimen bereits ab 5 °C und benötigen einige kühle Tage für die Vernalisation und damit den Hülsenansatz. Da die Pflanzen nicht standfest sind, werden sie meist im Gemenge mit einer Stützfrucht angebaut. Hierfür hat sich Saat-Hafer bewährt, doch eignen sich auch Sommergerste und Sommerroggen oder Leindotter. Zwischen Aussaat und Ernte vergehen nur 3–4 Monate. Da die Samen unregelmäßig reifen, ist es schwierig, den richtigen Erntezeitpunkt zu finden. In der Regel werden die Pflanzen mit einem Mähdrescher geerntet, sobald die unteren Hülsen braun und ihre Körner hart sind. Zu diesem Zeitpunkt ist das Kraut meist noch grün. Die Samen müssen nach dem Dreschen von denen der Stützfrucht getrennt und nachgetrocknet werden. In der Fruchtfolge gedeiht die Linse am besten nach einer unkrautunterdrückenden Vorfrucht wie Hackfrüchten. Nach ihr werden z. B. Wintergetreide, Hackfrüchte oder Mais angebaut. Mit sich selbst ist sie unverträglich – bis zur nächsten Kultur auf demselben Acker sollten rund 5 Jahre vergehen.

Ökologische Bedeutung

Die Linse fördert die Bodenstruktur und Bodenfruchtbarkeit. Linsenäcker gelten als besonders wertvoll für die Biodiversität in der Agrarlandschaft. Sowohl auf Äckern als auch in Blühflächen auf mageren Böden können zwischen der konkurrenzschwachen Linse viele Wildkrautarten, darunter auch seltenere Ackerwildkräuter, wachsen. So finden viele Laufkäfer, Spinnen, Tagfalter und Wildbienen einen geeigneten Lebensraum. Die Linse selbst liefert blütenbesuchenden Insekten nur wenig Nektar und Pollen, diese profitieren jedoch von der vielfältigen Begleitflora der Linsenäcker.

Blüte

Früchte

Verschiedene Linsensorten (im Uhrzeigersinn von rechts): Rote Linse (geschält), Grüne Linse, Tellerlinse, Belugalinse

Gewöhnlicher Hornklee, Hornschotenklee, Schotenklee

Lotus corniculatus

Die ausdauernde, winterharte, heimische Art ist nach den hornförmigen, 1,5-3 cm langen Hülsen benannt. Die bis über 60 cm hohe Pflanze bildet eine bis 2 m tief reichende Pfahlwurzel und ist damit unempfindlich gegenüber Dürre. Die zahlreichen, wenig verzweigten Stängel sind aufrecht bis niederliegend und bilden einen Horst. Nach dem Schnitt treiben sie aus den Achselknospen nach. Sie tragen dreizählige Blätter, die durch große Nebenblätter wie ein Blatt mit 5 Fiederchen wirken. Die Blütendolden setzen sich aus 3–8 in der Knospe oft rötlichen, später gelben Blüten zusammen. Die platzenden Hülsen schleudern die Samen bis 2 m weit. Diese bleiben im Boden bis über 100 Jahre keimfähig.

Gewöhnlicher Hornklee wächst bevorzugt auf kalkhaltigen, trockenen Standorten. Er ist sehr anpassungsfähig und gedeiht auch noch auf Sandböden. Auf nährstoffreichen Böden unterliegt er der Konkurrenz hochwachsender Futterpflanzen. Landwirte nutzen ihn besonders an Standorten als Futterpflanze, die sich für den ertragreicheren Rot-Klee und für Luzerne nicht gut eignen. Sie säen ihn hauptsächlich in Kleegras-Mischungen, z. B. zusammen mit Weidelgras und Weiß-Klee. Die Saat erfolgt im Frühjahr oder Herbst und ist auch als Untersaat in Sommergetreide möglich. Durch die Partner im Gemenge neigt Hornklee weniger zu Lagerbildung. Außerdem wird das Grünfutter schmackhafter und verträglicher, denn Hornklee alleine kann beim Vieh zu Blähungen führen. Für eine Mischfütterung spricht auch, dass die Pflanzen bitter schmeckende, Blausäure abspaltende Glykoside enthalten. In geringen Mengen schaden sie dem Vieh nicht. Hornklee passt auch in Gemenge für Dauerweiden und -wiesen, Heu und Silage sowie für Gründünung. Er verbessert die Bodenstruktur und schützt vor Erosionen. Auf Wildweiden fressen besonders Rot- und Rehwild von ihm. Er ist in vielen Blühmischungen enthalten. Imker schätzen seine lange Blütezeit und den Zuckergehalt im Nektar von bis zu 40 % (Nektarwert 3, Pollenwert 3). Über 50 oligolektische und polylektische Wildbienenarten sammeln Pollen, zahlreiche Schmetterlinge tanken Nektar. Außerdem ist die Art Futterpflanze für die Raupen verschiedener Widderchen (*Zygaena* spp.) und anderer Schmetterlinge. Sie ist auch in natürlichen Wiesengesellschaften, an Wegrändern und Böschungen weit verbreitet.

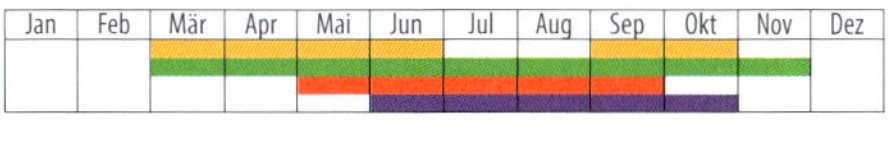

Sechsfleck-Widderchen (*Zygaena filipendulae*)

Lupine

Lupinus spp.

Beschreibung

Allen Lupinen gemeinsam sind ihre typisch gefingerten, aus 5–9 Blättchen zusammengesetzten Blätter und ihre aufrechten Blütentrauben. Drei sommerannuelle Arten spielen als Kulturpflanzen in der Landwirtschaft eine Rolle:

Die **Gelbe Lupine** (*Lupinus luteus*) blüht gold- bis schwefelgelb und duftet etwas nach Orange. Die dicht behaarten, 5–6 cm langen Hülsen enthalten 4–7 Samen, die etwas platt und etwa 7 x 4 mm groß sind.

Die **Weiße Lupine** (*Lupinus albus*) bildet weiße, seltener hellblaue Blüten in 5–10 cm langen, wenigblütigen Trauben. Ihre Blättchen sind 1–1,5 cm breit. Die steifhaarigen Hülsen werden 6–11 cm lang und enthalten 4–6 plattgedrückte Samen, die etwa 15 x 12 mm groß sind.

Die **Schmalblättrige oder Blaue Lupine** (*Lupinus angustifolius*) blühte ursprünglich nur blau. Heute gibt es Sorten mit hellblauen, rosa, weißen oder mehrfarbigen Blüten. Die Blättchen sind nur 2–6 mm breit. Die Hülse wird 4–6 cm lang und ist schwach behaart. Die Samen sind kugelig bis nierenförmig und etwa 8 x 7 mm groß.

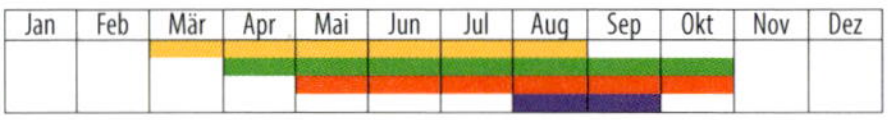

Gelbe Lupine

Weiße Lupine

Entwicklung und Standortansprüche

In der Jugend sind die Pflanzen wenig konkurrenzkräftig gegenüber Wildkräutern. Lupinen sind Dunkelkeimer, ihre Keimblätter entwickeln sich epigäisch. Die lange Pfahlwurzel erreicht Nährstoffe und Wasser auch in tiefen Bodenschichten. Die Blüten bestäuben sich meist selbst, Fremdbestäubung ist selten.

Die Gelbe Lupine kommt gut mit leichten bis sehr leichten, sauren Böden zurecht und eignet sich auch für ärmste Sandböden („Gold der Sandböden"). Kalk erträgt sie jedoch nicht. Ihre Vegetationsdauer beträgt 135–150 Tage.

Die Weiße Lupine benötigt etwas bessere Standorte und mehr Wärme. Ihre Vegetationsdauer ist etwas länger und beträgt je nach Sorte 140–175 Tage.

Die Schmalblättrige Lupine ist recht anspruchslos, gedeiht sowohl auf leichten Sandböden als auch mittelschweren Böden und eignet sich mit einer Vegetationsdauer von 120–150 Tagen auch für Gebiete mit kurzer Vegetationszeit. Besonders gut wächst sie in Küstengebieten mit mildem Klima.

Herkunft und Geschichte als Nutzpflanze

Alle drei Arten stammen aus dem Mittelmeerraum. Aus den Schriften antiker Gelehrter geht hervor, dass schon Ägypter, Griechen und Römer Lupinen kultivierten. Wahrscheinlich handelte es sich um die Weiße Lupine. Archäologen fanden ihre Samen sowohl in ägyptischen Gräbern als auch in Pompeji. Möglicherweise befanden sich aber auch schon die beiden anderen Arten in Kultur. Die Pflanzen dienten zur Gründüngung, die Samen als Viehfutter, seltener – nach Entbittern durch Auskochen oder Auswaschen – auch der menschlichen Ernährung. In Mitteleuropa wuchsen Lupinen wohl ab dem 12. Jh. als Zierpflanzen in Gärten. Für den Menschen galten die Samen als schwer verdaulich. Heilkundige wandten sie vorwiegend äußerlich an. Im 18. Jh. initiierte Friedrich der Große Anbauversuche in Deutschland, doch reiften die aus Italien importierten Formen so spät, dass sich ihr Anbau nicht durchsetzte. Erst ab dem 19. Jh. säten Bauern vermehrt auch bei uns Lupinen als Futterpflanzen und zur Gründüngung aus, besonders auf Sandböden. In den Notzeiten des 1. Weltkriegs nutzte man Lupinen als Körnerfrucht und propagierte die Pflanze als Nahrungs- und Rohstoffpflanze. Zwischen 1927 und 1936 las der Pflanzenzüchter Reinhold von Sengbusch bitterstoffarme Exemplare aus und legte mit diesen „Süßlupinen" den Grundstein für eine breitere Nutzung als Futterpflanze und zum Körneranbau. Seit etwa 1990 dienen die Samen der Süßlupinen in großem Maßstab als Eiweißquelle. Ende der 1990er-Jahre drängte jedoch die Brennfleckenkrankheit (Anthraknose durch den Pilz *Colletotrichum lupini*) den Anbau der Weißen und Gelben Lupine zurück. Die Schmalblättrige Lupine toleriert sie besser. Eines der heutigen Zuchtziele ist es, gegen diese Krankheit resistente Sorten zu züchten. Weitere Ziele sind die Standfestigkeit, ein geringer Anteil an aufplatzenden Hülsen und ein hoher Rohproteingehalt.

Weiße Lupine mit jungen Früchten

Nutzung

Bitterlupinen enthalten bitter schmeckende, giftige Chinolizidinalkaloide, die Tiere davon abhalten, sie zu fressen. Auch heute noch gibt es Sorten, die relativ hohe Gehalte an diesen sekundären Pflanzenstoffen aufweisen. Sie eignen sich speziell für den Zwischenfruchtanbau als Gründüngung zur Verbesserung leichter Böden.

Sorten aller Arten, die als Süßlupinen gehandelt werden, bilden etwas weniger Blattmasse. Sie müssen weniger als 0,05 % Alkaloide in den trockenen Körnern enthalten, um als alkaloidarm zu gelten. In Körnern für die menschliche Ernährung soll der Gehalt bei unter 0,02 % liegen. Solche Ware gilt als alkaloidfrei. Es gibt auch technische Verfahren, um Bitterlupinen zu entbittern.

Weiße Süßlupine liefert in erster Linie Körner. Als Grünfutter wird sie kaum angebaut, da sie vergleichsweise hohe Saatgutkosten hat.

Entsprechende Sorten der Gelben und der Schmalblättrigen Lupine eignen sich sowohl zur

Weiße Lupine, fruchtend

Körnergewinnung als auch als eiweißreiches Grünfutter.

Als Körnerfutter gehört die Schmalblättrige Lupine zu den bedeutendsten bei uns angebauten Proteinpflanzen. Ihre Samen weisen mit rund 30 % einen höheren Proteingehalt als Ackerbohne und Eiweißerbse auf. Nur Sojaextraktionsschrot mit einem Proteingehalt von rund 44 % enthält mehr Protein. Da viele Landwirte, besonders auch im Biobereich, jedoch kein Soja verfüttern möchten, greifen sie auf dieses regional erzeugte Futter zurück. Lupinensamen sind auch reich an Öl mit einem hohen Anteil an ungesättigten Fettsäuren und enthalten reichlich Mineralstoffe.

Bei uns steigt in den letzten Jahren die Nachfrage nach Lupinenprodukten für die menschliche Ernährung. Von der Weißen Lupine können die ganzen Samen in gequollener und gesalzener, gekeimter oder gekochter Form gegessen werden, geschrotete oder gemahlene Körner eignen sich z. B. für Brotaufstriche, glutenfreie Backwaren oder Bratlinge. Im Vergleich zu anderen Hülsenfrüchten sind Lupinen besser verträglich, da sie weniger blähend wirken. Allergiker, die auf Erdnüsse reagieren, sollten auch mit Lupinen vorsichtig sein.

Lupinensamen lassen sich mit technischen Fraktionierungsverfahren in Proteine sowie Öl-, Faser- und Schalenanteile trennen. Die Eiweißisolate und -konzentrate eignen sich dann z. B. für veganes Milchpulver oder Lupinen-Tofu (Lopino), werden aber auch in Teigwaren, Brotaufstrichen, Joghurt und vielen weiteren Produkten verarbeitet. Eine Kombination von Lupinen- mit Getreide- bzw. Maisprotein ergibt eine nahezu ideale Eiweißzusammensetzung. Die Fasern eignen sich z. B. als Ballaststoffe oder als Fettersatz in verschiedenen Lebensmitteln wie Wurst oder Fleischprodukten. Die technisch aus den Samen gewonnenen Eiweiße werden auch für hochwertiges Viehfutter verwendet.

Als Grünfutter kommen süße oder in Anteilen auch bitterstoffhaltige Sorten infrage. Besonders schmackhaft und bekömmlich sind jedoch die Süßlupinen.

In der Fruchtfolge gelten Lupinen als wertvolle Glieder. Sie können mit ihren Wurzelknöllchen 50–200 kg Stickstoff pro Hektar binden. Auf den Feldern fördern die Pflanzen dank ihres kräftigen, weit verzweigten Wurzelsystems auch die Bodenstruktur und Bodengare und lockern Bodenverdichtungen auf. Auch Gemenge für Gründüngung, für Wildäsung oder Blühstreifen enthalten häufig einen Anteil an Lupinen.

In der Industrie spielen Lupinen bisher nur eine untergeordnete Rolle. Die Samen eignen sich jedoch aufgrund ihres Eiweißgehalts und dessen Qualität als nachwachsender Rohstoff. Möglich ist ein Einsatz der Lupinenproteine z. B. für biologisch abbaubare Werkstoffe, als Zusatzstoff in der Papier- und Verpackungsindustrie, für Leime und Kleber oder für Kapselhüllen von Arzneimitteln.

Schmalblättrige Lupine, fruchtend

Kultur und Ernte

Landwirte säen diese einjährigen Arten je nach Zweck entweder als Hauptfrucht oder als Vor- oder Zwischenfrucht. Zumindest, wenn der letzte Anbau von Lupine oder Echter Serradella länger her ist, beimpfen sie das Saatgut mit dem Knöllchenbakterium *Rhizobium lupini*. Lupinen keimen schon bei niedrigen Temperaturen, sodass eine Aussaat ab März möglich ist. Früh gesäte Pflanzen bleiben kleiner, bilden aber mehr Samen, spät gesäte entwickeln viel Grünmasse, aber weniger Körner. Gelbe Lupinen benötigen eine Vernalisation und müssen immer entsprechend früh ausgesät werden. Jungpflanzen sind empfindlich gegen Verletzung – Landwirte müssen dies bei der mechanischen Beikrautregulierung beachten. Die Ernte von Körnerlupinen erfolgt mit Mähdrusch, sobald die meisten Hülsen braun, die Stängel aber zum Teil noch grün sind. Die Hülsen der Gelben und Weißen Lupine sind sehr platzfest. Die Samen der Schmalblättigen Lupine können jedoch ausfallen, wenn sie zu spät oder in sehr heißen Mittagsstunden gedroschen werden. Da die Früchte uneinheitlich reifen, müssen die Samen nachgetrocknet oder auf andere Weise konserviert werden. Im Fut-

Anbau Weiße Lupine

termittelanbau eignen sich erntefeuchte Körner auch für Silage.

Als Vorfrucht passen besonders Getreide oder Hackfrüchte. Günstige Folgefrüchte sind Wintergetreide und Winterraps. Als Zwischenfrucht erfolgt die Aussaat als Stoppelsaat Mitte Juli bis Anfang August, damit die Wurzeln noch bis in tiefere Schichten vordringen können.

Wenn Landwirte die Pflanzen als Körnerfutter oder für die menschliche Ernährung anbauen, sollen sie kein selbst geerntetes, sondern nur kontrolliertes Saatgut verwenden. Der Alkaloidgehalt der Lupinen wird dominant vererbt, Fremdbestäubung auf den Feldern könnte zu bitterstoffreichen Pflanzen führen.

Ökologische Bedeutung

Lupinen bilden nur wenig Nektar und sind für Bienen und Hummeln in erster Linie wegen des Pollens interessant (Nektarwert 1, Pollenwert 2). Landet ein ausreichend schweres Insekt auf der Blüte, drückt es das Schiffchen nach unten, sodass der Pollen wie bei einer Nudelspritze aus dessen Spitze quillt. Die Arten verwildern nur vereinzelt und unbeständig.

Weitere Art

Die **Vielblättrige oder Stauden-Lupine** (*Lupinus polyphyllus*) wächst als Staude und blüht meist blau. Sie stammt aus Nordamerika, wurde erst 1829 nach England eingeführt und war ab 1837 auch in Deutschland erhältlich. In der Folge breitete sie sich als Zierpflanze, zur Befestigung von Böschungen, als Wildfutter und als ertragssteigernde Untersaat in Aufforstungen aus. Gelegentlich ist sie in mehrjährigen Gemengen für Grünbrache enthalten. Heute ist sie bei uns eingebürgert. Sie gilt als invasive Art, da sie besonders in Mittelgebirgen mit silikatischem Untergrund auf nährstoffarmen, geschützten Wiesen und Rasen die Pflanzenbestände verändert und gefährdete Arten verdrängt.

Früchte und Samen von Schmalblättiger Lupine (unten) und Weißer Lupine (oben)

Vielblättrige Lupine

Luzerne, Saat-Luzerne

Medicago sativa agg.

Beschreibung und Herkunft

Unter der Artengruppe *Medicago sativa* agg. werden die **Echte Luzerne** (*M. sativa* s. str.) und die **Bastard-Luzerne** oder **Bunte Luzerne** (*M.* × *varia*) zusammengefasst. Bei der Echten Luzerne handelt es sich um eine in Kultur entstandene Art, an der wohl die Kleinfrüchtige Luzerne (*M. microcarpa*) und die Sichel-Luzerne (*M. falcata*) beteiligt waren. Bastard-Luzernen sind Rückkreuzungen von Echter Luzerne mit der Sichel-Luzerne.

Die mehrjährigen Pflanzen werden bis über 1 m hoch. Sie bilden verzweigte, kahle Stängel mit

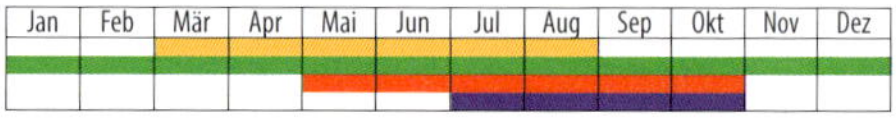

Typisch eingedrehte Früchte

Echte Luzerne blühend

dreizähligen Blättern. Die Blättchen sind fein gezähnt und besitzen eine Stachelspitze, das Endblättchen ist gestielt. Die Blüten stehen zu 5–25 in dichten, kopfigen Trauben. Bei der Echten Luzerne sind sie blau oder violett. Bei der Bastard-Luzerne tauchen unterschiedlichste Blau- und Violetttöne auf, die Kronen können aber auch weiß- bis grüngelb, türkisgrün oder braun sein. Die Farbe gibt die Nähe der Verwandtschaft zur Echten oder zur Sichel-Luzerne an. Die Hülsen sind in ¾ bis 3 Windungen schneckenförmig gewunden, der Durchmesser der Schnecken beträgt 3–6 mm. Die Samen sind gelb, oval bis nierenförmig. Sie bleiben im Boden bis über 20 Jahre keimfähig.

Bastard-Luzerne blühend

Entwicklung und Standortansprüche

Die Pflanzen entwickeln sich in der Jugend recht langsam, erst im 2. Anbaujahr wachsen sie kräftiger. Sie bilden eine bis 3 m tief in den Boden reichende Pfahlwurzel. Die meisten Seitenwurzeln entstehen in 30–50 cm Tiefe. Luzerne kann auch in trockenen Gebieten angebaut werden, bevorzugt aber tiefgründige, durchlässige, warme Standorte. Sie ist frosthart bis -20 °C. Damit sie eine gute Winterfestigkeit aufweist, sollte sie einmal im Jahr zur Blüte kommen und nach der letzten Ernte im Jahr mindestens handhoch in den Winter gehen.

Herkunft und Geschichte als Nutzpflanze

Ursprünglich entwickelte sich die Echte Luzerne wohl in Zusammenhang mit der Pferdezucht im Nahen und Mittleren Osten. Schon in der Antike bauten die Reitervölker der Steppengebiete Vorderasiens diese Pflanze an. Sie gilt als die älteste ausschließlich als Futterpflanze kultivierte Nutzpflanze. Parallel dazu wie Pferde in Kriegen wichtiger wurden, spielte auch der Luzerneanbau eine zunehmende Rolle. Ab dem 5. Jh. v. Chr. war die Pflanze den alten Griechen, spätestens ab dem 2. Jh. auch den Römern bekannt. In Mitteleuropa ist sie jedoch erst seit dem 17. Jh. nachweisbar. Besonders ab Mitte des 18. Jh. nahmen Bauern sie hier regelmäßig in die Fruchtfolgen auf. Sie nutzten aus, dass die Pflanzen sowohl Futter liefern als auch den Boden düngen. Ab Mitte des 20. Jh. nahm jedoch ihr Anbau stark ab, da vermehrt Futtergräser angebaut wurden. Neuerdings steigt das Interesse jedoch wieder.

Nutzung

Luzerne gilt als „Königin der Futterpflanzen", also als sehr wertvolle und ertragreiche Art. Sie enthält bis zu 20 % Eiweiß und reichlich Mineralstoffe. Sie kann als Heu, Trockengrün, Silage oder frisch verfüttert werden, besonders hoch ist der Futterwert im frischen Zustand. Luzerne ist schmackhaft für das Vieh und gut verdaulich.

Auch zur Gründüngung eignet sie sich sehr gut, besonders als Mischungspartner in Gemengen. Sie gilt als ausgezeichnete Vorfrucht, die den Untergrund erschließt, Stickstoff bindet und die bodenbiologische Aktivität fördert.

Besonders viel Stickstoff wird fixiert, wenn der Aufwuchs geschnitten und abgefahren wird. Bleibt er dagegen als Mulch auf dem Feld, verringern die Knöllchenbakterien ihre Tätigkeit. Wird Luzerne oder „Luzernegras" – also ein Gemenge von Luzerne und Grasarten wie Wiesenschwingel, Glatthafer, Wiesen-Knäuelgras oder Lieschgras – nicht als Futter genutzt, können Landwirte

Luzernefeld

das Schnittmaterial auch als Mulch auf andere Felder ausbringen und diese so düngen.

Außerdem kann Luzerneschnitt in Biogasanlagen einsetzt werden. Die Luzerne ist dabei ähnlich ertragreich wie Mais, weist aber eine bessere Energiebilanz auf, da sie ohne synthetischen Dünger wächst. Auch Luzernegras ist als Biogassubstrat geeignet.

Die Pflanzen stellen wertvolle Mischungspartner für Wildacker- und Blühmischungen dar. Sie liefern reichlich Nektar, aber auch Pollen (Nektarwert 3, Pollenwert 1).

Im Lebensmittelhandel spielt Luzerne nur eine untergeordnete Rolle: Ihre Sprossen (Alfalfa-Sprossen) schmecken herb-nussig und eignen sich als Frischkost. Die Samen werden hierzu jedoch nicht auf Feldern ausgesät, sondern ohne Erde gezogen.

Kultur und Ernte

Bei fast allen auf den Feldern wachsenden Luzernepflanzen handelt es sich um die Bastard-Luzerne. Landwirte bauen sie in Monokultur oder im Gemenge an. Bei den Mischungen handelt es sich oft um Luzernegras. Bewährt hat sich ein zwei- oder mehrjähriger Anbau. Um die Kultur anzulegen, ist eine Untersaat im Sommergetreide, z. B. Roggen, oder auch eine Stoppelsaat möglich. Im 1. Anbaujahr erfüllt die Luzerne oft die Funktion einer Zwischenfrucht, in den Folgejahren wird sie zur Hauptfrucht.

Luzerne wächst nach dem Schnitt gut nach und kann so mehrmals geerntet werden („Ewiger Klee“). Damit werden gute Erträge erzielt. Nachdem ihre Stängel verholzen, erfolgt der Schnitt meist vor der Blüte. Nach der Mahd kann sie bereits nach 6–7 Wochen wieder blühen. Wird 3–4-mal im Jahr geschnitten, bleiben die Bestände drei Jahre lang ertragreich. Seit einiger Zeit wird Luzerne auch auf Dauergrünland und auf Weiden als Beisaat ausgebracht, um das Futter dort mit Eiweiß anzureichern. Sie hat sich dabei als trittunempfindlich erwiesen.

Auch viehlose Betriebe im Ökolandbau haben in den Fruchtfolgen in der Regel einen überjährigen oder zweijährigen Anbau von Futterleguminosen mit Rot-Klee, Weiß-Klee oder Luzerne integriert. Dies dient nicht nur der Stickstoffversorgung der Böden und fördert das Bodenleben, sondern hilft auch, einjährige Samenunkräuter und ausdauernde Wurzelunkräuter zu verringern. Die Luzerne spielt in der Fruchtfolge besonders

Klee-Gitterspanner (*Chiasmia clathrata*): Seine Raupen fressen bevorzugt an Luzerne.

dann eine wichtige Rolle, wenn Acker-Kratzdisteln ein Problem darstellen: Sie bildet ähnlich tiefe Wurzeln wie diese und konkurriert um Wasser und Nährstoffe. Außerdem stört das mehrmalige Schneiden die Disteln und die Nachfrüchte wachsen durch die Stickstoffanreicherung der Luzerne besonders kräftig.

In der Fruchtfolge ist Luzerne mit sich selbst und mit anderen Leguminosen nur wenig verträglich. Auch wegen Krankheiten wie Luzernewelke (durch den Pilz *Verticillium albo-atratum*) oder Kleekrebs (durch den Pilz *Sclerotinia trifoliorum*) sollten Landwirte eine Anbaupause von 4–5 Jahren einhalten.

Ökologische Bedeutung

In Mitteleuropa taucht die Pflanze als Neophyt häufig an Wegrändern und auf Trockenwiesen auf. Wissenschaftler beobachteten über 120 verschiedene Wildbienenarten, die die Blüten als Nektar- oder Pollenquelle nutzen, darunter 17 verschiedene Hummelarten. Schmetterlinge wie Weißlinge, Dickkopffalter und Bläulinge tanken Nektar in den Luzerneblüten: Die Pflanzen gehören auch zum Futterspektrum einiger Schmetterlingsraupen, etwa dem Hauhechel-Bläuling (*Polyommatus icarus*) und dem Kurzschwänzigen Bläuling (*Everes argiades*).

Luzerne, Luzernegras oder Untersaaten mit Luzerne können Feldvögeln Lebensraum bieten.

Weitere Art

Die **Sichel-Luzerne** (*Medicago falcata*), auch Sichelklee genannt, hat gelbe Blüten. Ihre 8–15 mm langen Hülsen sind gerade oder sichelförmig gekrümmt. Sie ist in Mitteleuropa heimisch und kommt besonders an sonnigen Gebüschsäumen in Kalkgebieten vor, wird aber nicht angebaut.

Sichel-Luzerne

Futter-Esparsette, Saat-Esparsette

Onobrychis viciifolia

Beschreibung,

Die mehrjährige bis ausdauernde Staude wird bis 1 m hoch. Ihre Blätter sind unpaarig gefiedert mit 13–25 länglichen Blättchen. Die Blüten bilden dichte, langgestielte Trauben. Ihre Krone ist 10–14 mm lang, rosa und dunkler geadert. Die einsamigen Hülsen sind eiförmig, abgeflacht und 6–8 mm lang. Sie besitzen gezähnte Netzleisten und einen Kamm aus 4–7 bis zu 1 mm langen Stacheln.

Entwicklung und Standortansprüche

In der Jugend wächst die Pflanze nur langsam, ab dem 2. Jahr bestockt sie sehr gut. Die Pflanze ist sehr frosthart und ein Rohbodenpionier auf kalkreichem Untergrund. Sie durchwurzelt den Boden gut und erreicht mit einer kräftigen Pfahlwurzel selbst Feuchtigkeit in bis zu 4 m Tiefe, sogar auf felsigem Boden („Felsensprenger“). So eignet sie sich auch für trockene Böden, reagiert aber empfindlich auf Schatten und Feuchtigkeit. Im Vergleich zu Luzerne ist sie insgesamt anspruchsloser.

Herkunft und Geschichte als Nutzpflanze

Ursprünglich stammt die Esparsette aus dem östlichen Mittelmeerraum und Kleinasien. Im 16. Jh. nahmen die Franzosen sie als eiweißreiche Futterpflanze in Kultur, rasch breitete sie sich in ganz Europa aus. Im 18. Jh. baute man sie in Deutschland besonders auf Schwäbischer und Fränkischer Alb und in Thüringen an. Wildvorkommen bei uns gehen meist auf früheren Anbau zurück. Heute ist die Futter-Esparsette durch ertragsstärkere Futterpflanzen wie Mais, Weidelgras, Luzerne und Rot-Klee in den Hintergrund geraten.

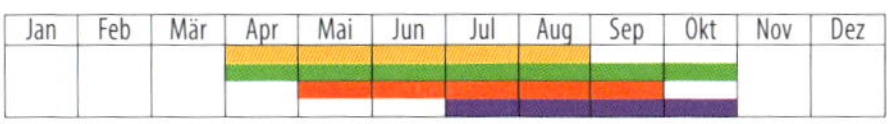

Nutzung

Die Esparsette gilt als gute und schmackhafte Futterpflanze für Pferde und Rinder. Sowohl Grünschnitt als auch Trockengrün besitzen einen hohen Futterwert, sind bekömmlich und sehr eiweißreich. Da die Pflanzen reichlich kondensierte Tannine (Catechin-Gerbstoffe) enthalten, können sie entblähend und wurmtreibend wirken.

Blütentraube

Manchmal wird Esparsette deshalb als „Gesundheu“ angepriesen.

Da die Tannine im Rinderpansen die Schaumbildung bei der Verdauung stoppen, haben Forscher untersucht, ob ein Zusatz von Esparsetten bei der Vergärung in Biogasanlagen die lästige Schaumbildung unterbinden kann. Sie konnten zwar keine schaumvermeidende Wirkung feststellen, doch trugen die Pflanzen als Co-Substrat dazu bei, den Biogasprozess zu stabilisieren. Bisher spielt die Esparsette als Substrat für die Biogasgewinnung noch keine wesentliche Rolle. Ein Anteil von 10 % im Substratgemisch wäre jedoch möglich.

Sowohl für Gründüngung als auch Grünbrache eignet sich die Esparsette mit ihrer guten Durchwurzelung und der Stickstoffanreicherung sehr gut.

Oft ist die Pflanze in Gemengen für die Wildäsung enthalten. Rehe, Hirsche, Hasen, Kaninchen, Fasane und Rebhühner fressen an ihr von April bis Oktober. Imker schätzen sie als ergiebige Trachtpflanze, sie ist deshalb in verschiedenen Blühmischungen enthalten. An Böschungen wird Esparsette häufig auch als Erosionsschutz ausgesät.

Kultur und Ernte

Esparsette ist nicht nur morphologisch in ihren Merkmalen sehr variabel, sondern auch im Verhalten: Einschnittige Esparsette blüht erstmals im 2. Jahr und nur einmal pro Jahr. Sie eignet sich für den Reinanbau. Mehrschnittige Esparsetten ermöglichen bis zu 4 Schnitte im Jahr. Sie bilden schon im 1. Jahr Blüten sowie mit jedem Nachtrieb. Sie werden meist im Gemenge mit anderen Futterpflanzen wie Gräsern und anderen Schmetterlingsblütlern ausgesät. Der Schnitt darf nicht zu tief angesetzt werden, da sonst das Wachstum der Pflanzen geschwächt wird. Die Kultur erfolgt meist für einen Zeitraum von 2–7 Jahren. In der Fruchtfolge schätzen Landwirte die Art als sehr gute Vorfrucht, die Stickstoff sammelt und die Humusbildung fördert.

Ökologische Bedeutung

Esparsetten stellen eine ideale Bienenweide dar. An ihren Blüten wurden über 25 verschiedene Wildbienenarten beobachtet. Die Esparsetten-Sägehornbiene (*Melitta dimidiata*) ist auf sie angewiesen, weitere Arten leben oligolektisch von Schmetterlingsblütlern oder polylektisch. Der reichlich gebildete Nektar ist auch für kurzrüsselige nektarsuchende Insekten wie die Honigbiene erreichbar (Nektarwert 4, Pollenwert 4). Auch Schmetterlinge und Schwebfliegen besuchen die Blüten.

Dichter Bestand, zusammen mit Wiesen-Salbei (*Salvia pratensis*)

Echte Serradella, Großer Vogelfuß

Ornithopus sativus

Die Heimat dieser sommerannuellen Art liegt im westlichen Mittelmeerraum. Mitte des 19. Jh. gelangte sie von Portugal nach Deutschland und wurde als „Klee des Sandes“ besonders von kleineren Betrieben auf ärmeren Böden zur Futtergewinnung sowie als Vorfrucht vor Roggen oder im Gemenge mit diesem angepflanzt.

Die Pflanze bildet eine kräftige, lange Pfahlwurzel und stark verzweigte Faserwurzeln. Ihre Stängel werden 30–100 cm lang. Die zottig behaarten Blätter setzen sich aus 9–37 stachelspitzen, um 10 mm langen Blättchen zusammen. Die Dolden mit je 2–6 hellrosa bis weißen, 5–9 mm langen Blüten überragen meist ihr Tragblatt. Die Hülsenfrüchte erinnern an Vogelkrallen: Sie sind gerade oder schwach sichelförmig gebogen und zwischen den meist 4–6 Samen eingeschnürt.

Serradella bevorzugt tiefgründige Sandböden mit wenig Humusauflage und kommt gut mit kalkarmen, sauren Böden zurecht. Am besten entwickelt sie sich an sonnigen bis halbschattigen, kühleren Standorten. Für die Kultur ist auch heute noch besonders interessant, dass sie auf Böden wächst, die sich nur für wenige andere Futterpflanzen eignen und selbst bei niedrigen Temperaturen noch gut gedeiht. Sie ist in vielen Gemengen enthalten. Für Viehfutter kann die Pflanze mehrmals geschnitten oder beweidet werden. Als Gründüngungspflanze bindet sie Stickstoff, gleichzeitig lockert das dichte, feine Wurzelsystem den Boden und trägt so zur Bodenverbesserung bei. In Reinkultur verwenden Landwirte sie meistens als Zwischenfrucht zwischen Hackfrüchten und Getreide. Reinkulturen zur Gründüngung werden meist während der Blütezeit gemäht und nach Anwelken in den Boden eingearbeitet. Auch eine Aussaat unter einer Deckfrucht ist möglich. Bleibt die Pflanze im Herbst auf dem Acker, stirbt sie bei Frost unter -5 °C ab und kann im folgenden Frühjahr untergepflügt werden. Auf Wildäckern schätzen Jäger die Pflanze, da ihr hoher Eiweißgehalt Rotwild dabei hilft, ausreichend Fettreserven anzufressen. So gestärkte Tiere nagen im Winter weniger Rinde von Bäumen und Sträuchern. Für Bienen liefert die Pflanze zwar Nektar und Pollen, wird aber in Blühflächen kaum angeflogen (Nektarwert 2, Pollenwert 2). Besonders in Niedersachsen und Sachsen-Anhalt wächst die Art vereinzelt als unbeständiger Neophyt.

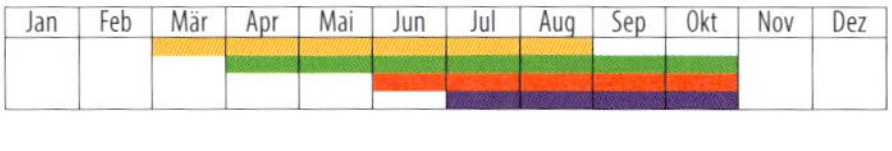

Busch-Bohne

Phaseolus vulgaris var. *nanus*

Beschreibung

Die sommerannuelle Pflanze wächst buschig ohne Stütze etwa 20–40 cm hoch. Sie hat dreizählige, lang gestielte Blätter mit breit-eiförmigen Blättchen. Die Blüten stehen in kurzen Trauben. Sie sind 1–2 cm lang und weiß bis cremefarben. Die Hülsen werden bis über 15 cm lang und sind je nach Sorte grün, gelb, violettblau oder marmoriert.

Entwicklung und Standortansprüche

Für Busch-Bohnen eignen sich mittelschwere, lockere, gut durchlüftete Böden mit guter Humusversorgung besonders gut. Die Pflanzen brauchen viel Wärme, schon bei 2 °C können Kälteschäden auftreten. Bei der Saat sollte der Boden mindestens 12 °C warm sein, die epigäische Keimung des Dunkelkeimers erfolgt ab 10 °C. Sie dauert bei 15 °C etwa 20 Tage, bei 25 °C dagegen nur 7 Tage. Für das weitere Wachstum sind mindestens 8–9 °C erforderlich, die optimale Kulturtemperatur liegt bei etwa 22 °C. Ist es nass und kalt, stellen die Pflanzen ihr Wachstum ein. Für einen guten Ansatz ist ausreichend Wasser während der Blüte und dem Fruchtansatz erforderlich. Die Kulturdauer beträgt 60–70 Tage. Die Pflanzen wurzeln tief und bilden ein weit verzweigtes Wurzelsystem. Die Blüten entwickeln sich unabhängig von der Tageslänge. Sie bestäuben sich meist selbst, noch bevor sie sich öffnen. Busch-Bohnen reagierten empfindlich auf Wind und sind anfällig gegenüber Blattläusen.

Blühend und fruchtend

Herkunft und Geschichte als Nutzpflanze

Busch-Bohnen gehören zu den Garten-Bohnen (*Phaseolus vulgaris*). Diese sind nur aus Kultur bekannt und stammen wohl von der in den Anden heimischen Wildart *Phaseolus aborigineus* ab. Die ältesten archäologischen Nachweise einer Kultur durch indigene Völker stammen von rund 4000 v. Chr., also später als Mais und Kürbis. In Mittelamerika tauchen Bohnenkulturen um 3000 v. Chr. auf. Oft wurden Stangen-Bohnen (*Phaseolus vulgaris* var. *vulgaris*) zusammen mit Mais und Kürbis angepflanzt (vgl. S. 317). Im 16. Jh. gelangten Gartenbohnen nach Europa und verbreiteten sich rasch als Alternative zur Acker-

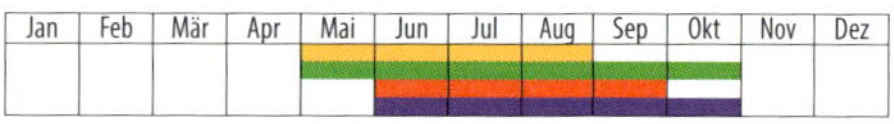

bohne (S. 225). Heute gibt es viele Sorten mit unterschiedlichen Hülsenformen und Reifezeiten.

Nutzung

Die unreif geernteten Hülsen gehören zu den typischen Sommergemüsen. Sie kommen frisch auf den Markt oder werden zu Tiefkühlware oder Konserven verarbeitet. Sie dürfen nicht roh verzehrt werden. Die in ihnen enthaltenen giftigen Lektine (besonders Phasin) zersetzen sich jedoch beim Erhitzen. 100 g Bohnen decken ein Drittel des täglichen Bedarfs an Provitamin A und ein Viertel des Bedarfs an Vitamin C. Außerdem enthalten sie reichlich Mineralstoffe wie Kalium und Eisen, Eiweiß, Folsäure und Ballaststoffe.

Kultur und Ernte

Der Landwirt sät die großen Samen einzeln oder zu 5–10 in Horsten etwa von Mitte Mai bis Ende Juli, mit Vliesauflage evtl. bereits früher. Busch-Bohnen können auch vorgekeimt und ausgepflanzt werden. Unkräuter müssen regelmäßig bekämpft werden. Auf leichten Böden oder bei Trockenheit ist oft Bewässerung notwendig. Erstmals für Bohnen genutzte Flächen können mit *Rhizobium*-Bakterien beimpft werden. Die Ernte beginnt etwa 14–21 Tage nach der Hauptblüte, sobald die Hülsen in der Größe ausgewachsen sind. Von einem Bestand wird meist über einen Zeitraum von 8–14 Tagen geerntet. Dies erfolgt von Hand oder mit Vollerntern. Bei entsprechend versetzten Saatzeiten (etwa 14-tägiger Abstand) gibt es ab der zweiten Junihälfte bis Mitte Oktober frische Bohnen.

Um den Befall von Blattläusen zu vermindern, kommen nicht nur konventionelle Maßnahmen in Frage. Neben Wildpflanzen in der Nähe können z. B. auch Streifen von Luzerne (S. 196) im Bohnenfeld die Populationsdichte von blattläusefressenden Nützlingen wie Marienkäfern erhöhen.

Als Vorfrucht hat sich Getreide bewährt. Bohnen hinterlassen einen stickstoffreichen, unkrautarmen und gut durchlüfteten Boden. Als Nachfrucht wächst oft Wintergetreide. Hat der Landwirt die Bohnen früh angebaut, können ihnen im Gemüsebau Zweitkulturen wie Salat, Blumen-Kohl, Knollen-Fenchel oder Lauch folgen. Zur nächsten Bohnenkultur und zu anderen Leguminosen sollte eine Anbaupause von 3–5 Jahren eingelegt werden.

Ökologische Bedeutung

Nur kräftige Hummeln können die Blüten öffnen und an Nektar und Honig gelangen.

Anbau

Erbse

Pisum sativum

Beschreibung

Die kultivierte Erbse wächst sommerannuell und bildet eine bis 80 cm tief reichende, spindelförmige Pfahlwurzel. Der meist unverzweigte, kahle, je nach Sorte 20–160 cm lange Stängel trägt bläulich grüne, paarig gefiederte Blätter mit verzweigten Ranken. Je nach Form können unterschiedlich viele der bis zu 3 Fiederpaare zu Ranken umgebildet sein, mit denen sich die Pflanze festhält. Die Nebenblätter sind größer als die untersten Blättchen. Die duftenden, bis 3 cm langen Blüten stehen in wenigblütigen Trauben und können sich selbst bestäuben. Die sich nicht von selbst öffnenden Hülsen werden 5–10 cm lang und enthalten bis zu 10 Samen.

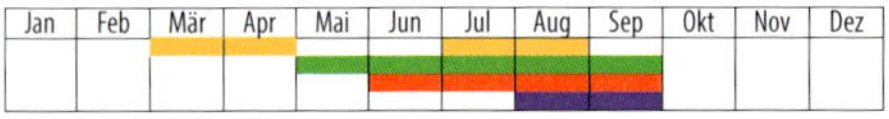

Von den Erbsen existieren verschiedene Formen:

Acker-Erbse, Futter-Erbse, Feld-Erbse, Peluschke (*Pisum sativum* convar. *speciosum, Pisum*

Acker-Erbse mit violetten Blüten und gefiederten Blättchen

Saat-Erbse mit weißen Blüten und zu Ranken umgebildeten Blättchen

Acker-Erbse im Gemenge mit Triticale

Saat-Erbse

sativum ssp. *arvense*): Die Pflanzen werden bis über 1 m hoch und blühen violett-rot. Ihre Körner sind dunkel gefärbt. Die Blätter setzen sich aus großen Nebenblättern mit einem violetten Fleck am Grund, einigen Blättchen und endständiger Ranke zusammen.

Saat-Erbse, Körner-Erbse, Speise-Erbse (*Pisum sativum* convar. *sativum*): Die Pflanzen haben weiße Blüten. Ihre Hülsen sind hartschalig, grün oder blau und weisen eine zähe, pergamentartige Innenhaut auf. Die Samen sind reif gelb oder grün gefärbt, meist glatt und rund. Die Nebenblätter haben keine Flecken. Die meisten in der Landwirtschaft genutzten Sorten gehören zum sog. halbblattlosen Wuchstyp: Bei ihnen sind nur die großen, halbkreisförmigen Nebenblätter flächig entwickelt, alle Blättchen dagegen zu Ranken umgebildet. Die Pflanzen bleiben in der Regel niedriger als 1 m.

Mark-Erbse (*Pisum sativum* convar. *medullare*): Im Gegensatz zu den Saat-Erbsen sind bei diesen die reifen Samen meist größer, kantig und runzelig oder geschrumpft.

Zucker-Erbse, Kefen (*Pisum sativum* convar. *axiphium*): Im Unterschied zu den vorgenannten Formen bildet die Innenwand der Hülse keine zähe Innenhaut.

Entwicklung und Standortansprüche

Die meisten Kulturformen entwickeln sich am besten in trocken-warmem Klima auf tiefgründigen, humusreichen Lehm- und Lössböden mit gleichmäßiger Nährstoff- und Wasserversorgung. Die Pflanzen benötigen weniger Wasser als Ackerbohnen. Die Samen dieses Dunkelkeimers keimen hypogäisch, bereits bei Temperaturen von 1–2° C. Jungpflanzen ertragen Frost bis -7 °C, kurzfristig sogar noch kälter. Je nach Sorte kann bei Temperaturen zwischen -7 und 4 °C eine Vernalisation stattfinden, dann wachsen die Pflanzen weniger hoch und blühen früher. Die Vegetationsdauer beträgt bei den modernen Sorten 115–125 Tage. Im Winter frieren alle Erbsen sicher ab. In den Alpen können Erbsen bis in Höhen von 2000 m wachsen.

Herkunft und Geschichte als Nutzpflanze

Die Erbse gilt zusammen mit der Linse als die älteste genutzte Leguminose und eine der ältesten kultivierten Gemüsearten. Archäologische Funde datieren auf die Zeit um 7000 v. Chr. oder noch älter. Mittels genetischen Untersuchungen fanden Wissenschaftler heraus, dass die Kulturformen der Erbsen ihren Ursprung im Gebiet des Fruchtbaren Halbmonds in Westasien haben. Sie stammen von der Wildform *Pisum sativum* ssp. *humile* ab, die sich selbst öffnende Hülsen und kleinere Samen mit rauer, dicker Samenschale hat. Erbsen kamen bereits mit der ersten Ackerbaukultur, der Bandkeramikkultur der Jungsteinzeit (ab 5500 v. Chr.), zusammen mit Linsen, Einkorn, Emmer und Gerste über den Balkan nach Mitteleuropa. Vom 2. Jahrtausend v. Chr. bis in die Eisenzeit ernährte sie überall in Europa Menschen und Tiere. In dieser Zeit nahm die Samengröße deutlich zu. Auch die alten Griechen und Römer bauten Erbsen an. Im Mittelalter standen Erbsen in großem Umfang in Gärten und auf den Feldern. Hellsamige Erbsen waren ab dem 13. Jh. bekannt. Die Kräuterbücher des 16. Jh. beschreiben weißblütige, kleine Felderbsen und rotblühende, große Gartenerbsen.

Trockenerbsen: grün ungeschält, grün geschält und halbiert, gelb geschält

Damals waren Erbsen das am meisten gegessene Gemüse. Ab Mitte des 19. Jh. entwickelte sich die Erbse insgesamt zur bedeutendsten Hülsenfrucht Mitteleuropas.

Nutzung

Landwirte bauen die verschiedenen Erbsenformen zu unterschiedlichen Zwecken an:

Die **Acker-Erbse** bildet nur verhältnismäßig wenige Körner, deren Ernte schwierig ist, da die Pflanzen stark zum Lagern neigen. Sie dient deshalb hauptsächlich als Grünfutter, zur Silage, als Heu oder zur Gründüngung.

Saat-Erbsen liefern nährstoffreiche Trockenerbsen. Die Samen enthalten meist 18–28 % Eiweiß und bis zu 58 % Kohlenhydrate, die hauptsächlich als Stärke vorliegen. In Deutschland gehören Saat-Erbsen zu den wichtigsten proteinliefernden Pflanzen, besonders als Eiweißfutter für Vieh oder Geflügel oder Trockenspeiseerbsen für die menschliche Ernährung. Trockenspeiseerbsen kommen meist geschält in den Handel. Ohne die unverdauliche Samenschale lösen die Samen weniger Blähungen aus, enthalten aber weniger Ballaststoffe. Trockenerbsen werden beim Kochen durch ihren Stärkegehalt weich. Aus den noch unreif geernteten Hülsen der Saat-Erbsen lassen sich zarte, grüne Samen schälen (Palerbsen, Schalerbsen). Sie schmecken etwas mehlig.

Bei den Saat-Erbsen gibt es auch besonders eiweißreiche Sorten, bei denen der Proteingehalt der Samen auf bis zu 42 % erhöht ist. Solche Eiweißerbsen sind auch als nachwachsender Rohstoff interessant. Ihre Eiweiße lassen sich z. B. für Etikettierklebstoffe, Bindemittel für Sperrholzplatten, Kapseln für Arzneimittel, biologisch abbaubare Werkstoffe und Waschmittel verwenden.

Mark- und Zucker-Erbsen schmecken süß, da ihre Kohlenhydrate hauptsächlich als Zucker vorliegen. Aus Mark-Erbsen werden hauptsächlich Tiefkühlerbsen und Konserven hergestellt. Als Trockenerbsen eigenen sie sich nicht, da sie zu wenig Stärke enthalten und deshalb beim Kochen nicht weich werden. Bei Zucker-Erbsen werden meist die ganzen Hülsen mit den unreifen Samen als Gemüse verzehrt. Als nachwachsender Rohstoff stoßen seit neuerer Zeit amylosehaltige Mark-Erbsen auf Interesse. Sie enthalten über 55 % Amylose in der Stärke. Diese eignet sich besonders zur Herstellung von vollständig biologisch abbaubaren, elastischen Verpackungsfolien.

Erbsenstroh und Dreschrückstände dienen als wertvolles Viehfutter.

Erbsen sind gelegentlich auch in Bienenweidemischungen enthalten (Nektarwert 1, Pollenwert 1).

Kultur und Ernte

Während Erbsen in England und im Mittelmeerraum fast nur als Winterfrucht kultiviert werden, wachsen sie bei uns hauptsächlich sommerannuell.

Saat-Erbsen werden meist als Hauptkultur in Monokultur ausgesät, können aber auch als Zwischenfrucht genutzt werden. Auch ein Anbau im Gemenge mit Ackerbohnen, die dann als Stützfrucht wirken, ist möglich. Die Aussaat als Hauptfrucht erfolgt ab März, als Zwischenfrucht im Juli oder Anfang August. Die Saat im Frühjahr kann als Mulchsaat erfolgen. Der Drusch der Körner erfolgt meist noch vor der Weizenernte im Juli oder Anfang August, sobald der Bestand abgestorben und die Hülsen ledrig und trocken sind.

Acker-Erbsen eignen sich besonders für den Anbau als Zwischenfrucht und im Gemenge. Als Partner kommen z. B. Getreide, Ackerbohne, Lupine, Leindotter, Phazelie und Weißer Senf in Frage. Diese können die Standfestigkeit der Erbsen erhöhen und Unkräuter unterdrücken. Dem Landwirt stehen auch Winterfuttererbsen zur Verfügung, die bis Oktober ausgesät werden können und z. B. für Mischungen mit Winterroggen oder Triticale passen.

In der Fruchtfolge steht meist Getreide, Raps oder Zucker-Rübe als Vorfrucht zur Erbse, nach der Erbse entwickelt sich Getreide sehr gut. Zwischen Erbsenkulturen soll eine Anbaupause von 4–6 Jahren liegen. Außerdem sollte ein genügend großer Abstand zu anderen Leguminosen eingehalten werden.

Erbsen fixieren mit ihren Wurzelknöllchen reichlich Stickstoff, doch wird das meiste davon bei der Ernte der Körner vom Feld abgefahren. Die Menge an Stickstoff, die in den Körnern gebunden ist, kann bis zu 200 kg pro Hektar betragen. Bleibt Erbsenstroh auf den Feldern, kann dieses bei älteren Sorten noch eine Menge von 20–80 kg Stickstoff pro Hektar für die Folgefrucht zur Verfügung stellen. Heutige Sorten dagegen führen kaum mehr zu einem Stickstoffeintrag auf der Fläche, doch hinterlassen die Pflanzen gut zersetzbare Ernte- und Wurzelrückstände.

Die blattlosen Sorten der Acker-Erbse vereinen mehrere positive Eigenschaften, die ihren Anbau erleichtern: Sie wachsen sehr stabil, stützen sich mit den vielen Ranken gegenseitig und lassen sich gut dreschen. Ihre geringe Blattoberfläche senkt die Verdunstung, sodass sie weniger Wasser benötigen als beblätterte Sorten. Gleichzeitig kann die Luft gut zwischen den Pflanzen zirkulieren, sodass sie nach Regen gut abtrocknen. Nützlinge gelangen gut an Läuse auf den Pflanzen.

Ökologische Bedeutung

Die auflaufenden Erbsen locken häufig Krähen, Tauben und Fasane auf die Felder. Erbsen unterdrücken spätkeimende Ackerwildkräuter nur wenig. Was für den Landwirt von Nachteil ist, kann zum Erhalt der Vielfalt auf den Äckern beitragen. Jedoch werden auch Wurzelunkräuter wie Gewöhnliche Quecke und Acker-Kratzdistel kaum am Aufwuchs behindert. Im ökologischen Landbau wird deshalb empfohlen, als Vor- und Nachfrüchte solche mit stark unkrautunterdrückenden Eigenschaften auszuwählen. Die Pflanze dient als Nahrung für zahlreiche pflanzenfressende Insektenarten.

Zucker-Erbsen

Alexandriner-Klee, Ägyptischer Klee

Trifolium alexandrinum

Beschreibung

Die bis zu 1 m hohe, sommerannuelle Pflanze erinnert im Erscheinungsbild etwas an Luzerne (S. 196). Sie bildet eine bis 80 cm tiefe Pfahlwurzel mit zahlreichen Seitenwurzeln. Ihre hohlen, aufrechten bis niederliegenden Stängel sind reich verzweigt und können an den Knoten wurzeln. Sie tragen wechselständige, oben gegenständige dreizählige Blätter. Die bis 3 cm langen Blättchen sind länglich-lanzettlich und fast ganzrandig, die Nebenblätter auffällig gestreift und spitz. Die weißen bis gelblichweißen Schmetterlingsblüten öffnen sich etwas später als die des Persischen Klees (S. 223). Sie haben eine dicht behaarte Kelchröhre und stehen in 1–2 cm langen, dichten, endständigen Köpfchen.

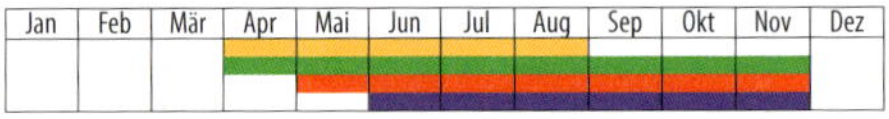

Standortansprüche

Die Art bevorzugt Mittelmeerklima. Sie ist frostempfindlich und benötigt besonders im Jugendstadium Wärme. Es handelt sich um einen Trockenkeimer. Um sich gut zu entwickeln, brauchen die Pflanzen regelmäßige, reichliche Niederschläge und einen leichten bis mittelschweren, nicht sauren Boden.

Herkunft und Geschichte als Nutzpflanze

Dieser Klee stammt wahrscheinlich aus dem östlichen Mittelmeergebiet und Vorderasien, ist jedoch auch dort nur aus Kultur bekannt. Schon die alten Ägypter kultivierten ihn in den Überschwemmungsgebieten des Nils als Futterpflanze für ihr Vieh sowie auf Baumwollfeldern zur Grün-

Blühend

Fruchtstand

düngung. Auch im Nahen Osten und in Indien gehört er schon lange zu den wichtigen Kulturpflanzen. Heute ist er in vielen Gebieten der Erde eingeführt. Nach Deutschland kam er erstmals in den 1950er-Jahren. Landwirte säten ihn zuerst als „Lückenbüßer" auf Felder mit ausgewintertem Rot-Klee, doch bald auch als Ersatz für diesen.

Nutzung

Heute steht die Art auf Feldern und Wildäckern und in Blühstreifen. Alle Nutztiere fressen sie gerne als Grünfutter, seltener wird sie für Silage oder als Heu genutzt. Der Futterwert sowie der Eiweißgehalt sind sehr hoch. Zur Gründüngung und Kurzbrache eignet sich der im Winter sicher abfrierende Klee ebenfalls sehr gut. Auf Wildäckern liefert die Pflanze im Sommer und Herbst für Schalenwild und Hasen wertvolles Futter und bietet Niederwild auch gute Deckung. Imker schätzen sie als gute Bienenweide. Kleehonig kristallisiert nur langsam und schmeckt sehr gut.

Kultur und Ernte

Diese Art hat sich als Haupt- und Sommerzwischenfrucht etabliert. Sie wird zur Futtergewinnung 3–4-mal geschnitten und kann danach noch beweidet werden. Die erste Ernte ist schon nach zwei Monaten möglich, weitere im Abstand von 3–4 Wochen. Der erste Schnitt erfolgt spätestens zu Beginn der Blüte, bevor die Stängel rasch verholzen. Oft wird der Klee als Zwischenfrucht nach Frühkartoffeln, Winterraps oder Wintergerste ausgesät – also zu einem Zeitpunkt, der ihm gewöhnlich ausreichend Wärme bietet. Er eignet sich auch zur Untersaat kurz vor der Getreideernte oder für Stoppelsaat. Neben Reinsaat erfolgt die Kultur in Mischungen, z. B. mit Persischem Klee oder als Bodendecker in Gemengen mit Weißem Senf, Öl-Rettich und Phazelie. Im Feldfutterbau hat er sich auch als Grünfutterdeckfrucht („Starterklee") für mehrjährige Kulturen wie Rot-Klee, Luzerne oder Gräser im Ansaatjahr bewährt sowie zusammen mit kurzlebigen Weidelgräsern. Außerdem kann er z. B. in Mais als Untersaat eingesetzt werden, um Unkräuter zu unterdrücken.

Ökologische Bedeutung

Die Pflanzen bedecken den Boden sehr gut und schützen ihn vor Erosionen. Ihre Rückstände zersetzen sich leicht, verbessern die Bodenstruktur und führen ihm Stickstoff zu. Als unbeständiger Neophyt taucht die Art häufiger subspontan auf Brach- und Ödflächen auf. Blütenbesuchenden Insekten bietet er reichlich Nektar und Pollen (Nektarwert 4, Pollenwert 2–3).

Anbau als „Starterklee"

Inkarnat-Klee, Blut-Klee

Trifolium incarnatum

Die sommer- oder winterannuelle Pflanze bildet eine Pfahlwurzel und viele Feinwurzeln, die den Boden bis 30 cm tief durchwurzeln, sowie bis 80 cm hohe Stängel mit dreizähligen Blättern. Die verkehrt eiförmigen, bis 3 cm langen Blättchen weisen keine Zeichnung auf. Stängel und Blätter tragen eine flaumige Behaarung, die in rauem Klima besonders ausgeprägt ist. Die leuchtend purpurroten oder rosafarbenen Blüten stehen zu 60–120 in 2–6 cm langen, kegelförmigen bis zylindrischen Ähren. Ebenso wie Weiß-Klee benötigt Inkarnat-Klee für die Blüteninduktion Kurztage, öffnet seine Blüten aber erst unter Langtagbedingungen. So stellt er sicher, dass er erst im Frühjahr blüht.

Besonders gut wächst die Art auf humosen, durchlässigen, kalkhaltigen Böden. Inkarnat-Klee ist anspruchsloser als Rot-Klee oder Luzerne, benötigt aber einen warmen, feuchten Herbst, um sich optimal zu entwickeln. Wächst er in Reinkultur, kann er bei Frost unter -10 °C erfrieren. In Gemengen kommt er dagegen meist ohne Probleme über den Winter und bestockt sich im Frühling reichlich.

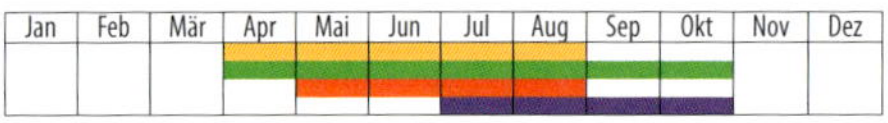

Die Wildform wächst von Portugal bis in die Türkei. Großblättrige Formen aus Katalonien sind seit dem 19. Jh. in wärmeren Gebieten Europas in Kultur. Inkarnat-Klee ist eine raschwüchsige, leistungsfähige Futterpflanze. Er eignet sich auch, um im Winter lückig gewordene Rot-Klee-Felder zu füllen. Zwischen Aussaat und Blühbeginn vergehen dann oft nur etwa 60 Tage. Meist wächst er alleine oder im Gemenge als Winterzwischenfrucht, die im Mai oder Anfang Juni reichlich Grünmasse liefert. Als Sommerzwischenfrucht mit Saat im Juli und Ernte im Oktober ist der Ertrag geringer. Stoppelsaat ist sehr gut möglich. Den höchsten Ertrag liefert der erste Schnitt, die Pflanzen wachsen kaum nach. Das Grünfutter hat einen hohen Futterwert, schmeckt und ist gut verdaulich. Gemenge mit Gräsern liefern auch sehr gutes Heu oder Silage.

Als Gründüngung passt Inkarnat-Klee vor allem vor Zucker-Rüben, Mais oder Kartoffeln. Er verbessert die Bodenstruktur, fördert die Bodengare und unterdrückt Unkräuter. Auch in Gemengen für die Wildäsung und als Bienenweide ist er häufig enthalten. Die Blüten locken Honigbienen, Hummeln und andere Insekten an (Nektarwert 3, Pollenwert 3). Die Art verwildert unbeständig auf Wiesen und an Straßenrändern.

Rot-Klee, Wiesen-Klee

Trifolium pratense

Beschreibung

Die zwei- bis mehrjährige Pflanze ist leicht behaart. Die Triebe sind einjährig und sterben im Herbst ab, die Pflanze überwintert mit einem Wurzelstock. Die kräftige Pfahlwurzel reicht bis 2 m tief in den Boden und besitzt stark verzweigte Nebenwurzeln. Die Art bildet kantige, aufsteigende oder aufrechte Stängel, die bis 50 cm, selten bis 1 m hoch werden. Die dreizähligen Blätter sind lang gestielt und tragen auf den Blättchen meist eine helle, grausilbrige Zeichnung. Die stark geaderten Nebenblätter sind mit dem Blattstiel verwachsen, ihr freier Teil verschmälert sich abrupt in eine Granne. Die rosarot gefärbten Blüten bilden 2–3 cm breite Köpfchen, von denen sehr häufig zwei oder drei unterschiedlich weit entwickelt nah beieinanderstehen. Die Samen bleiben im Boden bis über 40 Jahre keimfähig.

Dem Landwirt stehen zahlreiche Sorten zur Verfügung, sowohl diploide als auch tetraploide. Sie unterscheiden sich in Winterhärte, Ausdauer, Ertrag, Futterqualität und Widerstandsfähigkeit. In der Regel bringen tetraploide Sorten mehr Grünmasse als diploide Sorten. Als Ackerrotklee laufen kurzlebige und ertragreiche Sorten für die Feldkultur. Als Mattenrotklee werden besonders ausdauernde und gesunde Sorten bezeichnet, die auf Kulturen von Schweizer Landwirten zurück-

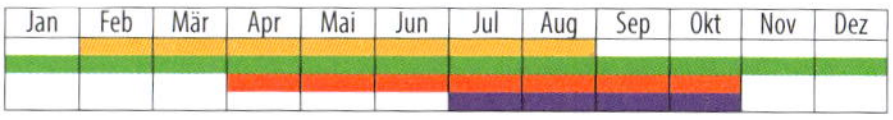

blühend

Blätter

Rot-Klee im Kleegras-Gemenge im Mai

gehen. Diese bauten vor über 100 Jahren den Klee in Höhenlagen an und selektierten lange überlebende Pflanzen. Gewöhnlicher Rot-Klee bzw. Gewöhnlicher Wiesen-Klee (*Trifolium pratense* ssp. *pratense*) gilt als wildwachsende Stammform des kultivierten Rot-Klees.

Entwicklung und Standortansprüche

Rot-Klee ist anspruchsvoller als viele andere Futterpflanzen. Er bevorzugt tiefgründige Lehm- oder Tonböden oder schwere Kalkböden in kühlen, feuchten Lagen. Er erträgt keinen hohen Grundwasserstand und kann in schneelosen Wintern auswintern. Rot-Klee ist empfindlich gegen Tritt. Gegenüber anderen Pflanzen ist er sehr konkurrenzstark. Kann er abblühen, samt er sich selbst aus. Symbiosepartner in den Wurzelknöllchen ist *Rhizobium leguminosarum* biovar. *trifolii*.

Herkunft und Geschichte als Nutzpflanze

Rot-Klee ist in verschiedenen Formen von Europa über Westasien bis in den Himalaya sowie in Nordafrika heimisch. Schon im Altertum soll er auf der Iranischen Hochfläche angebaut worden sein. Für Deutschland stammen aus dem 11. Jh. die ältesten Kulturhinweise. Im 12. Jh. rühmte Hildegard von Bingen den Klee als vorzügliches Viehfutter. Aus dem 16. Jh. ist bekannt, dass der Klee zusammen mit Hafer ausgesät wurde. Ab Mitte des 18. Jh. zog er als Futterpflanze in mitteleuropäische Fruchtfolgesysteme ein. Er eignete sich sehr gut für die Sommerstallfütterung, sodass Brachen nicht mehr beweidet werden mussten. Außerdem verbesserte er die Bodenfruchtbarkeit. Ab Mitte des 20. Jh. wurde sein Anbau weitgehend aufgegeben, der Ackerfutterbau konzentrierte sich auf Gräser. Erst mit Beginn des 21. Jh. nahm die Bedeutung von Sommer- und Winterzwischenfrüchten und Untersaaten wieder zu und damit auch der Anbau von Rot-Klee.

Nutzung

Rot-Klee wird als Feldfutterpflanze oder zur Gründüngung angebaut und in Wiesenmischungen ausgesät.

Der Futterwert ist vor allem im frischen Zustand hoch. Die Pflanzen wachsen nach einem Schnitt sehr gut nach, sodass sie sich besonders für einen mehrjährigen Futterbau eignen. Mischungen mit Gräsern gelten als ertragssicherer, sind schmackhafter für das Vieh und lösen bei diesem weniger Blähungen aus. Generell sind Kleearten gute Futterpflanzen, doch sollten sie nicht in zu großen Mengen verfüttert werden. Rot-Klee kann je nach Sorte und Wachstumsbedingungen unterschiedliche Mengen an Inhaltsstoffen enthalten, die den Tieren nicht bekommen. Östrogen-wirksame Isoflavonderivate können die Fruchtbarkeit von Schafen, Rindern und Pferden beeinträchtigen und zu Aborten führen. Sie sind auch in Silagen noch vorhanden. Die Pflanzen können außerdem von dem Pilz *Rhizoctonia leguminocola* befallen sein, der ein Mykotoxin, das Indolizidin-Alkaloid Slaframin, bildet. Dieses kann bei Weidetieren u. a. zu übermäßiger Speichelabsonderung („Schlabberkrankheit"), Fressunlust und Durchfall führen. Auch eine Fotosensibilisierung durch Rot-Klee ist möglich. Besonders Pferde, Rinder und Schafe werden dabei überempfindlich gegenüber Sonnenlicht, unbehaarte Bereiche wie Augenlider und Lippen schwellen an („Kleekrankheit").

Reinbestände und Gemenge mit Rot-Klee eignen sich als Substrat für die Biogaserzeugung. Beliebt ist die Art außerdem in Blühmischungen und als Wildäsungspflanze.

Kultur und Ernte

Der Anbau erfolgt entweder in Reinsaat oder als ein wesentlicher Bestandteil in über- und mehrjährigen Gemengen (Kleegras). Felder mit 2- bis 3-jähriger Nutzung von Rot-Klee oder Kleegras

Rot- und Weiß-Klee in Kleegras-Gemenge im Juli

können mehrmals im Jahr geschnitten werden. Reiner Rot-Klee wird meist als Frischfutter verfüttert, Mischungen können auch zu Heu oder Silage aufbereitet werden. Wird Rot-Klee als Winterzwischenfrucht ausgesät, kann er im folgenden Frühjahr für Silage genutzt werden und gleichzeitig Stickstoff für die Folgekultur bereitstellen. Auch für Rotationsbrachen ist Rot-Klee geeignet.

In Getreide kann Rot-Klee auch als Untersaat ausgebracht werden und bei einjähriger Nutzung im Herbst reichlich gutes Grünfutter liefern oder einen mehrjährigen Futteranbau einleiten. Als Mischungspartner für Rot-Klee in Untersaaten hat sich Welsches Weidelgras (S. 264) bewährt. Wird eine Untersaat jedoch zu früh ausgebracht, kann Rot-Klee die Hauptfrucht überwachsen. Rot-Klee kann als Sommerzwischenfrucht zur Gründünung eingesetzt werden. Auch ältere Bestände können zur Gründüngung in den Boden eingearbeitet werden. Sie setzen jedoch weniger Stickstoff frei.

Die Art ist gegen den vom Schlauchpilz *Sclerotinia trifoliorum* ausgelösten Kleekrebs anfällig. In der Fruchtfolge muss deshalb bei einem Hauptfruchtfutterbau ein Abstand von 6–7 Jahren eingehalten werden, bei Rotklee-Gras-Gemengen genügt ein Abstand von 4–5 Jahren.

Ökologische Bedeutung

Felder mit Rot-Klee zeigen meist einen dichten Bestand und bieten Ackerwildkräutern wenig Raum. Mit Saatgut von Rot-Klee, das aus aller Welt eingeführt wurde, kamen im 19. und 20. Jh. Samen zahlreicher anderer Wildpflanzen als Unkräuter nach Europa.

Wie alle Kleearten der Gattung *Trifolium* ist auch der Rot-Klee eine wichtige Nektar- und Pollenquelle für Wildbienen. Da er eine lange Kronröhre besitzt, können besonders langrüsselige Hummeln von ihm profitieren. Honigbienen dagegen erreichen den Nektar kaum. Für sie gehört der Rot-Klee aber zu einer wichtigen Pollenquelle (Nektarwert 3, Pollenwert 3). Der Pollen enthält reichlich Stickstoff und steht über einen langen Zeitraum zur Verfügung. Untersuchungen haben gezeigt, dass Rot- und Weiß-Kleepollen in der jährlichen Pollenernte der Bienen in Europa 14–33 % betragen kann. Im August und September kann Kleepollen, besonders von Rot-Klee, bis zu 80 % des an einem Tag von Honigbienen eingetragenen Pollens ausmachen.

Monokultur

Weiß-Klee

Trifolium repens

Die ausdauernde Art wurzelt bis 70 cm tief. Sie besitzt dem Boden fest anliegende, an den Knoten bewurzelte, bis 50 cm lange Kriechsprosse. Von diesen ragen langgestielte, dreizählige Blätter mit heller Blattzeichnung nach oben, deren Achseln noch längere Stiele mit je einem weißen oder leicht rosafarbenen duftenden Blütenköpfchen entspringen. Dank dieses speziellen Wuchses erträgt die Pflanze sowohl Tritt als auch Verbiss und entwickelt sich besonders gut, wenn die Grasnarbe kurzgehalten oder aufgerissen wird. Dann bildet sie einen dichten Teppich, der den Boden beschattet und fremde Keimlinge unterdrückt. Die Samen keimen bei Temperaturen ab 3 °C, sie bleiben im Boden bis über 100 Jahre keimfähig. Die Pflanzen sind gut winterhart, lediglich Kahlfröste können ihnen schaden. Weiß-Klee stellt insgesamt geringere Ansprüche als Rot-Klee. Er gedeiht besonders gut auf schweren, feuchten Böden ohne Staunässe. Für saure, nährstoffarme Standorte ist er nicht geeignet. Auch sehr trockene Böden passen ihm nicht. Günstig sind Gebiete mit relativ hoher Luftfeuchtigkeit.

Weiß-Klee wächst wild von der Ebene bis ins Gebirge. Die Ursprünge für den Anbau als Viehfutter liegen wohl in Holland und Flandern. Zumindest ab dem 18. Jh. – verstärkt jedoch ab der 2. Hälfte des 19. Jh. – kultivierte man die Art auch in Deutschland und der Schweiz. Heute nutzen Landwirte verschiedene Sorten als wichtige Futterleguminose und säen sie in Dauergrünland- und mehrjährigen Feldfuttermischungen. Kleinblättrige Sorten eignen sich für reine Weidenutzung, großblättrige für Mähweiden. Die Art gehört zu den häufigen Gemen-

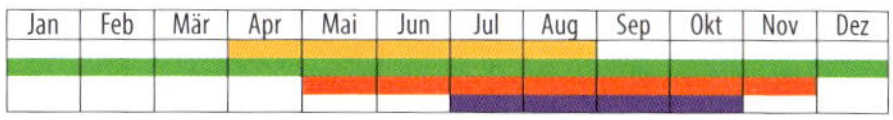

Blütenköpfchen

Kriechsprosse

Anbau im Kleegras-Gemenge

gepartnern in Kleegras und Leguminosengras. Wie alle Kleearten enthält sie reichlich gut verdauliches Eiweiß und kann grün verfüttert, siliert oder zu Heu getrocknet werden. Weiß-Klee kann jedoch sehr selten, je nach Jahreszeit, Witterung und verfütterter Menge, auch schädlich für das Vieh sein. Er enthält als Phytoöstrogene wirksame Coumestane, die zu Fruchtbarkeitsstörungen besonders bei Schafen und Rindern führen können. Außerdem sind cyanogene Glykoside vorhanden, aus denen Blausäure freigesetzt werden kann, die zu Krämpfen führt.

In Reinkultur kommt die Art als Gründüngung im Zwischenfruchtanbau in Frage. Dabei kann sie als Untersaat in Getreide ausgebracht werden. Sie konkurriert nicht so stark mit dem Getreide wie Rot-Klee, wächst allerdings gelegentlich in der Folgefrucht durch. Weiß-Klee ist mit sich selbst besser verträglich als Rot-Klee. Mehrjähriges Weißkleegras liefert auch Substrat für Biogasanlagen.

Die Art ist eine wichtige Insekten- und Bienenpflanze. Über 40 verschiedene oligolektische und polylektische Wildbienen sammeln ihren Pollen. Der Nektar, der den ganzen Tag über, besonders reichlich in den Mittagsstunden, abgesondert wird, ist auch für kurzrüsselige Bienen zugängig. Steht Weiß-Klee zur Verfügung, kann dieser einen großen Teil des von den Honigbienen eingetragenen Nektars ausmachen (Nektarwert 4, Pollenwert 4). Außerdem besuchen verschiedene Schmetterlinge wie Kohlweißling und Eulenfalter die Blüten und mehrere Insektenarten fressen an der Pflanze.

Ähnliche Arten

Der **Schweden-Klee** (*Trifolium hybridum*) ist kein Bastard aus Weiß- und Rot-Klee, wie Linné (1707–1778) annahm, sondern eine selbständige Art, deren Blüten weiß mit rötlichem Grund sind. Die Sprosse der Pflanze wurzeln nicht, die Blätter besitzen keine Blattzeichnung. Die Art stammt aus Nordeuropa und ist an raue, kalte und schneereiche Lagen gewöhnt, erträgt aber starke Hitze nur schlecht. Sie liebt Feuchtigkeit und gedeiht auch auf nasskalten Torf- und Tonböden. Die Pflanzen besitzen eine bis über 50 cm tief reichende Pfahlwurzel und reichlich Nebenwurzeln.

Anfang des 20. Jh. verbreitete sich der Anbau von landwirtschaftlich wertvollen Sorten auch in Mitteleuropa. Heute bauen Landwirte die robuste Kleeart hauptsächlich als ein- bis zweijährige Gründüngungs- und Grünfutterpflanze in Gemengen an. Sie eignet sich auch als Mischungspartner für Heu und Silage. Auf Wiesen und Weiden wächst sie mehrjährig. Im Gegensatz zu Weiß-Klee ist Schweden-Klee trittempfindlich.

Schweden-Klee

Er wächst sehr rasch, sodass der erste Schnitt im Jahr besonders ergiebig ist. Er wird auch als standorttreue Art in Gemengen zur Wildäsung eingesetzt.

Schweden-Klee ist eine sehr gute Bienenweide und eignet sich als robuster Partner für Blühmischungen. Von Mai bis September stellt er reichlich Nektar und Pollen bereit. Die Nektarmenge und -qualität sind ähnlich gut wie jene von Weiß-Klee. Der Nektar ist durch die kurzen Blütenröhren gut erreichbar, sodass ihn auch Honigbienen in großen Mengen sammeln (Nektarwert 4, Pollenwert 3).

Beim **Erd-Klee** oder **Bodenfrüchtigen Klee** (*Trifolium subterraneum)* handelt es sich um eine wärmeliebende Art aus dem Mittelmeerraum, die gelegentlich auch bei uns kultiviert wird. Sie wächst sommerannuell und friert bei -5 °C ab. Die Pflanze wurzelt flach, wächst sternartig ausgebreitet, bestockt gut und kann auch Ausläufer bilden. Die herzförmigen Blättchen sind fein behaart. Die Blütenköpfchen fallen weniger auf als bei den vorigen Arten. Sie haben 2–5 weißliche bis rosa fertile Blüten, die sich zwischen März und Mai öffnen. Nach deren Abblühen entwickeln sich zusätzlich bis zu 10 sterile, kronenlose Blüten, deren Kelche gekrümmte Stacheln formen und die Früchte umhüllen. Der Fruchtstand kann am Boden liegen und sich mit den Stacheln verankern oder die Pflanze schiebt ihn in den Boden. Danach reifen die Hülsen unterirdisch – ähnlich wie bei der Erdnuss (Geokarpie).

Die Art ist gelegentlich in Zwischenfruchtmischungen zur Gründüngung enthalten. Sie eignet sich auch für Gemenge zur Wildäsung oder für Grünfutter. Hierfür gibt es spezielle östrogenarme Sorten aus Australien. Auch späte Untersaat oder Stoppelsaat ist möglich. In der Fruchtfolge ist dieser Klee wertvoll: Er schützt vor Erosionen und unterdrückt Unkräuter mit seiner dichten Gründecke sowie allelopathischen Effekten. Die Blüten sind für Insekten uninteressant und bestäuben sich selbst.

Erd-Klee, fruchtend

Persischer Klee, Wende-Klee

Trifolium resupinatum

Beschreibung

Die 20–80 cm hohe, in Mitteleuropa sommerannuelle Pflanze bildet eine bis 25 cm tiefe, spindelförmige Pfahlwurzel und dicke, runde, hohle, grüne Stängel, die zumindest bis zur Blütezeit aufrecht wachsen. Die verkehrt eiförmigen Blättchen der dreizähligen Blätter besitzen nie eine Zeichnung. Die hellrosa bis violett gefärbten Blüten stehen in kleinen, kugeligen Köpfchen. Sie öffnen sich etwas früher als die des Alexandriner-Klees (S. 212). Dabei drehen sie sich so, dass die Fahne nach unten und das Schiffchen nach oben zeigt, die Schmetterlingsblüte also auf dem Kopf steht (Resupination). Sowohl tagsüber als auch nachts verströmen die Blüten einen starken Honigduft und locken so zahlreiche Insekten an.

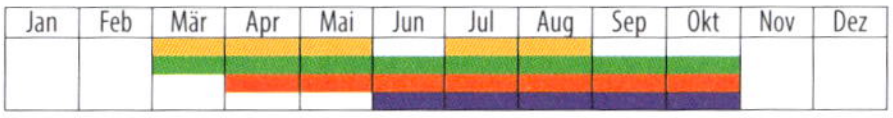

Entwicklung und Standortansprüche

Dieser wärmeliebende Klee ist weniger spätfrostempfindlich als der Alexandriner-Klee. Im Herbst friert er jedoch nach den ersten Frösten ab und wächst in der Folgekultur nicht durch. Besonders gut entwickelt er sich bei ausreichend Feuchtigkeit auf leichten bis mittelschweren, nährstoffreichen Böden, die auch etwas salzig sein oder mit Gülle gedüngt sein dürfen. Sehr sandige, trockene, nasse oder kalte Böden dagegen erträgt er nicht. Die Art entwickelt sich von

Blüten typisch gedreht

Fruchtend

allen Kleearten in der Jugend am raschesten. Ihre Blüten öffnen sich unabhängig von der Tageslänge und können sich damit während der gesamten Vegetationszeit entwickeln.

Herkunft und Geschichte als Nutzpflanze

Die ursprüngliche Heimat liegt im östlichen Mittelmeerraum sowie in Vorderasien bis zum Iran und nach Afghanistan. Er besitzt in den Ursprungsgebieten noch heute eine große Variabilität. Die Perser bauen ihn schon seit Jahrhunderten an. Nach Mitteleuropa wurde er früher nur vorübergehend mit Saatgut und Waren eingeschleppt. Erst ab den 1960-er Jahren spielte er in Deutschland als alternative Futterpflanze eine Rolle und konnte sich im sommerjährigen Feldfutterbau rasch etablieren. Heute wird er verbreitet von Europa bis Mittelasien, in den USA sowie in Australien angebaut.

Nutzung

Landwirte nutzen die Art hauptsächlich für Grünfutterschnitt. Besonders Wiederkäuer und Schweine lieben den frischen Klee. Dieser ist eiweiß- und blattreich und weist einen hohen Futterwert auf. Er ist gut verdaulich, kann allerdings Blähungen auslösen, wenn er alleine verfüttert wird. Er eignet sich auch zur Weide, für Heu oder Silage. Bei der Gründüngung schätzen Landwirte die gute Bodenbedeckung und Garewirkung. Auch Zwischenfruchtmischungen, einjährige Blühmischungen sowie Mischungen für einjährige Wildäcker enthalten häufig Persischen Klee. Besonders Reh- und Rotwild sowie Kaninchen und Hasen fressen gerne davon. Bei Imkern ist die Art als gute Trachtpflanze beliebt.

Ergiebige Bienenweide

Kultur und Ernte

Wenn die Aussaat im Feldfutterbau als Hauptfrucht ab März bis Mai erfolgt, kann die rasch wachsende Art drei- bis viermal geschnitten werden. Sie wird hierzu allein oder im Gemenge, z. B. mit kurzlebigen Weidelgräsern und Alexandriner-Klee, angebaut. Felder, auf denen die Art zusammen mit Weidelgräsern wächst, lassen sich auch gut beweiden. Als Sommerzwischenfrucht kann der Klee noch bis Mitte August gesät werden und kommt dann im Oktober zum Blühen. Für die Folgefrucht ist Mulchsaat möglich. Für Silage werden Mischkulturen angebaut, z. B. mit Saat-Hafer, Sonnenblumen und Buchweizen. In Grünbrachen findet sich die Art z. B. in Gemengen mit Öl-Rettich und Weißem Senf. Gemenge mit Alexandriner-Klee, Phazelie oder mit Inkarnat-Klee eignen sich sehr gut als Bienenweide.

Ökologische Bedeutung

Persischer Klee bedeckt den Boden und schützt ihn selbst nach dem Abfrieren noch vor Erosion. Sein Wurzelwerk fördert die Bodenstruktur, seine Wurzelknöllchen reichern Stickstoff an. Die Blüten bieten verschiedenen Insekten Nektar mit 30–40 % Zucker sowie reichlich Pollen. Forscher konnten u. a. Honigbienen, Wildbienen und Schwebfliegen beobachten (Nektarwert 4, Pollenwert 3). Bei der Art handelt es sich um einen sich einbürgernden Neophyten, der aus den Kulturen verwildert und aktuell selten bis unbeständig auf Trittrasen, an Wegen und auf Schuttplätzen auftaucht.

Ackerbohne, Saubohne

Vicia faba

Beschreibung

Der 0,3–1,8 m hohe Stängel der sommerannuellen, kahlen Pflanze ist vierkantig und hohl und damit sehr standfest. Die Pfahlwurzel reicht 0,8–1,5 m tief in den Boden. An den Nebenblättern sitzen oft braunschwarze Nektarien. Die Blätter sind paarig gefiedert und rankenlos. Ihre breiten, blaugrauen Blättchen werden 3–10 cm lang. In den Blattachseln sitzen Trauben mit meist 4 duftenden Blüten. Diese sind weiß, rosarot oder violett und zeigen braunschwarze Flecken auf den Flügeln. Die lederartigen, aufgedunsenen, 12–18 cm langen Hülsen enthalten je 3–7 rundlich-ovale, 1–2,5 cm lange und 4–9 mm dicke, weiße, braune, violette oder grünbraune Samen. Die Hülsen sind innen wollig und haben schwammige Querwände. Kleinsamige Formen werden oft als var. *minor*, mittelgroße als var. *equina* und großsamige als var. *major* bezeichnet. Durch Kreuzungen der Formen untereinander ist es jedoch besser, nur Sorten zu unterscheiden.

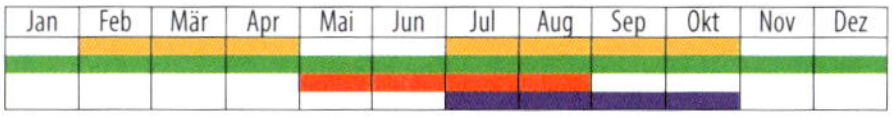

Entwicklung und Standortansprüche

Die Samen keimen bereits bei 2–3 °C Bodentemperatur. Die Keimung erfolgt hypogäisch. Sommersorten ertragen Frost bis -5 °C und werden ab Ende Februar bis spätestens Anfang April gesät. Zu spät ausgebracht, bilden sie üppige, aber

Blühend

Unreif fruchtend

wenig standfeste Stängel. Die Vegetationsdauer beträgt 160–180 Tage. Winterackerbohnen sollten nach der Saat im Herbst noch 4–6 Wochen wachsen und 4–6 Laubblätter ausbilden, um Fröste bis maximal -15 °C zu ertragen. In kalten Wintern ohne Schnee besteht die Gefahr, dass sie auswintern.

Besonders gut wachsen die Pflanzen auf mittleren bis schweren, tiefgründigen Böden. Von den großkörnigen Leguminosen benötigen sie am meisten Wasser, hauptsächlich während der Blütezeit und des Fruchtansatzes. So eignen sich besonders Küsten- und Vorgebirgslagen mit hohen Niederschlagsmengen für den Anbau. Allerdings reifen die Hülsen in den Randlagen der Mittelgebirge oft nicht genügend aus. Die Pflanzen ertragen etwas Salz und gedeihen somit auch im Marschland. Symbiosepartner in den Wurzelknöllchen ist bei uns *Rhizobium leguminosarum* biovar. *viciae*.

Herkunft und Geschichte als Nutzpflanze

Vermutlich stammt die Ackerbohne aus einem Gebiet von Afghanistan bis ins südliche Mittelasien. Eine wilde Stammpflanze ist nicht bekannt. Einige wenige archäologische Funde der Samen im Mittelmeerraum datieren bis in die Jungsteinzeit zurück, erst aus der Bronzezeit gibt es vermehrt archäologische Nachweise. Die alten Ägypter opferten Bohnenbrei den Göttern, die alten Griechen verehrten den Halbgott Kyamites für die Kultivierung der Bohnen. Die Römer breiteten den Anbau bis nördlich der Alpen aus. Dort war die Ackerbohne in Küstennähe die einzige kultivierbare Hülsenfrucht. Im Mittelalter wurde die ertragreiche Pflanze zu einer der wichtigsten Kulturpflanzen. Formen mit kleinen und mittelgroßen Samen dienten als Viehfutter, die in diesem Zeitraum entstandene großsamige Form der menschlichen Ernährung. Im 17. und 18. Jh. verdrängten die aus Amerika stammenden Garten-Bohnen (*Phaseolus vulgaris*) und Feuer-Bohnen (*Phaseolus coccinea*) die Ackerbohne in Mitteleuropa weitgehend vom menschlichen Speisezettel. Sie lieferte nur noch Kraftfutter für das Vieh. Nach dem 2. Weltkrieg spielte sie als Ersatz für Stickstoffdünger eine wichtige Rolle in den Fruchtfolgen, dann ging ihr Anbau zurück.

Nutzung

Heute bauen Landwirte hauptsächlich kleinsamige Sorten an und verfüttern die Ernte im

Früchte

Keimend

Anbau Anfang Juni

eigenen Betrieb an ihr Vieh. Besonders bei hohen Sojapreisen lohnt es sich für sie, auf heimische Eiweißpflanzen zurückzugreifen. Der Rohproteingehalt von geschroteten, zerquetschten Ackerbohnensamen liegt zwischen dem von Sojaextraktionsschrot und Futterweizen. Ackerbohnen enthalten jedoch Gluteline, die die Wertigkeit des Eiweißes herabsetzen. Sie sind außerdem arm an der essenziellen Aminosäure Methionin, dafür aber reich an Lysin. Die Wertigkeit lässt sich durch Mischen mit Rapsextraktionsschrot verbessern. Besonders in den Samenschalen sitzen Tannine, die bitter schmecken, Enzyme binden und die Verdaulichkeit von Rohprotein reduzieren können. Sorten mit weißen Blüten und hellen Samenschalen sowie geschälte Samen enthalten weniger dieser Gerbstoffe. Besonders, wenn die Samen an Nicht-Wiederkäuer und Geflügel verfüttert werden sollen, sollten die Sorten nur wenig Vicin und Convicin enthalten. Diese Pyrimidin-Glucoside wirken antinutritiv, stören den Fettstoff-

Winterackerbohnenfeld Mitte Mai mit reichem Wildkräuterbestand, besonders Purpurrote Taubnessel (*Lamium purpureum*)

wechsel und vermindern bei Hühnern die Legeleistung.

Im Zwischenfruchtanbau wächst die Ackerbohne meist als Gründüngung. Doch sie lässt sich vor oder zur Blütezeit auch als frisches, eiweißreiches Grünfutter für Rinder verwenden, allerdings gilt sie als wenig schmackhaft. Besonders ergiebig ist der Ertrag bei früher Saat nach Wintergerste. Häufig kommen Gemenge mit Saat-Wicke, Acker-Erbse, Sand-Hafer oder Sommerhafer zum Einsatz. So wird der Boden gut bedeckt, die Ackerbohne stützt andere Leguminosen und das Grünfutter schmeckt besser. Winterackerbohnen können z. B. im Gemenge mit Winterweizen angebaut werden.

Die Pflanzen eignen sich als Bienenweide. Dies ist sowohl bei Frühjahrssaat als Hauptfrucht ein Aspekt als auch bei früher Aussaat als Zwischenfrucht. Dann kommen die Pflanzen im Herbst noch zur Blüte und die Bienen können ab September noch Nektar und Pollen sammeln.

Für die menschliche Ernährung werden nur Sorten mit großen Samen kultiviert, von denen entweder die unreifen Hülsen für Gemüse oder die reifen Samen geerntet werden. Bei uns spielen diese Puffbohnen oder Dicke Bohnen heute nur eine geringe Rolle. Im Mittelmeerraum dagegen wachsen sie oft im günstigen feuchten Klima des Winters. Besonders die spanische und griechische Küche kennt schmackhafte Speisen daraus. Puffbohnen enthalten Phytohämagglutinine, die Blutzellen verklumpen lassen. Sie werden jedoch durch zehnminütiges Kochen inaktiviert. Bei Menschen mit einem besonders im östlichen Mittelmeerraum verbreiteten genetischen Enzymdefekt kann der Genuss der Bohnen oder das Einatmen von Pollen zu Favismus, einem Abbau von roten Blutkörperchen, führen. Verantwortlich dafür sind die Glucoside Vicin und Convicin: Sie oxidieren das lebensnotwendige Eiweiß Gluthadion. Den Kranken mangelt es an dem Enzym Glucose-6-Phosphot-Dehydrogenase, mit dem dies rückgängig gemacht wird.

Für die Nahrungsmittelindustrie kann die Puffbohne eine wertvolle Proteinquelle sein. Bisher spielt sie hier kaum eine Rolle, doch entwickeln Forscher Verfahren, unerwünschte Inhaltsstoffe und Aromen zu entfernen und hochwertige Mehle und Proteinkonzentrate zu erzeugen.

Ackerbohnen sind auch als Industriepflanzen interessant. Ihre Eiweiße können z. B. Rohstoff für Klebstoffe, Arzneimittel oder Bindemittel für Papierfarben liefern.

Kultur und Ernte

Landwirte in Mitteleuropa bauen bisher meistens Sommerackerbohnen an, doch stehen ihnen seit wenigen Jahren auch Winterackerbohnensorten zur Verfügung. Diese können den Entwicklungsvorsprung und die Winterfeuchte nutzen, bevor es im Frühsommer trocken wird. Sie sind auch weniger anfällig gegen Blattläuse im Frühjahr. Bereits im Mai können die buschig bleibenden Pflanzen blühen und so rund 3–4 Wochen früher Hülsen ausbilden als Sommerformen.

Häufig erfolgt Stoppel- oder Mulchsaat. Eine Mulchschicht der Vorfrucht schützt vor Erosion und Austrocknung und unterdrückt Unkraut zwischen den anfangs langsam wachsenden Ackerbohnen. Die Pflanzen regenerieren sich nach mechanischer Verletzung recht gut. In der Regel dauert die Blütezeit fast einen Monat. Oben an der Pflanze öffnen sich noch Knospen, während weiter unten schon Hülsen sitzen. Sobald ein Großteil der Hülsen dunkelbraun bis schwarz gefärbt ist und die Körner beim Schütteln in ihnen rascheln, kann die Ernte mit dem Mähdrescher erfolgen. Dabei sollten, ebenso wie bei der folgenden Trocknung, die Körner möglichst wenig verletzt werden.

Zu anderen Leguminosen sollte eine Anbaupause von 4–5 Jahren bestehen. Als Vorfrüchte wachsen häufig Getreide und Mais. Roggen und Hafer eignen sich weniger, da sie Nematoden übertragen können. Nachdem ein Ackerbohnenfeld 30–90 kg Stickstoff pro Hektar für die Nachfrucht zur Verfügung stellt, passt eine Nachfrucht mit hohem Stickstoffbedarf. Wird im selben Jahr keine Nachfrucht mehr ausgesät, besteht die Gefahr, dass der Stickstoff ausgewaschen wird. Im ökologischen Landbau lassen sich die Verluste mit Untersaaten, z. B. mit Gräsern, Öl-Rettich oder Weißem Senf, vermindern. Diese schöpfen die überschüssigen Nitratmengen ab.

Ökologische Bedeutung

Ackerbohnen können den Import von Soja reduzieren, Dünger einsparen und die Bodenfruchtbarkeit fördern. Winterformen können im Rahmen des Klimawandels eine interessante Kultur werden.

Die Blüten können sich zwar selbst bestäuben, nach Insektenbesuch entwickeln sich jedoch deutlich mehr Samen. Sie sind dank ihres Gehalts an Nektar und Pollen attraktiv für zahlreiche Hummelarten, die Honigbiene sowie wenige Wildbienenarten (Nektarwert 1, Pollenwert 2). Während kurzrüsselige Arten wie Honigbienen und Erdhummeln häufig ein Loch in die Krone beißen und Nektarraub begehen, sind langrüsselige Hummeln wie die Gartenhummel sehr effiziente Bestäuber. Beobachtungen zeigen, dass in Landschaften mit Ackerbohnen mehr langrüsselige Hummeln leben als in Ackerbaugebieten ohne diese. Ackerbohnen in der Fruchtfolge können damit die Bestände von langrüsseligen Hummeln fördern. An den extrafloralen Nektarien der Nebenblätter konnten Wissenschaftler nicht nur Bienen und Ameisen, sondern auch 60 Schlupfwespenarten (*Ichneumonidae*) nachweisen.

Die Ackerbohne ist einer der wichtigsten Sommerwirte für die Schwarze Bohnenlaus (*Aphis fabae*), die zahlreiche Nutz- und Zierpflanzen befällt. Die Läuse locken viele Nützlinge wie Marienkäfer und Schwebfliegenlarven an, die Schädlinge auf natürliche Weise kontrollieren. Die dicht beblätterten Stängel bieten außerdem ein besonderes Mikroklima für viele Insekten sowie Spinnen.

Nachdem die Pflanzen nicht oder kaum verzweigt sind, lassen sie in Reinkulturen relativ viel Licht bis zum Boden vordringen. So können sich viele Ackerwildkräuter zwischen den Ackerbohnen entwickeln. Dank der späten Ernte blühen die Wildkräuter lange und ihre Samen können ausreifen.

Saat-Wicke, Futter-Wicke, Sommerwicke

Vicia sativa

Beschreibung

Die aufsteigende oder kletternde, kahle oder behaarte sommer- oder winterannuelle Pflanze bildet ein bis 1 m tiefes Wurzelbüschel und geriefte Stängel, die bis 3 m lang werden können. Ihre Blätter sind 3–7-paarig gefiedert und besitzen eine Endranke. Die Blättchen sind 5–13 mm breit, verkehrt ei- oder verkehrt herzförmig. Bei den 2–3 cm langen, roten bis violetten Blüten ist die Fahne meist heller als die Flügel und das Schiffchen. Die Blüten sitzen zu 1–2 in den Blattachseln. Reife Hülsen sind hell- bis dunkelbraun, kurz- oder samthaarig, abgeflacht, 25–70 mm lang, 6–11 mm breit und zwischen den Samen etwas eingeschnürt. Sie enthalten dunkle, runde bis abgeflachte, glatte, 3–6 mm große Samen.

Entwicklung und Standortansprüche

Diese Art ist anspruchslos in Bezug auf Boden und Klima, bevorzugt aber kalkhaltige, feuchte, kühle Standorte. Sie ist weniger winterfest als die Zottige Wicke, sodass sie meist sommerannuell kultiviert wird. Nur in milden Wintern friert sie nicht ab. Die Pflanzen wachsen rasch und bedecken den Boden schon bald nach der Aussaat. So schützen sie ihn vor Erosion und unterdrücken unerwünschte Ackerwildkräuter. Wenn die Pflanzen nicht lagern sollen, benötigen sie Begleitpflanzen als Rankhilfe.

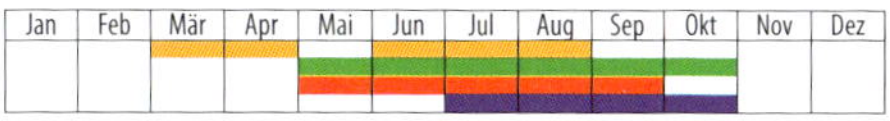

Extraflorale Nektarien an den Nebenblättern

Herkunft und Geschichte als Nutzpflanze

Die ursprünglich mediterrane Art gelangte mit dem Getreide nach Mitteleuropa und ist als Archäophyt eingebürgert. Prähistorische Funde belegen, dass sie mindestens seit der Hallstattzeit (800–450 v. Chr.) bei uns vorkommt und möglicherweise damals auch bereits kultiviert wurde. Die Römer kannten sie als Futter- und Gründüngungspflanze. Im 14. und 16. Jh. diente sie in Mitteleuropa als Pferdefutter und zur Gründüngung.

Aus Wickenmehl bereiteten Heilkundige Umschläge und andere Heilmittel, Arme streckten in Notzeiten ihr Brotmehl damit. Die Nutzung der Samen als Tiernahrung erreichte in den 1960-er Jahren ihr Maximum, danach ging der Anbau als Körnerfrucht stark zurück. In neuerer Zeit hat sich der Anbau als Feldfutter bei uns stärker ausgebreitet. Heute wächst die Art gelegentlich als Ackerwildkraut oder an Wegrändern, häufiger jedoch als Kulturpflanze.

Nutzung, Kultur und Ernte

Saat-Wicken sind häufig Bestandteil von Mischungen für den Sommerzwischenfruchtanbau. Landwirte säen sie als Blank-, Unter- oder Stoppelsaat. Gemengepartner können je nach Fruchtfolge und Zielsetzung z. B. Acker-Erbse, Ackerbohne, Lupine, Phazelie, Weißer Senf, Alexandriner-Klee, Öl-Rettich, Echte Serradella oder Sonnenblume sein. In Gemengen zur Gründüngung dient die Art wie andere Leguminosen in erster Linie dazu, Stickstoff zu fixieren, der nachfolgenden Kulturen zur Verfügung steht. Gleichzeitig erhöht sie die Menge an Biomasse. Gemenge mit Acker-Erbsen und Ackerbohnen eignen sich als eiweißreiches Frischfutter oder für Silage und können einmal geschnitten werden. Auch Beweidung ist möglich. Frühe Saattermine im Juni oder Juli fördern die Jugendentwicklung und den Ertrag. Die Aussaat kann jedoch bis August erfolgen. Für Grünfutter erfolgt der Schnitt in der Regel kurz vor der Blüte, für Silage können bereits Früchte vorhanden sein.

Zur Körnergewinnung säen Landwirte im Frühjahr z. B. Gemenge mit Saat-Hafer oder Sommer-

Anbau im Gemenge mit Sonnenblumen, Acker-Erbse und Ackerbohne

gerste. Gemenge mit Saat-Hafer („Wickhafer") eignet sich auch als einschnittiges Zwischenfutter oder zur Gründüngung. Die Samen sind bezüglich der Nährstoffzusammensetzung mit Ackerbohnen vergleichbar. Sie enthalten jedoch immer die Glykoside Vicin und Convicin und Blausäure als antinutritive Substanzen, sodass es ein Risiko sein kann, diese zu verfüttern. Einquellen und Behandlung mit Wasserdampf entfernen diese Stoffe, doch meist dienen die Körner heutzutage nur als Saatgut. Zu einem Wiederanbau von Saat-Wicken sollte ein Abstand von 5–7 Jahren eingehalten werden.

Ökologische Bedeutung

Die Art ist auch Bestandteil verschiedener ein- und überjähriger Blühmischungen. Sie lockt eine Vielzahl an Insekten an und hat sich als günstiger Mischungspartner erwiesen, um Nützlinge zu fördern. An den Nebenblättern sitzen extraflorale Nektarien, an denen sich Bienen, Wespen, Fliegen und Käfer, kleine Schlupfwespen und andere Insekten laben. Honigbienen besuchen meist nur diese. An den Blüten tauchen sie höchstens zum Nektar- und Pollendiebstahl auf, wenn Erdhummeln bereits geeignete Löcher hineingebissen haben (Nektarwert 4, Pollenwert 0). Meist bestäuben sich die Blüten selbst. Den Bestäubungsmechanismus können nur langrüsselige Hummeln und Bienen auslösen. Schmetterlinge dagegen saugen den Nektar, ohne die Blüten zu bestäuben.

Wickhafer

Zottige Wicke, Winterwicke

Vicia villosa

Beschreibung

Die winterannuelle, bis 120 cm hoch kletternde oder kriechende Art trägt ihren Namen nach ihrer zottigen oder flaumigen Behaarung, die vor allem vor der Blütezeit ausgeprägt ist. Ihr verzweigtes Wurzelsystem reicht bis 80 cm tief. Die Laubblätter besitzen 5–10 Paar Blättchen und enden in einer verzweigten Ranke. 20–30 purpurrote bis blauviolette, 1–2 cm lange, nickende Blüten bilden eine einseitswendige, dichte aber schmale, lang gestielte Blütentraube, die vor dem Aufblühen etwas fedrig, fast kätzchenartig wirkt. Die breite Platte der Blütenfahne ist nur halb so lang wie ihr schmaler Basisteil (Nagel), der Blütenkelch ist am Grund sackartig ausgebuchtet. Die kahle Hülse wird 20–40 mm lang und 6–12 mm breit und enthält 5–10 kugelige, dunkle Samen.

Blühend

Entwicklung und Standortansprüche

Die Samen bleiben im Boden mehr als 5 Jahre lang keimfähig. Die Pflanzen entwickeln sich in der Jugend nur langsam. Sie sind lichtbedürftig und sehr trockenresistent. Sie gedeihen vor allem auf leichten Böden, bevorzugt auf durchlässigen, warmen Sandböden. Insgesamt sind ihre Ansprüche an Standort, Boden und Klima jedoch gering, sodass sie sich für alle Ackerbaustandorte eignen. Die Pflanzen zeigen eine gute Konkurrenzkraft gegenüber Ackerwildkräutern und sind sehr gut winterhart. Ihre Knöllchen entstehen in Symbiose mit dem natürlicherweise im Boden vorkommenden Bakterium *Rhizobium leguminosarum* biovar. *viciae*.

Herkunft und Geschichte als Nutzpflanze

Die Art stammt ursprünglich aus dem Mittelmeerraum. Sie kam als Getreideunkraut nach Mitteleuropa und taucht hier seither als Neophyt auf Äckern, Schuttplätzen und Ödland auf. Erst in der 2. Hälfte des 19. Jh. begann ihre Kultur als Futterpflanze. Sie gilt als wertvoll, da sie nicht nur einen guten Nährwert aufweist, sondern auch auf

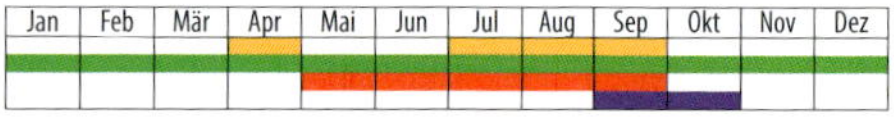

solchen Böden wächst, die für Klee und Luzerne zu leicht sind, und außerdem wesentlich tiefere Wintertemperaturen als die Saat-Wicke erträgt.

Nutzung, Kultur und Ernte

Bewährt hat sich die Art besonders als Gemengepartner im Zwischenfruchtanbau, vor allem als Winterzwischenfrucht. Gemenge mit Inkarnat-Klee und Welschem Weidelgras („Landsberger Gemenge") dienen als Grünfutter. Häufig wird die Wicke auch mit Winterroggen ausgesät, der ihr einen guten Halt gibt („Wickroggen") und so das Lagern verringert. Dieses Gemenge eignet sich als Grünfutter oder zur Gründüngung. Auch Silieren der Gemenge ist möglich. Die Ernte erfolgt in der Regel zu Beginn der Wickenblüte, also etwa Mitte Mai. Soll der Aufwuchs als Gründüngung dienen, kann er mit dem Pflug eingearbeitet werden. Zottige Wicken fixieren viel Stickstoff und sind deshalb eine gute Vorfrucht für anspruchsvolle Kulturen, z. B. Kartoffeln. Nur selten nutzen Landwirte die Art als Hauptfrucht, dann erfolgt die Aussaat bis April. Die Pflanze kann auch unter Mais ausgesät werden, um Unkräuter zu unterdrücken und den Boden vor Erosionen zu schützen. Sie eignet sich außerdem als Mischungspartner in überjährigen Blühmischungen und für die Wildäsung.

Ökologische Bedeutung

Die Pflanzen durchwurzeln den Boden intensiv mit Feinwurzeln und sorgen so für eine gute Bodengare. Wenn sie nicht bereits als Frühschnitt geerntet werden, sondern zur Blüte kommen, werden sie gerne von Hummeln und Wildbienen besucht. Honigbienen begehen oft Nektardiebstahl, indem sie ihren Rüssel am Blütengrund einführen (Nektarwert 3, Pollenwert 2).

Ähnliche Arten

Auch die **Ungarische Wicke** (*Vicia pannonica*) wird vermehrt in Gemengen eingesetzt. Sie ähnelt in den Eigenschaften und der Verwendung der Zottigen Wicke, ist jedoch weniger wüchsig. Ihre Blüten sind blassgelb und stehen zu 2–4 in den Blattachseln, ihre Fahne ist außen behaart. Sie blüht von April bis Juni.

Die heimische, wild an Trockenhängen, Gebüschen, Waldrändern, Wiesen und Äckern wachsende **Vogel-Wicke** (*Vicia cracca*) unterscheidet sich durch Blätter mit bis zu 15 Fiederpaaren. Bei ihren Blüten ist die Platte der Fahne mindestens so lang wie ihr Nagel, der Kelch ist am Grund nicht oder nur schwach ausgebuchtet.

Vogel-Wicke

Ungarische Wicke

Mexikanische Chia, Chia

Salvia hispanica

Diese bis 2 m hohe Salbeiart stammt aus Mexiko und Zentralamerika. Ihr wenig verzweigter, 4-kantiger Stängel trägt kreuzgegenständige, eiförmige, gesägte Blätter. Die zweilippigen, blauen Blüten stehen in Scheinquirlen, die an den Enden der Stängel bis 20 cm lange Blütenstände bilden. Die Unterlippe der Blütenkrone ist weiß gefleckt. Die Klausenfrüchte reifen von unten nach oben. Reif zerfallen sie in 4 etwa 2 mm lange, ovale, grau-weiß-schwarz melierte oder gesprenkelte Klausen. Diese kommen als „Chiasamen" auf den Markt.

Schon die Azteken kannten Chiasamen als Grundnahrungsmittel und aßen sie, um Ausdauer und Leistungsfähigkeit zu fördern („Gold der Azteken"). Erst seit wenigen Jahren sind sie auch in Europa populär. Hier ist Chia seit 2009 als neuartiges Lebensmittel zugelassen. Mittlerweile haben Supermärkte sie im Sortiment und Bäckereien verkaufen Brot und Gebäck mit Chia. Die Samen enthalten viel der essenziellen Fettsäuren α-Linolensäure und Linolsäure in einem für die Ernährung günstigen Verhältnis. Außerdem sind sie reich an Eiweiß, Ballaststoffen, Vitaminen, Mineralstoffen und Antioxidantien. Die als Ballaststoffe wirkenden Polysaccharide der Samenschale quellen in Wasser zu einer schleimigen Schicht, sodass Chia ähnlich wie Leinsamen die Verdauung fördern kann. Als gesundheitlich unbedenklich gelten bei uns derzeit 15 g pro Tag.

Der Handel verkauft überwiegend Importware aus Südamerika. Ein erwerbsmäßiger Anbau der kälteempfindlichen, aber trockenheitsresistenten Pflanze in Mitteleuropa galt lange Zeit als unmöglich. Als Kurztagpflanze blüht die Art bei uns erst im Herbst. Dann können die Samen nicht mehr vor dem ersten Frost reifen. Mittlerweile selektierten Forscher jedoch eine Sorte, die im Langtag blüht und so die Sommermonate ausnützt. Das Bundessortenamt ließ 2021 diese Sorte für den Anbau in Deutschland zu. Dies schafft eine neue mögliche Einnahmequelle für heimische Landwirte. Außerdem reduziert Chia aus heimischer Produktion lange Transportwege und trägt dazu bei, dass die Samen in den Herkunftsländern als Grundnahrungsmittel verfügbar bleiben. Es bleibt abzuwarten, wie stark sich ein regionaler Anbau durchsetzen wird. Die Pflanze eignet sich auch als Bienenweide und lockt Schmetterlinge an.

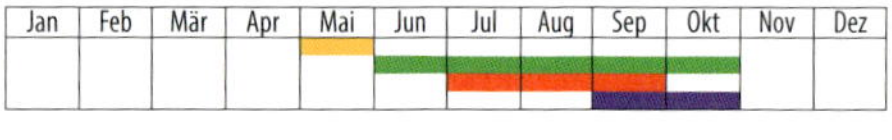

Saat-Lein

Linum usitatissimum

Beschreibung

Die sommerannuelle Pflanze besitzt eine spindelförmige, wenig verzweigte Pfahlwurzel, die bis 1 m tief reicht, sowie einen aufrechten, bis 1 m hohen Stängel mit schmalen, lanzettlichen Blättern und sehr lockeren Blütenrispen. Die Blütenknospen stehen aufrecht. Die Blüten haben 5 meist blaue, seltener weiße oder rosafarbene, bis 1,5 cm lange Kronblätter und blaue Staubbeutel. Sie werden von Insekten bestäubt oder befruchten sich selbst. Es entwickeln sich kugelige bis eiförmige Kapseln mit 5 Fächern, in denen je maximal 2 glänzende Samen reifen. Bei Spring-Lein (*Linum usitatissimum* ssp. *crepitans*) öffnen sich die reifen Kapseln, die Samen fallen aus und die Kapseln werden abgeworfen. Bei Schließ-Lein (*Linum usitatissimum* ssp. *usitatissimum*) bleiben die reifen Kapseln geschlossen und müssen gedroschen werden, um die Samen zu erhalten. Bei den heute in Kultur befindlichen Sorten handelt es sich um Schließ-Lein. Bezüglich der Verwendung lassen sich 2 Typen unterscheiden, die durch Auslese entsprechender Wuchsformen entstanden sind:

Öllein wird 50–80 cm hoch. Bei ihm verzweigt sich das obere Drittel des Stängels, sodass sich eine größere Zahl an Blüten und Früchten entwickeln kann als beim Faserlein. Die Samen sind

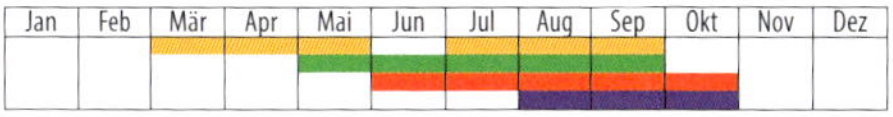

Blühend

Fruchtend

relativ groß. Es gibt Sorten mit gelben (Goldleinsamen) und solche mit braunen Samen.

Faserlein, Flachs kann bis zu 1,6 m hoch werden. Er verzweigt sich erst weiter oben und wesentlich weniger als Öllein und bildet nur kleinere Samen.

Es existieren auch Zwischenformen, sogenannte „Zweinutzungssorten".

Entwicklung und Standortansprüche

Für den Anbau von Saat-Lein eignen sich sowohl maritime Klimalagen als auch warme und trockene Regionen. Er benötigt ähnlich viel Wärme wie Sonnenblumen, die Durchschnittstemperaturen sollten von Mai bis September 15,5 °C erreichen. Bezüglich des Bodens stellt er nur wenige Ansprüche und benötigt nur geringe Nährstoffmengen. Besonders gut wächst er auf tiefgründigen, lehmigen Sanden oder sandigen Lehmen. Wichtig ist, dass er von Mai bis Juni ausreichend Wasser erhält – Staunässe erträgt er jedoch nicht.

Die Mindestkeimtemperatur liegt bei 3 °C. Die Art ist ein Trockenkeimer, die Keimung erfolgt epigäisch. Die Keimpflanzen ertragen Spätfröste bis zu -5 °C. Anfangs entwickeln sich die Pflanzen nur langsam, erst ab einer Höhe von 8–10 cm wachsen sie rasch in die Länge. Die Pflanzen unterliegen deshalb leicht der Konkurrenz von Ackerwildkräutern. Die Vegetationsdau-

Anbau

er beträgt 100–120 Tage. Damit Öllein zur Blüte kommt, benötigt er Langtagbedingungen mit Hellphasen von 14–16 Stunden. Ein Bestand blüht etwa 2 Wochen lang.

Herkunft und Geschichte als Nutzpflanze

Saat-Lein stammt ursprünglich aus dem Mittelmeerraum und gehört zu den ältesten Kulturpflanzen. Er ist nur aus Kultur bekannt und leitet sich von der Wildart *Linum angustifolium* (*Linum bienne*) ab. Genetische Untersuchungen legen nahe, dass er nur einmal domestiziert wurde und dies im Nahen Osten ursprünglich wegen der ölreichen Samen erfolgte. Archäologen stufen solche Formen als Kulturlein ein, die geschlossen bleibende Kapseln aufweisen und deren Samen mindestens 3 mm lang sind. Diese konnten sie ab dem Präkeramischen Neolithikum (ca. 8200–6800 v. Chr.) an verschiedenen Fundorten nachweisen. Schon damals gab es verschiedene Wuchsformen der Pflanze. Aus Israel sind auch gewobene Textilien aus Lein aus diesem Zeitraum bekannt. Bereits in der jüngeren Steinzeit gelangte Saat-Lein in das südliche Mitteleuropa. In Europa wurde er hauptsächlich als Faserpflanze angebaut und lieferte die wichtigste Textilfaser. Erst im 19. Jh. verdrängte ihn die geschmeidige Baumwolle langsam und der Anbau von Faserlein ging zurück. Leinöl lieferte Licht in Öllampen, im 14. Jh. nutzte man es zum ersten Mal auch zur Herstellung von Farben. Ab 1860 spielte es eine wichtige Rolle für die Produktion von Linoleum. Doch auch der Anbau von Öllein war bald rückläufig. In der Bundesrepublik Deutschland wurde der Leinanbau 1957, in der DDR 1979 eingestellt. Erst seit Ende der 1980er-Jahre bauen Landwirte in Deutschland wieder Öllein an. Züchtungsziel bei diesem Leintyp ist es heute, den Anteil an Linolsäure in den Samen zu erhöhen. Ebenfalls seit den 1980er-Jahren erlebt Faserlein eine Renaissance.

Nutzung

Öllein: Die Samen enthalten 30–50 % fettes Öl. Dieses besitzt von allen Pflanzenölen den höchsten Gehalt an α-Linolensäure (40–68 %). Außerdem sind 10–30 % Linolsäure und 15–30 % Ölsäure enthalten. Gesättigte Fettsäuren machen weniger als 8 % des Öls aus. Kaltgepresstes Öl enthält außerdem Vitamin A und E. Je nach Qualität der Samen werden sie als Speiselein, für die Speiseölgewinnung oder als Futter- und Industrielein verwendet. Leinöl aus ökologischem Anbau fließt in erster Linie in den Nahrungsmittelbereich. Das Öl ist allerdings aufgrund des hohen Anteils an α-Linolensäure nur begrenzt haltbar. Die Samen enthalten Ballaststoffe, Eiweiß und Schleimstoffe. Sie werden deshalb nicht nur für Backwaren verwendet, sondern auch als Heilmittel und in diätischen Produkten. Im industriellen

Bereich dient Leinöl als Grundstoff für Lacke, Anstrich- und Druckfarben. Bedingt durch den hohen Linolensäureanteil handelt es sich um ein schnell trocknendes Öl. Linoleum besteht zu ca. 30% aus Leinöl. Außerdem fließt das Öl in die Herstellung von Firnissen, Weichmachern, von Tensiden in flüssigen Geschirrspülmitteln und dient als Rohstoff in der Papier-, Leder- und Wachstuchindustrie sowie für die Herstellung wasserdichter Gewebe. Das beim Dreschen anfallende Leinstroh lässt sich verfüttern.

Faserlein: Leinfasern befinden sich in der Rinde des Stängels (Bastfasern). 14–19 % des Ernteguts besteht aus Langfasern, 3–13 % aus Kurzfasern. Die Holzbestandteile (Schäben) machen 35–50 % der Stängel aus. Die Langfasern werden von der Textilindustrie verarbeitet. In jüngster Zeit hat dieser Industriezweig jedoch auch Vorteile kurzer Flachsfasern gegenüber synthetischen Fasern erkannt: Sie sind leichter und lassen sich biologisch abbauen. Üblicherweise dienen die Kurzfasern für Dämmstoffe, Baustoffe, Formpressteile und Papier. Die bei der Fasergewinnung anfallenden Holzstückchen liefern eine gute Tiereinstreu und eignen sich als Brennstoff, für Verpackungsmaterial oder dienen zur Herstellung von Spanplatten.

Saat-Lein ist auch Bestandteil vieler Zwischenfrucht- und Wildackermischungen. Dabei ist von Vorteil, dass er bis in den Spätherbst wächst. Die Pflanze wächst häufig in ein- oder mehrjährigen Blühmischungen.

Kultur und Ernte

Winterlein wird Mitte September gesät, Sommerlein je nach Region ab März bis Mitte Mai. In der Regel wird die Sommerform des Ölleins angebaut. Die konkurrenzschwache Art eignet sich weder für Mischkulturen noch für Untersaaten. Sie kann jedoch mit geringem Aufwand kultiviert werden. Sobald die Kapseln braun sind und die Samen in ihnen rascheln – in der Regel Ende August bis Anfang September – werden sie gedroschen. Zu diesem Zeitpunkt sind die Stängel gelblich bis braun.

Öllein, unreif fruchtend

Faserlein wird zur Gelbreife geerntet, etwa 7–10 Tage vor Vollreife. Maschinen reißen Bündel der Pflanzen mitsamt des Wurzelansatzes aus. In der Regel werden die Pflanzen danach parallel auf dem Feld ausgelegt. Dort findet eine Gärung statt, bei der Mikroorganismen die Pektine im Pflanzenstängel auflösen („Tauröste", „Feldröste"). Anschließend lassen sich die Fasern in mehreren Schritten abtrennen und reinigen.

Saat-Lein ist mit sich selbst unverträglich. Landwirte müssen Anbaupausen von mindestens 5 Jahren einhalten. Wurzelausscheidungen der Leinpflanzen, Pilze und Bakterien führen sonst zu „Leinmüdigkeit". Vorfrüchte vor Saat-Lein sollten Unkräuter gut unterdrücken. Geeignet sind z. B. Gerste, Winterweizen, Mais, Kartoffeln und Zucker-Rüben. Nach Leguminosen, Raps oder Sonnenblumen sollte er nicht angebaut werden.

Ökologische Bedeutung

Leinanbau verdichtet den Boden, benötigt aber kaum Düngung und ist damit positiv zu bewer-

Leinsamen und Goldleinsamen

Reife Kapsel quer geschnitten

Faserlein, Gelbreife und Auslage zur Tauröste

Flachs-Seide

ten. Er hat außerdem eine positive Wirkung auf das Landschaftsbild. Die Blüten bieten besuchenden Insekten nur wenig Nektar und Pollen (Nektarwert 1, Pollenwert 1). Am häufigsten lassen sich Schwebfliegen daran beobachten. Insektenkundler fanden außerdem heraus, dass bei Saat-Lein in der Fruchtfolge auch vermehrt parasitierende Hautflügler auftreten. Früher waren Leinfelder Heimat von Spezialisten unter den Wildkräutern, etwa Flachs-Lolch (*Lolium remotum*), Gezähnter Leindotter (*Camelina alyssum*), Lein-Lichtnelke (*Silene linicola*), Flachs-Seide (*Cuscuta epilinum*). Sie verschwanden mit der verbesserten Saatgutreinigung und fehlen auf den heutigen Leinfeldern. Möglicherweise können sie sich bei vermehrtem Leinanbau wieder ansiedeln. Insgesamt gilt Saat-Lein als Art, die die Artenvielfalt fördert.

Weitere Arten

Blühmischungen enthalten neben der Kulturart oft weitere Arten:

Der **Österreichische Lein** (*Linum austriacum*) stammt ursprünglich aus dem östlichen Mittelmeerraum. Er wächst als mehrjährige Staude und besitzt gelbe Staubbeutel.

Die Heimat des **Roten Leins** (*Linum grandiflorum*) liegt in Algerien. Er ist einjährig und blüht rosa bis scharlachrot.

Roter Lein

Österreichischer Lein

Sida, Virginiamalve

Ripariosida hermaphrodita, Sida hermaphrodita

Die Staude wächst wild an sandigen oder felsigen Flussufern im Osten der USA. Sie bildet ein bis 3 m tiefes Wurzelsystem und 3–4 m hohe, stark verzweigte, bis 2 cm dicke Stängel, an denen tief handförmig gelappte, 10–20 cm lange Blätter sitzen. Eine Pflanze kann 20–40 Stängel entwickeln. Die weißen, 1–2 cm großen Blüten mit für Malven typischen Staubblattröhren stehen zu 11–15 in endständigen Rispen. Die Art ist anspruchslos, erträgt Temperaturen bis -30 °C und kommt mit Trockenheit, Grenzstandorten und schlechten Böden zurecht. Für gute Erträge sollte der Boden feucht und schwer und das Klima sonnig und warm sein.

Bereits im 18. Jh. kultivierten Bauern in Nordamerika Sida für Grünfutter. In den 1930er-Jahren begannen in Russland Versuche, die Pflanze für Futter und Fasern zu nutzen. Nach Europa gelangte sie erst 1955, als sie nach Polen eingeführt wurde. Seither beschäftigt man sich dort intensiv mit deren Kultur und Nutzung. In Deutschland stößt die Pflanze erst seit einigen Jahren auf Interesse. Sie kann als rasch wachsende Energiepflanze zur Gewinnung von Biogas, Hackschnitzeln, Pellets, Biotreibstoffen sowie Strom und Wärme verwendet werden. Ihre Fasern eignen sich für Dämmstoffe, ihre Zellulose für die Papierindustrie. Außerdem kann sie auf schwermetallverseuchten und degradierten Böden angebaut werden, um diese zu rekultivieren.

Sida wird ab Mitte Mai ausgesät oder gepflanzt. Sie keimt unregelmäßig und unterdrückt Unkräuter im 1. Jahr schlecht. Ernten erfolgen ab dem 2. Jahr für einen Zeitraum von 15–20 Jahren. Als Substrat für Biogas wird der Aufwuchs 1–2-mal im Jahr gehäckselt. Die Pflanzenmasse eignet sich auch als hochwertiges, der Luzerne ebenbürtiges Tierfutter mit einem Proteingehalt von bis zu 30 %. Im Winter verholzen die Stängel und trocknen ab. Für Brennstoff werden sie zwischen Februar und April geerntet. Die Blüten locken viele Bienen, Hummeln und Schwebfliegen an. Imker können aus einem Sidabestand bis zu 120 kg Honig pro Hektar erhalten (Nektarwert 4, Pollenwert 4). Die Samen werden von Vögeln gefressen. Die Felder bieten wertvollen Lebensraum für Insekten, Niederwild und Vögel. Zwar gibt es ertragreichere Energiepflanzen, doch Sida könnte besonders an trockenen, schlechten Standorten eine auch ökologisch interessante Alternative sein.

Schlaf-Mohn

Papaver somniferum, Papaver somniferum ssp. *somniferum*

Beschreibung

Die sommer- oder winterannuelle Pflanze bildet eine Pfahlwurzel und mehrere 80–160 m hohe, etwas verzweigte Triebe. Sie sind ebenso wie die schräg aufwärts zeigenden, stängelumfassenden Blätter von Wachs überzogen und dadurch bläulich bereift. Die Blüten sind 8–10 cm breit. Ihre 2 Kelchblätter fallen beim Aufblühen ab. Die 4 Kronblätter sind bei den in Deutschland für den Nahrungsmittelanbau zugelassenen Sorten hell- bis dunkelviolett und haben je einen dunklen Fleck an der Basis. Andere Sorten blühen auch weiß, selten rot. Bei den Sorten wird je nach Kulturform zwischen Winter- und Sommermohn unterschieden. Bei Wintermohn hat eine Blüte im Schnitt 230 Staubblätter, beim Sommermohn knapp die Hälfte. Eine weitere Unterscheidungsmöglichkeit betrifft die großen ei- bis kugelförmigen Kapseln. Sie öffnen sich bei einigen Sorten mit Poren und entlassen ihre Samen (Schüttmohn). Bei Schließmohn dagegen bleiben sie geschlossen. Sie enthalten je 2000–4000 nierenförmige Samen. Auch deren Färbung spielt für die Klassifizierung der Sorten eine Rolle: Es gibt Blau-, Grau- und Weißmohn.

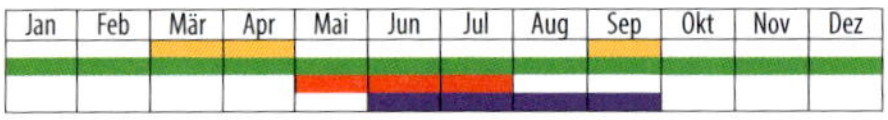

Entwicklung und Standortansprüche

Schlaf-Mohn gedeiht gut in Mitteleuropa und kommt auch mit Grenzstandorten zurecht. Besonders günstig sind warme Klimalagen mit mittleren Niederschlägen. Er bevorzugt tiefgründige, humusreiche, kalkhaltige Böden, die sich im Frühjahr rasch erwärmen und eine gute Wasserführung aufweisen. Verdichtete und verschlämmte Böden eignen sich nicht. Die Größe der Pflanze sowie die Anzahl und Größe der Blüten und der Früchte hängen stärker von Standort- und Umweltbedingungen ab als bei den meisten anderen Pflanzen. Die Erträge schwanken deshalb oft stark von Jahr zu Jahr. Die Angaben oben in der Beschreibung beziehen sich auf gut mit Nährstoffen und Feuchtigkeit versorgte Standorte, auf denen die Pflanzen nicht zu dicht stehen.

Schlaf-Mohn ist ein Lichtkeimer und eine Langtagpflanze. Seine Vegetationsdauer beträgt 120–130 Tage. Für die Keimung sind mindestens 3 °C erforderlich, gekeimte Pflanzen ertragen bis -5 °C. In der Jugend entwickeln sie sich langsam und sind nur wenig konkurrenzfähig gegenüber Unkräutern. Bis Mitte April bleibt Wintermohn im Rosettenstadium, dann wachsen seine Stängel in die Höhe. Sommermohn beginnt etwas später zu schossen. Ein Bestand blüht nur 10–14 Tage lang.

Blühend

Blühend und unreif fruchtend

Bei Wintermohn beginnt die Blüte Ende Mai, bei Sommermohn ab Mitte Juni.

Herkunft und Geschichte als Nutzpflanze

Wahrscheinlich haben Ackerbau treibende Völker im Mittelmeerraum die Art aus dem dort heimischen Borsten-Mohn (*Papaver somniferum* ssp. *setigerum*) ausgelesen. Der älteste archäologische Fund wird auf 6000–5500 v. Chr. datiert und stammt aus Israel. In Mitteleuropa kultivierten die Menschen Schlaf-Mohn ab etwa 5200 v. Chr. Er gehört damit zu unseren ältesten Kulturpflanzen. Die Samen dienten als Nahrungsmittel, der Milchsaft als Droge und in der Medizin. Die alten Griechen verwendeten Opium für kultische Zwecke und als Medizin. Eine Mohnkapsel war sowohl Symbol von Hypnos, dem Gott des Schlafes,

Schüttmohn, reif fruchtend

Anbau Wintermohn

als auch für Morpheus, den Gott des Traumes. In der Folgezeit stand man der Substanz zweigeteilt gegenüber: Man verbot sie, um dann wieder ihre Wirkung zu loben. Seit 1930 unterliegt der Schlaf-Mohn in Deutschland dem Betäubungsmittelgesetz. Heute stammt die Hauptmenge der hier verkauften Mohnsamen und des Mohnöls aus Importen. Besonders im ökologischen Landbau stößt der Anbau wieder vermehrt auf Interesse, ist aber eine Nischenkultur.

Nutzung

Schlaf-Mohn lässt sich in mehrerlei Hinsicht nutzen: Als Heil-, Nahrungs- und Zierpflanze sowie als Rauschdroge. In seinen grünen Teilen enthält er einen alkaloidhaltigen Milchsaft. Dieser liefert einerseits Opium als gefährliche Rauschdroge, ist andererseits aber potentes Heilmittel. Einzelne Wirkstoffe von Opium sind noch heute bedeutend: Morphin als Schmerzmittel, Codein als Hustenmittel, Papaverin als Asthmamittel. Mittlerweile werden die einzelnen Alkaloide synthetisch gewonnen. Ein Anbau zur Alkaloidgewinnung ist bei uns nicht zulässig.

Speisemohn, Ölmohn: Mohnsamen und das daraus gewonnene Öl sind hochwertige Lebensmittel. Reife Mohnsamen enthalten keine Alkaloide. Sie können jedoch je nach Erntetechnik und Sorgfalt mit dem Milchsaft in Kontakt geraten. Importierte Mohnsamen müssen deshalb oft nachbehandelt werden, um ihren Alkaloidgehalt zu minimieren. Dieser Schritt entfällt bei morphinarmen Sorten. Die Samen enthalten 38–45 % Öl, rund 21 % Eiweiß und 22 % Ballaststoffe, außerdem sind sie reich an Kalzium und Vitaminen, vor allem der B-Gruppe. Das Öl zeichnet sich durch einen Gehalt an mehrfach ungesättigten Fettsäuren von 87–90 % aus. Das meiste davon (60–75 %) ist Linolsäure, Ölsäure ist zu 10–22 % enthalten. In Deutschland kommen vor allem Samen von Blaumohn auf den Markt. Sie werden besonders für Süßspeisen und Backwaren wie Mohnbrötchen und Kuchen verwendet. Öl presst man aktuell nur aus einer geringeren Menge, da billigere Öle mit einem ähnlichen Fettsäurespektrum den Markt dominieren, etwa Sonnenblumenöl oder Safloröl. Bereits bei Kaltpressung liefern die Samen über 30 % Öl. Mohnöl hat einen nussigen Eigengeschmack. Es eignet sich für die kalte Küche und zum Dünsten, nicht jedoch zum Braten, da es nur wenig hitzebeständig ist. Der Presskuchen wird vermahlen und liefert ein eiweißreiches, nach Mohn schmeckendes Mehl, das anderen Mehlen beim Backen zugemischt werden kann. Warm gepresstes Öl wird für kosmetische Zwecke, besonders für die Hautpflege sowie für die Produktion hochwertiger Künstlerfarben, verwendet. Sein Presskuchen dient als Viehfutter. Weißmohn enthält weniger Öl in den Samen und wird vor allem zum Backen verwendet oder zu Mohnmehl verarbeitet.

Blaumohn und Weißmohn

Schüttmohn eignet sich für eine Doppelnutzung: Die Samen fallen durch die Poren aus den Kapseln, die unbeschädigt bleiben und von Floristen für Gestecke geschätzt werden. Ein besonders bekannter Schüttmohn ist der ‚Waldviertler Graumohn' aus Niederösterreich.

Kultur und Ernte

Landwirte in Deutschland müssen sich den Anbau genehmigen lassen, da dieser sowohl für

Nahrungsmittel als auch im Zierpflanzenbereich dem Betäubungsmittelrecht unterliegt. Genehmigungen für Speise- bzw. Ölmohn werden nur für morphinarme Sorten erteilt, aktuell für 2 Sorten Wintermohn und eine Sorte Sommermohn, alle drei sind Blaumohne. Ihr Morphingehalt liegt bei höchstens 0,03 %. In Österreich und der Schweiz ist Mohnanbau ohne Genehmigung möglich und es stehen weitere Sorten, auch Grau- und Weißmohn, zur Verfügung.

Die Aussaat von Wintermohn erfolgt Mitte September, sodass die Pflanzen noch vor dem Winter erste Blätter bilden, sich aber nicht zu weit entwickeln. Sommermohn wird meist ab Mitte März bis Anfang April gesät und gehört damit zu den ersten Kulturpflanzen, die im Frühjahr gesät werden können. Die Samen dürfen höchstens 0,5–1,5 cm tief in den Boden gelegt werden. In der Regel wird so in Reihen gesät, dass eine mechanische Bearbeitung als Hackkultur möglich ist. Besonders in der Jugendphase ist eine gute Unkrautunterdrückung erforderlich. Bei Wintermohn können vor allem Klatsch-Mohn, Kamillen oder ein Durchwuchs der Vorkultur Probleme bereiten, bei Sommermohn der Weiße Gänsefuß. Dessen Samen lassen sich zudem nur schlecht aus dem Erntegut reinigen. Sobald die Pflanzen und Kapseln trocken sind und die Samen in den Kapseln rascheln, werden diese mit dem Mähdrescher geerntet, gereinigt und nachgetrocknet. In Deutschland geschieht dies meistens nach der Getreideernte von Mitte August bis in den September hinein. Die Samen sollen nicht verletzt werden, da schon kleine Risse das Öl austreten und oxidieren lassen.

Schlaf-Mohn gehört zu einer Pflanzenfamilie, die im Ackerbau sonst keine Rolle spielt. Pflanzenkrankheiten oder Schädlinge bereiten nur wenige Probleme. Als gute Vorfrüchte gelten Getreide, Zucker-Rüben und Leguminosen. Kartoffeln als Vorfrucht hemmen die Keimung und Jugendentwicklung durch allelopathische Effekte. Zwischen zwei Mohnkulturen sollte eine Anbaupause von 3–4 Jahren eingehalten werden.

Ökologische Bedeutung

Blühender Schlaf-Mohn erfreut nicht nur Spaziergänger und wertet das Landschaftsbild auf, sondern lockt mit seinem Angebot an nährstoffreichem Pollen (Proteingehalt 36–40 %) zahlreiche Insekten, wie Honigbiene, Wildbienen, Hummeln und Schwebfliegen, an (Pollenwert 4, Nektarwert 0). Bei Sommermohn bilden die Staubbeutel jeder Blüte rund 1,5 Millionen Pollenkörner – etwa so viele wie Klatsch-Mohn, bei Wintermohn sogar rund 6,7 Millionen. Besonders Sommermohn trägt mit seiner Blütezeit ab Mitte Juni bis weit in den Juli dazu bei, dass pollensuchende Insekten auch in den Sommer hinein Nahrung finden.

Mohnpflanzen durchwurzeln den Boden intensiv und beeinflussen dadurch die Bodenstruktur positiv. Abseits von Aussaaten taucht die Art nur vereinzelt und vorübergehend auf.

Graumohn mit aufgeschnittener Kapsel

Süßgräser (Poaceae)

Zu dieser Familie gehören mit den Getreiden die wichtigsten Feldfrüchte. Doch sind Gräser nicht nur Körnerlieferanten, sondern sie liefern z. B. auch wichtiges Viehfutter, sowohl in Form von Heu als auch als Grünfutter. Andere Grasarten spielen eine Rolle als Ackerwildkräuter.

Vegetative Merkmale

Es gibt winter- und sommerannuelle sowie mehrjährige Arten. Die meist runden Halme sind in feste Knoten (Nodien) und hohle, seltener mit Mark gefüllte Zwischenabschnitte (Internodien) gegliedert. Umgekippte Halme können sich, wenn sie ihr Wachstum noch nicht eingestellt haben, wieder aufrichten, indem sie Wachstumszonen oberhalb der Knoten aktivieren und diese einseitig Gewebe ergänzen.

Die Blätter sind in Blattscheide und Blattspreite gegliedert. Die Blattscheide entspringt am Knoten und umschließt den Halm mehr oder weniger weit hinauf. Von ihr geht die vom Halm abstehende lineale Blattspreite ab. Am Übergang von Scheide zu Spreite sitzt meist ein häutiges, dem Stängel anliegendes Anhängsel. Dieses Blatthäutchen (Ligula) ist für die Bestimmung von Gräsern ebenso wichtig wie die Ausbildung von Öhrchen. Dies sind kleine, meist paarige Zipfelchen an den Seiten des Spreitengrunds, die den Halm mehr oder weniger umfassen.

Blattmerkmale der wichtigsten Getreide im Vergleich

Saat-Hafer

Gerste

Roggen

Dinkel

Saat-Weizen

Die Bestimmungsmerkmale der Getreide im Vergleich finden sich im Anhang in der Tabelle ab S. 403.

Rispe (Mohrenhirse)

Ähre (Roggen)

Blüten

Bei den Blütenständen handelt es sich meist um Ähren, Rispen oder Trauben. Bei Ährenrispen sind die Verzweigungen der Rispe so kurz, dass der Eindruck einer Ähre entsteht. Die Blütenstände setzen sich aus Teilblütenständen – den Ährchen – zusammen. Sie enthalten je eine oder mehrere Blüten sowie Spelzen. Bei diesen handelt es sich um trockene Deckblätter. An der Basis des Ährchens sitzen meist 2 Hüllspelzen. Zu jeder Blüte gehören eine Deckspelze und eine Vorspelze. Die Mittelrippe der Deckspelze kann zu einer Granne verlängert sein. Die Blüten sind meist zwittrig mit 1–3 Staubblättern und einem Fruchtknoten mit 2 fedrigen Narben. Die Blüten öffnen sich in der Regel, sobald Schwellkörper an der Basis des Fruchtknotens anschwellen. Sie werden vom Wind bestäubt und bilden entsprechend viel leichten, trockenen Pollen. Nur bei wenigen Arten besuchen ab und zu auch Insekten die Blüten, um Pollen zu sammeln. Sie spielen für die Ausbildung der Körner jedoch keine Rolle.

Je nach Grasart kann sich die Pflanze selbst befruchten oder es muss Pollen einer anderen Pflanze derselben Art auf ihre Narbe gelangen. Bei den Fremdbefruchtern (die meisten Wildgräser, bei den Getreiden Roggen und zum Teil auch Triticale) bilden die Blüten große Pollenmengen. Diese Gräser spielen als Auslöser von Heuschnupfen eine wichtige Rolle. Bei den Selbstbefruchtern (von den Getreiden Weizen, Dinkel, Gerste, Hafer und zum Teil Triticale) müssen sich die Blüten nicht mehr öffnen. So wird kaum Pollen freigesetzt und die Pflanzen lösen selten Heuschnupfen aus.

Früchte/Fruchtreife

Bei den Früchten handelt es sich um Karyopsen. Diese stellen eine Sonderform von Nüssen dar. Die Samenschale ist – ähnlich wie bei den Achänen der Korbblütler – mit der harten Fruchtwand verwachsen. Die Frucht wirkt dadurch wie ein Samen. Im allgemeinen Sprachgebrauch wird sie auch als „Korn“ bezeichnet.

Die Karyopsen sind mehr oder weniger fest von den Vor- und Deckspelzen umschlossen. Bei den Getreiden unterscheidet man entsprechend:

Nacktgetreide: Die Spelzen lassen sich im Reifezustand des Korns einfach lösen bzw. die Früchte fallen von selbst aus den Spelzen (freidreschend, z. B. Weizen, Roggen).

Spelzgetreide: Die Spelzen bleiben fest mit dem Korn verwachsen und lösen sich auch beim Dreschen nicht ab (z. B. Dinkel, Emmer, Einkorn, Hirse, die meisten Hafer- und Gerstensorten).

Landwirte unterscheiden bei den Getreiden verschiedene Reifestadien, nach denen sie sich für die Arbeiten auf den Feldern und bei der Ernte richten:

Reife der Körner:

- Milchreife: Korninhalt milchig
- Teigreife: Korninhalt weich, ein Fingernageleindruck bildet sich wieder zurück
- Gelbreife: Der Fingernageleindruck bleibt
- Vollreife: Korn hart und mit dem Fingernagel kaum zu brechen
- Totreife: Halmknoten braun, Pflanze stirbt ab, Körner sind nicht mehr zu brechen

Fotosynthese:

Bezüglich der Fotosynthese lassen sich bei den Süßgräsern zwei verschiedene Typen unterscheiden. Die meisten gehören wie fast alle bei uns kultivierten Pflanzen anderer Familien zu den sogenannten C3-Pflanzen.

Hirsen (Gattungen *Sorghum*, *Panicum*, *Digitaria*, *Echinochloa*), Mais (*Zea mays* ssp. *mays*) und Riesen-Chinaschilf (*Miscanthus* × *giganteus*) dagegen zählen zu den C4-Pflanzen (vgl. Fuchsschwanzgewächse, S. 52). Diese C4-Gräser gehen sparsamer mit Wasser um und können Trockenheit im Sommer besser ertragen. So können sie bei hoher Lichteinstrahlung und Temperatur mehr Biomasse aufbauen als C3-Pflanzen. Während die C3-Gräser ihren Zuwachs besonders im Frühjahr und Herbst haben, wachsen C4-Gräser hauptsächlich während der Sommermonate. Häufig werden sie deshalb als „Warm-Season-Gras“ bezeichnet und so von „Cool-Season-Gras“ unterschieden.

Saat-Hafer bei Milchreife

Saat-Hafer

Avena sativa

Beschreibung

Auf den Feldern lässt sich blühender oder fruchtender Saat-Hafer mit seinen großen, in Rispen angeordneten Ährchen gut von den anderen Getreiden unterscheiden. Die Spelzenfarbe kann sehr unterschiedlich sein, sodass bei alten Haferformen Gelb-, Weiß-, Rot- oder Schwarzhafer unterschieden wird – ein Zusammenhang zwischen der Farbe und der Qualität besteht jedoch nicht. Bei modernen Hafersorten unterscheiden Züchter Spelz- und Nackthafer. Gewöhnlich ist Hafer ein Spelzgetreide. Der Anbau von fast freidreschenden, als Nackthafer bezeichneten Sorten ist in Mittel-

Unreif fruchtend

europa relativ selten und liefert geringere Erträge als Spelzhafer. Manche Autoren ordnen den Nackthafer der Art *Avena nuda* zu. Andere zählen die angebauten hexaploiden Nackthafersorten zur Art *Avena sativa*. Von diesen unterscheiden sie die diploide Art *Avena nuda*. Das Lösen aus den Spelzen wird von einem einzigen Gen kontrolliert, das dominant vererbt wird. Andere Gene und Umweltfaktoren sind zusätzlich dafür verantwortlich, wie stark freidreschend die Pflanze wird. Hafer ist selbstbefruchtend. Weitere Merkmale siehe Tabelle S. 403.

Entwicklung und Standortansprüche

Saat-Hafer lässt sich bis in Höhen von 1100 m oder sogar noch darüber anbauen. Am besten entwickelt er sich in feuchtkühlem Klima, wie es in den Mittelgebirgen, dem Alpenvorland und in Küstennähe vorhanden ist. Wenn es im Frühsommer tagelang über 30 °C hat, sinkt der Ertrag massiv. Unter den Getreidearten benötigt Hafer am meisten Wasser. Die Pflanzen haben

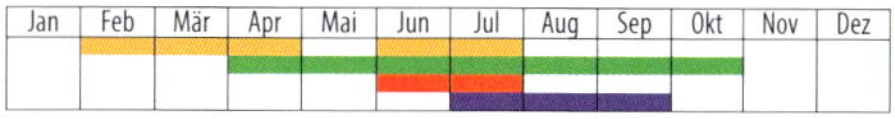

Hellspelzige Sorte ‚Apollon‘

Dunkelspelzige Sorte ‚Auteuil‘

jedoch ein ausgeprägtes Wurzelsystem und können Wasser und Nährstoffe deshalb gut aufnehmen. Bezüglich des Bodens ist Hafer deshalb relativ anspruchslos, er lässt sich auch auf kargem, magerem Boden kultivieren, bevorzugt aber mäßig tiefgründige, mittlere Böden ohne Staunässe. Auf guten Böden – auf denen Landwirte aber eher Mais oder Weizen anbauen – kann er recht ertragreich sein, auf sehr leichten, trockenen Böden sinkt der Ertrag.

Herkunft und Geschichte als Nutzpflanze

Der Saat-Hafer stammt von Arten wie dem Flug-Hafer (S. 381) oder dem in Südeuropa heimischen Taub-Hafer (*Avena sterilis*) ab. In Mitteleuropa ist die Haferkultur seit der Bronzezeit nachgewiesen. Die Pflanzen wanderten zunächst als Unkraut mit Weizen und Gerste ein, bevor sie selbst als Kulturpflanzen angebaut wurden. In der späten Bronzezeit setzten sich Hafer und Roggen immer mehr durch, da sie sich in dem sich damals verschlechternden Klima besser entwickeln konnten als Weizen oder Gerste. Im Hochmittelalter war Hafer eine bedeutende Feldfrucht. Er verlor später zwar mit der Einführung der Kartoffel etwas an Bedeutung, doch war er bis in die erste Hälfte des 20. Jh. nach Roggen die wichtigste Getreideart in Deutschland. Besonders wichtig war er als Leistungsfutter für Pferde. So verwundert es nicht, dass sein Anbau stark abnahm, als andere Transportmittel aufkamen. Heute gibt es nur noch wenige Züchter, die sich um neue Hafersorten bemühen.

Nutzung

Saat-Hafer dient heute in erster Linie als Futtergetreide, besonders für Pferde, in der Kälbermast und für Zuchtvieh, aber auch für Geflügel. Bei Futterhafer können die Spelzen am Korn verbleiben. Sie können bis zu 30 % des Gewichts ausmachen. Hafer wird auch als Ganzpflanze für Grünfutter oder Silage verwendet. Als Sommerzwischenfrucht angebauter Hafer eignet sich außerdem für die Energieerzeugung in Biogasanlagen.

Feld im Juli

Nur ein geringer, jedoch seit der Jahrtausendwende steigender Anteil der Haferproduktion fließt in die menschliche Ernährung, z. B. für Haferflocken als Müsli oder Porridge, für Haferbrei und Hafergrütze als Schon- und Kleinkindkost oder als Haferdrink bzw. Hafermilch. Hierzu dienen Nackthafer oder Hafersorten mit weißen oder gelben Spelzen, die vor der Verarbeitung entspelzt und geschält werden. Für Brot eignet sich Hafermehl weniger, denn es enthält nur geringe Klebermengen. Zum Backen darf deshalb sein Anteil gegenüber anderem Mehl 20–30 % nicht übersteigen.

Saat-Hafer enthält von allen Getreiden am meisten Fett und Mineralstoffe sowie reichlich Ballaststoffe, die eine positive Wirkung auf den Cholesterin- und Blutzuckerspiegel haben können und die Verdauung fördern.

Kultur und Ernte

Landwirte in Mitteleuropa bauen Saat-Hafer gewöhnlich als Sommerhafer an. In Westeuropa und Großbritannien werden einige Sorten auch als Winterhafer ausgesät, bei uns ist deren Winterfestigkeit nicht ausreichend. Auch die als Winterhafer verwendeten Sorten benötigen keine Vernalisation. Bei Sommerhafer soll die Aussaat als Hauptfrucht für die Körnergewinnung so früh als möglich im Frühjahr erfolgen, sodass die Pflanzen die Winterfeuchte des Bodens nutzen können. Die Mindestkeimtemperatur liegt bei 3–5 °C. Als Saatgut dient das bespelzte Korn. Es braucht meist mindestens 20 Tage bis zum Keimen. Die Vegetationsdauer liegt bei 120–160 Tagen. Nachdem die Rispen oft unterschiedlich abreifen und reife Körner sehr locker sitzen, dreschen Landwirte sie meist recht früh, müssen dann die Körner aber nachtrocknen. Die Fette können bei langer Lagerung oxidieren, die Körner werden dadurch ranzig. Hafer als Ganzpflanze für Grünfutter oder Silage wird an kühlen Standorten ebenfalls als Hauptfrucht, in wüchsigeren Regionen auch als Zweitfrucht nach der Ernte von Wintergetreide ausgesät. Hafer gilt allgemein als guter Bestandteil von Fruchtfolgen. Vor Wintergetreide passt er ähnlich gut wie Raps, Zucker-Rüben oder Leguminosen. Er selbst stellt keine besonderen Ansprüche an seine Vorfrucht, sondern gedeiht sowohl nach Wintergetreide als auch nach Mais oder Hackfrüchten. Lediglich für die Selbstfolge sowie nach Sommergerste passt dieses Getreide nicht, da es gegen den Haferzystennematoden (*Heterodera avenae*) und das Stockälchen oder Stängelnematoden (*Ditylenchus dipsaci*) anfällig ist. Neben Reinsaaten bauen Landwirte besonders für Silage auch Gemenge mit Körnerleguminosen wie Lupinen oder Erbsen an, die zur Teigreife der Leguminosen abgeerntet werden.

Ökologische Bedeutung

In der Fruchtfolge mit anderem Getreide gilt Hafer als Gesundungsfrucht, da sich viele Getreidekrankheiten in ihm nicht vermehren. In erster Linie betrifft dies die wirtschaftlich relevanten Pilzkrankheiten Schwarzbeinigkeit (*Gaeumannomyces graminis* var. *tritici*) und Parasitärer Halmbruch (*Pseudocercosporella herpotrichoides*). Im Vergleich zu anderem Getreide gilt die Haferproduktion als umweltfreundlich, da auch mit wenig Düngung und Pflanzenschutz hohe Erträge zu erzielen sind.

Körner von Nackthafer

Sand-Hafer, Rau-Hafer

Avena strigosa

Feld mit abgefrorenen Pflanzen, im März

Beschreibung

Diese sehr variable Art gelangt auf den Feldern in der Regel nicht zum Blühen oder Fruchten. Ohne Rispen lässt sie sich an den etwas rauen Blättern von den beiden anderen im Buch beschriebenen Haferarten unterscheiden. Sand-Hafer hat einen diploiden Chromosomensatz und kann sich weder mit hexaploidem Saat-Hafer noch mit Flug-Hafer kreuzen. Weitere Merkmale siehe Tabelle S. 403.

Entwicklung und Standortansprüche

Diese Haferart erträgt Trockenheit und wächst auf nahezu allen Böden. Die Pflanzen entwickeln sich rasch und gesund. Sie unterdrücken Unkräuter durch starke Bestockung. Allelopathisch wirkende Wurzelausscheidungen hindern außerdem vor allem Kreuzblütler und Ausfallgetreide sehr wirkungsvoll an der Keimung.

Herkunft und Geschichte als Nutzpflanze

Als ursprüngliche Heimat gelten Portugal, Spanien, Frankreich und Korsika, von dort gelangte die Art im Gefolge von Weizen nach Mittel- und Osteuropa. Bis in die 1930er-Jahre bestanden viele Haferfelder nicht nur aus Saat-Hafer, sondern enthielten zu einem guten Teil Sand-Hafer, der gleichzeitig mit dem Saat-Hafer reif und mit diesem geerntet wurde. Als in der ersten Hälfte des 20. Jh. das Saatgut immer besser gereinigt wurde, schieden die Siebe der Reinigungsanlagen die kleineren Körner des Sand-Hafers aus und dieser galt immer mehr als Unkraut. In Regionen, in denen sein Anbau aufgegeben wurde, kann er noch als Unkraut im Saat-Hafer auftauchen, hält sich sonst aber nur unbeständig an Wildstandorten. Noch bis Ende des 19. Jh. ersetzte diese Haferart in einigen Gebieten Westeuropas wie Wales oder im Norden Schottlands den Saat-Hafer, für den sich diese Regionen nicht eigneten. Erst seit Beginn des 21. Jh. nimmt die Bedeutung

Jan	Feb	Mär	Apr	Mai	Jun	Jul	Aug	Sep	Okt	Nov	Dez

des Sand-Hafers wieder zu, allerdings nicht mehr als Körnerfrucht.

Nutzung, Kultur und Ernte

Heute säen Landwirte diese Haferart als Zwischenfrucht vor Mais, Zucker-Rüben, Raps, Kartoffeln oder Getreide. Er gilt als Gesundungsfrucht. Seine Körner spielen keine Rolle mehr. Die Pflanzen entwickeln jedoch viel Biomasse, die sich für Silage, als Grünfutter oder für Biogas verwenden lässt. Im Winter frieren die Pflanzen bei Minustemperaturen ab, sodass sie in der Folgekultur nicht mehr aufkommen. War der Bewuchs sehr dicht, trocknen die Ackerflächen im Frühjahr nicht gut ab. Oft erfolgt die Kultur nicht als Reinsaat, sondern im Gemenge, Partner dabei können z. B. Phazelie, Weißer Senf, Öl-Rettich oder Alexandriner-Klee sein.

Ökologische Bedeutung

Die stark wachsenden Pflanzen tragen mit ihrer Biomasse und dem gut entwickelten Wurzelwerk dazu bei, die Bodenqualität zu verbessern und das Bodenleben zu aktivieren. Ihr dichter Bestand schützt den Boden auch gut vor Erosionen. Mit bestimmten Sorten des Sand-Hafers lassen sich Wurzelläsionsnematoden (*Pratylenchus* spp.) und andere freilebende Nematodenarten biologisch bekämpfen. Sand-Hafer wird gerne von Rehen, Hasen und Vögeln gefressen.

Unreif fruchtend

Riesenweizengras, Szarvasigras

Elymus elongatus, Agropyron elongatum

Dieses Gras ist dem Landwirt auch als Ungarisches Riesengras, Ungarisches Energiegras, Hirschgras oder Hohes Weizengras bekannt. Die Wildform stammt aus Vorderasien und wurde ab Anfang des 20. Jh. in den USA, Kanada und Australien als Viehfutter und für Silage angebaut. Mit der im ungarischen Szarvas gezüchteten Sorte Szarvasi-1 wurde es erst in neuerer Zeit in Mitteleuropa bekannt und als Energiepflanze, besonders als Biogassubstrat genutzt. Heute gibt es weitere Sorten. Das Gras könnte sich auch – ähnlich wie Riesen-Chinaschilf – als Brennstoff eignen oder z. B. zu Isoliermaterial verarbeitet werden.

Es liebt Wärme, toleriert Trockenheit und Salz und kommt sehr gut mit den klimatischen Bedingungen in Mitteleuropa zurecht. Es wächst bis zu 2,5 m hoch, bildet dichte Horste und ein sehr tief reichendes Wurzelsystem, das Wasser in tieferen Bodenschichten gut erreicht. Die Halme sind kahl, die bläulich grünen, steifen Blätter durch kurze Haare rau. Die 10–30 cm lange Ähre besitzt quer zur Achse stehende, 1,5–2,5 cm lange Ährchen mit 5–11 Blüten. Vor der Blüte liegen die Ährchen der Achse an, später spreizen sie. Landwirte müssen für die Kultur nur wenig Aufwand betreiben. In der Regel säen sie das Gras nach einer Hauptfrucht im August oder Anfang September. Im Aussaatjahr bildet es vor allem ein dichtes Wurzelwerk, ab dem 2. Jahr liefert es für 5–10 Jahre viel Biomasse und erlaubt zwei Schnitte im Jahr. Der erste Schnitt erfolgt bei Blühbeginn zwischen Juni oder Juli, der zweite Ende September oder im Oktober. Das Hauptwachstum findet im Frühjahr und Herbst statt. Das Schnittgut weist einen für die Silierung geeigneten Trockensubstanzgehalt auf. Die Methanausbeute des ersten Schnittes kann die von Silomais erreichen, die des zweiten Schnittes liegt etwa 10 % niedriger. Da das Gras vor dem Winter nochmals wächst und außerdem tief wurzelt, erweist es sich als günstig für den Boden: Es minimiert die Nitratauswaschung im Winter und bindet organischen Kohlenstoff, der das Bodenleben und die Humusbildung fördert. Die dichte Grasnarbe verhindert Erosion durch Niederschläge und Wind. Im Gegensatz zur verwandten Gewöhnlichen Quecke (S. 386) besitzt Riesenweizengras kein invasives Potenzial, da es keine Ausläufer bildet.

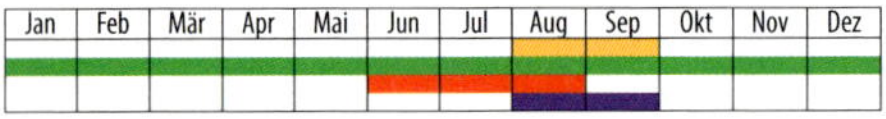

Gerste, Saat-Gerste

Hordeum vulgare

Beschreibung

Für Gerste sind die weit den Halm umgreifenden, kahlen Blattöhrchen charakteristisch. Je nachdem, wie viele der auf eine Blüte reduzierten Ährchen fertil sind und ein Korn bilden, lassen sich **Zweizeilige Gerste** (*Hordeum vulgare* convar. *distichon*) und **Mehrzeilige Gerste** (*Hordeum vulgare* convar. *vulgare*) unterscheiden. Bei beiden gibt es bespelzte Formen (Spelzgerste) und freidreschende Formen (Nacktgerste). Alle Formen der Gerste sind diploid. Weitere Merkmale siehe Tabelle S. 404.

Entwicklung und Standortansprüche

Gerste ist salztolerant und trockenheitsresistent. Sie gehört zu den Dunkelkeimern. Ihre Blüten bestäuben sich selbst, meist erfolgt dies bereits vor der Entfaltung der Blüten. Die Pflanzen scheiden Phenolsäuren und andere Stoffe aus, die für allelopathische Effekte verantwortlich sind.

Mehrzeilige Gerste wächst vor allem als Winter-, kaum als Sommergerste auf frischen, sandigen Lehmböden in sommerkühlem Klima.

Zweizeilige Gerste ist etwas anspruchsvoller bezüglich Boden, Klima und Witterung. Sie wächst vor allem als Sommergerste auf mäßig trockenen, humosen Lehm- und Lössböden. Doch es gibt auch bei ihr Wintergerstensorten.

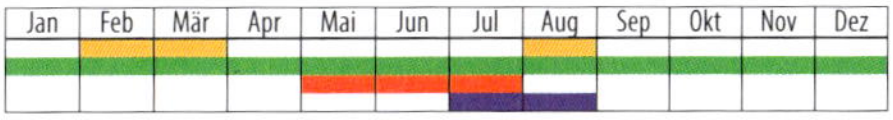

Zweizeilige Gerste

Sechszeilige Gerste

Die neueren von ihnen erreichen dabei je nach Boden- und Anbaubedingungen fast den Ertrag von Mehrzeiliger Gerste.

Sommergerste entwickelt sich mit einer Vegetationsdauer von 90–112 Tagen rascher als Sommerweizen, der im Schnitt 125 Tage benötigt. Sie ist für den Anbau in Randgebieten des Ackerbaus wie in den Alpen und in den nördlichen Breiten geeignet. Wichtig ist, dass sie so früh als möglich – ab Ende Februar – ausgesät wird und ihr während der Bestockungsphase ausreichend Feuchtigkeit zur Verfügung steht. Während der Kornfüllung sollte es ebenfalls ausreichend feucht und nicht zu warm sein. Für Zweizeilige Sommergerste besonders geeignet sind in Mitteleuropa höheren Lagen ab 350 m.

Die richtige Saatzeit für Wintergerste liegt ab Anfang September und darf nicht zu spät nach hinten geschoben werden. So bildet sie noch vor dem Winter 2–3 Triebe pro Pflanze. Zu große Winterkälte ohne Schnee oder zu viel Schnee in den Höhenlagen können ihr schaden, günstig dagegen ist eine leichte Schneebedeckung. Besonders gefährdet gegenüber Frost sind schwache Pflanzen oder solche, bei denen sich der Haupttrieb bereits streckt. Im Frühjahr sollte der Boden warm und trocken sein, sodass sich die Halme zügig entwickeln können.

Herkunft und Geschichte als Nutzpflanze

Die kultivierte Gerste stammt von der zweizeiligen Wild-Gerste (*Hordeum spontaneum*) ab, die in sommertrockenen Waldsteppen des fruchtbaren Halbmondes Vorderasiens wächst und sowohl Trockenheit als auch Salz toleriert. Gerste wurde ähnlich früh in Kultur genommen wie Weizen. Genetische Untersuchungen zeigen, dass sie offensichtlich zweimal domestiziert wurde: Zuerst

Sorte ‚Valsergerste‘ (Sommergerste, Nacktgerste)

Mitte des 9. Jahrtausends v. Chr. im Gebiet des heutigen Israels, dann nochmals rund 2000 Jahre später am Ostrand des iranischen Plateaus. Kultivierte Zweizeilige und Mehrzeilige Gerste tauchen in archäologischen Funden bereits Mitte des 9. Jahrtausends v. Chr. auf. Sie entstanden durch Selektion von Formen mit nicht brüchiger Ährenspindel direkt aus der Wild-Gerste. Bei Mehrzeiligen Gersten erfolgte eine Auslese von Mutanten mit fertilen Seitenährchen. Bereits ab 7000 v. Chr. gab es Nacktgersten. In Mitteleuropa taucht Gerste ab Beginn der ältesten bäuerlichen Kultur der Jungsteinzeit, der Bandkeramikkultur, ab 5500 v. Chr. auf. Bis ins Mittelalter war sie in Europa die Hauptgetreideart für die menschliche Ernährung. Sie wurde zu Breien und Fladen verarbeitet. Erst nach dem 11. Jh. wurde sie in der Bedeutung von Roggen und später Weizen als Brotgetreide abgelöst, nicht zuletzt wohl aufgrund ihrer schlechten Backeigenschaften. Schon die Kelten brauten Bier aus Gerste. Im Mittelalter schätzte man dieses „Flüssige Brot“ besonders in Gegenden, in denen kein Wein wuchs. Die älteste heute noch gültige lebensmittelrechtliche Vorschrift der Welt, das 1516 erlassene Reinheitsgebot für Bier, regelt, dass für Bier nur Gerste, Hopfen und Wasser verwendet werden dürfen. Es wird vermutet, dass damit Weizen und Roggen als Brotgetreide geschont werden sollten. Nach dem Dreißigjährigen Krieg löste Bier den Wein als wichtigstes Getränk ab. Dies führte zu einer Zunahme des Gerstenanbaus. Ein Gerstenkorn bildete die Grundlage für die inzwischen ungebräuchliche Gewichtseinheit Gran (etwa 65 mg), mit der Apotheker Arzneien wogen.

Nutzung

Die Körner der Mehrzeiligen Gerste sind eiweißreich. Ihre Hauptmenge geht in Mitteleuropa in die Schweinemast. Auch für Zuchtsauen, in der Geflügelmast und für Legehennen spielen sie eine Rolle. Ganzpflanzensilage von Wintergerste eignet sich für Rinder und Schafe. Das Getreide wird dazu zur Milchreife der Körner geschnitten.

Die Körner der Zweizeiligen Gerste enthalten weniger Eiweiß, aber mehr Stärke als die der Mehrzeiligen Gerste. Außerdem sind sie größer und gleichmäßig bauchig geformt. Sie eignen sich besonders zur Herstellung von Malz für die Brauerei. Sie keimen beim Malzen alle ziemlich gleichzeitig und liefern ein klareres Bier als das Malz der Mehrzeiligen Gerste. Erreicht Sommergerste nicht den Standard für Braugerste, eignet sie sich immer noch als wertvolles Futter.

Gerstengraupen und -grütze dienen als Brei oder in Suppen der menschlichen Ernährung. In neuerer Zeit hat Nacktgerste Eingang in die Vollkornküche gefunden, besonders auch für Aufläufe, Eintopfgerichte und Bratlinge. In Gebieten mit extremem Klima, etwa in Afrika, dient Gerste auch als Brotgetreide. Doch hat Gerstenmehl einen deutlich geringeren Gehalt an Klebereiweiß als Weizen. So lässt es sich nur

Blühende Braugerste, Mitte Mai

schlecht verbacken und eignet sich nicht für voluminöse Brote, sondern eher für Fladen. In geringen Mengen jedoch kann es in Brotteige gemischt werden.

Aus Gerste werden auch Kornbranntweine, besonders Whisky, hergestellt. Nacktgerste dient außerdem als Rohstoff für Malzkaffee.

Zur Teigreife ab Anfang Juni geerntete Wintergerste liefert gute Trockenmasseerträge für die Biogas- und Methangewinnung.

Kultur und Ernte

Wintergerste ist nach Winterweizen in Deutschland die bedeutendste Getreideart. Als Vorfrucht kommen vor allem Winterweizen, Erbsen, Frühkartoffeln oder Winterraps in Betracht.

Sommergerste stellt zwar keine besonderen Ansprüche an die Vorfrucht, doch sollte diese bei Braugerste nur wenig Stickstoff nachliefern, damit der Proteingehalt in den Körnern niedrig bleibt. Leguminosen sind deshalb nicht geeignet.

Die Ernte von Gerste mittels Mähdrescher erfolgt bei Voll- bis Totreife, noch vor Weizen und Roggen. Sie sollte in einer relativ kurzen optimalen Zeitspanne von 5–7 Tagen stattfinden, um Kornverluste möglichst gering zu halten.

Nachdem Gerste früh reift, steht auch nach der Körnerernte noch eine lange Vegetationsperiode für eine Zweit- oder Zwischenfrucht zur Verfügung. Besonders wenn Wintergerste bereits zur Milch- oder Teigreife geerntet wird, können danach eine Vielzahl an Zweitfrüchten für Futter oder zur Energiebiomasse angebaut werden, etwa Sorghumhirse, Sonnenblumen oder Sommergetreide wie Sommergerste, Sommertriticale und Sommerhafer.

Sowohl für die Nutzung als Futter als auch zur Biogasgewinnung kann der Anbau von Wintergerste in Monokultur oder im Gemenge mit Wintererbsen oder anderen Leguminosen erfolgen.

Ökologische Bedeutung

Die notwendige frühe Aussaat der Wintergerste führt dazu, dass noch im Herbst viele Wild-

Feld mit Wintergerste (Braugerste), Ende Mai

kräuter auf dem Acker keimen und sich vor dem Winter gut entwickeln können. Wenn es um Konkurrenzkraft von Wintergetreide gegenüber Unkräutern geht, so steht Wintergerste in der Rangfolge an letzter Stelle nach Winterweizen, Wintertriticale und Winterroggen. Im ökologischen Landbau liefert sie einen deutlich geringeren Ertrag, weshalb Landwirte hier häufig Triticale als Futtergetreide bevorzugen. Auch Sommergerste steht stark unter dem Konkurrenzdruck von Wildkräutern.

Aus Naturschutzsicht ist Sommergerste nicht nur wegen der Wildkräuter wertvoll. Ihre Felder stellen wie die anderer Sommergetreide wichtige Habitate für die Feldlerche, den Kiebitz und andere Feldvögel dar. Naturschützer kritisieren deshalb die starke Abnahme der Sommergerstenfelder als Folge des zunehmenden Silomaisanbaus.

Nacktgerste (links), Spelzgerste (rechts)

Klatsch-Mohn und Kornblume im Braugerstenfeld, Ende Juni

Weidelgras, Lolch, Raygras

Lolium spp.

Gemeinsame Merkmale

Die Gattung gehört zu den Ährengräsern. Ihre abgeflachten Ährchen sind zweizeilig mit der Schmalseite zur Achse der Ähre angeordnet. Die hier beschriebenen Arten sind wichtige Futterpflanzen, eigenen sich aber auch zur Gründünung. In der Kulturfolge gelten sie als gute Vorfrüchte. Sie bilden reichlich Wurzelmasse und Stoppelrückstände und tragen so zur Humusbildung im Boden bei.

Deutsches Weidelgras, Englisches Raygras
(*Lolium perenne*)

Diese heimische Art bildet 3–11-blütige, meist unbegrannte, um 1 cm lange Ährchen, der Stängel ist unterhalb der Ähre glatt. Sie ist mehrjährig, wurzelt bis 60 cm tief und bildet lockere, 10–70 cm hohe Horste sowie Ausläufer. Sie regeneriert sich sehr gut und wächst intensiv nach, sodass dichte und trittfeste Bestände entstehen. Ihre Konkurrenzkraft gegenüber Klee und anderen Gräsern ist hoch. Dieses Weidelgras wächst am besten auf frischen, lehmigen und tonigen, nährstoffreichen Böden im Flachland und bei Seeklima, ist sehr anpassungsfähig an Klima und Boden und erträgt auch Salz. Heute gibt es Sorten für verschiedene Nutzungen: Besonders wichtig für Landwirte sind die langlebigen Sorten als Gras auf Dauergrünland. Sie sind für sie das wichtigste Gras für Weiden und Mähweiden. Es gibt aber auch Sorten für den Feldfutterbau und intensiv genutzte Wiesen. Sehr häufig werden diese im Gemenge mit Weiß- oder Rot-Klee angebaut. Das Vieh frisst dieses sehr gut verdauliche Gras sehr gern. Dem Gartenbesitzer sind weniger wüchsige und spät schossende Sorten als Rasengras bekannt. In der Landwirtschaft erfolgen Untersaaten in Getreidefeldern im März oder April oder auch Ende November, Anfang Dezember. Die Untersaat bildet dann nach der Getreideernte rasch einen dichten Bestand. Auch Untersaaten in Feldern mit Mais und Ackerbohnen sind möglich. Im Sommer erfolgt auch Stoppelsaat als Zwischenfrucht nach frühräumenden Kulturen im Juli oder August. Die Art eignet sich außerdem zur Nachsaat in ausgewinterten Futtergemengen.

Deutsches Weidelgras

Welsches Weidelgras, Italienisches Raygras
(*Lolium multiflorum, Lolium multiflorum* var. *italicum*)

Dieses Gras breitete sich in Mitteleuropa seit dem 18. Jh. als landwirtschaftliche Futterpflanze aus und bürgerte sich als Neophyt ein. Im Gegensatz zum Deutschen Weidelgras handelt es sich um eine ein- bis zweijährige Art mit bis 15 mm lang begrannten, 10–24-blütigen Ährchen und einem unterhalb der Ähre rauen Stängel. Sie bildet lockere Horste und wird bis 1 m hoch. Als anspruchsvolles Gras wächst sie am besten auf nährstoffreichen, mittelschweren, warmen Böden in luftfeuchten, niederschlagreichen Gebieten, Mittelgebirgslagen und Küstennähe. Einige Sorten können in schneereichen, harten Wintern auswintern. Welsches Weidelgras ist ein raschwüchsiges, mittelhohes Gras, das sich nach dem Schnitt schnell regeneriert. So kann es mehrmals geerntet werden und liefert einen hohen Ertrag als Grünfutter, Heu oder Silage. Es eignet sich als Haupt- oder Winterzwischenfrucht. Meist wird das Gras mit einer Überwinterung genutzt. Es benötigt eine Vernalisation und kommt nur bei sehr zeitiger Frühjahrssaat im Aussaatjahr, bei späterer Saat – etwa nach früh räumenden Kulturen – erst nach Überwinterung zur Blüte. In Feldern mit Wintergetreide, Ackerbohnen und Mais kann die Art als konkurrenzstarke Untersaat ausgesät werden. Sie ist ein häufiger Partner in Mischungen mit Rot-Klee, Persischem Klee, Alexandriner-Klee, Lu-

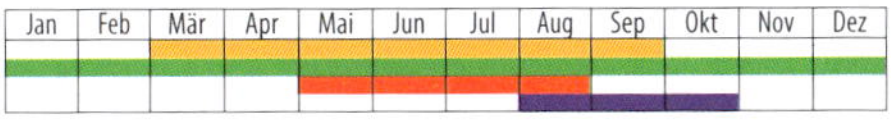

Welsches Weidelgras

Hybrid-Weidelgras

zerne oder Einjährigem Weidelgras und Bestandteil des „Landsberger Gemenges“. Gemenge mit Rot-Klee liefern nach Herbstsaat schon Ende April schnittreifes Grünfutter. Für einen hohen Ertrag und hohen Zuckergehalt erfolgt der Schnitt jedoch meist erst, wenn sich die Ähren schieben. Dieser Aufwuchs ist sehr schmackhaft. Den letzten Aufwuchs nutzen Landwirte auch als Weide. Die Art eignet sich außerdem als Untersaat in Äckern zur Biogasgewinnung. Im Biomonitoring von Luftschadstoffen lassen sich mit diesem Gras Blei- und Cadmiumwerte erfassen.

Einjähriges Weidelgras, Westerwoldisches Raygras (*Lolium multiflorum* var. *westerwoldicum*) Es handelt sich hierbei um eine kurzlebige, aber besonders raschwüchsige Form des Welschen Weidelgrases mit meist etwas größeren und länger begrannten Ährchen. Es gibt diploide und tetraploide Sorten. Das Gras wächst meist sommerannuell, nur bei mildem Klima kann es überwintern, stirbt dann aber im folgenden Sommer ab. Es benötigt keine Vernalisation, sondern bildet schon im ersten Aufwuchs Ähren. Bei günstigen Bedingungen kann es bereits nach 6–8 Wochen als Grünfutter oder zur Silage geschnitten werden. Nach jeder Nutzung wachsen erneut Halme. Im 1. und 2. Schnitt lassen sich hohe Erträge erzielen, danach wächst das Gras deutlich schwächer nach, kann aber noch beweidet werden. Es bevorzugt luftfeuchte Lagen mit feuchten und warmen Böden. Im Ackerfutterbau wird es im Frühjahr als Blanksaat ausgebracht oder als Nachsaat in ausgewinterten mehrjährigen Futterpflanzenkulturen, im Sommer als Zweit-

Feldweg mit Deutschem Weidelgras

frucht mit Blanksaat. Außerdem passt es gut für Zwischenfruchtmischungen nach frühräumenden Kulturen und gilt als die wichtigste Grasart im Sommerzwischenfruchtanbau. Gemenge mit Persischem oder Alexandriner-Klee ergeben qualitativ besonders hochwertiges Futter. Auch Gemenge mit Welschem Weidelgras sind üblich, da sie sich länger nutzen lassen.

Hybrid-Weidelgras, Bastard-Weidelgras, Bastard-Raygras, Oldenburger Weidelgras (*Lolium × hybridum*)

Bei Bastarden aus Welschem und Deutschem Weidelgras gibt es diploide und tetraploide Sorten. Sie ähneln im Wuchstyp, Blatt, Halm, Blüten- und Fruchtstand dem einen oder anderen Elternteil. Die Ährchen besitzen jedoch nur kurze, schwache Grannen. Das Gras wächst zwei- bis mehrjährig und bildet gut konkurrenzfähige, geschlossene Horste. Hybrid-Weidelgras benötigt mittlere bis bessere Böden und ist winterhärter als das Welsche Weidelgras. So lässt es sich länger nutzen als dieses und wird in der Regel mit 2–4 Hauptnutzungsjahren kultiviert. Die Aussaat erfolgt meist im Frühjahr oder im August. Es eignet sich auch zur Frühjahrsuntersaat in Getreide oder zur Nachsaat. Der erste Aufwuchs ist sehr blattreich, die späteren bilden mehr Halme. Der Schnitt dient als Grünfutter, für Silage oder Heu. Das Gras ist in verschiedenen Ackerfutter- und Kleegrasmischungen enthalten, z. B. mit Luzerne oder Weiß-Klee. Es passt auch sehr gut für kurzlebige Feldgrasweiden, nicht jedoch für Dauergrünland.

Welsches Weidelgras im Anbau

Riesen-Chinaschilf, Elefantengras

Miscanthus × giganteus

Beschreibung

Aus der Ferne erinnern die Bestände an Gewöhnliches Schilf (*Phragmites australis*). Bei dem ausdauernden Gras handelt es sich um eine sterile, triploide Hybride aus einer tetraploiden Form des Amurschilfs (*Miscanthus sacchariflorus*) und einer diploiden Form des Silber-Chinaschilfs (*Miscanthus sinensis*). Das Gras bildet unterirdische Rhizome, die von der Pflanzstelle nach außen streben, sodass die Halme einen lockeren bis dichten Horst bilden und darin häufig in einem Ring stehen. Die Halme werden bis 2 cm dick, sind sehr standfest und wachsen ohne Verzweigungen bis 4 m hoch. Die wechselständigen Blätter werden 3–4 cm breit und stehen mehr oder weniger aufrecht. Wenn sich – nur nach warmen Sommern – Blüten entwickeln, stehen diese in 10–40 cm langen, behaarten Rispen, deren Rispenäste unverzweigt und überhängend sind. Die Deckspelzen sind grannenlos.

Blatthäutchen bewimpert

Entwicklung und Standortansprüche

Die Ansprüche des Grases an Boden und Klima ähneln jenen von Mais. Das Gras gehört zu den C4-Pflanzen und ist damit gut an wärmere Temperaturen angepasst. Es bevorzugt lockere, gut durchwurzelbare, humose Mineralböden mit guter Wasserversorgung. Staunasse Böden eignen sich nicht. Für einen guten Ertrag sollten sich die Niederschläge über die Hauptwachstumsphase von Mai bis September verteilen, die Vegetationszeit sollte lang sein. Die Durchschnittstemperaturen sollten im Jahr über 7 °C und von April bis September über 16 °C liegen. Trockenperioden schmälern die Erträge. Auch Spätfröste im Frühjahr und Frühfröste im Herbst sind ungünstig. Im Winter können starke Fröste ohne schützende Schneedecke und häufige Wechsel zwischen Frost und Tauen zu Ausfällen führen. Exponierte Standorte können durch Wind und Schneeverwehungen im Winter die Halme lagern lassen.

Das Gras wächst sehr rasch und bildet viel Biomasse. Es lässt sich ausschließlich vegetativ über eine Teilung der Rhizome oder über Gewebekulturen vermehren. Im Pflanzjahr entwickelt die Pflanze in erster Linie ihr Wurzelsystem. In der Jugend wächst sie eher langsam. So sind die Bestände in den ersten zwei oder drei Jahren gegenüber Wildkräutern noch nicht sehr konkurrenzstark. Erst dann wächst das Gras kräftig. Nun ist der Bestand geschlossen oder der Boden von einer Mulchschicht bedeckt. Wildkräuter werden nun unterdrückt und

Jan	Feb	Mär	Apr	Mai	Jun	Jul	Aug	Sep	Okt	Nov	Dez

die Ernte lohnt sich. Die Kulturen können dann mindestens 20 Jahre lang genutzt werden.

Herkunft und Geschichte als Nutzpflanze

Die Heimat der Gattung Chinaschilf (*Miscanthus*) liegt in Ostasien, besonders in China, Korea und Japan. Verschiedene fertile Arten und ihre Varietäten sind als Ziergras beliebt. Für die Landwirtschaft dagegen ist in erster Linie die wüchsige, wahrscheinlich zufällig in Japan entstandene, natürliche Hybride von Interesse. Das Riesen-Chinaschilf kam 1935 durch einen dänischen Botaniker von Japan über Dänemark nach Mitteleuropa. Doch erst seit den 1980er-Jahren bauen Landwirte es in Europa an. Sein Potenzial wurde erst langsam erkannt und seither werden immer wieder neue Verwendungsmöglichkeiten entwickelt.

Nutzung

Die Pflanzen liefern große Mengen an Biomasse. Sie gelten als interessanter nachwachsender Rohstoff.

Miscanthus eignet sich als Bau- und Füllstoff, etwa für Leichtbeton und Dämmungen. Verkehrswände aus Beton, Hanfschäben und *Miscanthus* dämmen sehr gut den Schall und erfüllen auch die Anforderungen an Brandschutz. Durch entsprechende Bearbeitung entsteht aus Kurzfasern ein Granulat, das sich zu Verbundstoffen weiterverarbeiten lässt. Diese können wie Holzfaserverbundstoffe z. B. im Autobau verwendet werden. Das Häckselgut wird direkt als Tiereinstreu, besonders in der Pferdehaltung, eingesetzt. Es dient als Mulchmaterial zur Abdeckung des Bodens in Gärten, im Landschaftsbau und im Weinbau oder kann als Ölbindemittel verwendet werden. Nachdem die Pflanzen viele lange Fasern und viel Zellulose enthalten, sind sie auch eine gute Alternative für die Papierherstellung.

Aus dem Stroh lässt sich als Festbrennstoff Energie gewinnen. In entsprechenden Heizanlagen oder Heizkraftwerken entsteht Wärme. Auch Strom-

Beblättert, Mitte September

Abgestorbener Blütenstand, November

erzeugung ist möglich. Der Brennwert entspricht einem Heizöläquivalent von 2,4 kg *Miscanthus* je Liter. Allerdings entstehen bei der Verbrennung – wie generell bei der Verbrennung von Pflanzenhalmen – mehr Asche sowie mehr Stickstoff- und Schwefeldioxid als bei der Verbrennung von Holz.

Als Biogassubstrat eignet sich die Pflanze weniger, da sie hierfür nach Abschluss der Hauptwachstumsphase im Sommer noch grün geerntet werden müsste. Langfristig würde dies die Erträge mindern, denn die ausdauernden Bestände verlagern im Herbst Nährstoffe aus den oberirdischen Teilen in das Rhizom und nutzen diese für den Neuaustrieb. Außerdem fallen über den Winter die Blätter ab und sorgen dafür, dass sich Humus bildet und Nährstoffe in den Boden zurückgelangen.

In ihrer Heimat wird die Pflanze außerdem für Matten und Flechtwerk sowie als Viehfutter verwendet.

Kultur und Ernte

Die Pflanzung von Rhizomstücken erfolgt am besten im Frühjahr nach dem letzten Frost. Pflanzen aus Gewebekulturen können auch im Sommer gepflanzt werden. Das Gras benötigt kaum Dünger und Pflanzenschutzmittel. In den ersten zwei bis drei Jahren wird der Aufwuchs zum Mulchen des Bestandes verwendet. Danach erfolgt eine jährliche Ernte, in der Regel im Frühjahr zwischen Februar und Mai, wenn der Bestand abgetrocknet ist. Wenn der Wassergehalt unter 15 % liegt, kann das Erntegut direkt ohne weitere Trocknung gelagert bzw. weiterverarbeitet werden. Das Stroh wird entweder wie Silomais bereits bei der Ernte gehäckselt oder zuerst als Langstroh zu Ballen gepresst. Häckselgut kann später brikettiert oder pelletiert werden. Je nach beabsichtigter Nutzung können Erntezeitpunkt und Bearbeitung variieren.

Halme, Januar

Horst, Mitte September

Ökologische Bedeutung

Nachdem die Pflanze keine Samen bildet, besteht keine Gefahr, dass sie sich unkontrolliert ausbreitet. Die Bestände bringen Struktur in die Landschaft. Sie eignen sich als Windschutz und reduzieren die Bodenerosion durch Wind und Wasser sowie den Nitrateintrag ins Grundwasser. Wenn Hecken und Feldgehölze fehlen, können Bestände an Riesen-Chinaschilf größeren Säugern wie Rehen oder Feldhasen Deckung vor Räubern und Schutz vor Witterungseinflüssen bieten. Forscher fanden auch mehr Erdhöhlen bauende Kleinsäuger als in Maisflächen oder Beständen mit Gewöhnlichem Schilf, denn der Boden wird bei Riesen-Chinaschilf nicht bearbeitet und ist nicht staunass. Vögel finden Schutz zwischen den Pflanzen und können hier auch nisten sowie von einem recht umfangreichen Nahrungsangebot an Insekten, Spinnen, Regenwürmern und anderen Kleinlebewesen profitieren. Bei einer Erhebung konnten allein über 100 Käfer- und Spinnenarten im Bestand nachgewiesen werden. Die sich auf der Bodenoberfläche ansammelnde Streu bietet außerdem Streuzersetzern wie Springschwänzen einen Lebensraum.

Bestand, Mitte Oktober

Bestand vor der Ernte, Februar

Rispenhirse, Kultur-Rispenhirse, Echte Hirse

Panicum miliaceum ssp. *miliaceum*

Beschreibung

Die sommerannuelle Rispenhirse wird etwa 1 m, selten bis 1,2 m hoch. Sie ähnelt im Wuchs von Stängel und Blättern etwas einer verkleinerten Maispflanze, denn diese sind kräftiger und breiter als die von anderen Getreidearten. Halme und Blattscheiden tragen 2–3 mm lange, auf Knötchen stehende Haare. Das Blatthäutchen ist zu einem bewimperten Saum aufgelöst. Je nach Sorte sind die behaarten Blätter hell- bis dunkel- oder violettgrün. Die 10–30 cm lange Rispe kann sehr locker sein und einseitig überhängen (Flatter-Rispenhirse), zusammengezogen mit überhängenden Zweigen (Klump-Rispenhirse) oder zusammengezogen mit aufrechten Zweigen sein (Dicke Rispenhirse). Die Früchte besitzen eine harte Schale und sind von den Spelzen umhüllt. Im Gegensatz zu den Unkräutern unter den Rispenhirsen verbleiben sie bei der Reife am Ährchenstiel. Die nur 1,5–2 mm kleinen, runden Körner haben keine Längsfurche und sind je nach Sorte weiß, gelb, goldgelb oder rötlich braun.

Fruchtend

Entwicklung und Standortansprüche

Als C4-Pflanze ist Rispenhirse bestens für Trockenstandorte gerüstet und für Gebiete mit unsicherem Niederschlag interessant. Sie besitzt in warmen Regionen mit 60–90 Tagen eine ausgesprochen kurze Vegetationsdauer. In Deutschland vergehen zwischen Aussaat und Ernte 100–120 Tage. Als wärmeliebende Pflanze wächst sie am besten in solchen Gebieten, die sich auch für Mais und Weinbau eignen und in denen sich der Boden früh erwärmt. Zum Keimen benötigt sie Temperaturen über 10 °C. Sie ist noch frostempfindlicher als Mais und bereits Kälteperioden von unter 13 °C bremsen ihr Wachstum. Von allen Kulturhirsen benötigt sie jedoch am wenigsten Wärme.

Die Körner keimen rasch. Nachdem zuerst das Wurzelwachstum und dann erst das der Blätter und Halme gefördert wird, sind die Pflanzen in der Jugend gegenüber Unkraut kaum konkurrenzfähig. Nach etwa 3–4 Wochen wachsen sie rasch und unterdrücken ab diesem Zeitpunkt Unkraut.

Rispenhirse gehört zu den Kurztagpflanzen. Als Flachwurzler reagiert sie empfindlich auf Bodenverdichtungen. Besonders geeignet sind leichte bis mittelschwere Böden. Ihre Ansprüche an Nährstoffe sind gering. In ihren Kulturen treten keine bedeutenden Krankheiten und nur wenige Schädlinge auf.

Herkunft und Geschichte als Nutzpflanze

Hirsen aus verschiedenen Gattungen zählen zu den ältesten Kulturpflanzen. Auch heute noch sind verschiedene Arten besonders in den trockenen Gebieten Afrikas und Asiens ein Grundnahrungsmittel. Während die meisten Hirsen in den Tropen und Subtropen wachsen, liefert die Rispenhirse auch in Mitteleuropa gute Erträge. Sie stammt ursprünglich aus Zentralasien und wurde im nördlichen China ab etwa 6000 v. Chr. kultiviert. Archäologische Funde – etwa aus Pfahlbausiedlungen – zeigen, dass sie seit der späten Jungsteinzeit (4500–3000 v. Chr.) bei uns angebaut wurde. Zum Ende der Antike kultivierten Bauern sie flächendeckend in Asien und Europa. In Mitteleuropa war sie auch im Mittelalter besonders bei den armen Bevölkerungsschichten ein wichtiges und wertvolles Nahrungsmittel. Sie wurde zu Brei verarbeitet. Erst mit der Intensivierung der Landwirtschaft drängten ertragsstarke Getreide wie Roggen und Weizen ihren Anbau langsam zurück. Aber erst der Siegeszug der Kar-

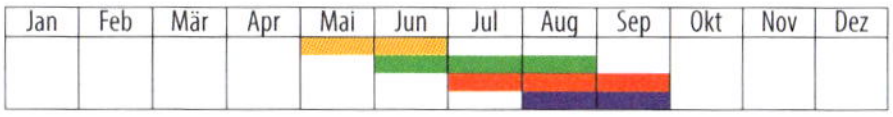

Einsamige Ährchen

Spreitenbasis

Goldhirse geschält (links), Braunhirse (ungeschält)

toffel verdrängte sie ab dem 18. Jh. weitgehend. Im 20. Jh. kultivierten Bauern sie nur noch in einigen Regionen wie in Brandenburg und in Südostbayern. Heute wird der Anbau für Speisezwecke zunehmend wieder interessant, da die Nachfrage nach glutenfreien Lebensmitteln steigt. Außer für die Ernährung des Menschen diente Rispenhirse immer auch als Geflügelfutter.

Nutzung

Heutige Sorten der Rispenhirse liefern einen guten Ertrag und besitzen einen hohen Eiweißgehalt.

Als Speisehirse werden die Körner in Schälmühlen entspelzt und geschält, anschließend

Anbau

als Ganzes, als Hirseflocken oder als Mehl oder Grieß verkauft. Beim Schälen der Früchte kann das Fett aus dem Keimling austreten und an der Luft oxidieren. Länger gelagert können die Körner und besonders das Mehl deshalb ranzig und bitter schmecken.

Hirse enthält kein Gluten und eignet sich deshalb auch für Menschen mit Zöliakie. Für die menschliche Ernährung spielen außerdem der hohe Gehalt an den Vitaminen A, B1, B2 und E sowie an Kieselsäure eine Rolle. Fast alle Sorten der Rispenhirse enthalten keine Klebereiweiße, sodass sie nicht alleine zum Brotbacken verwendet werden können. Ganze Körner werden zum Beispiel wie Reis als Beilage verwendet oder zu Breien, Eintöpfen und Bratlingen verarbeitet, Flocken eignen sich zum Binden von Suppen und für Salate, Mehl für Waffeln und Pfannkuchen.

Als „Goldhirse" sind Sorten mit goldgelben Körnern im Handel, die besonders viel Carotin enthalten. Unter den Bezeichnungen „Braunhirse", „Wildhirse" oder „Urhirse" bieten besonders Reformhäuser Körner mit rotoranger Färbung sowie deren Mehl an. Es handelt sich dabei um ungeschälte Früchte mitsamt Spelzen. Unvermahlen werden sie beim Kochen nicht weich, sondern eignen sich nur für Keimsprossen.

Als Futterhirse für Rinder und Schweine werden die ganzen Körner mitsamt den Spelzen gequetscht oder grob gemahlen. Das Eiweiß ist sehr gut verdaulich. In Untersuchungen zeigten ihre Körner hohe Werte an der essenziellen Aminosäure Methionin, das in der Geflügel- und Schweinefütterung bedeutsam ist. Bei der Schweinefütterung gilt der hohe Rohfasergehalt allerdings als störend. Hirsestroh enthält mehr Stickstoff als anderes Getreidestroh und eignet sich so als Futter für Wiederkäuer. Dem Haustierfreund sind Hirsekörner besonders als Vogelfutter bekannt, doch findet sich Futterhirse auch in industriell produziertem Hunde- und Katzenfutter.

Rispenhirse ist auch Partner in Zwischenfruchtgemengen.

Kultur und Ernte

An warmen Standorten beginnt die Saatzeit bei uns ab Mitte Mai, an Standorten, die von Spätfrösten bedroht sind, verschiebt sie sich auf Anfang bis Ende Juni. Im Jugendstadium können spätkeimende Unkrautarten, wie Amarant, Schwarzer Nachtschatten, Knöterich und Gewöhnliche Hühnerhirse, zu ernsthaften Konkurrenten werden, die vom Landwirt im Biolandbau mechanisch bekämpft werden.

Die Ernte erfolgt im August oder September mit einem Getreidemähdrescher – nach Gerste, Weizen und Roggen. Für die Wahl des Zeitpunkts ist ein Kompromiss nötig, denn die Körner an der Rispenspitze sind bereits reif, während jene an der Basis noch grün sind. Auch das Stroh erntereifer Pflanzen ist noch relativ grün. Körner und Stroh müssen nach der Ernte rasch getrocknet werden. Wachsen Windenknöterich oder Acker-Senf auf dem Hirseacker, können diese die Ernte verunreinigen, denn sie lassen sich kaum von der Rispenhirse trennen.

Rispenhirse ist zwar selbstverträglich, doch wird wegen der Verunkrautungsgefahr ein Fruchtwechsel empfohlen. Dabei soll sie nicht vor oder nach Mais angebaut werden, da in beiden dieselben Unkrautarten problematisch sein können. Wenn als Vorkultur eine „Kunstwiese" angesät war, kann diese noch vor der Aussaat der Rispenhirse geschnitten werden. Nach der Ernte kann Zwischenfutter oder Getreide gesät werden. Empfohlen wird Rispenhirse als Vorkultur zu einer Winterfrucht wie Winterweizen.

Ökologische Bedeutung

Wenn die anderen Getreideäcker bereits abgeerntet sind, bieten Hirseäcker Rehen und anderem Wild noch länger Deckung. Die ausfallenden Körner werden gerne von Rebhühnern gefressen. Kleinvögel nutzen die Äcker vor der Ernte als Futterweide.

Im Rahmen des Klimawandels kann sich Rispenhirse in Mitteleuropa als einer der Gewinner erweisen.

Ruten-Hirse, Switchgras

Panicum virgatum

Dieses Gras stammt aus den Prärien Nordamerikas. Gartenbesitzer kennen Sorten als ausdauerndes, pflegeleichtes Ziergras. Es bildet 0,5–3 m hohe, kompakte Horste mit aufrechten Halmen und meist frisch- oder blaugrünen Blättern, die sich bei Trockenheit teilweise längs einrollen. Im Herbst färben sich einige Sorten auffällig goldgelb bis rotbraun. Die 15–46 cm langen Blütenrispen wirken durch die weit ausladenden Seitenäste und winzigen Blüten sehr filigran.

In den USA war die Art als Futtergras lange durch eingeführte europäische Gräser verdrängt. Erst ab 1930, besonders jedoch seit Beginn der 1970er-Jahre dient sie dort vermehrt als Futtergras. Sie eignet sich auch in Mitteleuropa als Weidegras und für Heu. Besonders in Gebieten mit warmen, trockenen Sommern, wie sie im Rahmen des Klimawandels zunehmend zu erwarten sind, kann diese Grasart hier an Bedeutung gewinnen. Ihre Rhizome speichern Nährstoffe sowohl im Winter als auch in Trockenperioden im Sommer. Als C4-Pflanze (S. 251) erträgt sie Trockenheit sehr gut und wächst hauptsächlich während der Sommermonate. So bietet sie dem Landwirt in dieser Zeit frisches Gras. Für Heu erfolgt die Ernte bei Beginn des Rispenschiebens, bei uns also meist von Juli bis August, beweidet werden kann bereits früher. Besonders gut entwickelt sich Ruten-Hirse auf leicht zu erwärmenden, gut durchlüfteten Böden. Dank ihres ausgeprägten, bis zu 3 m tiefen Wurzelwerks schützt sie den Boden vor Erosion und wird aus diesem Grund entlang von Gewässern und an Hängen angebaut.

Als Energiepflanze eignet sich Ruten-Hirse für Biogas, Bioethanol oder direkt als Brennstoff. Ab 1991 entdeckte das amerikanische Energieministerium diese Nutzungsformen des Grases und machte damit erstmals Präriegebiete für Energienutzung interessant. Erst um die Jahrtausendwende starteten auch in Deutschland entsprechende Versuche. Als Substrat für Biogas wird das Gras ein- bis zweimal jährlich – im Juli und Ende September bis Anfang Oktober – geschnitten. Zur Brennstoffgewinnung wird es zwischen Februar und April geerntet. Auch Papier lässt sich mit ihm herstellen, außerdem kann es bei der Kunststoff- und Leichtbetonherstellung zugemischt werden. Feldkulturen lassen sich als Dauerkulturen 10–15 Jahre lang nutzen.

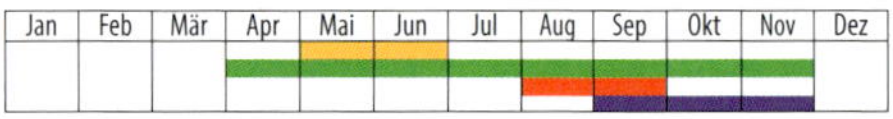

Roggen, Saat-Roggen

Secale cereale

Beschreibung

Die bis über 1,5 m hohen Pflanzen sind auffällig grau- bis blaugrün gefärbt. Roggenfelder wirken im Vergleich zu anderen Feldern meist unregelmäßiger. Die Pflanzen können sich nicht selbst bestäuben, sondern benötigen zur Befruchtung Pollen anderer Roggenpflanzen. Die Fremdbestäubung führt dazu, dass Roggensaatgut genetisch sehr unterschiedlich sein kann, sodass uneinheitliche Bestände entstehen können. Auch Hybridsorten, die durch gezielte Kreuzung zweier Zuchtlinien entstehen, sind genetisch nicht stabil. Weitere Merkmale siehe Tabelle S. 404.

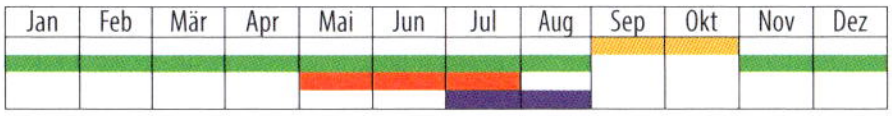

Entwicklung und Standortansprüche

Roggen gilt als die robusteste der bei uns kultivierten Getreidearten. Er wächst ausschließ-

Pflanzen im Mai

Stängel typisch blaugrün

Blühende Ähre

lich in kühl-gemäßigten Gebieten. Winterroggen genügen beim Wachstumsbeginn Temperaturen von 1–3 °C. Auch Kahlfröste bis -25 °C schaden ihm nicht. Bei Niederschlägen von 700 mm im Jahr liefert er sowohl im hohen Norden als auch in Berggebieten, in denen kein Weizen mehr wächst, noch brauchbare Erträge, dies z. T. bis in Höhenlagen von 2000 m. Noch vor dem Winter bilden die Pflanzen 2–3 Blätter. Für die Vernalisation sind Temperaturen von 0–5 °C während 30–50 Tagen erforderlich. Die ährentragenden Halme schiebt die Pflanze erst im Mai oder Juni des folgenden Jahres. Von der Keimung bis zur Fruchtreife vergehen 280–320 Tage.

Feld Anfang Juli

Roggen bevorzugt mittelleichte bis mittelschwere Böden ohne Staunässe, liefert aber auch auf nährstoffarmen, sandigen Böden noch gute Erträge. Bei über 12 °C platzen die Pollensäcke von geöffneten Blüten auf und geben den Pollen frei. Die Steuerung über die Temperatur kann dazu führen, dass über einem Feld ganze Pollenwolken schweben. Behindert Feuchtigkeit den Pollenflug, können Ähren taub bleiben. Die Art ist ein Lichtkeimer und eine Langtagpflanze.

Herkunft und Geschichte als Nutzpflanze

Die Heimat des Roggens liegt im Kaukasusgebiet. Als Wildgras gelangte er dort in Weizen- und Gerstenfelder. Er galt als Unkraut, konnte sich aber mit dem Getreidesaatgut weiter ausbreiten. So gelangte er auch nach Europa. Als „sekundäre Kulturpflanze" wurde er hier etwa 1000 v. Chr. in Kultur genommen, also erst 3000–3500 Jahre nach Beginn der Ackerbaukultur in der Jungsteinzeit und lange nach Weizen, Gerste, Einkorn und Emmer. Bei den Römern galt Roggen als minderwertig und nur brauchbar für Notzeiten. Im rauen Klima Mittel- und Nordeuropas dagegen konnte er sich gegenüber dem empfindlicheren und anspruchsvolleren Weizen durchsetzen. Zu seinem Siegeszug trug nicht nur seine Robustheit bei. Anstelle von Steinsicheln verwendeten Bauern ab Beginn der Eisenzeit (7.-5. Jh. v. Chr.)

Feld im August kurz vor der Ernte

Eisensicheln. Mit diesen ernteten sie schneller und beachteten nicht mehr so genau, was sie abmähten. So gelangten von Feldern, auf denen Roggen vermischt mit anderem Getreide wuchs, vermehrt Roggenähren in ihr Ernte- und Saatgut. Gleichzeitig selektierten sie dadurch unbewusst Roggenpflanzen mit nicht zerfallenden Ährenspindeln, die sich besonders gut für die Kultur eigneten. Ab dem frühen Mittelalter bis ins 11. Jh. war Roggen nördlich der Alpen das Hauptgetreide – das „Korn", wie es noch heute oft genannt wird. Eine wesentliche Rolle spielte dabei auch die Einführung der Dreifelderwirtschaft. Roggen wurde in dieser zum dominanten Wintergetreide, Hafer zum wichtigsten Sommergetreide, während der Brachphasen beweidete das Vieh die Felder. Ab dem 12. Jh., als Weißbrot beliebt wurde, nahm zwar der Weizenanbau auch nördlich der Alpen langsam zu, doch bis zu Beginn des 20. Jh. blieb Roggen das wichtigste Brotgetreide in Mittel- und Osteuropa. Anfang des 20. Jh. spielte Roggen an den Weltbörsen eine ähnliche Rolle wie heute der Weizen. Erst seit den 1930er-Jahren wird in Deutschland mehr Weizen als Roggen angebaut. Heute wächst Roggen vor allem in den nördlichen und östlichen Bundesländern.

Nutzung

Am bekanntesten ist Roggen als Brotgetreide. Die Körner und das Mehl daraus besitzen einen kräftigen Geschmack und enthalten mehr essenzielle Aminosäuren als Saat-Weizen, außerdem reichlich Mineralstoffe, Vitamine und Ballaststoffe. Sie sind deshalb ernährungsphysiologisch wertvoller. Kleberproteine, wie sie im Weizen vorhanden sind, fehlen dem Roggen. Dafür enthält er sehr quellfähige Schleimstoffe. Die besten Backeigenschaften entwickelt Roggen deshalb in einem Sauerteig, also mit einer Milchsäuregärung. Durch die Säuren bilden die Schleimstoffe ein Stärkegerüst, das die im Teig entstehenden Gase einschließt und so für Poren im Gebäck sorgt. Roggenbrot ist dunkler als Weizenbrot und bleibt lange feucht. Wird das Mehl mit Weizenmehl gemischt, kann auf die Herstellung eines Sauerteigs verzichtet werden.

Aus den Körnern wird auch hochwertiger Wodka hergestellt und der vor allem in Norddeutschland bekannte „Korn" gebrannt. Daneben spielen die Roggenkörner eine Rolle als nachwachsender Rohstoff für Bioethanol.

Als Futterroggen verfüttern Landwirte die Körner besonders an Rinder, Mastschweine und Legehennen.

Noch grün geerntete Pflanzen (Grünroggen), die z. B. nach der Körnerernte von Winterweizen oder frühem Silomais oder als Sommerroggen angebaut werden, dienen als Grünfutter, für Silage oder als nachwachsender Rohstoff zur Gewinnung von Biogas und Methan. Auch Mischungen aus Winterroggen und Welschem Weidelgras eignen sich für die Ganzpflanzensilage. Unter der Bezeichnung „Wickroggen" kultivieren Landwirte als Winterzwischenfrucht eine Mischung aus Zottiger Wicke und Winterroggen. Der Erntetermin für Silage richtet sich dabei nach dem Roggen, die Wicken sind zu diesem Zeitpunkt meist noch im Knospenstadium.

Roggen eignet sich auch als Zwischenfrucht zur Wildäsung über den Winter. Bei der Kultur als Winterzwischenfrucht ist zu beachten, dass Roggen als winterharte Art in der Folgekultur durchwachsen kann. Wird Winterroggen zur Gründüngung im Herbst ausgesät, muss er deshalb im Frühjahr in den Boden eingearbeitet werden.

Kultur und Ernte

Bei den meisten angebauten Sorten handelt es sich um Winterroggen. Ihre Aussaat erfolgt Mitte September bis Mitte Oktober. Sommerroggen liefert nur geringe Erträge und spielt eine untergeordnete Rolle. Roggen ist selbstverträglich. Als Vorfrüchte sind Leguminosen, Kartoffel, Hafer oder Mais gut geeignet. Regnet es während der Abreife der Körner, können korneigene Enzyme frühzeitig aktiviert werden und die Keimung einleiten. Dies beeinträchtigt die Qualität. Die Ernte erfolgt ab Mitte Juli bis Ende August bei Voll- oder Totreife, sodass die Feuchtigkeit der Körner nur gering ist.

Ökologische Bedeutung

Von allen Getreidearten wird Roggen am häufigsten vom Mutterkornpilz (*Claviceps purpurea*) befallen. Dann entwickelt sich anstelle eines Getreidekorns ein schwarzbraunes, hornartiges Gebilde, das bis zu 6 cm aus der Ähre herausragt. Diese Dauerform des Pilzes enthält in den äußeren Schichten verschiedene hochgiftige Alkaloide, die sie vor Mäusen und Wühlmäusen schützen. Gelangen die Mutterkörner durch ungenügende Reinigung ins Brotgetreide, kann dies auch beim Menschen zu Vergiftungen führen.

Unter den in Mitteleuropa wachsenden Süßgräserarten gilt der Pollen des Roggens als einer der stärksten Allergieauslöser.

Körner

Ähre mit Mutterkorn

Waldstaudenroggen, Urroggen

Secale cereale, Secale multicaule

Beschreibung

Es handelt sich um eine mehrjährige, raschwüchsige Sorte des Roggens, deren Wurzeln bis 2 m tief in den Boden eindringen und deren Halme bis 2 m hoch werden. Nach der Mahd wächst sie nach. Annahmen, dass es sich bei dieser Form um eine eigene Art (*Secale multicaule*) oder eine Unterart (*Secale cereale* ssp. *multicaule*) handelt, ließen sich nicht bestätigen, doch ist die Sorte meist unter diesen Bezeichnungen im Handel zu finden. Weitere Merkmale siehe bei Roggen in Tabelle S. 404.

Saat-Roggen, rechts: Waldstaudenroggen

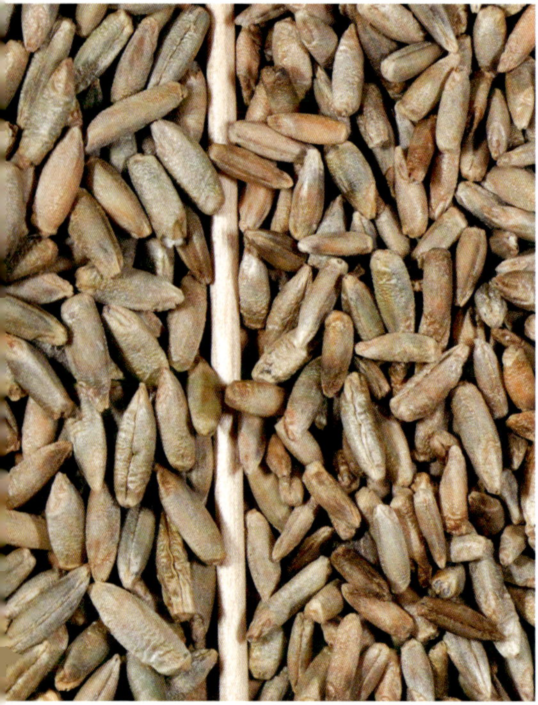

Entwicklung und Standortansprüche

Dieser Roggen ist bis zu -25 °C frosthart und kann im Gebirge bis in Grenzlagen des Ackerbaus ausgesät werden. Er wächst auf allen, auch sehr nährstoffarmen Böden und erträgt mit seinen tief reichenden Wurzeln Trockenheit sehr gut. Es handelt sich um ein Wintergetreide, das eine Vernalisation benötigt und erst im Folgejahr zur Blüte kommt. Die hohen Halme neigen dazu, umzufallen. Deshalb werden die Äcker nicht oder höchstens sehr sparsam gedüngt. Auch eine windgeschützte Lage ist von Vorteil.

Herkunft und Geschichte als Nutzpflanze

Die Ursprünge dieses Roggens sind nicht genau geklärt. Fest steht jedoch, dass es sich um eine sehr alte Kulturpflanze handelt, die bereits lange vor der modernen Pflanzenzüchtung bekannt war. Früher wurde er gerne auf Rodungsflächen ausgesät und im Rahmen der Niederwaldnutzung als Zwischenfrucht verwendet, nachdem die Bäume auf den Stock gesetzt wurden. Heute findet er im Ökolandbau vermehrt Interessenten, wird aber wohl ein Nischenprodukt bleiben.

Nutzung, Kultur und Ernte

Traditionell wird dieser Roggen rund um Johanni (24. Juni) ausgesät („Johanniroggen"), doch wächst er auch bei viel früherer Saat oder später nach einer Vorfrucht als Winterzwischenfrucht. Im Jahr der Aussaat kann der Aufwuchs gemäht und als Grünfutter genutzt werden. Er erträgt aber auch eine Beweidung. Im 2. Jahr

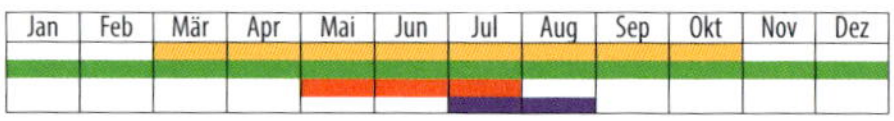

liefert die Pflanze entweder erneut Futter oder Körner. Bleibt sie nach der Körnerernte stehen, ist der Acker mit einer Aussaat mindestens zwei Winter grün. Es ist sogar möglich, die Pflanze fünf oder mehr Jahre hintereinander als Futter zu verwenden und erst dann zur Kornreife kommen zu lassen. Trotz der hohen Halme lassen sich die Körner mit dem Mähdrescher ernten. Im Jahr nach der Körnerernte treibt die Pflanze erneut aus, doch der Kornertrag fällt dann geringer aus, sodass heute in der Praxis kaum eine mehrfache Körnerernte stattfindet. Die Körner sind kleiner als die des üblicherweise kultivierten Roggens, schmecken etwas süßlicher und enthalten mehr Ballaststoffe. Das Mehl aus ihnen, das den Broten eine dunklere Farbe und einen leicht würzigen Geschmack verleiht, stößt besonders bei Biobäckern auf großen Anklang. Die Pflanzen liefern etwa doppelt so viel Stroh wie Körner. Dieses eignet sich nicht nur als Einstreu, sondern auch als biologischer Dämmstoff. Aus der Pflanze kann auch Biogas gewonnen werden. Versuche hierzu zeigten aber, dass die Trockenmasseerträge zu gering sind, um mit anderen mehrjährigen Energiepflanzen wie der Silphie zu konkurrieren.

Eine wichtige Nutzungsart für diesen Roggen ist die Wildäsung. Jäger säen ihn hierzu gerne in Mischungen aus, die dann über längere Zeiträume keine Pflege benötigen. Geeignet für den Anbau sind besonders auch ehemalige Holzlagerplätze, Rückegassen und Holzeinschlagflächen.

Pflanze

Ökologische Bedeutung

Die Pflanzen unterdrücken Beikräuter, schützen vor Erosion und wirken sich dank des tiefen, kräftigen Wurzelsystems positiv auf die Bodenstruktur aus. Auch das Bodenleben wird gefördert. Auf dem Wildacker liefern sie dem Wild Deckung und Nahrung. Ab dem 2. Standjahr frisst das Wild sie zwar weniger gern als andere Pflanzen des Wildackers, aber sie liefern besonders in Notzeiten reichlich Futter.

Sorghumhirsen

Sorghum spp.

Beschreibung

Gegenüber der Rispenhirse (S. 272) zeichnen sich die ebenfalls sommerannuellen Sorghumhirsen durch ihren höheren Wuchs und die 4–5 mm dicken Früchte aus. Sie durchwurzeln den Boden tief und gut. Mit ihrer Größe ähneln sie noch mehr dem Mais als die Rispenhirse. Sie verzweigen sich bereits an der Basis und können auch an den höheren Knoten Seitentriebe bilden. Ihre Blätter sind bandförmig und zweizeilig angeordnet.

Die **Mohrenhirse** (*S. bicolor*) kann bis 5 m hoch werden und bildet kompakte, aufrechte, 10–60 cm lange Rispen. Als Zuckerhirse werden Mohrenhirsesorten bezeichnet, die viel Zucker in der Grünmasse enthalten.

Das **Sudangras** (*S. sudanense*) wird bis 2,5 m hoch. Seine Rispe ist 15–30 cm lang, locker, schlank verzweigt.

Sudangras: aufbrechende Rispe

Sorghum-Hybriden (*S. sudanense* × *bicolor*) wachsen bis zu 3 m hoch, haben dünnere Stängel und schmälere Blätter, dafür aber mehr Triebe pro Pflanze.

Entwicklung und Standortansprüche

Als C4-Pflanzen sind Sorghumhirsen resistent gegenüber Dürre. Sie sind noch wärmebedürftiger als Rispenhirsen und frieren bei Temperaturen unter 0 °C ab. Bei Bodentemperaturen ab 12 °C keimen sie rasch. Anfangs wachsen sie besonders bei kühlem Wetter nur langsam, sodass sie Konkurrenz durch Wildkräuter, wie Gänsefußarten, Kamillen, Franzosenkräuter oder Knötericharten, bekommen. Steigen die Temperaturen im Sommer weiter an, sind die Pflanzen stark wüchsig, bilden viel Trockenmasse und können sich gut gegen Wildkräuter behaupten. Die Körner reifen bei uns meist nicht aus.

Herkunft und Geschichte als Nutzpflanze

Sorghumhirsen stammen aus den Savannengebieten Afrikas und wurden dort etwa 2000 v. Chr. in Kultur genommen. Die Mohrenhirse ist heute weltweit die wichtigste Hirseart. Sie dient besonders in Afrika, im Nahen Osten, in China und den USA als Nahrungspflanze. Während in Afrika besonders die Körner eine Rolle spielen (Körnerhirse) und das Stroh als Brennstoff und Baumaterial für Dächer dient, kultivierte man sie in den USA verbreitet als Süßungsmittel. Der Sirup aus den zuckerreichen Stängeln der Zuckerhirse war dort besonders bis Anfang des 19. Jh. wirtschaftlich wichtig, wurde dann aber von Zucker-Rüben und Zuckerrohr stark zurückgedrängt. Neuerdings nimmt die Bedeutung der Zuckerhirse in den USA wieder zu, da die Pflan-

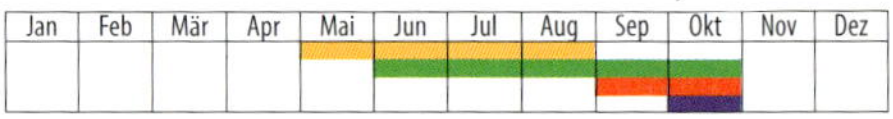

zen gleichzeitig Substrat für Bioethanol und Körner als Nahrung liefern können. In Mitteleuropa stoßen Sorghumhirsen erst in neuester Zeit auf Interesse.

Nutzung

Bei uns spielt der Anbau als Körnerlieferant keine Rolle, sondern in erster Linie die Nutzung als Energiepflanze. Die pflanzliche Biomasse wird in Biogasanlagen zur Erzeugung von Biogas und Methan genutzt. Besonders interessant ist sie in Regionen, in denen leichte Böden und starke Trockenheit im Sommer den Ertrag von Mais als Energiepflanze mindern. Insgesamt steht Mohrenhirse als Substrat für die Erzeugung von Biogas jedoch in der Rangfolge noch weit hinter Mais, Grassilage, Getreideganzpflanzensilagen und Getreidekörnern. Die wichtigsten Zuchtziele für den Anbau dieser Hirse als Energiepflanze in Mitteleuropa sind die Steigerung des Biomasseertrages, Kältetoleranz bei der Keimung und Jugendentwicklung, Frühreife und Standfestigkeit. Zuckerhirse eignet sich aufgrund des hohen Zuckergehalts auch zur Herstellung von Bioethanol.

Besonders in wärmeren Klimaregionen werden die ganzen Pflanzen der Mohrenhirse auch als Viehfutter verwendet. Sie haben einen guten Futterwert. Für Grünfutter eignen sich nur Sorten mit einem möglichst geringen Gehalt des Glykosids Durrhin. Dieses setzt nach Verletzung des Pflanzengewebes durch Hydrolyse giftige Blausäure frei. Bei Ganzpflanzensilagen

Blatthäutchen am Rand bewimpert

Anbau Sudangras

Mohrenhirse: unreif fruchtend

Anbau Mohrenhirse

besteht dieses Problem nicht. Sie können auch bei uns als eine Alternative zu Silomais oder in Mischung mit diesem an Wiederkäuer verfüttert werden.

Kultur und Ernte

Der Anbau in Mitteleuropa erfolgt als Haupt- oder Zweitfrucht. Bei Nutzung als Zweitfrucht kommen als Vorfrüchte, die im Frühjahr oder Frühsommer abgeerntet werden, z. B. Welsches Weidelgras oder Grünroggen infrage, sowie Wintergetreide, das bei Milch- oder Teigreife als Ganzpflanzensilage für die Energiegewinnung geerntet wird. Die Saat der Hirse erfolgt ab Anfang Mai bei Bodentemperaturen über 12 °C. Der Zeitpunkt sollte nicht nach dem 20. Juni liegen, sodass eine ausreichend lange frostfreie Kulturdauer möglich ist. Die Ernte erfolgt je nach Sorte, Witterung und Standort zwischen Mitte September und Ende Oktober. Wie beim Energiemais werden dabei die ganzen Pflanzen gehäckselt. Wichtig ist, dass die Pflanzen zu diesem Zeitpunkt genügend ausgereift sind und somit die Silage nicht zu feucht wird. Für eine Siloreife soll der Trockensubstanzgehalt bei 28–32 % liegen.

Die Arten sind mit sich selbst verträglich und werden auch als Partner in Zwischenfruchtgemengen verwendet.

Ökologische Bedeutung

Wild findet in den Beständen Schutz, verschont die Pflanzen aber weitgehend. In der Wirkung auf Feldvögel ähnelt Sorghum dem Mais. Nachdem Sorghumhirsen weder als Samen noch als Pflanze mitteleuropäische Winter überstehen, besteht keine Gefahr, dass sie sich als Neubürger etablieren.

Weizengruppe, Gattung Triticum

Die verschiedenen Arten der Gattung *Triticum* gehören zusammen mit Gerste zu den ältesten Getreidearten, die domestiziert wurden.

Die ältesten Nacktweizenfunde stammen aus der Zeit zwischen 7800 und 5200 v. Chr.

Innerhalb der Gattung Weizen lassen sich aufgrund der Anzahl der Chromosomensätze drei Gruppen unterscheiden. Ausgehend von einem unbekannten diploiden Vorfahren entstanden die Gattungen Weizen (*Triticum*) und Walch (*Aegilops*). Während sich die **Einkorn-Reihe** aus dem diploiden *Triticum*-Vorfahr mit dem Genom AA entwickelte, fand bei der **Emmer-Reihe** eine Verdoppelung des Chromosomensatzes statt, indem sich das Genom AA mit dem Genom BB aus der Walchart *Aegilops speltoides* vereinigte. Vertreter der Emmer-Reihe haben durch diese Allopolyploidisierung einen vierfachen Chromosomensatz (tetraploid, AABB). Für die **Dinkel-Reihe** kam zu den Chromosomen des Emmers das Genom einer weiteren diploiden Walchart dazu, sodass die Vertreter dieser Reihe einen sechsfachen Chromosomensatz aufweisen (AABBDD).

Auch heute noch finden intensive Züchtungen innerhalb der Arten, artenübergreifend und sogar zwischen verschiedenen Gattungen statt.

Die Porträts der Arten der Gattung *Triticum* stellen die drei Reihen der Weizengruppe nacheinander – gemäß dem folgenden Diagramm – vor. Dazu wird die alphabetische Reihenfolge durchbrochen.

Anbauprüfung von Weizensorten

Stammbaum der Weizengruppe (Gattung Triticum)

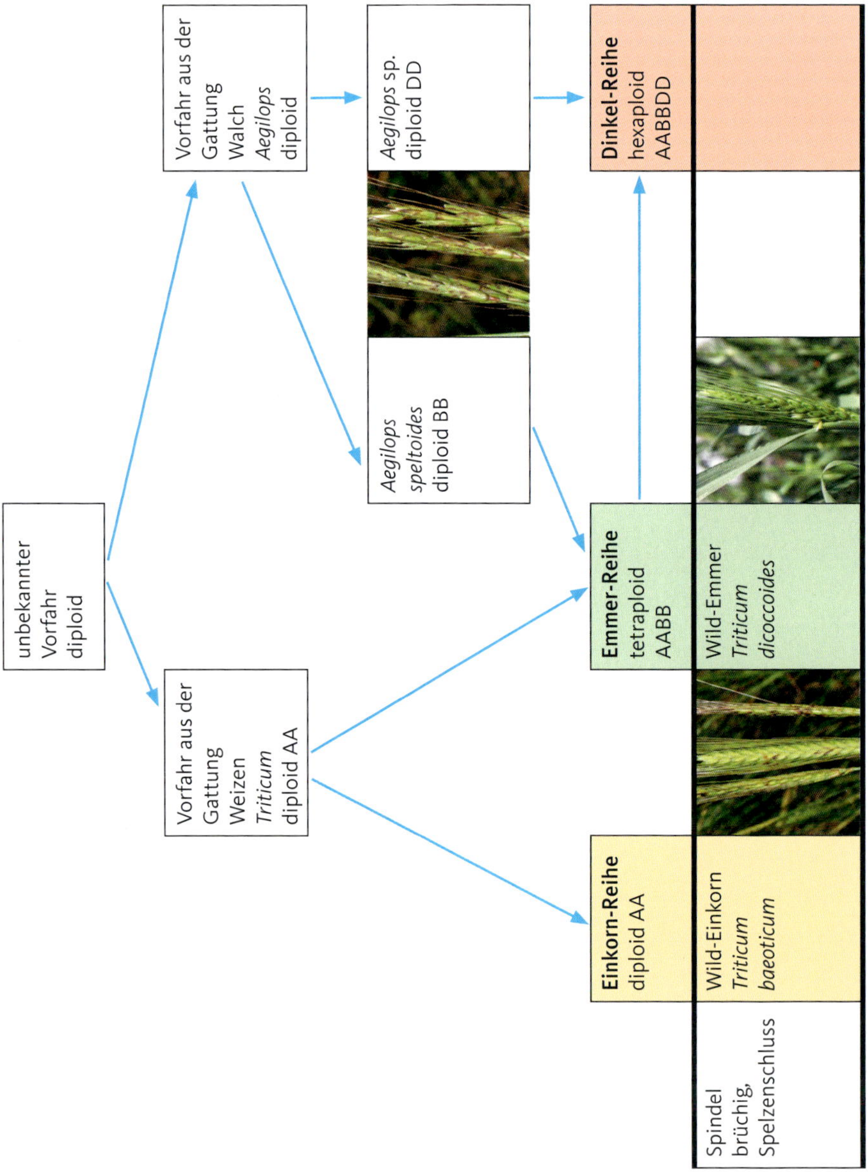

Spindel zäh, Spelzenschluss (Spelzweizen)	Einkorn *Triticum monococcum*		Emmer *Triticum dicoccum*			Dinkel *Triticum spelta*	
Spindel zäh, Körner frei werdend (Nacktweizen)			Hart-Weizen *Triticum durum*			Saat-Weizen *Triticum aestivum*	
			Rau-Weizen *Triticum turgidum*				
			Polnischer Weizen *Triticum polonicum*				
			Khorasan-Weizen *Triticum turanicum*				

Einkorn, Einkorn-Weizen

Triticum monococcum

Beschreibung

Im Vergleich zu den anderen Arten der Gattung *Triticum* fällt beim Einkorn die hellgrüne Färbung der Pflanze auf. Von der auf den ersten Blick ähnlichen, viel häufiger angebauten, ebenfalls hellgrünen Gerste (*Hordeum vulgare*) lässt es sich anhand der nur kurzen Öhrchen und der behaarten Halmknoten leicht unterscheiden. Weitere Merkmale siehe Tabelle S. 405.

Entwicklung und Standortansprüche

Die Art kommt mit sehr unterschiedlichen Böden zurecht und wächst selbst auf kargem, steinigem Untergrund, der sich für Weizen nicht eignet. Verschiedene Formen ertragen auch das rauere Klima in höheren Lagen. Einkorn ist eines der Getreide, bei dem auch Sommerformen eine so gute Winterfestigkeit haben, dass sie auch im Herbst als Wintergetreide ausgesät werden können. Die Pflanzen entwickeln sich anfangs langsam und kommen erst spät zum Schossen. Werden Saat-Weizen und Einkorn gleichzeitig ausgesät, so liegen Blüte und Ernte beim Einkorn 3–4 Wochen später als bei Saat-Weizen – das Einkorn ist damit die am spätesten reifende Getreideart. Wenn nach der Blüte die Ähren schwerer werden, die Halme aber noch weich sind, kann es durch starken Wind oder Regen zum Lagern kommen.

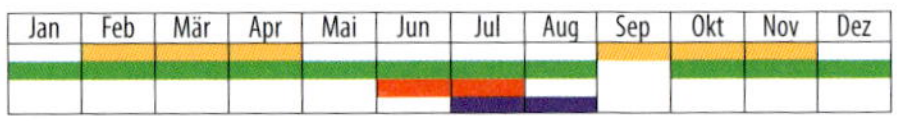

Ähre dicht, zweizeilig, mit 1-grannigen Ährchen

Wintereinkorn, Sorte ‚Terzino‘

Herkunft und Geschichte als Nutzpflanze

Das kultivierte Einkorn entstand in der Region Südost-Anatolien bis West-Syrien aus dem Wild-Einkorn (*Triticum baeoticum*). Die früheste Domestikation fand wohl etwa zwischen 9000 und 8000 v. Chr. statt. Archäologen fanden kultiviertes Einkorn in vorkeramischen Schichten aus der Zeit um 7200 v. Chr. am oberen Euphrat. In Mitteleuropa gehörte dieses Getreide zusammen mit Emmer zu den Kulturpflanzen der Jungsteinzeit (Bandkeramik, ab 5500 v. Chr.). Gegen Ende der Jungsteinzeit wurden beide immer mehr von Dinkel und Gerste abgelöst. Spanier und Griechen bauten Einkorn bis in die Neuzeit in trockenen und kargen Regionen an. Noch zur Römerzeit war Einkorn ebenso wie Emmer im Neckarland und in der Region Köln ein wichtiges Getreide. Doch war die Pflanze nicht nur für die menschliche Ernährung wichtig. Die Vesen dienten früher als Kraftfutter für Pferde, die Spreu wurde zusammen mit Ton und Lehm in Fachwerkhäusern und Fachwerkstallwänden verbaut. Winzer banden mit dem dünnen, zähen Stroh Weinreben fest, Korbflechter stellten Strohhüte, Matten und Bienenkörbe daraus her. Trotzdem ging der Anbau im Mittelalter immer mehr zurück. In den 1950er- und 1960er-Jahren hörte er in Deutschland ganz auf. Erst in den 1990er-Jahren fanden in Mitteleuropa wieder Kulturversuche statt. Heute gibt es kleinflächigen ökologischen sowie extensiven konventionellen Anbau besonders an Standorten mit schlechteren Boden- und Klimabedingungen.

Nutzung

Die Körner haben einen höheren Proteingehalt als Saat-Weizen. Ihr Gehalt an Carotinoiden, die für die gelbliche Farbe des Mehls verantwortlich und wichtige Vorstufen für Vitamin A sind, ist im Vergleich mit anderen Getreiden hoch, ebenso der Gehalt an Zink und Selen. Der Kleber wird ähnlich wie bei Dinkel nicht von Glutenin sondern Gliadin bestimmt. Dieses

Anbau

hat schlechtere Backeigenschaften: Reines Einkorn-Brot muss in Backformen gebacken werden, sein Gashaltevermögen und damit Backvolumen ist gering. Als Beimischung schätzen Bäcker jedoch das intensive nussige Aroma des Mehls. Menschen mit Zöliakie müssen auch auf Einkorn verzichten, für Weizenallergiker kann es jedoch eine Alternative sein.

Kultur und Ernte

Meist erfolgt der Anbau als Wintergetreide, nur selten als Sommergetreide. Die Aussaat sollte früh erfolgen, bei Wintergetreide Mitte September. Um den Keimling möglichst gut zu schützen und nicht zu beschädigen, werden die Körner vor der Saat nicht entspelzt, sondern in der Vese ausgesät. Es ist wichtig, den richtigen Erntezeitpunkt zu erwischen. Um ausreichend ausgereifte Körner zu erhalten und möglichst wenig Verluste durch zerfallende Ähren zu haben, erfolgt der Mähdrusch, sobald die Grannen trocken sind. Einkorn ist eine sehr spät reifende Getreideart. Oft fällt die Ernte in feuchte Herbsttage, sodass die Vesen nachgetrocknet werden müssen. Die Körner zerbrechen beim Schälen aus den Spelzen sehr leicht. Es gibt jedoch auch Formen des Einkorns, die sich spelzenfrei dreschen lassen.

Ökologische Bedeutung

Der Anbau des robusten Getreides erhöht die ökologische Vielfalt der Äcker. Während der langsamen Anfangsentwicklung haben viele Wildkräuter eine Chance, sich zwischen den Pflanzen zu entwickeln. Die lange Vegetationsdauer und die ökologische Kultur auf meist armen Äckern ermöglicht es auch langsam wachsenden Wildkräutern, darunter auch seltenen Arten, sich zu entwickeln.

Körner

Emmer, Zweikorn-Weizen

Triticum dicoccum, Triticum turgidum ssp. *dicoccon*

Beschreibung

Die bei der Reife hängenden Ähren erinnern oft etwas an die von Gerste. Die Blattöhrchen des Emmers sind jedoch im Gegensatz zu dieser bewimpert. Es gibt weiß-, rot- oder schwarzährige Formen, die Grannen sind bei manchen Sorten schwärzlich. Weitere Merkmale siehe Tabelle S. 405.

Entwicklung und Standortansprüche

Die Pflanzen benötigen nur wenig Nährstoffe und Feuchtigkeit, sodass sie sich auch auf mageren, flachgründigen und steinigen Böden anbauen lassen und Trockenheit sehr gut ertragen. Ihre Vegetationsdauer beträgt 125–140 Tage. Meist bestäuben sich die Pflanzen selbst, doch ist auch Fremdbestäubung möglich.

Herkunft und Geschichte als Nutzpflanze

In Mitteleuropa kultivierten die ersten Ackerbauern in der Jungsteinzeit (Bandkeramik, ab 5500 v. Chr.) Einkorn und Emmer als wichtigste Getreide. Ihr Anbau breitete sich von Griechenland über Bulgarien und Ungarn entlang von Donau und Rhein aus. Von der Bronzezeit an ging die Bedeutung des Emmers zurück, in der Römerzeit betrug er nur noch bis zu 10 % des Getreides. Im Mittelalter verlor der Emmer ähnlich wie das Einkorn seine Bedeutung noch mehr. Nur auf schlechten Böden in den Mittelgebirgen blieben Restanbaugebiete bis ins 20. Jh. erhalten. Nicht nur der geringe Ertrag, sondern auch das mühsame Entspelzen machten den Anbau immer weniger attraktiv. Seit den 1990er-Jahren erlebt Emmer, ähnlich wie andere alte Getreidearten, eine Renaissance und wird in einigen Regionen Mitteleuropas wieder angebaut.

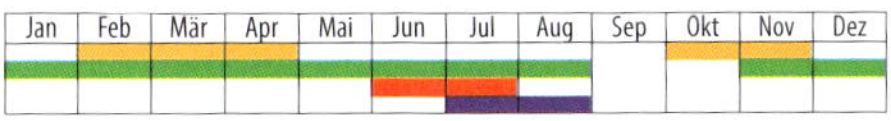

Ähre dicht, mit 2-blütigen Ährchen, Achse mit Haarbüscheln (hier bei Sorte ‚Utrecht Blue')

Weißer behaarter Winteremmer

Nutzung

Emmerkörner sind reich an Mineralstoffen, Proteinen und Kleber. Sie sind ähnlich hart wie die Körner des Hart-Weizens und lassen sich zu Grieß, Graupen und Teigwaren verarbeiten. Das

Schwarzer Emmer ‚Sephora'

Mehl eignet sich nicht nur für Brot, sondern auch für Hefegebäck, Kuchen und Klöße. Aufgrund seines Gehalts an Gluten ist es für Menschen mit Zöliakie kein Ersatz für Weizen. Ähnlich wie Saat-Hafer gilt Emmer als besonders gutes Pferdefutter.

Kultur und Ernte

Emmer wird meist als Sommergetreide angebaut. Als Wintergetreide ausgesät, überlebt die junge Saat die kalte Jahreszeit in Mitteleuropa häufig nicht. Die Körner werden wie bei Einkorn und Dinkel in den Vesen ausgesät. Die Pflanzen bestocken zwar stark, doch die Reihen schließen sich im Vergleich mit Weizen erst spät, sodass sich zahlreiche Wildkräuter dazwischen entwickeln können. Die Ernte erfolgt mit dem Mähdrescher Anfang bis Mitte August zum Zeitpunkt der Vollreife, aber noch bevor die Ähren zerfallen. Regnet es auf das fast reife Korn, können die Körner quellen und weisen dann nur noch eine schlechtere Backqualität auf. Nach der Ernte müssen die Vesen häufig noch getrocknet werden, anschließend werden sie entspelzt.

Ökologische Bedeutung

Während für den Landwirt die Konkurrenz von Wildkräutern ein großes Problem in Emmerfeldern darstellt, ist gerade dies ein Aspekt, der den Anbau ökologisch wertvoll macht.

Anbau schwarzährige Sorte

Körner

Hart-Weizen, Durum-Weizen

Triticum durum, Triticum turgidum ssp. *durum*

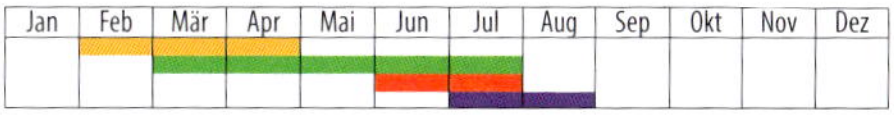

Beschreibung

Wie bei Saat-Weizen handelt es sich um einen Nacktweizen. Im Gegensatz zu diesem besitzt er jedoch einen tetraploiden Chromosomensatz und gehört zur Emmer-Reihe. Botaniker bezeichneten Hart-Weizen lange Zeit als Unterart des Rau-Weizens (*Triticum turgidum* ssp. *durum*). Morphologisch lässt er sich an den Haarbüscheln an den Ährchenansätzen sowie den dickwandigen, im oberen Bereich mit Mark gefüllten Stängeln von Saat-Weizen unterscheiden. Weitere Merkmale siehe Tabelle S. 405.

Entwicklung und Standortansprüche

Hart-Weizen ist wärmeliebend. Bereits zur Keimung benötigt er höhere Temperaturen als Saat-Weizen. Bei allen Sorten handelt es sich um Sommerformen, die keine Vernalisation benötigen. Im Mittelmeerraum wird Hart-Weizen meist über den Winter kultiviert, um die Winterniederschläge auszunützen. In Mitteleuropa ist die Winterfestigkeit der meisten Sorten geringer als die von Gerste und besonders bei fehlender Schneedecke nicht gewährt. Erst seit einigen Jahren gibt es vermehrt winterfeste Sorten. Sie liegen im Ertrag rund 15 % über den üblichen Sommersorten, sodass Landwirte ihren Anbau bevorzugen. Das Getreide kommt mit weniger als 500 mm Niederschlag im Jahr aus und ist wesentlich widerstandsfähiger gegenüber Dürren als Saat-Weizen. Es wächst aber langsamer als dieser und hat somit eine längere Vegetationsdauer. Nur während seiner vegetativen Wachstumsphase im Frühjahr und Frühsommer benötigt es ausreichend Feuchtigkeit. Anschließend braucht es einen langen warmen Sommer. Besonders in der Abreifephase muss es warm und trocken sein, da sonst die Körner nicht glasig werden, sondern mehlig bleiben und somit von geringerer Qualität sind.

In den typischen Anbauregionen für die Winterform des Saat-Weizens ist der Hart-Weizen diesem im Ertrag unterlegen. Dies hängt mit der geringeren Kornzahl pro Ähre und der geringeren Ährendichte auf der Anbaufläche zusammen. Bezüglich seiner Temperatur- und Wasseransprüche würde Hart-Weizen in Deutschland jedoch in Weinanbaugebiete passen. Hier kann er ähnliche Erträge wie Saat-Weizen erreichen.

Herkunft und Geschichte als Nutzpflanze

Ursprünglich entstand dieses Getreide im östlichen Mittelmeerraum. In archäologischen Funden taucht tetraploider Nacktweizen praktisch

Sorte ‚Senatore Cappelli‘

zeitgleich mit hexaploidem Saat-Weizen ab ca. 8000 v. Chr. auf. Die Geschichtsschreiber des Altertums und des Mittelalters unterschieden nicht zwischen Hart- und Saat-Weizen. Erst aus dem 16. Jh. existieren eindeutige Angaben zum Hart-Weizen als Kulturpflanze des europäischen Mittelmeergebietes. Noch heute wird Hart-Weizen im gesamten Mittelmeerraum großflächig angebaut. In Mitteleuropa ist zwar die Nachfrage nach den Körnern und Produkten daraus hoch, der Bedarf wird jedoch in erster Linie über Importe gedeckt. In den 1980er-Jahren bauten deutsche Landwirte vorübergehend vermehrt Hart-Weizen an, bereits in den 1990er-Jahren ging der Anbau jedoch wieder zurück. Derzeit spielt er in Deutschland nur eine untergeordnete Rolle und findet besonders auf trockenen, warmen Standorten statt.

Nutzung

Aus Hart-Weizen werden in erster Linie Teigwaren wie die typische italienische Pasta sowie Grieß, Couscous und Bulgur hergestellt. Die Körner haben einen hohen Eiweiß- und Klebergehalt. Die Menge und die Qualität des Proteins sorgen dafür, dass die Stärke fester gebunden ist als in Saat-Weizen. So kann sie beim Kochen nicht so leicht in das Kochwasser ausgeschwemmt werden und Nudeln und andere hochwertige Teigwaren verkleben nicht. Der Anteil an gelben Farbpigmenten verleiht den Nudeln eine schöne goldgelbe Farbe. In Regionen, in denen ausschließlich Hart-Weizen angebaut wird, backen Bäcker auch Brot daraus. Dieses ist dunkler, schwerer und dichter als jenes von Saat-Weizen. Landwirte verwenden das markhaltige Stroh als gute Einstreu, Hutmacher können haltbare Strohhüte daraus anfertigen.

Ährchenansätze mit Haarbüscheln

Aufgeschnittene Halme: links Saat-Weizen, rechts Hart-Weizen

Kultur und Ernte

Nur in milden Lagen kann dieses Getreide bereits im Herbst gesät werden. In Mitteleuropa erfolgt die Kultur meist als Sommerfrucht nach einer Blattfrucht wie Zucker-Rüben oder nach einer zweijährigen Kleegrasmischung als Vorfrucht. Mais oder Saat-Weizen eignen sich nicht als Vorfrucht, da von diesen Fusariumpilze übertragen werden können, gegenüber denen der Hart-Weizen anfällig ist. Die Aussaat erfolgt möglichst früh im Jahr, die Körner werden flacher und dichter als jene von Saat-Weizen gesät. Beim Übergang von der Gelb- zur Vollreife wird der Korninhalt glasig. Die Ernte erfolgt in der Regel nach dem Winterweizen. Sie sollte bei trockener Witterung bei Vollreife erfolgen, anschließend werden die Körner rasch und schonend getrocknet. Feuchtigkeit kann dazu führen, dass Enzyme in den Körnern bereits den Keimvorgang einleiten und damit nur minderwertiges Korn vorliegt, das sich nicht mehr für die menschliche Ernährung eignet. Mühlen, die Hart-Weizen vermahlen, benötigen spezielle Walzenstühle für die harten Körner.

Ökologische Bedeutung

Nachdem die Pflanzen langsamer wachsen, sich weniger stark bestocken und schmalere Blätter haben, können sich zwischen Hart-Weizen mehr Ackerwildkräuter entwickeln als zwischen Saat-Weizen. Für den Landwirt stellt die starke Konkurrenz durch Wildkräuter auf den Feldern ein Problem dar. Im konventionellen Anbau werden deshalb in der Regel Herbizide angewandt. Im ökologischen Landbau sollten Parzellen mit geringem Unkrautdruck gewählt werden, auf denen sich die Wildkräuter mit mechanischen Methoden eindämmen lassen.

Anbau

Rau-Weizen; Polnischer Weizen; Khorasan-Weizen

Triticum turgidum, Triticum turgidum ssp. *turgidum; Triticum polonicum, Triticum turgidum* ssp. *polonicum; Triticum turanicum*

Beschreibung

Alle drei Arten gehören zu den Nacktweizen, bei denen die reifen Körner aus den Spelzen freikommen. Der Rau-Weizen ist auch unter den Namen Englischer Weizen, Welscher Weizen oder Kegel-Weizen bekannt. Der Polnische Weizen heißt auch Galizischer Weizen oder Gommer. Die Arten gehören der tetraploiden Emmer-Reihe an und lassen sich miteinander kreuzen. Polnischer Weizen und Khorasan-Weizen haben über 10 mm lange Körner, die damit viel größer als die Körner von Saat-Weizen sind. Für den Polnischen Weizen ist der weißliche Hautrand der Deckspelzen typisch, für den Khorasan-Weizen die bei der Reife zumindest an der Basis dunklen Grannen. Weitere Merkmale siehe Tabelle S. 406.

Entwicklung und Standortansprüche

Vom Rau-Weizen sind oft Winterformen zu finden. Beim Polnischen Weizen existieren meist

Rau-Weizen ‚Nonette de Lausanne'

Sommerformen. Vom Khorasan-Weizen gibt es ausschließlich Sommerformen.

Herkunft und Geschichte als Nutzpflanze

Bei diesen Arten handelt es sich um natürlich entstandene tetraploide Hybride. Der Rau-Weizen wurde in der ersten Hälfte des 16. Jh. offensichtlich viel im Welschland (Frankreich und Italien) angebaut. Im Elsass wuchs er besonders in Gegenden mit vielen Wildschweinen, die dieses Getreide wegen seiner langen, harten Grannen mieden. Polnischer Weizen wurde mindestens seit dem Mittelalter in Spanien kultiviert. Vielleicht gelangte er durch die Araber aus Nordafrika dorthin. Besonders lange hielt sich seine Kultur in der Region Altkastilien und auf den Balearen. Nach Mitteleuropa kam der Polnische Weizen jedoch wahrscheinlich aus dem östlichen Europa. Dort war er wohl eine alte Kulturpflanze in Westrussland und Polen. Zumindest ab dem 18. Jh. wurde er in Thüringen und anderen Regionen Deutschlands angebaut, doch nicht in großem Umfang. Frühere Samenhändler bezeichneten diesen Weizen mit betrügerischen Absichten auch als „Riesenroggen".

Sowohl der Rau- als auch der Polnische Weizen waren früher Brotgetreide. Rau-Weizen diente auch als Futterweizen. Heute sind beide praktisch nur noch in Sammlungen und im Museumsanbau zu finden.

Der Khorasan-Weizen wurde erst 1921 von dem Botaniker John Percival beschrieben. Er trägt seinen Namen nach der historischen Region Chorasan in Zentralasien. Bereits vor etwa 6000 Jahren soll er in der Region des Fruchtbaren Halbmondes sowie im Kaukasus angebaut worden sein. Seither wurde er möglicherweise in kleinem Maßstab im Nahen Osten sowie in Zentralasien und Nordafrika kultiviert. Die für diesen Weizen im Handel verwendete Bezeichnung „Kamut" ist ein eingetragenes Warenzeichen der Sorte „QK-77", das sich Landwirte aus Montana 1990 schützen ließen. Es geht auf das altägyptische Wort Kamut („Seele der Erde") zurück. Genetische Untersuchungen an Kamut haben ergeben, dass er wohl von einer natürlichen Hybride aus *Triticum durum* und *Triticum polonicum* abstammt, die im fruchtbaren Halbmond entstanden ist. Dass diese Sorte auf Samen aus einem antiken ägyptischen Grab zurückgeht, die ein amerikanischer Pilot angeblich nach dem 2. Weltkrieg sammelte, gehört ins Reich der Legenden, zumal Weizen auch höchstes 200 Jahre keimfähig bleibt. Heute wird Kamut hauptsächlich im trockenen Klima der USA und Kanada sowie in Südeuropa im ökologischen Anbau für den Biomarkt kultiviert. In Mitteleuropa eignet sich das Klima für ihn kaum.

Nutzung

Während Rau- und Polnischer Weizen kaum mehr in Kultur sind, ist in den letzten Jahrzehnten die Nachfrage nach Khorasan-Weizen gestiegen. Hauptgrund ist, dass er als sehr bekömmlich gilt und viele Allergiker, die das Eiweiß des Saat-Wei-

Polnischer Weizen

Khorasan-Weizen

zens nicht vertragen, Kamut essen können. Anbieter nennen eine Verträglichkeit bei 70 % der Weizenallergiker. Doch sollten Menschen mit schwerer Weizenallergie auch dieses Getreide nicht ohne ärztlichen Rat probieren. Nachdem Khorasan-Weizen Gluten enthält, ist er für Menschen mit Zöliakie nicht geeignet. Dieser Weizen kann einen Eiweißgehalt von bis zu 20 % erreichen. Auch sein Gehalt an Vitaminen und Mineralstoffen ist höher als bei anderen Weizensorten. Hervorzuheben ist der hohe Gehalt an Selen, Zink und Magnesium. Sein Kleber hat sehr gute Backeigenschaften, sodass sich aus dem Mehl Brot backen lässt. Doch bieten nur wenige Bäcker reines Kamutbrot an – meistens wird das Mehl mit anderen Mehlsorten vermischt. Aus den Körnern lässt sich auch guter Grieß herstellen oder sie werden für Müsli und andere Speisen geschrotet oder geflockt. Sie können auch wie Reis gekocht werden. Der Geschmack ist leicht süßlich, etwas nussig-buttrig.

Khorasan-Weizen ‚Kamut‘

Dinkel, Spelz

Triticum spelta, Triticum aestivum ssp. *spelta*

Beschreibung

Dinkelfelder lassen sich meist gut an den hochwüchsigen Halmen und den horizontal stehenden oder geneigten, langen, dünnen Ähren erkennen. Die Farbe eines abreifenden Feldes ist bei den meisten Sorten dunkler als bei den anderen Ährengetreiden, oft typisch rötlich braun. Die Art gehört zur hexaploiden Dinkel-Reihe und lässt sich mit Saat-Weizen kreuzen. Dies gelingt jedoch meist nur durch künstliche Befruchtung. Ab Anfang des 20. Jh. kreuzten Züchter gezielt Saat-Weizen in Dinkelsorten ein, um die Vorteile beider Arten zu vereinen. Heute gibt es deshalb neben reinen Dinkelsorten auch viele Dinkel-Weizen-Kreuzungsnachkommen (Weizendinkel). Alte, reine Dinkelsorten sind z. B. ‚Oberkulmer Rotkorn' oder ‚Bauländer Spelz'. In Sorten wie ‚Franckenkorn', ‚Cosmos' oder ‚Roquin' dagegen ist Weizen eingekreuzt. Weitere Merkmale siehe Tabelle S. 406.

Entwicklung und Standortansprüche

Dinkel ist anspruchslos und robust, zeigt eine gute Winterhärte und ist tolerant gegenüber Spätfrösten. Er lässt sich auch an Grenzstandorten mit rauem, niederschlagsreichem Klima kultivieren, zum Teil bis in Höhenlagen von 1400 m. Auch flachgründige, steinige Böden, auf denen Weizen keine ausreichenden Erträge bringt, eignen sich für ihn. Er braucht jedoch mehr Feuchtigkeit als z. B. Saat-Weizen, sodass er auf sehr leichten Böden nicht gut wächst. Dinkel benötigt viel weniger Stickstoff als Weizen. Wird er zu stark gedüngt, neigt er zu stärkerer Lagerbildung. Gegenüber Pilzkrankheiten ist er ähnlich anfällig wie Saat-Weizen. So treten auch bei ihm Echter Mehltau (*Blumeria graminis* f. sp. *tritici*) und Braunrost (*Puccinia triticina*) auf und Zwergsteinbrand (*Tilletia controversa*) und Weizensteinbrand (*Tilletia caries*) können ihm zu schaffen machen.

Herkunft und Geschichte als Nutzpflanze

Die Entstehung des nur in Kultur bekannten Dinkels ist nicht endgültig geklärt. Als die ältesten Nachweise gelten Funde in jungsteinzeitlichen Siedlungen aus dem 6. und 5. Jahrtausend v. Chr. am Südrand des Kaukasus und im nördlichen Mesopotamien, doch sind die Funde nicht eindeutig. Wissenschaftler vermuten auch, dass Dinkel in Europa und Asien getrennt entstanden sein könnte. Lange Zeit spielten Dinkelkörner in Europa und einigen Regionen Asiens eine wichtige Rolle für die menschliche Ernährung. Im Jahrtausend vor

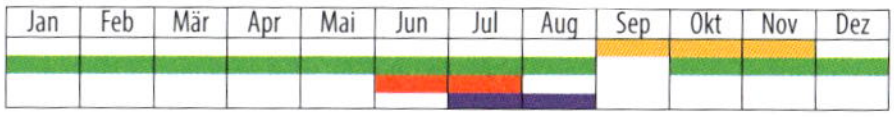

Ähre locker

Pflanzen

der Zeitenwende breitete sich der Dinkelanbau in Mitteleuropa aus und Dinkel wurde zur dominierenden Brotgetreideart. In Deutschland beschränkte sich sein Anbau bis ins späte Mittelalter auf den Südwesten. Hier stammten zeitweise bis zu 40 % der Getreidekörner von Dinkel. Die Benediktineräbtissin Hildegard von Bingen (1098–1179) lobte Dinkel als „Universal-Arzneimittel" und als „das beste Getreidekorn". Ab dem späten 19. Jh. ging der Anbau stark zurück, da der Ertrag gegenüber Saat-Weizen viel geringer und der Aufwand des Entspelzens hoch ist. Die Nationalsozialisten verboten den Anbau sogar wegen dem geringen Ertrag. Erst seit den 1980er-Jahren steigt die Bedeutung wieder, seit einigen Jahren erlebt dieses Getreide einen regelrechten Boom, sodass die Anbauflächen wieder zunehmen.

Nutzung

Die reifen Körner werden in Deutschland und in der Schweiz hauptsächlich für Brot und andere Backwaren sowie für Teigwaren verwendet. Ihr Geschmack ist aromatisch, etwas nussig. Wer an Zöliakie leidet, muss nicht nur Weizen, sondern auch den ebenfalls glutenhaltigen Dinkel meiden. Reine Dinkelsorten enthalten sogar mehr dieses Klebers als Saat-Weizen, allerdings im Vergleich weniger Glutenine als Gliadine. Da in seinem Gluten jedoch im Gegensatz zu Saat-Weizen kein Omega-Gliadin vorkommt, gilt Dinkel als verträglich für viele Personen mit Weizen-Intoleranz. Eine entsprechende Diät soll sogar Blähungen und Durchfall auskurieren. Weizendinkelsorten eignen sich dagegen nicht für diese Personen. Teige aus reinen Dinkelsorten werden wegen des hohen Anteils an Gliadin meist weich und klebrig. Weizendinkelsorten ähneln bezüglich des Klebergehalts und Typs und damit des Backverhaltens eher dem Saat-Weizen. Trotz dieser Unterschiede deklariert der Lebensmittelhandel in Deutschland bisher nur selten die Qualität oder Sorte, sondern bezeichnet alle als „Dinkel". In der Schweiz dagegen gibt es die Marke ‚UrDinkel', für die ausschließlich alte Schweizer Dinkelsorten ohne Weizeneinkreuzung verwendet werden.

Aus Dinkelkörnern lässt sich Kaffeeersatz rösten oder Dinkelbier brauen. Seit mindestens 300 Jahren wird in Süddeutschland ein Teil des Dinkels für Grünkern verwendet. Die unreif gedarrten Körner lassen sich ganz, geschrotet oder gemahlen zu Suppen, Bratlingen, Klößen, Süßspeisen und Kuchen verarbeiten. Vor allem in Frankreich, Belgien und den USA dient der eiweißreiche Dinkel als gutes Rinderkraftfutter. Auch Pferdezüchter verfüttern oft statt Saat-Hafer die Vesen des Dinkels oder mischen Dinkelspelzen unter das Futter. Die ausgedroschenen Vesen (Dinkelspelzen, Dinkelspreu) bleiben formstabil und besitzen gute Fließeigenschaften. Früher füllte man sie in Matratzen von Kinderbetten, heute werden sie für Kissenfüllungen, Nackenrollen und Wärmekissen verkauft.

Kultur und Ernte

Der Anbau erfolgt in Europa als Wintergetreide. Die Körner benötigen vor dem Keimen eine stärkere Vernalisation als Saat-Weizen. Die Aussaat erfolgt in der Regel in der Vese, meist etwa 1 Woche vor der Aussaat von Winterweizen. Die Jungpflanzen bestocken sich noch im Herbst stark. Dinkel wächst auf nährstoffarmen Böden gut mit Hackfrüchten oder Körnerleguminosen als Vorfrucht, auf mittleren Böden auch nach Mais, Sonnenblumen oder Raps. Nach Weizen sollte eine Pause von mindestens 2 Jahren erfolgen, da Dinkel wie dieser anfällig gegenüber der Schwarzbeinigkeit (*Gaeumannomyces graminis* var. *tritici*) ist. Das robuste Getreide eignet sich nicht nur für den konventionellen, sondern auch sehr gut für extensi-

Anbau, Anfang Juli

Anbau, Mitte Juli

‚UrDinkel' Ende Juli, kurz vor der Ernte

ven und ökologischen Anbau. Beim Dreschen zerfällt die Ährenspindel, sodass das Dreschgut aus Vesen besteht. Deren Spelzenanteil liegt bei 25–35 %. Um die Körner zu gewinnen, müssen diese möglichst schonend entspelzt werden. Dies geschieht in Mühlen, die einen sogenannten Gerbgang besitzen.

Besonders in Höhenlagen, in denen der Dinkel nicht die volle Reife erreicht, ist die Gewinnung von Grünkern eine gute Alternative. Hierzu dreschen die Landwirte die Körner schon Anfang bis Mitte Juli, rund 2–4 Wochen vor der Vollreife, wenn die Ähren noch grüngelb und die Körner grün und weich sind (Milch- oder Teigreife, 40–50 % Wassergehalt). Das Erntegut wird noch in den Spelzen gedarrt. Dabei entstehen aromatische Röstkaramellstoffe und es entwickelt sich ein würziger Duft. Während in alten Darren Buchenholzfeuer glühten, trocknen die Körner in modernen Anlagen in Heißluft mit zusätzlichem Holzrauch. Nach dem Darren wird der reine Grünkern entspelzt.

Ökologische Bedeutung

Dieses robuste Getreide mit wenig Düngerbedarf spielt besonders im ökologischen Anbau eine steigende Rolle. Nachdem die Pflanzen den Boden rasch bedecken und die Halme hoch werden, können sich Ackerwildkräuter auf Feldern mit normaler Aussaatstärke von Dinkel schlechter entwickeln als bei Saat-Weizen. Bei verringerter Aussaatstärke gehört Dinkel zu den Arten, die für extensive Fruchtfolgen zur Förderung von Ackerwildkräutern empfohlen werden.

Lang begrannte Sorte ‚Signina‘

Vesen

Links reifer Dinkel, rechts Grünkern

Saat-Weizen, Weich-Weizen

Triticum aestivum, Triticum aestivum ssp. *aestivum*

Beschreibung

Landläufig gilt für Saat-Weizen als typisch, dass seine Ähren unbegrannt sind. Neben diesen auch als Kolbenweizen bekannten Sorten gibt es jedoch begrannte Sorten, die als Bart- oder Grannenweizen bezeichnet werden. Im Gegensatz zu Hart-Weizen und den anderen, nur selten kultivierten Weizenarten sind die Halme des Saat-Weizens dünnwandig und innen auch im oberen Bereich hohl (S. 296). Am Ansatz der Ährchen finden sich keine Haarbüschel. Weitere Merkmale siehe Tabelle S. 407.

Bartweizen

Entwicklung und Standortansprüche

Saat-Weizen gehört zu den anspruchsvollen Getreidearten. Er benötigt reichlich Nährstoffe und ein ausreichendes und ausgeglichenes Wasserangebot. Besonders für ihn geeignete Böden sind schwere, nährstoffreiche Lösslehm- oder Lehmböden, Schwarzerdeböden, kalkreiche Böden in Flussauen und Marschen sowie bessere Verwitterungsböden. Günstig erweist sich ein wintermildes und sommerwarmes Klima. Winterweizen erträgt jedoch je nach Sorte Temperaturen von -15 bis zu -22 °C, sofern eine Schneedecke vorhanden ist. Saat-Weizen benötigt eine Niederschlagsmenge von 250–1750 mm pro Jahr. Auf tiefgründigen Böden entwickelt er sich auch in niederschlagsarmen Regionen, da sein ausgeprägtes Wurzelsystem bis 1,8 m tief in den Boden eindringen kann. Für Winterweizen sind Niederschlagsmengen von 500–600 mm pro Jahr ideal. Bartweizen braucht weniger Feuchtigkeit und wächst auch bei Mengen von unter 500 mm pro Jahr sehr gut. Dank seiner rauen Grannen kann er zusätzliche Feuchtigkeit aus der Luft kämmen.

Bereits bei Temperaturen ab 2–4 °C beginnen die Körner zu keimen. Winterweizen benötigt eine Vernalisation von 40–80 Tagen bei Temperaturen von 1–5 °C. Bei Sommerweizen genügt eine Vernalisation von lediglich 1–14 Tagen. Wechselweizen, also solche Sorten, die sowohl im Herbst als auch im Frühjahr gesät werden können, benötigen keine oder nur eine sehr geringe Vernalisation. Die Rosette bestockt sich mit meist 2–3 ährentragenden Halmen. Die Ährchenanzahl pro Ähre hängt stark von den Umweltbedingungen ab, sie sinkt bei ungünstigem Wasser- und Nähr-

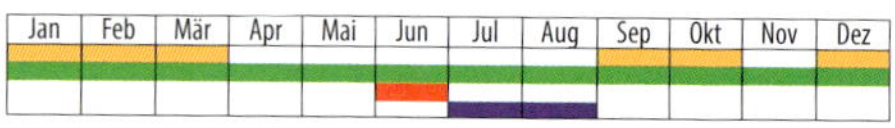

Kolbenweizen, stark bestockte Pflanze

stoffangebot. Saat-Weizen bestäubt sich meist noch vor der Öffnung der Blüten selbst. Winterweizen hat eine Vegetationsdauer von 280–350 Tagen, Sommerweizen von 120–145 Tagen.

Herkunft und Geschichte als Nutzpflanze

In archäologischen Funden taucht hexaploider Weizen ab ca. 8000 v. Chr. im östlichen Mittelmeerraum auf. Hexaploide Wildformen sind nicht bekannt. In Europa datieren die ältesten Weizenkörner aus der Zeit zwischen 4600 und 3800 v. Chr. Jedoch blieb der Anbau lange Zeit hinter dem von Einkorn, Emmer und Gerste zurück. Erst ab dem Mittelalter nahm der Weizenanbau in Mitteleuropa nach und nach zu, denn ab dem 11. Jh. kam Weißbrot in Mode. Ab Ende des 19. Jh. begann eine systematische Züchtung durch gezielte Kreuzungen. Doch erst in den 1930er-Jahren übernahm der Saat-Weizen unter den bei uns angebauten Getreiden den bisherigen Spitzenplatz des Roggens. Heute wird intensiv gezüchtet, um Sorten mit den jeweils gewünschten Eigenschaften sowie hohe Erträge zu erhalten. Der Klimawandel kann dazu führen, dass die Winter zu mild sind, um Winterweizen ausreichend vernalisieren zu können. Zukünftig rückt deshalb möglicherweise Sommerweizen mehr in den Fokus. Von diesem könnte besonders der bezüglich Feuchtigkeit weniger anspruchsvolle Bartweizen interessant werden.

Nutzung

Saat-Weizen dient in großem Maßstab der menschlichen Ernährung. Weltweit ist er das wichtigste Brotgetreide. Auch bei uns werden seine Körner zu Mehl, Graupen, Grieß, Back- und

Kolbenweizen, Anbau (Mitte Juni)

Teigwaren verarbeitet. Seine Stärke wird als Industriegrundstoff für die Papier- und Kleisterherstellung eingesetzt und in Kosmetika verarbeitet. Nachdem Saat-Weizen mehr Stärke enthält als Hart-Weizen, eignet er sich besser für die industrielle Nutzung als dieser. Seine Körner dienen auch als Rohstoff für die Brennereien (Kornbranntwein) und Brauereien (Weizenbier). Weizen ist außerdem ein wertvolles Tierfutter. Landwirte verfüttern dabei nicht nur die ganzen Körner, sondern auch die Kleie, die als Nebenprodukt beim Mahlen anfällt. Auch für die Energiegewinnung spielt er in Form von Bioethanol als Biokraftstoff eine Rolle. Das Stroh dient als Einstreu in Rinder- und Pferdeställen.

Je nach Verwendungszweck benötigen die Erzeuger eine andere Qualität und wählen deshalb sowohl die Sorte als auch das Anbauverfahren spezifisch danach aus. Backweizen sollte einen Proteingehalt von 12–14 % sowie einen hohen Kleberanteil aufweisen. Franzosen backen ihre Baguettes aus Bartweizenmehl. Brau- und Brennweizen sollen weniger als 11,5 % Protein, dafür aber einen hohen Anteil an vergärbaren Kohlenhydraten enthalten.

Kultur und Ernte

In Mitteleuropa wird Saat-Weizen vor allem im Flachland und im Mittelgebirge bis in Höhen von 900 m kultiviert. Meist erfolgt der Anbau heute als Winterweizen, da dieser deutlich höhere Erträge liefert. In der Regel dienen hierfür Sorten des Kolbenweizens. Sie werden meist zwischen Ende September und Ende Oktober ausgesät. Noch vor dem Winter keimen sie und bilden eine Rosette sowie kurze Sprosse. Erst nach der Winterruhe, wenn im Frühling ab Ende März die Tage länger werden, endet die Bestockungsphase und die Hauptsprosse wachsen aus. Für den viel selteneren Anbau als Sommerweizen, der im Frühjahr so früh wie möglich gesät wird, eignen sich Kolbenweizen- oder Bartweizensorten. Wechselweizen wird ab Dezember gesät.

Ab der Gelbreife sollte es warm und trocken sein, damit die Körner ausreifen und austrocknen. Regnet es während der Abreife, können die Körner bereits keimen und auswachsen. Die Ernte mit dem Mähdrescher erfolgt bei Voll- bis Totreife während der letzten Julidekade oder den beiden ersten Augustdekaden.

Als Vorfrucht für Saat-Weizen eignen sich besonders Körnerleguminosen, Raps oder Wurzel- und Knollenfrüchte. Er kann aber auch nach mehrjährigen Futterpflanzen oder Silomais angebaut werden. Jedoch sollte er nicht nach sich selbst kultiviert werden. Winterweizen kann als Vorfrucht für andere Getreide dienen.

Ökologische Bedeutung

Getreidefelder locken zur Reifezeit zahlreiche samenfressende Vögel an. Weizenfelder mit unbegrannten Ähren sind dabei besonders beliebt. Grannen dagegen halten manchen Vogel

Winterweizen, Kolbenweizen, Sorte ‚Patras‘

von der Nahrungsquelle fern. In manchen Gebieten Nord- und Ostdeutschlands rasten riesige Schwärme nahrungssuchender Kraniche auf ihrem Weg in die Überwinterungsgebiete in Spanien oder Nordafrika auf den Feldern mit frisch ausgesätem oder auflaufendem Winterweizen und fressen diese kahl. Damit sie nicht zu große Schäden im Getreide anrichten, führen Landwirte und Naturschützer Ablenkfütterungen durch, indem sie gezielt Weizen auf abgeernteten Flächen ausbringen.

Unter den Wintergetreidearten ist Saat-Weizen gegenüber Ackerwildkräutern weniger konkurrenzstark als Dinkel und Roggen, sodass sich mehr Wildkräuter entwickeln können. Landwirte bearbeiten die Äcker deshalb mechanisch oder mit Herbiziden.

Körner

Winterweizen, Bartweizen, Sorte ‚Complice'

Triticale

× *Triticosecale*

Beschreibung

Triticale steht im Erscheinungsbild zwischen Weizen und Roggen. Ihre Sorten unterscheiden sich morphologisch stark voneinander. Es existieren solche, die eher Roggen ähneln (Roggentyp), andere eher Weizen (Weizentyp). Triticale befruchtet sich meist selbst, doch kann je nach Sorte auch bis 30 % Fremdbefruchtung stattfinden. Weitere Merkmale siehe Tabelle S. 404.

Entwicklung und Standortansprüche

Die Triticale ist robuster als Weizen und lässt sich auch in weniger günstigen Lagen wie etwa den Mittelgebirgen erfolgreich kultivieren. Sie gedeiht selbst an Grenzstandorten, die sich weder für Weizen noch für Roggen eignen oder diese dort keine hohen Erträge bringen. Die Winterfestigkeit ist je nach Sorte nicht so gut wie die von Winterroggen. Häufig entwickeln sich die Pflanzen im Frühjahr rascher als Weizen, sie schieben auch die Ähren früher als Winterweizen.

Bezüglich der Bodenarten ist Triticale recht anspruchslos, auf guten Böden bringt jedoch Weizen mehr Ertrag, auf nährstoffarmen Sandböden Roggen. Die Pflanzen eignen sich dank eines guten Wurzelwerks auch für leichte Böden mit Trockenperioden im Vorsommer.

Herkunft und Geschichte als Nutzpflanze

Für dieses Getreide kreuzten Züchter Weizen als Mutter mit Roggen als Vater. Die heute gebräuchliche Bezeichnung für die Kreuzungsprodukte stammt aus dem Jahr 1935. Die erste entsprechende Kreuzung gelang einem Schotten schon im Jahr 1875, doch waren seine Pflanzen steril. Erst Versuche in den 1880er-Jahren führten zu fertilen Nachkommen. Planbare Kreuzungen erzielten Wissenschaftler erst ab 1937 mit der damals in Frankreich neu entwickelten Colchicintechnik. Dabei stört das Alkaloid Colchicin der

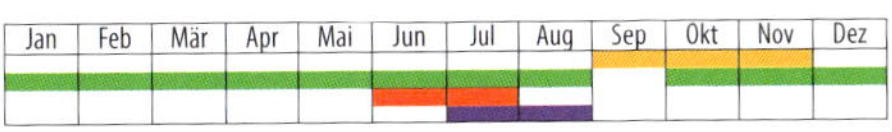

Unreif fruchtend

Halm unter der Ähre oft flaumig behaart

Herbstzeitlosen bei der Zellteilung die Mitose, sodass fruchtbare Hybridpflanzen mit einem doppelten Chromosomensatz entstehen. Züchter unterscheiden primäre Triticale, für die sie direkt Weizen mit Roggen kreuzen und sekundäre Triticale, also Hybriden der zweiten Generation, bei denen beide Eltern bereits Triticale-Sorten sind. Seit 1950 werden vor allem sekundäre Triticale gezüchtet, da die primären Triticale häufig nicht so leistungsfähig waren wie erwartet. 1968 wurde in Ungarn die erste Triticalesorte für den Ackerbau zugelassen. In Deutschland geschah dies erst 1986, mit neuen Sorten stieg hier der Anbau 1988 bereits auf 20 000 ha. Bei den heute kultivierten Sorten handelt es sich meist um hexaploide Pflanzen, die mütterlicherseits auf Hart-Weizen zurückgehen und so das Genom AABBRR aufweisen. Triticalesorten, die auf Saat-Weizen zurückgehen und so den achtfachen Chromosomensatz AABBDDRR aufweisen, haben sich nicht als leistungsfähig genug erwiesen.

Nutzung

Vom Roggen erhielt die Triticale ihre Winterhärte und Trockentoleranz, vom Weizen die

Anbau Wintertriticale, Sorte ‚Tender PZO', Mitte Juli, kurz vor der Ernte

hohe Ertragsleistung, den Proteingehalt und die Kornqualität. Die Pflanze liefert in den Mittelgebirgen Körnererträge, die bis 25 % über jenen von Weizen liegen. Der Anbau erfolgt sowohl konventionell als auch im ökologischen Landbau. Die Körner dienen vorwiegend als Viehfutter, vor allem für Schweine und Geflügel, aber zum Teil auch für Rinder. Die Qualität des Futters gilt als hervorragend. Die Gehalte an Protein und Stärke liegen über denen von Roggen und erreichen fast die von Weizen. Das Eiweiß zeichnet sich durch einen hohen Gehalt an Lysin aus.

Auch als Grünfutter und Silage schätzen Viehhalter die Pflanze. Hierfür findet sich Triticale auch in Winterfruchtmischungen, z. B. in Kombination mit Zottiger Wicke oder Welschem Weidelgras.

Triticale besitzt keine so guten Backeigenschaften wie Weizen, da seinem Kleber die Elastizität fehlt. Außerdem führt eine zum Teil hohe Aktivität an stärkeabbauenenden Enzymen (Amylasen) zu einer schlechten Verkleisterung der Stärke. In Mitteleuropa spielt das Mehl deshalb trotz des guten Eiweiß- und Mineralstoffgehalts in den Backstuben kaum eine Rolle. Außerhalb Europas dagegen kann Triticale eine Anbaualternative von Brotgetreide sein und wird z. B. in Mischung mit Weizenmehl zu Kastenbroten verbacken.

Aus den Körnern lässt sich auch Bioethanol und Alkohol gewinnen. Bestimmte Triticale-Typen enthalten besonders viele Amylasen, sodass hohe Alkoholgehalte erzielt werden können. Ihr Mehl kann auch als Verzuckerungsmittel zu anderen Alkoholrohstoffen wie Kartoffeln, Mais und Weizen zugefügt werden und so deren Alkoholausbeute erhöhen.

Darüber hinaus konnte sich Triticale sehr erfolgreich in der Biogasproduktion etablieren. Hierfür wird die ganze Pflanze eingesetzt und Ende Juni bis Anfang Juli geerntet. Die Silage daraus gilt als ein optimales Substrat in Ergänzung zu Mais. Neben einem Anbau in Monokultur kommen auch Gemenge für die Biogasproduktion zum Einsatz, z. B. Mischungen mit Wintergerste oder mit Leguminosen wie Pannonischer Wicke, Zottiger Wicke oder Wintererbse. Das Stroh besitzt keinen besonderen Futterwert. Es eignet sich jedoch als Strohdüngung, Einstreu oder Brennstoff.

Kultur und Ernte

Triticale gilt als anspruchsloses Getreide, das wenig Dünger und Pflanzenschutz braucht

Wintertriticale, kurz vor der Ernte

und damit kostengünstig anzubauen ist. Doch haben sich Schadpilze an die Kreuzungen angepasst, sodass zunehmend Pilzerkrankungen auftreten und Resistenzzüchtungen notwendig machen. Es existieren sowohl Sommer- als auch Winterformen. In Mitteleuropa hat sich Wintertriticale als leistungsstärker erwiesen, sodass praktisch nur noch diese angebaut wird. Der Saattermin sollte so liegen, dass vor dem Winter die ersten Bestockungstriebe angelegt sind. Gut möglich ist eine pfluglose Bestellung mit Mulchsaat. Wenn diese nach Winterweizen erfolgt, kann aufwachsender Ausfallweizen zusammen mit der Triticale geerntet werden. Die Ernte erfolgt bei Vollreife, zeitlich meist zwischen der Roggen- und Weizenernte. Triticale lässt sich schwerer ausdreschen als Winterroggen, der Landwirt muss oft bis zu 8 nicht ausgedroschene Körner pro Ähre tolerieren. Der von Roggen bekannte Mutterkornpilz befällt auch Triticale und kann bei der Verfütterung ein Problem darstellen.

Ökologische Bedeutung

Der ökologische Wert ist ähnlich jenem anderer Getreide, doch schont der meist geringere Dünger- und Pflanzenschutzbedarf den Boden und die Umwelt. Wird Triticale im Gemenge mit Leguminosen angebaut, so binden diese Stickstoff und erhöhen den Wert des Standorts für die nachfolgenden Kulturen. Die Leguminosen liefern außerdem blütenbesuchenden Insekten eine wichtige Nahrungsquelle, die sie sonst im Triticalefeld nicht finden.

Körner

Mais

Zea mays ssp. *mays*, *Zea mays*

Beschreibung

Die bis über 3 m hohe sommerannuelle, ausschließlich aus Kultur bekannte Pflanze bildet einen bis 5 cm dicken, markgefüllten Stängel, an dem zahlreiche bis zu 1 m lange und 4–10 cm breite Blätter sitzen. Der Halm wird nach oben kräftiger. An den unteren Knoten entwickeln sich Seitenwurzeln, die für Standfestigkeit sorgen und die Nährstoffaufnahme verbessern. Im oberen Bereich bilden sich einige Seitentriebe. Die männlichen Blüten öffnen sich in endständigen Rispen. An einer Maispflanze können sie 2–5 Millionen Pollenkörner freisetzen, die der Wind auf die Narben der weiblichen Blüten übertragen kann. Die weiblichen Blüten sitzen in Kolben an den Enden von Seitentrieben. Der Kolben ist von Blattscheiden umhüllt. Manche der Hüllblätter („Lieschblätter“) können an der Spitze der Scheide auch noch eine kleine Spreite ausbilden. Nur die extrem langen Narben der Blüten ragen an der Spitze aus der Hülle hervor. Nach der Befruchtung wachsen die Maiskörner im Schutz der Hülle heran. Am Kolben stehen sie in 8–16 Reihen, von denen jede bis zu 50 Körner enthalten kann. Diese sind je nach Sorte weiß, goldgelb, rot oder schwarzviolett gefärbt. Sie fallen nicht von selbst aus den Kolben.

Maistypen aus Zentralamerika und der Karibik gehören zu den Kurztagpflanzen. Sie legen ihre Blüten erst an, wenn die Tage kürzer werden. Typen aus den temperaten Zonen Nord- und Südamerikas blühen unabhängig von der

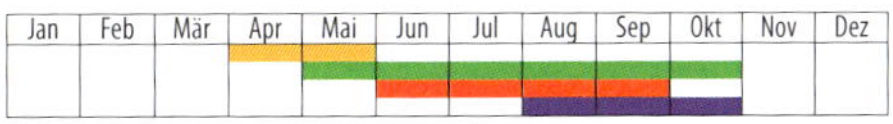

Eingehüllte weibliche Blütenstände mit heraushängenden Narben

Männliche Blüten mit heraushängenden Staubbeuteln

Tageslänge, sobald die Pflanzen ein bestimmtes Entwicklungsstadium erreicht haben. Je nach Form, Zusammensetzung der Inhaltsstoffe und Verwendung unterscheidet man zwischen verschiedenen Körnertypen.

Die meisten europäischen Sorten sind Mischtypen folgender beider Formen:

Hartmais bildet runde Körner mit stärkereichem Nährgewebe, das von einer glasig oder hornartig wirkenden, eiweißreichen Schicht umgeben ist.

Zahnmais hat eine rings um das Korn verlaufende Eiweißschicht. Seine reifen Körner sind in der Mitte eingesunken.

Für Nahrungsmittel sind außerdem folgende Formen interessant:

Puffmais hat Körner, die beim Erhitzen platzen und zu schaumigen Flocken werden (Popcorn).

Zuckermais besitzt Körner, bei denen sich der Zucker nicht in Stärke umwandelt. Er wird meist unreif geerntet.

Entwicklung und Standortansprüche

Für den Anbau eignen sich besonders tiefgründige, gut erwärmbare, wasser- und nährstoffreiche Böden. Mais benötigt viel Wasser und Stickstoff und nützt dabei die im Boden vorhandenen Mengen effizient aus. Als C4-Pflanze erträgt er längere Dürre- oder Regenperioden als andere Getreide und wächst auch bei hohen Temperaturen und Lichtintensität noch stark. Spätfröste oder frühe Fröste im Herbst schädigen die Pflanzen.

Mais gehört zu den Dunkel- und Wärmekeimern. Der Boden muss eine Temperatur von 7–9 °C haben. Für eine gute Jugendentwicklung müssen über 10 °C herrschen. Nach der Keimung entwickeln sich zuerst mehrere Blätter und ein kräftiger, aber noch kurzer Stängel. Erst dann wächst die Pflanze rasch in die Höhe. Die bei der Fotosynthese gebildeten Zucker werden im Mark des Halms zwischengelagert, bis sie in die Früchte eingebaut werden. Die Körner-

Reife Kolben

Verschiedenfarbige Körner

größe wird nicht nur von der Sorte, sondern auch von den Platzverhältnissen im Kolben bestimmt.

Herkunft und Geschichte als Nutzpflanze

Der kultivierte Mais entstand im Südwesten Mexikos in mehreren Schritten aus Wildformen der Gattung *Zea*, die als Teosinte zusammengefasst werden (*Zea mays* ssp. *parviglumis*, *Zea mays* ssp. *mexicana*). Teosinte hat ebenfalls getrennt geschlechtliche Blüten, bildet aber nur wenigsamige, bei der Reife zerfallende Ähren mit kleinen Körnern. Wissenschaftler gehen davon aus, dass der Ursprung von kultiviertem Mais rund 8700 Jahre zurückliegt. Bereits damals nutzten die Ureinwohner Körner einer Kulturform und selektierten später viele Sorten. Mais spielte bei ihnen auch eine wichtige Rolle in der Mythologie und Religion. Die indigenen Völker in Mittelamerika bauen Mais zusammen mit Bohnen und Kürbissen auf demselben Feld an („Die drei Schwestern", „Milpa"). Die Bohnen ranken sich dabei am Mais empor und bringen mit ihren Wurzelknöllchen Stickstoff in den Boden. Die Kürbisse bedecken den Boden und schützen ihn vor Erosion und Austrocknung.

Bereits kurz nach der Entdeckung Amerikas brachten Spanier den Mais nach Europa. In manchen Regionen Spaniens wurde er schon im 16. Jh. angebaut. Im 17. Jh. war er in ganz Südeuropa ein wichtiges Grundnahrungsmittel. In Mitteleuropa konnte er nur in klimatisch günstigen Regionen wachsen. Er war hier in erster Linie eine Gartenpflanze für kleine Parzellen und lieferte Körner für die Ernährung. Erst seit 1960, nachdem kälteresistentere, an das mitteleuropäische Klima angepasste Sorten gezüchtet wurden, wird er großflächig in Deutschland angebaut. Seitdem nimmt sein Anbau stetig zu und die Bedeutung verlagerte sich vom Körnermais auf Silomais.

Seitenwurzeln am Knoten

Teosinthe

Nutzung

Mais liefert einen hohen Ertrag sowohl an Körnern als auch an Biomasse.

Silomais: Die oberirdischen Pflanzenteile werden gehäckselt und siliert. Bei Futtermais ist die Maissilage ein hochwertiges Futtermittel für Rinder. Das Häckselmaterial kann auch frisch verfüttert werden. Bei Energiemais dient die Silage als Substrat für Biogasanlagen. Neben Sorten, die sich für beide Zwecke eignen, gibt es spezielle Energiemaissorten mit hohem Trockenmasseertrag. Aktuell gilt Maissilage als das wirtschaftlichste Biogassubstrat.

Körnermais: Die Körner sind in vielen Regionen der Welt, besonders in Afrika und Lateinamerika, ein wichtiges Grundnahrungsmittel. Sie enthalten 62–64 % Kohlenhydrate (Stärke bzw. Zucker), 8,5 % Eiweiß und 3,8 % Fett. In Mitteleuropa spielen sie als Nahrungsmittel eine untergeordnete Rolle. Die Lebensmittelindustrie verarbeitet sie zu Mehl und Grieß oder gewinnt Maisstärke als Verdickungsmittel. Zu den Lebensmitteln aus Mais zählen Maiskeimöl, Cornflakes, Popcorn, Polenta und Tortillas. Das Öl enthält 40–60 % Linolsäure, 25–35 % Ölsäure und 9–12 % Palmitinsäure sowie Vitamin E und gilt als wertvolles Speiseöl. Als glutenfreies Getreide ist Mais auch für Personen mit Zöliakie verträglich.

Als nachwachsender Rohstoff wird Maisstärke in der Kosmetik und Pharmazie für Puder und als Tablettengrundstoff verwendet. Es lassen sich auch weitere Stoffe wie Sorbitol und Dextrin aus ihr gewinnen. Mittels Fermentation kann Milchsäure gewonnen werden, aus der sich biologisch abbaubare, vielseitig einsetzbare Polyactide-Kunststoffe herstellen lassen. Maisstärke eignet

Anbau, Ende September

sich für essbares Geschirr und Verpackungschips sowie als Klebe- und Bindemittel in der Papierindustrie. Außerdem lässt sie sich zu Bioethanol für Biokraftstoffe vergären.

Als Futtermittel werden Maiskörner vor allem an Schweine und Geflügel verfüttert.

Die Kolben, die nach dem Abstreifen der Körner übrig bleiben, können zu Grillkohle verkohlt werden. Auch Ölbindemittel lässt sich aus ihnen herstellen. Reste von Körnermaispflanzen werden außerdem zu Maistrohsilage verarbeitet.

Kultur und Ernte

In Mitteleuropa säen Landwirte von Mitte April bis Anfang Mai, wenn keine Spätfröste mehr zu erwarten sind, die Körner mit Einzelkornsämaschinen in Reihen. In günstigen Lagen kann Mais auch noch als Zweitfrucht nach Grünroggen oder Getreideganzpflanzensilage angebaut werden. Bis zum 6-Blattstadium ist Mais konkurrenzschwach. Solange die Pflanzen klein sind, müssen Unkräuter deshalb mechanisch oder mit Herbiziden bekämpft werden.

Silomais wird meist mit Feldhäcksler von Mitte September bis Anfang Oktober geerntet, wenn die Trockensubstanz der Pflanze bei etwa 30 % liegt. Die Erntezeit von Körnermais reicht von Ende September bis Ende Oktober. Für seine Ernte gibt es spezielle Schneidewerke für Mähdrescher.

Mais ist weitgehend mit sich selbst verträglich und kann so mehrere Jahre hintereinander auf derselben Fläche kultiviert werden. Anbaupausen können jedoch den Maiswurzelbohrer dezimieren. Um maislastige Fruchtfolgen aufzulockern, bauen viele Landwirte für die Biogasgewinnung mittlerweile auch vermehrt andere Energiepflanzen an oder integrieren andere Kulturen in die Fruchtfolgen.

Neben den häufigen Monokulturen gibt es verschiedene Ansätze für Mischkulturen. Bewährt haben sich z. B. Untersaaten von Klee, Luzerne oder Weidelgräsern. Sie begrünen und durchwurzeln den Boden und sorgen dafür, dass er bei der Maisernte gut befahrbar ist. Einige Landwirte kombinieren Bohnen mit Mais, auch die Milpa-Anbauform ist schon vereinzelt zu finden.

Verunkrauteter Maisacker Ende Juni, mit Weißem Gänsefuß (*Chenopodium album*)

Maisanbau Mitte Juni, nach mechanischer Unkrautbekämpfung durch Anhäufeln

Ökologische Bedeutung

Nachdem Mais erst spät ausgesät wird und sich anfangs langsam entwickelt, sind Felder stark von Wind- und Wassererosion betroffen. Mais entzieht dem Boden viele Nährstoffe und verringert so langfristig die Fruchtbarkeit des Bodens. Mit Leguminosen als Zwischenfrucht vor dem Mais lassen sich diese Gefahren mindern. Auch die Milpa-Anbauform wäre eine ökologisch sinnvolle Alternative. Die vielen Monokulturen von Mais lassen die Landschaft strukturell und in Bezug auf die Biodiversität verarmen. In Maiskulturen können sich nur wenige Ackerwildkrautarten und Tiere entwickeln. Sowohl das Nahrungsangebot als auch die Brut- und Lebensräume sind begrenzt. Wildschweine dagegen werden durch Maisanbau gefördert.

Doch der häufige Maisanbau bringt noch weitere Probleme mit sich. Nachdem Mais in Biogasanlagen effizienter als Gülle ist, wird in diesen weniger Gülle eingesetzt als es aus Umweltsicht sinnvoll wäre. In den Biogasanlagen ist Gülle ein geringeres Umweltproblem als bei der Nutzung als Düngemittel. Auf den Feldern belastet sie die

Mais mit Untersaat aus Weidelgräsern, Anfang Oktober

Umwelt besonders stark mit Nitrat und Treibhausgas.

Anfangs hatte Mais bei uns als Kultur noch nicht viele Schädlinge. Doch in den letzten Jahren breiten sich der Maiszünsler (*Ostrinia nubilalis*) – ein Kleinschmetterling – sowie der zu den Blattkäfern gehörende Westliche Maiswurzelbohrer (*Diabrotica virgifera*) zunehmend aus. Eine gentechnisch veränderte Maissorte enthält in ihrem Erbgut Gene eines Bakteriums, das den Maiszünsler vernichtet. In Deutschland ist der Anbau dieser Maissorte seit 2009 verboten. Landwirte bekämpfen die Schädlinge im Mais zum Teil mit vielen Pestiziden und dezimieren damit auch die an sich schon geringe Fauna im Maisfeld noch weiter.

Der Maisbeulenbrand (*Ustilago maydis*), der besonders Kolben ganz oder teilweise zu Brandbeulen umwandelt, führt an Silomais meist zu keiner größeren Ertragsminderung. Die Qualität von Futter sinkt zwar durch ihn, der Pilz verursacht aber keine gesundheitlichen Schäden.

Obwohl Mais vom Wind bestäubt ist, duftet der Pollen und lockt Honigbienen an (Nektarwert 0, Pollenwert 3).

Maisbeulenbrand

Ernte von Körnermais mit dem Mähdrescher

Echter Buchweizen, Buchweizen

Fagopyrum esculentum

Beschreibung

Die sommerannuelle Pflanze wurzelt bis 80 cm tief. Ihre bis 1,4 m hohen Stängel bilden spieß- bis pfeilförmige Blätter, die gleich lang oder länger als breit sind. In den Blattachseln entwickeln sich dichte, ährige Blütenstände. Die Blüten haben 5 weiße oder rötlichweiße Perigonblätter, die zur Fruchtzeit 3–4 mm lang sind. Nur nach Fremdbestäubung durch Insekten entwickeln sich 5–7 mm lange, reif braune bis schwarze Nüsse. Ihre Form ähnelt der von Bucheckern. Sie weisen 3 scharfe Kanten auf, die nicht gezähnt sind.

Jan	Feb	Mär	Apr	Mai	Jun	Jul	Aug	Sep	Okt	Nov	Dez

Entwicklung und Standortansprüche

Diese Pflanze stellt nur geringe Ansprüche an den Boden und lässt sich auch auf flachgründigen und nährstoffarmen Böden, etwa in Heide- und Moorlandschaften, kultivieren („Heidekorn"). Besonders günstig sind lockere, gut durchlässige Böden. Auf nährstoffreichen Böden tendiert Buchweizen zum Lagern, da er dann längere Triebe bildet und krautiger wächst. Die Pflanze ist empfindlich gegen Frost, aber kaum anfällig für Krankheiten. Ihre Vegetationsdauer ist mit 100–140 Tagen recht kurz, sodass sie sich auch für höhere Lagen eignet. Es handelt sich um einen Trockenkeimer. Für die Keimung sind Bodentemperaturen über 8 °C ideal, die Keimdauer beträgt 5–15 Tage. In der Jugend entwickelt sich Buchweizen rasch und ist gegenüber anderen Arten gut konkurrenzfähig.

Pflanze mit Blüten und unreifen Früchten

Blühend

Anbau

Bei günstigen Bedingungen blüht er bereits 4 Wochen nach der Aussaat. Gewöhnlich beträgt die Blühdauer etwa 6 Wochen. Auch die Abreife der Früchte erfolgt über einen längeren Zeitraum, sodass Pflanzen neben Blüten auch unterschiedlich reife Früchte tragen. Bei feuchtem, kühlem Wetter brauchen die Pflanzen länger bis zur Blüte, setzen aber besonders viele Früchte an.

Herkunft und Geschichte als Nutzpflanze

Ursprünglich stammt der Buchweizen aus Mittelasien und Sibirien. Forscher gehen davon aus, dass die Kulturform im Osten Tibets aus der Wildform *Fagopyrum esculentum* ssp. *ancestralis* hervorgegangen ist. Sie verbreitete sich von Ostchina nach Japan, Indien, Westasien und Europa. Lange Zeit meinten Archäologen, dass sie erst im Hochmittelalter (Mitte 11.–Mitte 13. Jh.) nach Europa kam. Doch Funde zeigen, dass Buchweizen wohl schon zur Römerzeit als Kulturpflanze bekannt war. Im 14. Jh. wurde er in Mitteleuropa schriftlich erwähnt. Ab dem 16. Jh. spielte er in ganz Europa besonders in Gebieten eine wichtige Rolle, deren Klima und Boden für anspruchsvolle Kulturen nicht geeignet waren. In Mitteleuropa war er vor allem im 17. und 18. Jh. weit verbreitet und zählte zu den Grundnahrungsmitteln („Weizen der armen Leute"). Ab dem 18. Jh. sank seine Bedeutung, da Bauern auf ungünstigen Standorten nun vermehrt Kartoffeln kultivierten. Als ab Mitte des 20. Jh. Kunstdünger auch arme Böden aufwerten konnte, wurde in Deutschland kaum noch Buchweizen angebaut. Erst in den letzten Jahrzehnten nimmt sein Anbau für Lebensmittel wieder zu, doch ist er in diesem Sektor heute ein Nischenprodukt. In Blüh- und Gründüngungsmischungen hat er eine neue Zweckbestimmung gefunden.

Nutzung

Die Pflanze liefert nährstoffreiche Körner. Diese enthalten, ähnlich wie Getreide, reichlich Stärke und werden zu den Pseudogetreiden gezählt. Nachdem Gluten fehlt, lassen sie sich nicht alleine zu Brot backen, eignen sie aber für Personen mit Zöliakie. Weitere wichtige Inhaltsstoffe sind reichlich hochwertiges Eiweiß, sowie Zink, Mangan und Selen, außerdem Flavonoide, die die Durchblutung fördern können. Buchweizen schmeckt kräftig-nussig. Er passt z. B. für Suppen, Nudeln, Bratlinge und Pfannkuchen.

Imker schätzen Buchweizen als Bienenweide, der auch zu einer Zeit, in der viele Pflanzen bereits abgeblüht sind, noch reichlich und lang andauernd Nektar und Pollen liefert (Nektarwert 4, Pollenwert 3). Der Nektar wird nur in den Morgenstunden abgegeben und hat einen Zuckergehalt von 7–45 %. Der Ertrag an Honig pro Hektar kann bis zu 500 kg betragen. Er liegt damit höher als der

Fruchtend

Körner

von Raps. Nachdem der Honig jedoch ebenso wie die Blüten für uns eher streng riecht, überlassen Imker ihn meist ihren Bienen als Winterfutter.

Für Gründüngung eignen sich die Pflanzen gut, da sie den Boden rasch und intensiv bis zum ersten Frost bedecken. Sie bilden zwar weniger Blattmasse als Weißer Senf, passen aber für jeden Standort.

Eine wichtige Rolle spielt Buchweizen als Futterpflanze sowohl für Vieh als auch zur Wildäsung. Er kann dabei typische Eiweißfuttermittel aus der Familie der Leguminosen wie Ackerbohnen oder Erbsen sinnvoll ergänzen. Auch als Biogassubstrat ist er geeignet.

Kultur und Ernte

Landwirte kultivieren die Art je nach vorgesehener Nutzung als Hauptfrucht, als Zweitfrucht, z. B. nach Wintergerste, oder als Zwischenfrucht in Reinsaat oder im Gemenge.

Für die Körnernutzung erfolgt die Aussaat ab Mitte Mai. Die Körner reifen ab Mitte oder Ende September über einen längeren Zeitraum. Sie werden meist gedroschen, wenn etwa 80 % von ihnen reif sind. Anschließend müssen sie rasch getrocknet werden, da sie sonst verpilzen. In einem weiteren Schritt werden die Körner von der dunklen Fruchtwand getrennt. Erst geschält und eventuell gemahlen kommen sie in den Handel.

Für die Biogasproduktion findet die Aussaat meist von Mitte bis Ende Juni statt. Die Landwirte ernten die ganzen Pflanzen nach 60–90 Tagen, also von Mitte bis Ende September. Dann haben sie Siloreife erreicht und ihre Trockenmasse beträgt 28–30 %.

Zur Gründüngung können die Samen als Sommerzwischenfrucht von Juni bis in den September ausgesät werden.

Buchweizen lässt sich in jede Fruchtfolge integrieren, da er mit keiner häufig angebauten Pflanze verwandt ist. Als günstige Vorfrüchte haben sich Kartoffeln und Getreide erwiesen. Bei Kultur nach Kleegras oder Leguminosen enthält der Boden oft zu viel Stickstoff. Buchweizen ist mit sich selbst verträglich. Da er mit raschem Bestandsschluss und allelopathischen Effekten Unkräuter wie den Zurückgebogenen Amarant unterdrückt, gilt er als gute Vorfrucht. In der Nachfrucht können allerdings ausgefallene Körner auskeimen.

Ökologische Bedeutung

Buchweizen lockt mit seinen Blüten nicht nur Honigbienen, sondern zahlreiche Insekten an. Er trägt zur Erhöhung der Biodiversität in der Agrarlandschaft bei und verbessert die Bodengare. Er ist wenig anfällig für Krankheiten und Schnecken. Außerdem gilt er als feindliche Pflanze gegen Rübenzystennematoden (*Heterodera schachtii*): Er löst einen Schlupfreiz bei im Boden vorhandenen Nematodeneiern aus, bietet den Larven aber keine Nahrungsquelle und unterbricht so den Entwicklungszyklus. Buchweizen verwildert gelegentlich, kann sich dann aber nur einige Jahre halten.

Weitere Art

Der **Tatarische** oder **Falsche Buchweizen** (*Fagopyrum tataricum*) hat grünliche Perigonblätter und eine längliche Frucht mit welligen Kanten. Seine Blätter sind breiter als lang. Er spielt keine Rolle als Körnerlieferant, ist jedoch in manchen Mischungen zur Gründüngung und Grünfuttergewinnung enthalten. Er erträgt noch Temperaturen bis -2 °C. Seine Blüten können sich selbst bestäuben.

Tatarischer Buchweizen

Gemüse-Rhabarber, Krauser Rhabarber

Rheum rhabarbarum

Die aus dem Himalaya stammende Staude schiebt aus einem dicken Wurzelstock sehr große Blätter. Ihre 30–50 cm lange Spreite ist herzförmig, dreieckig oder eiförmig, oft wellig und leicht gekraust. Die bis 70 cm langen und 1–5 cm dicken Blattstiele kommen als „Rhabarberstangen" in den Handel. Sie sind je nach Sorte grünlich, rötlich oder tiefrot gefärbt. Wenn eine Vernalisation bei unter 10 °C für 12–16 Wochen erfolgte, treibt die Pflanze zwischen Mai und Ende Juni einen bis 2 m hohen Stängel mit einem rispigen Blütenstand. Die kleinen, cremefarbenen Blüten locken zahlreiche Insekten an, besonders auch Käfer und Wanzen. Nach Bestäubung entwickeln sich dreiflügelige Nüsse. Ab August ziehen sich die oberirdischen Teile zurück.

Im 16. Jh. bauten Russen die Pflanze an, im 18. Jh. breitete sie sich weiter über Europa aus. 1848 fand der erste erwerbsmäßige Anbau in Deutschland statt. Die Stangen eignen sich für Kuchen, Kompott, Marmelade und Saft. Gemüse-Rhabarber ist reich an Vitamin C, Kalium und Kalzium. Er schmeckt durch Äpfel-, Zitronen- und Oxalsäure sauer. Größere Mengen Oxalsäure vermindern die Kalzium- und Eisenaufnahme, können die Nieren angreifen und zu Nierensteinen führen. Die Blattspreiten enthalten besonders viel Oxalsäure. Von den Stängeln sind „normale" Portionen unbedenklich, besonders, wenn sie mit kalziumhaltigen Lebensmitteln wie Milchprodukten kombiniert werden: Diese binden Oxalsäure.

Gemüse-Rhabarber wächst gut auf mittelschweren Böden, benötigt aber viel Wasser. Einmal gepflanzt, bleibt er 5–10 Jahre auf dem Feld. Ab dem 3. Jahr liefert er den vollen Ertrag. Um früh im Jahr zu starten, decken Landwirte oft im Februar Vlies oder Plastikfolie über die Kulturen. Für den Frischmarkt wird ab April nach Bedarf geerntet, denn die Qualität bleibt auf dem Feld besser als im Kühlraum. Etwa alle 8–14 Tage können 3–4 Stängel pro Pflanze geerntet werden. Für die industrielle Verwendung wird oft nur zweimal in der Saison geerntet. In Handarbeit werden die Blätter mit einer drehenden Bewegung gebrochen. Auch junge Blütenstände werden entfernt, damit sich mehr Blätter entwickeln. In der Regel endet die Ernte spätestens am 24. Juni, dem Johannistag. Die Pflanzen brauchen nun Ruhe, um Nährstoffe für das Folgejahr einzulagern. Außerdem nimmt der Gehalt an Oxalsäure im Jahresverlauf stark zu.

Jan	Feb	Mär	Apr	Mai	Jun	Jul	Aug	Sep	Okt	Nov	Dez

Garten-Erdbeere

Fragaria × ananassa

Die Garten-Erdbeere entstand im 18. Jh. als Kreuzung der amerikanischen Scharlach-Erdbeere (*Fragaria virginiana*) mit der Chile-Erdbeere (*Fragaria chiloensis*). Die Staude bildet dreizählige Blätter mit gezähnten Blättchen, die im Winter weitgehend absterben. An langen Ausläufern entwickeln sich Jungpflanzen. Die Blüten haben weiße Kronblätter, viele Staub- und viele freie Fruchtblätter. Bei den Früchten handelt es sich um Sammelnussfrüchte, deren winzige Nüsschen auf dem fleischigen, roten Blütenboden sitzen.

Der kommerzielle Anbau in Deutschland begann um 1840. Heute werden über 100 verschiedene Sorten kultiviert, etwa 30 spielen im Erwerbsobstbau eine Rolle. Außer Sommersorten, deren Haupternte im Mai beginnt und im Juli endet, gibt es zwei- oder immertragende Sorten, die bis zu den ersten Frösten frische Früchte liefern. Garten-Erdbeeren können in Höhen bis zu 1600 m angebaut werden. Sie benötigen einen tiefgründigen, humosen Boden und ertragen weder Austrocknung noch zu große Nässe. Während der Erntezeit sollte es nicht zu heiß sein, damit nicht alle Früchte auf einmal reifen. Von Honigbienen bestäubte Blüten bringen größere, festere und rötere Früchte hervor, als wenn sich die Blüten selbst bestäuben oder der Wind dies übernimmt (Nektarwert 1, Pollenwert 2).

Garten-Erdbeeren werden in Reihen gepflanzt, zwischen denen Unkraut und Ausläufer mit Jungpflanzen entfernt werden können. Neben Flachkultur wird auch auf Dämmen angebaut. Diese trocknen rasch ab und erwärmen sich im Frühjahr gut. Ein luftiger Stand reduziert Pilzkrankheiten. Damit die Früchte nicht auf der Erde liegen und um Grauschimmel (*Botrytis cinerea*) vorzubeugen, ist eine Mulchschicht aus Stroh üblich, die nach der Ernte in den Boden eingearbeitet wird. Auch Pflanzung auf Mulchfolie setzt sich immer mehr durch. Die Früchte werden von Hand geerntet, meist von Erntehelfern und am besten am frühen Morgen. Oft kann der Kunde auch auf dem Feld selbst pflücken. Der Arbeitsaufwand beträgt bis 2500 Arbeitskraftstunden pro Hektar und Saison. Neben dem Anbau im Freien steigt seit einigen Jahren der Anbau unter Folie. Obwohl die Pflanzen ausdauernd sind, wird ein Feld in der Regel nur 1 oder 2 Jahre lang beerntet. Dann treten vermehrt Krankheiten auf. Zwischen zwei Kulturen sollte eine mindestens 3–4-jährige Anbaupause eingelegt werden.

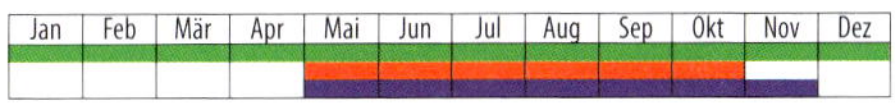

Virginischer Tabak

Nicotiana tabacum

Beschreibung

Die sommerannuelle Pflanze wird 1–3 m hoch und ist in allen Teilen drüsig behaart. Die ganzrandigen, hellgrünen Blätter sitzen oder laufen am Stängel herab. Die unteren sind eilanzettlich, die obersten lineal. Unterseits zeigen sie eine sehr deutliche Nervatur. Die Blüten entwickeln sich in endständigen Rispen. Ihre Krone hat eine eng trichterförmige, 4–4,5 cm lange, gelbgrüne Röhre und 5 ausgebreitete, rosa Zipfel. Die Blüten bestäuben sich in der Regel selbst. Nach Befruchtung entwickeln sich eiförmige, 1,5–2 cm lange Kapseln, von denen jede bis über 4000 Samen enthalten kann.

Beblätterte Pflanze

Entwicklung und Standortansprüche

Eigentlich ist der Virginische Tabak eine subtropische Pflanze. Er ist jedoch sehr anpassungsfähig und lässt sich auch in Mitteleuropa anbauen. Dies lohnt sich aber nur in warmen und ausreichend feuchten Regionen. Optimal für das Wachstum ist eine Durchschnittstemperatur von mindestens 15 °C. Er entwickelt sich rasch, schon etwa 100 Tage nach dem Setzen hat er seine volle Höhe erreicht. Eine Pflanze entwickelt in dieser Zeit bis zu 30 kg Grünmasse. Die Art ist frostempfindlich, schon bei 0° C werden die Blätter dauerhaft geschädigt, bei Minustemperaturen stirbt die Pflanze ab.

Herkunft und Geschichte als Nutzpflanze

Eine wilde Form des Virginischen Tabaks ist nicht bekannt. Wahrscheinlich ist er in Nordwestargentinien und Bolivien als Kreuzung des Wald-Tabaks (*Nicotiana sylvestris*) mit *Nicotiana tomentosiformis* entstanden. Die ältesten archäologischen Nachweise datieren auf etwa 1000 v. Chr. Die indigenen Völker Amerikas kannten die Blätter als Rauchware und verwendeten sie als Kompressen bei Hauterkrankungen. Der Rauch sollte das Gehirn reinigen und eine Verbindung mit den Göttern herstellen. Im 16. Jh. kam der Virginische Tabak nach Europa. Der älteste Anbau in Deutschland datiert auf 1573. Manche Heilkundige meinten damals, Tabak sei ein Allheilmittel. Rasch jedoch verbreitete er sich in Europa als Schnupftabak und Rauchware. Besonders während des Dreißigjährigen Krieges nahm Tabakrauchen stark zu, doch vom 16. bis 18. Jh. wird Tabak vorwiegend geschnupft. Im 19. Jh. gelang es

Jan	Feb	Mär	Apr	Mai	Jun	Jul	Aug	Sep	Okt	Nov	Dez

Wissenschaftlern, Nikotin aus der Pflanze zu isolieren. Der Tabakblauschimmel, verursacht durch den Falschen Mehltaupilz *Peronospora tabacina*, ließ den Anbau bei uns ab 1960 einbrechen. Seit der Jahrtausendwende spielt er in Deutschland nur noch in der Südpfalz, in Nordbaden und der Uckermark eine wirtschaftliche Rolle.

Nutzung

Die Wurzeln bilden das Alkaloid Nikotin, das durch die Leitungsbahnen in die oberirdischen Teile transportiert wird. Sowohl grüne als auch getrocknete Tabakblätter enthalten Nikotin. Dieses ist nicht nur Rauschmittel, sondern auch ein Insektizid. Für den Menschen gelten 40–60 mg davon als tödlich. Heute dient Tabak in erster Linie als Genussmittel zum Rauchen, Kauen oder Schnupfen. Neben Nikotin enthalten Tabak und sein Rauch noch viele weitere Bestandteile. Blattextrakte, die reich an Polysacchariden, Flavonoiden und Peptiden sind, werden in Kosmetika als Anti-Aging-Komponente eingesetzt. Das Aroma von Tabak liefert einen herben, moosigen Duft in Parfüms.

Kultur und Ernte

Die Pflanzen werden in Folientunneln oder Gewächshäusern aus den Samen bis zu 2 Monate lang vorgezogen, meist in Hydrokultur. Ab Anfang Mai, wenn keine Spätfröste mehr drohen, werden die Jungpflanzen mit Pflanzmaschinen gesetzt. Manche Tabakbauern köpfen die Pflanzen nach dem Öffnen der Blüten, damit die Pflanze ihre Energie nicht in Samen, sondern Blätter investiert. Ab einer Pflanzenhöhe von etwa 1,5 m beginnen die untersten Blätter sich gelblich zu verfärben. Nun, 70–130 Tage nach dem Auspflanzen, meist ab Anfang Juli, beginnt das Tabakbrechen. Auch heute noch geschieht dies in Mitteleuropa überwiegend von Hand und garantiert so eine hohe Qualität ohne Druckstellen. Nachdem Nikotin die Haut durchdringt, müssen Handschuhe getragen werden. Beginnend von unten nach oben werden pro Pflanze meist 15–18 Blätter abgebrochen. Dabei werden nicht alle Blätter auf einmal gepflückt, sondern je nach Sorte und

Blühend

Blüten

Fruchtend

Geöffnete Kapseln mit Samen

Blattentwicklung bis Mitte September oder Mitte Oktober in 3–9 Erntegängen immer nur die untersten. Anschließend werden die Blätter getrocknet. Während dies früher über mehrere Wochen in luftigen Tabakschuppen geschah, erfolgt die Trocknung heute meist künstlich. Der Arbeitsaufwand für den Tabakbauer liegt bei ca. 400 Stunden pro Hektar.

Ökologische Bedeutung

Virginischer Tabak beschattet mit seinen großen Blättern den Boden, sodass sich kaum Ackerwildkräuter entwickeln können. Die Samen sind im Boden viele Jahre lang keimfähig. Die Art verwildert in den Anbaugebieten nur ganz vereinzelt und unbeständig.

In Mitteleuropa lassen sich nur wenige Insekten an den Pflanzen beobachten. In seiner Heimat besuchen besonders Kolibris und Schmetterlinge aus der Gruppe der Schwärmer die Blüten. Der Nektar enthält Nikotin und hindert Insekten daran, zu viel davon aufzunehmen und längere Zeit in den Blüten zu verweilen. Das Nikotin hält auch Fressfeinde der Pflanze fern.

Bei der Insektizidgruppe der Neonicotinoide handelt es sich nicht um Wirkstoffe, die aus Tabak isoliert werden. Sie werden synthetisch hergestellt, wirken aber ähnlich wie Nikotin. Als Nervengift unterbinden sie die Reizweiterleitung und beeinträchtigen die Fruchtbarkeit und den Orientierungssinn von Insekten und führen zu deren Tod. Die Pflanze nimmt die Insektizide systemisch auf. Ihre Anwendung ist mittlerweile stark beschränkt oder je nach Zweck ganz verboten.

Feldbestand nach einigen Erntegängen, Anfang Oktober

Kartoffel

Solanum tuberosum

Beschreibung

Aus einer in der Erde liegenden Knolle wachsen mehrere bis 1 m lange, nur wenig standfeste Sprosse mit unterbrochen gefiederten Blättern. Die Blättchen variieren stark in Größe, Form, Behaarung und Farbe. Die Blüten haben je nach Sorte eine weiß, rosa, hellblau oder violett gefärbte, 2–3 cm breite Krone mit 5 ausgebreiteten oder zurückgebogenen Zipfeln. Nur gelegentlich entwickeln sich kirschgroße, ungenießbare, gelbgrüne Beeren mit zahlreichen Samen, die an kleine Tomaten erinnern. An der Basis der austreibenden Sprosse entspringen im Boden horizontal wachsende Seitentriebe (Stolonen). Diese stellen nach einer gewissen Zeit ihr Längenwachstum ein und verdicken sich vorne zu Sprossknollen – den typischen Kartoffeln. Diese haben je nach Sorte eine gelbliche, rötliche oder bläuliche Schale und ein ebenso variabel gefärbtes „Fleisch“.

Entwicklung und Standortansprüche

Die Knollen dienen der vegetativen Vermehrung. Nach einer Ruheperiode, wenn sich Hemmstoffe in der Knolle abgebaut haben und die Tempe-

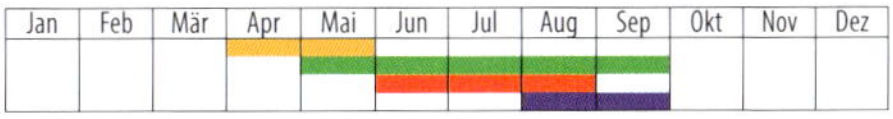

Blühende Pflanze

raturen über 4 °C liegen, treiben ihre „Augen“ aus. Bei diesen handelt es sich um in die Breite gezogene Narben von Niederblättern und dort gebildete Achselknospen. Anfangs wachsen die Sprosse recht langsam, sodass es lange dauert, bis die Pflanzreihen geschlossen sind. Nach etwa 5 Monaten vergilben die Blätter und Stängel und sterben ab. Dies ist das Zeichen dafür, dass die Knollen reif sind. Ihre Schalen sind dann fest und das Innere hat den maximalen Stärkegehalt erreicht. Die Ertragshöhe und die Stärkeeinlagerung in die Knollen hängen eng damit zusammen, wie lange und wie stark die Pflanzen beblättert sind. So liefern spätreife Sorten mehr Knollen mit höherem Stärkegehalt als frühe bis mittelfrühe Sorten. Die Vegetationsdauer beträgt bei frühen Sorten 90–120 Tage, bei mittleren 120–150 Tage und bei späten 150–180 Tage.

Kartoffeln wachsen am besten in kühl-gemäßigtem Klima mit ausreichenden, aber nicht zu hohen Niederschlägen. Die in Europa angebauten Sorten ertragen weder Frost noch Staunässe. Sie gedeihen sowohl auf leichten und mittleren als auch auf schweren Böden. Besonders häufig werden sie auf durchlässigen, sandig-lehmigen Böden und Lehmböden kultiviert. Optimal für das Knollenwachstum sind Bodentemperaturen von 15–18 °C. Hohe Temperaturen und lange Sonnenscheindauer hemmen die Knollenbildung.

Blüten

Herkunft und Geschichte als Nutzpflanze

Kartoffeln wurden im südlichen Teil der peruanischen Anden vor ca. 8 000 Jahren in Kultur genommen. In Peru und Bolivien werden sie von der Küste bis in Höhen von 3000–4000 m kultiviert. Auch in Mexiko und Chile entstanden Kulturformen. In den Anden wachsen noch heute zahlreiche Wildformen. Die Inkas verarbeiteten die Knollen zu jahrelang haltbarem Chuño, indem sie sie abwechselnd in der Sonne trockneten und gefrieren ließen. In der zweiten Hälfte des 16. Jh. kamen die ersten Kartoffeln nach Spanien. Anfangs galt die Pflanze nur als Ziergewächs. Sie passte nicht in die Dreifelderwirtschaft mit Wintergetreide, Sommergetreide und Brache. Auch der Giftstoff Solanin trug wohl dazu bei, dass die Bevölkerung sie als Nahrungspflanze ablehnte: Unreife, grüne Kartoffeln führten zu Vergiftungen. Nur in Irland erreichte die Kartoffel schon Ende des 16. Jh. eine wirtschaftliche Bedeutung als Kulturpflanze. Zum endgültigen Durchbruch führten Mitte des 18. Jh. die Hungersnöte während der Schlesischen Kriege. In Preußen sorgte Friedrich der Große mit Gewalt für den Anbau. Ab Ende des 18. Jh. setzte sich der Kartoffelanbau in ganz Europa durch und wurde in die Dreifelderwirtschaft anstelle der Brache integriert. Die Produktivität der Landwirtschaft nahm damit wesentlich zu. Die Knollen gehörten lange Zeit zu den Grundnahrungsmitteln. Sie sättigten nicht nur, sondern beugten dank ihres Vitamin-C-Gehaltes bei Seefahrern und in Wintermonaten auch dem Skorbut vor – einer Vitamin-C-Mangelkrankheit. Während der Industrialisierung im 19. Jh. spielte der Alkohol, der aus der Maische der in großen Mengen vorhandenen Kartoffeln gewonnen wurde, eine doppelte Rolle: Er berauschte die Arbeiter und lieferte Energie für Motoren. Während es anfangs – wegen der ausschließlich vegetativen Vermehrung – nur wenige Sorten gab, erhöhte sich ab Ende des 18. Jh. die Vielfalt, als Züchter Pflanzen aus Samen zogen. In den 40er-Jahren des 19. Jh. vernichtete die Kraut- und Knollenfäule (*Phytophthora infestans*) riesige Kartoffelflächen und sorgte in Irland für eine Hungersnot und – in der Folge – für eine Auswanderungswelle nach Amerika. In Europa suchten Forscher nach gegen die Fäule resistenten Sorten. So entstanden nun viele Neuzüchtungen. Heute gibt es zahlreiche Sorten, die sich z. B. im Kochtyp, dem Erntezeitraum und dem Stärkegehalt unterscheiden. Die Kraut- und Knollenfäule stellt aber immer noch eine Herausforderung dar.

Nutzung

Von der Pflanze werden ausschließlich die Knollen verwendet. Grüne Pflanzenteile enthalten giftige Alkaloide, insbesondere Solanin. So sind grün verfärbte Knollen oder grüne Stellen an ihnen nicht nur durch Chlorophyll gefärbt, sondern enthalten gleichzeitig ein Vielfaches an Solanin als unverfärbte Kartoffeln. Sie sollen deshalb nicht gegessen werden. Der Anteil an Solanin in den Schalen ist gegenüber dem Fleisch ebenfalls erhöht, sodass kleine Kinder keine ungeschälten Kartoffeln essen sollen. Heutige Sorten enthalten wesentlich weniger Alkaloide als frühere. Heute müsste ein Erwachsener am Tag mehr als 10 Portionen Pellkartoffeln oder 800 g Kartoffeln mit Schale essen, um Vergiftungserscheinungen zu bekommen. Dabei kommt es zuerst zu Brennen und Kratzen im Hals, Übelkeit und Kopfschmerzen, größere Mengen können zu Benommenheit, Krämpfen und Bewusstlosigkeit führen. 400 mg Solanin können tödlich wirken. Todesfälle sind jedoch aus den letzten 50 Jahren nicht bekannt. Das Alkaloid übersteht Hitze. Es geht beim Kochen zum Teil in das Kochwasser über, beim Braten in das Bratfett.

Kartoffeln liefern auf gleicher Ackerfläche etwa dreimal mehr Kalorien als Weizen oder Gerste. Außerdem hat die sehr produktive Kulturpflanze fast so viel Eiweiß und die doppelte Menge an Kohlenhydraten wie Getreide. Das Eiweiß hat eine hohe biologische Wertigkeit, es umfasst essenzielle Aminosäuren in einer für den Menschen günstigen Zusammensetzung.

Speisekartoffeln spielen in der Ernährung eine wichtige Rolle. Ein Teil kommt als Speisefrischkartoffeln auf den Markt. Ein noch größerer Teil wird heute zu Veredlungsprodukten wie Pommes Frites, Chips, Fertig-Kartoffelpüree und Fertig-Klößen verarbeitet.

Futterkartoffeln waren lange Zeit besonders in der Schweinemästerei wichtig. Heute sind sie als Mastmittel nur noch von untergeordneter Bedeutung.

Unreife Früchte

Stärkekartoffeln zeichnen sich durch einen besonders hohen Stärkegehalt aus. Er liegt bei rund 17 %, 21 % davon entfallen auf Amylose, 79 % auf Amylopektin. Industriell wird besonders Amylopektin benötigt, sodass an dieser Stärkeart reiche Sorten gewünscht sind. Die Stärke wird für Klebstoffe, Kleister, zur Stärkung von Textilien und in der Papier- und Wellpappeherstellung sowie für biologisch abbaubare Werkstoffe verwendet. Im Lebensmittelbereich dient sie z. B. als Dickungsmittel in Milchprodukten und für Puddingpulver.

Ausgegrabene Pflanzkartoffel, umgeben von Stolonen mit jungen Sprossknollen

Abfälle aus der Verarbeitung von Speisekartoffeln, aber auch Stärke- und Futterkartoffeln lassen sich vergären. Kartoffeln sind traditionell bei uns die wichtigste Quelle für Ethanol. Der Bioethanol, der über die Fermentation und Destillation gewonnen wird, kommt nicht nur als Kartoffelschnaps in den Handel, sondern wird z. B. als Pflanzentreibstoff verwendet. Minderwertige Kartoffeln eignen sich als Substrat in Biogasanlagen.

Kultur und Ernte

In der Regel dienen sortenechte, gesunde, nicht zu große Knollen als Pflanzkartoffeln. Sobald die Nachtfröste im April oder Mai abklingen und die Temperaturen über 8 °C liegen, werden sie in Reihen in den Boden gebracht. Knollen, die bereits durch Lagerung bei höheren Temperaturen in Keimstimmung gebracht wurden oder unter Folie kultiviert werden sollen, können auch bei geringeren Temperaturen gepflanzt werden. Der Landwirt häufelt mit speziellen Geräten die Erde an den Reihen zu Dämmen an, sodass sich diese schneller erwärmt. Der Damm regt die Pflanzen auch dazu an, viele Stolonen und damit viele Knollen zu bilden, die in ihm zudem vor Licht und damit Ergrünen geschützt sind. Gleichzeitig reduziert der Landwirt mit dem Bewegen der Erde das Aufkommen von Ackerwildkräutern. Diese reguliert er bis zum Reihenschluss durch weitere regelmäßige Erdbewegungen, thermische Verfahren oder gezielte Untersaaten im ökologischen Landbau oder durch Herbizide in der konventionellen Bewirtschaftung. Beim Anhäufeln der Reihen darf er die Ausläufer und jungen Knollen nicht beschädigen. Die Dämme sollen nach Regenfällen auch nicht erodieren und Knollen freilegen. Somit ist viel Erfahrung und Sorgfalt erforderlich. Je nach Sorte und gewünschtem Erntetermin wartet der Landwirt, bis das Kraut am Ende der Vegetationsperiode von selbst abstirbt, oder er fördert die Reife der Knollen durch mechanisches Abschlegeln des Krautes oder Her-

Austreibende Augen

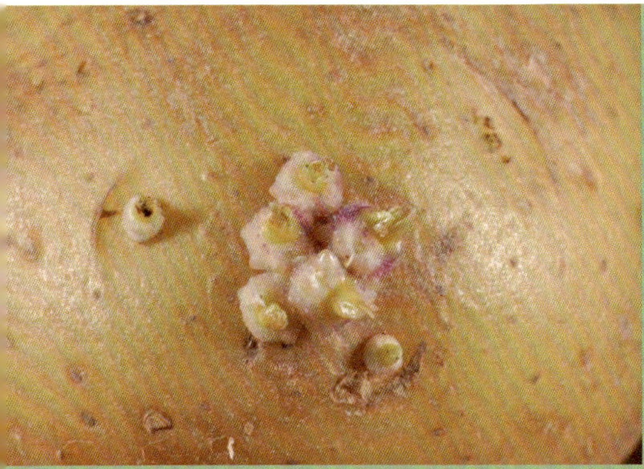

Sorte ‚Blaue Ludiano'

Typische Dämme, rechts Folienkultur, Ende April

bizideinsatz. Die reifen Knollen werden gerodet und in frostfreien Räumen gelagert.

In der Fruchtfolge stellt die Kartoffel geringe Ansprüche an die Vorfrucht, jedoch sollte der Boden durch diese nicht verdichtet sein. Um die vom Tabak-Rattle-Virus ausgelöste Eisenfleckigkeit in den Knollen zu mindern, können resistente Zwischenfrüchte wie Öl-Rettich, Lupinen oder Weidelgräser vor der Kartoffel angebaut werden. Das Virus wird von Stoppelwurzelnematoden der Gattungen *Paratrichodorus* und *Trichodorus* übertragen und kann etwa 1000 verschiedene Pflanzenarten infizieren. Von symptomlos befallenen Ackerwildkräutern, z. B. dem Acker-Stiefmütterchen, gelangt es über die frei lebenden Nematoden auf die Kartoffel. Die Nematoden stechen zwar auch den Öl-Rettich an, verlieren beim Saugen aber das Virus. Wirtspflanzen von Stoppelwurzelnematoden, wie die meisten Sorten von Weißem Senf sowie Rübsen, eignen sich dagegen nicht als Zwischenfrucht vor Kartoffeln. Die Nachfrucht profitiert von einem lockeren Boden und wenig Unkrautbesatz. So können Getreide oder Raps nach Kartoffeln pfluglos angebaut werden. Zum nächsten Anbau von Kartoffeln sollte eine Anbaupause von 3–4 Jahren bestehen.

Ökologische Bedeutung

Kartoffeläcker bieten Ackerwildkräutern zwar eine lange Zeit offen liegende Fläche, sie werden durch die intensive Bewirtschaftung vor Reihenschluss jedoch unterdrückt. Die abreifenden Bestände bieten den Wildkräutern erneut einen passenden Lebensraum. Landwirte im Ökolandbau können diesen mit Untersaaten, z. B. mit Öl-Rettich oder Phazelie, einschränken. Diese vermindern gleichzeitig, dass Nitrat aus den Äckern gewaschen wird.

Blühende Kartoffeln locken Hummeln als Bestäuber an. Diese lassen mit Vibrationen den Pollen aus den Staubblattröhren rieseln. Honigbienen finden auf Kartoffeläckern höchstens dann Nahrung, wenn Honigtau abscheidende Blattläuse auf den Pflanzen sitzen. Ihnen droht dann jedoch evtl. Gefahr durch Insektizide, die gegen die Läuse eingesetzt werden. Früher bedrohten Kartoffelkäfer (*Leptinotarsa decemlineata*) die Kartoffelernten. Mit Pflanzenschutzmitteln, insbesondere durch Saatgutbeizung mit systemisch wirkenden Produkten, wurden diese erfolgreich eingedämmt. Die im konventionellen Anbau verwendeten Wirkstoffe (Neonicotinoide) wurden jedoch 2018 von der Europäischen Kommission verboten. Möglicherweise können sich die Käfer so wieder vermehrt ausbreiten. Im ökologischen Landbau kommen z. B. Mittel aus Neembaum oder Rapsöl zum Einsatz.

Kartoffelkäfer

Blühender Acker, Ende Juni

Gewöhnlicher Feldsalat, Ackersalat, Nüsslisalat, Vogerlsalat

Valerianella locusta

Beschreibung

Die einjährigen, meist winterannuellen Pflanzen überwintern mit einer grundständigen, dichten Rosette aus meist spatelförmigen, dunkelgrünen Blättern. In der Regel ab April lockert sich die Rosette und es bilden sich zahlreiche, mehrmals gabelig verzweigte, bis 30 cm hohe Stängel mit lanzettlichen Blättern und kopfigen Blütenständen. Die Blüten haben eine höchstens 3 mm lange weiße oder blasslila Krone. Die Frucht ist rundlich-eiförmig und querrunzelig, 2–2,5 mm lang. Auf ihr sitzt ein vom Kelch gebildetes, nur etwa 0,3 mm langes Zähnchen.

Entwicklung und Standortansprüche

Die Pflanzen gedeihen am besten auf kalkhaltigen, mittelschweren Böden. Sie sind robust, winterhart und vertragen kurzfristig Temperaturen bis -15 °C. Bei 20 °C keimen die Samen (Dunkelkeimer) innerhalb von 8 Tagen, bei 5 °C dauert es bis zu 20 Tage. Die Jugendentwicklung verläuft langsam. Bis zur Ernte vergehen nach der Aussaat etwa 8–12 Wochen. Feldsalat wächst auch bei Temperaturen von 5–10 °C. Durch eine Vernalisation bei Temperaturen unter 10 °C für einen Zeitraum von etwa 10 Tagen wird die Blütenbildung angeregt. Je nach Sorte fördern auch Hitze und Trockenheit das Schossen.

Herkunft und Geschichte als Nutzpflanze

Früher war Feldsalat ein unbeliebtes Unkraut, das sich besonders auf Äckern mit Wintergetreide entwickelte. Im Mittelalter machten die Menschen jedoch aus der Not eine Tugend und begannen, die Blätter zu essen. Bis Ende des 19. Jh. stammte der Feldsalat ausschließlich von solchen Wildernten. Erst Anfang des 20. Jh. nahmen sich Züchter der Pflanze an. Heute gibt es Sorten, die gegen Falschen Mehltau resistent sind. Außerdem wurde aus dem ursprünglichen Wintersalat ein Salat, der das ganze Jahr angebaut werden kann.

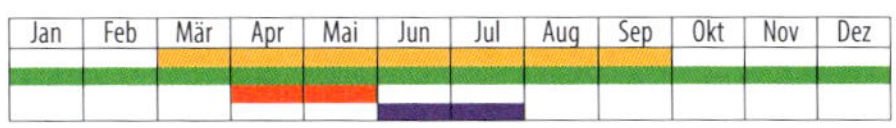

Rosettenstadium

Blühend

Nutzung

Feldsalat wird meist roh als Blattsalat verwendet. Er lässt sich aber auch dünsten. Die Blätter enthalten mehr Carotin, Vitamin C und Eisen als Kopfsalat und zählen zu den gesündesten Salaten. Kühl und vor Austrocknung geschützt kann frischer Feldsalat ein bis zwei Wochen aufbewahrt werden. Seinen feinen, herb-nussigen Geschmack entfaltet er jedoch am besten, wenn er ganz frisch verzehrt wird.

Kultur und Ernte

Je nach Sorte kann Feldsalat ganzjährig im Freiland kultiviert werden. Er eignet sich auch als Vorkultur oder als Nachkultur, beispielsweise nach Kartoffeln, Erbsen oder Kohlrabi. Die Samen können direkt an Ort und Stelle gesät werden oder es werden in Erdpresstöpfen vorgezogene Pflanzen verwendet. Während der Keimphase sollte der Boden immer ausreichend feucht sein. Bei Saat im Herbst kann die Entwicklung durch Vliesbedeckung beschleunigt werden. Sonst werden im September direkt gesäte Pflanzen erst im nächsten Frühjahr erntereif. Bis sich der Bestand geschlossen hat, muss der Landwirt konkurrierendes Unkraut bekämpfen. Besonders beim Anbau im Spätherbst kann Falscher Mehltau zu Ernteausfällen führen. Die erntereifen Pflanzen werden von Hand oder mechanisch geerntet und dabei knapp über der Wurzel abgeschnitten. Bei milder Witterung ist dies auch den ganzen Winter über möglich, wenn passende Sorten gewählt wurden.

Ökologische Bedeutung

Die Blüten können sich selbst bestäuben. Sie bilden jedoch auch etwas Nektar, der Käfer, Zweiflügler, Wildbienen und kleine Schmetterlinge anlockt. Fruchtende Pflanzen werden von körnerfressenden Vögeln wie Distelfinken und Spatzen besucht. Auch heute noch wächst Feldsalat als Ackerwildkraut. Neben der genutzten Art gibt es mehrere weitere Arten, die sich vor allem an der Form und Größe der Früchte und der Ausbildung der Kelchreste auf den Früchten unterscheiden.

Anbau

Teil II: Ackerwildkräuter

Der Bauer und sein Kind

Der Bauer steht vor seinem Feld
und zieht die Stirne kraus in Falten:
„Ich hab‘ den Acker wohl bestellt
auf gute Aussaat streng gehalten,
nun sieh‘ mir eins das Unkraut an,
das hat der böse Feind getan!“

Da kommt sein Knabe hochbeglückt
mit bunten Blumen reich beladen,
im Felde hat er sie gepflückt,
Kornblumen sind es, Mohn und Raden.
Er jauchzt: „Sieh‘ Vater, nur die Pracht,
die hat der liebe Gott gemacht!“

Julius Sturm (1816–1896)

Ackerwildkräuter

Hierbei handelt es sich um Pflanzen, die vom Menschen unbeabsichtigt und damit wild neben den kultivierten Pflanzen auf den Äckern wachsen. Mit Beginn des Ackerbaus entstanden in Mitteleuropa neue Lebensräume mit Bedingungen, die hier vorher kaum zu finden waren. Einige Pflanzen aus benachbarten Standorten wie Fluss- oder Seeufern oder Rutschhängen fanden nun auf den Äckern geeignete Bedingungen. Viele andere Arten wanderten als Archäophyten mit den Kulturarten ein, meist aus den Steppengebieten Kleinasiens und Südosteuropas. Weitere Arten kamen später als Neophyten besonders aus Amerika, aber auch anderen Kontinenten zu uns.

Jahrtausendelang konnten sich Wildkräuter in Koexistenz in den Kulturen halten. Seit Ende des 2. Weltkriegs, besonders seit Ende der 1960er-Jahre, verarmt die Wildkräuterflora jedoch stark, sowohl in Bezug auf das Artenspektrum als auch die Anzahl an Individuen. Verantwortlich dafür sind Herbizide, verstärkte Stickstoffdüngung, vereinfachte Fruchtfolgen, Maßnahmen der Flurbereinigung, Intensivierung der Nutzung, aber auch Nutzungsänderungen wie die Aufgabe ertragsarmer Flächen, Umbruch von Grün- zu Ackerland sowie andere Techniken des Ackerbaus und modernere Ernteabläufe.

Viele der Ackerwildkräuter haben sich an bestimmte Kulturpflanzen und Bewirtschaftungsformen angepasst. So wachsen zwischen Wintergetreide meist andere Arten als zwischen Sommergetreide oder auf Hackfruchtäckern. Die Bezeichnung „Beikräuter“ passt für diese Pflanzen sehr gut und es ist immer ein interessanter Aspekt, in welcher Kultur sie auftauchen – die Ackerwildkrautvegetation gilt als ein Spiegel der Standortbedingungen. Auf stark gedüngten Äckern ge-

Acker-Steinsame (*Lithospermum arvense*)

deihen z. B. nur wenige, stickstoffliebende Arten, diese dafür aber oft in Massen. Von Stickstoff unabhängige Hülsenfrüchtler wie Wicken dagegen können sich auf ungedüngten Äckern ausbreiten.

Pflanzensoziologen ordnen die einzelnen Arten bestimmten Ackerwildkraut-Gesellschaften zu. Reine Hackfrucht-Wildkrautgesellschaften entwickeln sich nur auf dauerhaft gehackten Flächen. Wenn jedoch eine Fruchtfolge mit Getreide und Hackfrüchten erfolgt, liegen Samen beider Gesellschaften im Boden vor. Dann dominieren in der jeweiligen Kultur zwar die Arten der aktuellen Bewirtschaftungsform, es tauchen aber auch charakteristische Vertreter der anderen Form auf. So wie sich die Arten an sich ändernde Ackerbaumethoden anpassen mussten, änderte sich auch die Zuordnung und Benennung der jeweiligen Pflanzengesellschaften. Im Rahmen des vorliegenden Buches wird auf Details der verschiedenen Gesellschaften nicht näher eingegangen.

Einjährige Arten

Die meisten der heute in Mitteleuropa vorkommenden Ackerwildkräuter sind einjährige, kurzlebige Pflanzen, die sich in die Bearbeitungsrhythmen der Kulturen einfügen. Häufig vernichten mechanische Bearbeitung oder Herbizide die Pflanzen noch vor der Samenreife. Für solche Arten ist es günstig, wenn nicht alle Samen gleichzeitig keimen und die im Boden verbleibenden ihre Keimfähigkeit möglichst lange behalten. Viele sind Flachkeimer, ihre Samen keimen also nur dann, wenn sie nahe der Oberfläche liegen. Viele der einjährigen Ackerwildkräuter benötigen sogar einen Lichtreiz, um auszukeimen (Lichtkeimer). In einem ruhenden Boden gelangt höchstens wenige Millimeter bis maximal 1 cm unter die Bodenoberfläche genügend Licht. Bei der Bodenbearbeitung kommen jedoch tiefere Bodenschichten zumindest kurzfristig nach oben, sodass die darin liegenden Samen stimuliert werden können. Von Vorteil ist es außerdem, möglichst rasch zu wachsen und sehr viele Samen zu bilden, wie dies z. B. beim Weißen Gänsefuß und der Geruchlosen Kamille der Fall ist. Langsam wachsende, vergleichsweise wenige Samen bildende Arten haben geringere Chancen und tauchen entsprechend seltener auf, etwa der Acker-Steinsame oder der Echte Frauenspiegel. Viele dieser Arten stehen deshalb auf der Roten Liste gefährdeter Arten.

Ackerwildkräuter in Getreidefeldern/Getreideunkräuter

Wenn Getreidefelder im Herbst oder Vorfrühling zum letzten Mal mechanisch bearbeitet oder mit Herbiziden behandelt wurden, können sich auf den entstandenen Freiflächen solche Wildkräuter entwickeln, die bereits bei unter 10 °C auskeimen. Diese Arten sind an den Jahresrhythmus des Getreides angepasst. Die meisten gefährdeten Ackerwildkräuter, die auf der Roten Liste stehen, sind winterannuell. Sie wachsen also besonders auf Wintergetreidefeldern und sind dort darauf angewiesen, dass der Boden nicht zu intensiv mit Striegel und Hacken bearbeitet und nicht von Untersaaten bedeckt wird. Andere Arten wie Tännelkraut können sich erst auf abgeernteten, nicht bearbeiteten Stoppelfeldern entwickeln.

Ackerwildkräuter auf Hackfruchtäckern

Behackte Äcker bieten für Ackerwildkräuter einen besonderen Lebensraum. Wenn die letzte Unkrautbekämpfung erst im Mai oder Juni stattfindet, fördert dies Arten, deren Samen nur bei höheren Temperaturen keimen. Sie können sich hier im lange offenen Boden der Hackfruchtäcker entwickeln – zu einem Zeitpunkt, in dem sie im Getreidefeld nicht mehr ausreichend Licht erhalten und der Konkurrenz unterlegen sind. Wildkräuter dagegen, die nur bei tiefen Temperaturen oder bei Kurztagbedingungen keimen, können sich nun nicht mehr entwickeln.

Zu typischen Hackfrucht-Wildkräutern gehören z. B.:

- Vielsamiger Gänsefuß (*Chenopodium polyspermum*)
- Acker-Spark (*Spergula arvensis*)
- Sonnwend-Wolfsmilch (*Euphorbia helioscopia*)
- Borstenhirsen (*Setaria pumila, Setaria verticillata*)

Sonnwend-Wolfsmilch

- Kleinblütiges Franzosenkraut (*Galinsoga parviflora*), Behaartes Franzosenkraut (*Galinsoga quadriradiata*)
- Blutrote Fingerhirse (*Digitaria sanguinalis*)
- Purpurrote Taubnessel (*Lamium purpureum*)
- Raue Gänsedistel (*Sonchus asper*)
- Gewöhnlicher Reiherschnabel (*Erodium cicutarium*)

Trotz geänderter Bewirtschaftungsformen sind die meisten dieser Arten auch heute noch häufig.

Zwei- und mehrjährige Arten

Diese entwickeln sich hauptsächlich in ausdauernden Kulturen, etwa in Klee- oder Luzernefeldern. Auf kurzlebigen oder intensiv bearbeiteten Äckern können sie nur überleben, wenn sie sich rasch vegetativ vermehren. Diesbezüglich haben sich z. B. Acker-Kratzdistel, Acker-Schachtelhalm und Huflattich besonders gut angepasst.

Acker-Spark

Bedeutung von Ackerwildkräutern

Schaden durch Unkräuter

Der häufig verwendete Begriffe „Unkraut“ – oder auch „Ungras“ – wird von vielen Seiten sehr kritisch gesehen. Nicht jede Pflanze, die außer der kultivierten Art auf einem Feld wächst, ist ein Unkraut. Als Unkraut sollten höchstens solche Pflanzen bezeichnet werden, die in den Kulturen größeren ökonomischen Schaden anrichten. Es kann sich dabei um Arten handeln, die den Flächenertrag oder die Qualität der Ernte wesentlich mindern, die für den Menschen oder die Nutztiere giftig sind, die Wirte oder Zwischenwirte für Schaderreger wie Pilze, Bakterien, Viren, Nematoden und Insekten sind oder die die Bearbeitung der Felder behindern.

Landwirte unterteilen diese weiter:

Leitunkräuter: Ackerwildkräuter, die an einem Standort vorherrschen oder für diesen typisch sind und als bekämpfungswürdig gelten. Anhand der Menge der auf dem Feld wachsenden und in der jeweiligen Kultur typischen Leitunkräuter beurteilt der Landwirt die Unkrautbelastung des Ackers und legt, wenn eine bestimmte Bekämpfungsschwelle erreicht ist, gegebenenfalls Maßnahmen zur Unkrautkontrolle bzw. -bekämpfung fest.

Problemunkräuter: Jene Ackerwildkräuter der Ackerwildkrautgesellschaft, die eine hohe Konkurrenzkraft besitzen und sich in der jeweiligen Kultur nur unzureichend bekämpfen lassen.

Häufig sind Leitunkräuter auch gleichzeitig Problemunkräuter. Je nach Region, Standort und Fruchtfolge können in bestimmten Feldkulturen unterschiedliche Arten als Problem- oder Leitunkräuter auftauchen.

Acker-Kratzdistel als Problemunkraut im Saat-Hafer

Beispiele einiger Leit- und Problemunkräuter in verschiedenen Feldkulturen

Kultur	Leitunkräuter	Problemunkräuter
Mais	Gänsefuß, Melde, Knöterich, Ehrenpreis, Kamille, Franzosenkraut, Hühnerhirse, Borstenhirse, Fingerhirse	Hühnerhirse, Borstenhirse, Fingerhirse, Acker-Fuchsschwanzgras, Storchschnabel, Winden
Getreide	Kletten-Labkraut, Ehrenpreis, Kamille, Taubnessel, Acker-Stiefmütterchen, Vogelmiere, Storchschnabel, Winden-Knöterich, Hohlzahn, Gänsefuß	Disteln, Winden, Acker-Schachtelhalm, Klatsch-Mohn, Kornblume, Acker-Fuchsschwanzgras, Windhalm, Trespen
Winterraps	Hirtentäschel, Acker-Stiefmütterchen, Kletten-Labkraut, Vogelmiere, Kamille, Ehrenpreis, Storchschnabel, Taubnessel	Kletten-Labkraut, Kamille, Hirtentäschel, Storchschnabel, Acker-Stiefmütterchen
Zucker-Rüben	Gänsefuß, Melde, Knöterich, Kletten-Labkraut	Bingelkraut, Hundspetersilie, Knöterich, Kletten-Labkraut, Kamille, Amarant
Kartoffeln	Kletten-Labkraut, Gänsefuß, Knöterich, Franzosenkraut, Hühnerhirse, Quecke	Schwarzer Nachtschatten, Knöterich, Gänsefuß, Amarant, Winden

Um die Unkrautflora auf seinen Feldern zu regulieren, stehen dem Landwirt verschiedene Maßnahmen zur Verfügung. Die „härteste Keule“, die chemische Bekämpfung mit Herbiziden, wirkt mehr oder weniger selektiv auf bestimmte Pflanzengruppen. Viele Herbizide können auch der gewünschten Kulturart schaden. Je nach Feldkultur und Behandlungszeitraum sind nur bestimmte Substanzen und Anwendungen zugelassen, für bestimmte Sonderkulturen stehen keine entsprechenden Präparate zur Verfügung. Viele Unkräuter haben Resistenzen gegenüber bestimmten Herbiziden entwickelt.

Zu den schonenderen, nicht-chemischen Maßnahmen gehören die Gestaltung der Fruchtfolge, mechanische Bearbeitung des Bodens vor der Saat und während der Kultur, Verwendung von gereinigtem Saatgut und geeigneter Sorten, Saatverfahren wie Mulch- oder Stoppelsaat oder das Ausbringen von Untersaaten. Diese spielen nicht nur im ökologischen Landbau eine Rolle. Der konventionelle Anbau kombiniert heute für ein gutes Unkrautmanagement meist mechanische Verfahren und ackerbauliche Maßnahmen mit für die entsprechende Behandlung zugelassenen Herbiziden.

Ein interessanter Ansatz ist die fotobiologische Bekämpfung einjähriger Unkräuter. Die Idee ist, den für Lichtkeimer nötigen Lichtreiz zu unterbinden, indem nachts gearbeitet wird. Während unter kontrollierten Bedingungen so tatsächlich weniger Samen keimen, klappt dies im Freiland nur bedingt. In Phasen erhöhter Lichtempfindlichkeit der Samen genügen u.U. bereits wenige Sekunden Vollmondlicht oder fünf Minuten Licht in einer sternenklaren Nacht, um die Keimung auszulösen. Es müssen also mondlose Nächte mit bedecktem Himmel gewählt werden und die Bearbeitung muss ohne Rücklicht und mit Abschirmung der Fahrzeugbeleuchtung erfolgen. Besser eindämmen lassen sich die Lichtkeimer, wenn bei Tag gepflügt wird – sie also zum Keimen angeregt werden – und dann in einem späteren Arbeitsgang in einer dunklen Nacht die Jungpflanzen mechanisch vernichtet werden. Auch das Pflanzen oder Säen der Kulturart erfolgt bei Nacht.

Nutzen von Ackerwildkräutern

Ackerwildkräuter stellen einen wichtigen Lebensraum für zahlreiche spezialisierte und nicht spezialisierte Tierarten dar.

Doch nicht nur Naturschützer setzen sich heute dafür ein, Ackerwildkräuter zu erhalten und damit insgesamt die Biodiversität zu fördern. Auch für den Landwirt müssen die Wildkräuter nicht nur „Unkräuter" – also „Pflanzen zur falschen Zeit am falschen Ort" sein.

Zwar können Wildpflanzen in den Kulturen deren Ertrag schmälern. Es gibt jedoch auch gegenteilige Effekte: Viele der Arten liefern Pollen und Nektar für Insekten. Viele dieser Insekten besuchen auch die Blüten von Kulturpflanzen und erhöhen so deren Ertrag. Sind blütenbesuchende Insekten vorhanden, vermehren sich auch räuberische Insekten, Spinnen und andere kleine Tiere. Alle diese, sowie auch die Wildpflanzen selbst und deren Früchte und Samen, sind wiederum Nahrung für Feldvögel und Feldsäugetiere. Wildpflanzen können auch Nützlinge der Kulturpflanzen fördern und deren Schädlinge unterdrücken. Diese Erkenntnisse schlagen zum einen eine Brücke zu den Blühstreifen und Blühflächen, zum anderen können sie dazu führen, Ackerwildkräuter gezielt im Gemenge mit Kulturpflanzen auszusäen oder sie zumindest zu respektieren und zu tolerieren.

Vom Ackerrand weg, hinein Richtung Zentrum des Ackers, kann die Vielfalt an Insekten und anderen Tieren rasch abnehmen, wenn diesen ein Anreiz fehlt, sich dort hineinzubegeben. Wachsen die attraktiven Pflanzen, die Nahrung oder Lebensraum bieten, dagegen direkt im Acker, ist auch die Vielfalt der Tiere dort erhöht, vorausgesetzt natürlich, es werden keine Insektizide ausgebracht. So haben Forscher etwa festgestellt, dass Kornblumen in Äckern mit Gemüse-Kohl den Kohlpflanzen auf verschiedene Weise nützen können: Spinnen und räuberische Laufkäfer dringen dann weiter in das Kohlfeld vor. Außerdem stellen sich mehr Schlupfwespen ein, die als Gegenspieler der Kohlmotte (*Mamastra brassicae*) auftreten, eines Schmetterlings, dessen Raupen sich in die Kohlköpfe hineinfressen. Die Schlupfwespen nehmen als geschlechtsreife Tiere Nektar auf, den sie sowohl in den Blüten als auch in den extrafloralen Nektarien der Kornblumen reichlich finden.

Ein interessanter Aspekt ist auch der Einfluss von fliegenden Insekten auf Schmetterlingsraupen. Verschiedene Wespenarten erbeuten Schmetterlingsraupen für ihre Brut. Viele Raupen reagieren deshalb auf die Vibrationen von Wespenflügeln, indem sie nicht mehr weiterfressen und so schlechter wahrgenommen werden. Offensichtlich können die Raupen nicht zwischen

Die Raupe des Beifuß-Mönch (*Cucullia absinthi*) frisst auf verschiedenen Beifußarten. Bei uns taucht sie ab und zu an Ackerrändern auf dem Gewöhnlichen Beifuß (*Artemisia vulgaris*) auf. Mit ihrer guten Tarnung wird sie meist übersehen.

Schutz von Ackerwildkräutern: Acker-Rittersporn, Acker-Wachtelweizen, Kornrade, Klatsch-Mohn u. a.

fliegenden Wespen und Honigbienen unterscheiden – sie verharren bei beiden gleichermaßen. In einer Untersuchung reduzierten blühende Begleitpflanzen in einem Kohlfeld die Fressaktivität der Raupen um mehr als 50 %. Ein weiteres Beispiel für den Nutzen von Wildkräutern auf die Kulturart ist beim Weißen Gänsefuß (S. 352) beschrieben.

Außer der Konkurrenz um Licht, Nährstoffe und Wasser können Ackerwildpflanzen andere Pflanzen auch mit allelopathischen Effekten beeinflussen, indem sie durch chemische Stoffe auf diese einwirken und so deren Wachstum und die Entwicklung hemmen. Eines der bekanntesten negativen Beispiele einer solchen „chemischen Kriegsführung" unter Ackerpflanzen ist Leindotter als Unkraut in Leinfeldern. Wissenschaftler beschäftigen sich seit mehreren Jahren intensiv mit dem Phänomen der Allelopathie. Dabei fanden sie entsprechende Effekte bei zahlreichen Pflanzen. Es sind jedoch noch weitere intensive Studien erforderlich, um eindeutige Ergebnisse für die verschiedenen Ackerwildkräuter zu erzielen. Der Anbau von allelopathischen Arten als Zwischenfrucht könnte dann einen positiven Reinigungseffekt auf die Felder haben. Auch prüfen Wissenschaftler, Kulturpflanzen so zu züchten, dass sie selbst über allelopathische Effekte Wildkräuter unterdrücken. Ein anderer Ansatz ist die gezielte Begrünung des Bodens zwischen Kulturpflanzen, etwa zwischen Weinreben, mit Pflanzen, die eine allelopathische Wirkung auf unerwünschte Unkräuter haben.

Erhalt von Ackerwildkräutern

Besonders der ökologische Landbau schafft passende Bedingungen, unter denen auch heute noch – oder heute wieder – vermehrt Ackerwildpflanzen wachsen. So kann die Artenzahl der Ackerwildkräuter bei ökologischer Bewirtschaftung 2–3-fach oder noch mehr über der von konventionell bewirtschafteten Feldern liegen. Die Ursachen hierfür sind vielschichtig: Neben dem Verzicht auf Herbizide und chemisch-synthetische Insektizide spielen die Verwendung von weniger Dünger und die meist weniger dichten Kulturpflanzenbestände eine wichtige Rolle, außerdem die oft vielfältigen Fruchtfolgen und die Förderung naturnaher Flächen.

Eine große Bedeutung für den Erhalt von Ackerwildkräutern haben Fördermaßnahmen, etwa für extensive **Ackerrandstreifen** und **Schutzäcker**. Auf ihnen werden im Gegensatz zu Blühstreifen oder Blühflächen keine Blühmischungen ausgesät, sondern es können sich die am Standort vorhandenen Ackerwildkräuter entwickeln. Diese Flächen haben einen anderen ökologischen Wert als Blühflächen, indem sie die autochthone Flora fördern. Für einen effizienten Schutz der Feldflora sollten Randstreifen, auf denen nicht gedüngt und Unkräuter nicht bekämpft werden, 3–12 m breit sein. Ackerrandstreifen, auf denen sich ausschließlich Pflanzen aus den natürlichen Samenvorräten im Ackerboden entwickeln, zeigen oft deutlich, dass Herbizide und andere Maßnahmen diese Vorräte extrem schrumpfen und verarmen ließen: Es wachsen nur wenige Arten und diese häufig nur spärlich.

In eine ähnliche Richtung wie Ackerrandstreifen und Schutzäcker wirken **selbstbegrünte Brachen** auf die Ackerwildkräuter: Nach der Ernte der Vorfrucht kann sich besonders auf mageren Böden eine reichhaltige und vielseitige Flora entwickeln.

Einige Ackerwildkräuter der Roten Liste Deutschlands (2018)

Vom Aussterben bedroht	
Adonis flammea	Flammen-Adonisröschen
Calendula arvensis	Acker-Ringelblume
Conringia orientalis	Ackerkohl
Linaria arvensis	Acker-Leinkraut
Nigella arvensis	Acker-Schwarzkümmel
Polycnemum arvense	Acker-Knorpelkraut
Vaccaria hispanica	Saat-Kuhnelke
Stark gefährdet	
Adonis aestivalis	Sommer-Adonisröschen
Agrostemma githago	Gewöhnliche Kornrade
Ajuga chamaepitys	Gelber Günsel
Caucalis platycarpos	Acker-Haftdolde
Galeopsis ladanum	Acker-Hohlzahn
Legousia speculum-veneris	Echter Frauenspiegel
Stachys annua	Einjähriger Ziest
Thymelaea passerina	Acker-Spatzenzunge
Gefährdet	
Anagallis foemina	Blauer Gauchheil
Bromus racemosus	Traubige Trespe
Consolida regalis	Feld-Rittersporn
Hordeum secalinum	Roggen-Gerste
Kickxia elatine	Spießblättriges Tännelkraut
Kickxia spuria	Eiblättriges Tännelkraut
Melampyrum arvense	Acker-Wachtelweizen
Misopates orontium	Gewöhnliches Katzenmaul
Montia arvensis	Acker-Quellkraut
Neslia paniculata	Gewöhnlicher Finkensame
Odontites luteus	Gelber Zahntrost
Odontites vernus	Acker-Zahntrost
Ranunculus arvensis	Acker-Hahnenfuß
Silene noctiflora	Acker-Leimkraut
Stachys arvensis	Acker-Ziest

Sommer-Adonisröschen

Gelber Günsel

Blauer Gauchheil

Acker-Haftdolde

Ackerkohl

Feld-Rittersporn

Eiblättriges Tännelkraut

Echter Frauenspiegel

Acker-Wachtelweizen

Gewöhnliches Katzenmaul

Gewöhnlicher Finkensame

Acker-Schwarzkümmel

Gelber Zahntrost

Acker-Hahnenfuß

Einjähriger Ziest

Saat-Kuhnelke

Spreizende Melde, Gewöhnliche Melde

Atriplex patula

Die sommerannuelle Art bildet eine verzweigte, bis 85 cm tief reichende Pfahlwurzel und einen bis 150 cm hohen Stängel. Dieser verzweigt sich oft schon in Bodennähe in viele sparrig ausgebreitete bis liegende Äste. Der Stängel ist im unteren Teil im Querschnitt fast viereckig. Die unteren der gestielten Blätter sind gegenständig, oft spießförmig. Die oberen sind wechselständig, eiförmig bis dreieckig, leicht gezähnt oder ganzrandig. Jung wirken die Blätter auf beiden Seiten durch Blasenhaare mehlig bestäubt, später sind sie auf beiden Seiten grün. Die kleinen, weißlich grünen Blüten stehen in Knäueln, die zu ährenartigen, unbeblätterten Blütenständen in den Blattachseln vereint sind. Sie werden vom Wind bestäubt oder bestäuben sich selbst. Jede Nussfrucht sitzt zwischen 2 auffälligen, an der Basis verwachsenen, meist gezähnten Vorblättern, die sich nach der Blüte verlängert haben. Anhand dieses Merkmals lässt sich die Art gut vom Weißen Gänsefuß (nächste Art) unterscheiden. Jede Pflanze bildet 100–6000 Samen, die über 50 Jahre im Boden lebensfähig bleiben. Sie keimen vom späten Frühjahr bis in den Herbst bei 8–35 °C, bevorzugt bei 20–25°C, aus Tiefen von bis 4 cm. Die Pflanzen sind nicht frosthart. Im Herbst färben sie sich rot. Im Winter stehen sie oft abgestorben mitsamt der Früchte auf dem Feld, sodass diese nun vom Wind verbreitet oder von Vögeln gefressen werden.

Die Pflanzen bevorzugen frische, lockere, nährstoffreiche, humose Lehmböden und tolerieren Salz. Die Art gilt als Stickstoffzeiger. Bei der Fotosynthese ist sie im Gegensatz zu den meisten Fuchsschwanzgewächsen eine C3-Pflanze (S. 52).

Sie gelangte spätestens mit dem Ackerbau nach Mitteleuropa, war möglicherweise hier aber schon heimisch. Auf landwirtschaftlichen Flächen entwickelt sie sich besonders in Sommerkulturen und entfaltet dort eine hohe Konkurrenzkraft. Bei warmem Wetter wächst sie rascher als Mais, Kartoffeln und Zucker-Rüben. Sie gilt als Platzräuber und Stickstoffzehrer mit mäßiger Schadwirkung. In Hackfruchtäckern und auf Stoppelfeldern fällt sie besonders auf. Sie ist jedoch meist weniger häufig als der Weiße Gänsefuß, mit dem sie oft gemeinsam vorkommt. Die Pflanzen dienen unter anderem verschiedenen Wanzen, Rüsselkäfern und auf Melden spezialisierten Schmetterlingsraupen als Nahrung.

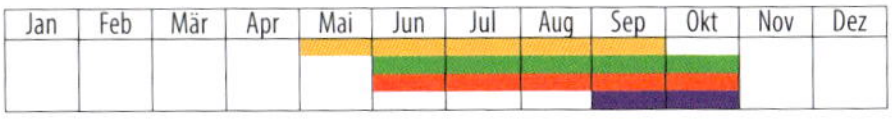

Weißer Gänsefuß

Chenopodium album

Die sommerannuelle Art bildet eine bis 1 m tiefe Pfahlwurzel. Ihre Höhe variiert vom Nährstoffangebot, an mageren Standorten erreicht sie 10 cm, an stickstoffreichen Stellen bis zu 2 m. Ihre Stängel sind gelblich grün gestreift oder rötlich überlaufen bzw. gefleckt. Die Blätter sind sehr vielgestaltig, oval, lanzettlich oder rhombisch und am Rand unregelmäßig gezähnt oder glatt. Besonders die Blätter und Blütenstände tragen Blasenhaare und wirken dadurch mehlig bestäubt und graugrün. Die grünlich weißen Blüten bilden rispig angeordnete Knäuel in den Blattachseln und an den Stängelenden. Sie produzieren nur wenig Pollen und sehr wenig Nektar und werden überwiegend vom Wind bestäubt. Verschiedene Untersuchungen zeigen, dass sie auch Insekten anlocken, darunter viele Schwebfliegenarten, aber auch einige kurzrüsselige Wildbienenarten und Käfer. Eine Pflanze bildet 200–20 000, im Extremfall über 1 Million schwarze, glänzende Samen. Sie keimen bei Temperaturen von 2–40 °C aus 0,5–8 cm Tiefe. In regelmäßig bearbeiteten Böden bleiben sie über 20 Jahre lang keimfähig, unter günstigen Bedingungen können sie viele Jahrhunderte überdauern. Sie werden gerne von Vögeln, besonders Sperlingen gefressen. Von den Pflanzen ernähren sich Raupen von über 60 Schmetterlingsarten, aber auch Blattwespen, Minierfliegen, Ameisen und andere.

Es handelt sich um eine sehr konkurrenzstarke, verbreitete Art, die als Unkraut besonders in Sommergetreide sowie in Zucker-Rüben, Mais- und Kartoffeläckern sehr häufig ist, aber auch z. B. auf Blüh- und Brachflächen wächst. Auf eine Vielzahl von Kulturarten wirkt sie allelopathisch. Ihre ursprüngliche Herkunft ist unklar, es wird vermutet, dass sie schon früh als Archäophyt in Begleitung von Kulturpflanzen mit dem Ackerbau aus dem Himalaya nach Europa kam. Neben ihrer Konkurrenzkraft ist für den Ackerbau ungünstig, dass die Pflanze ein Wirt der Schwarzen Bohnenlaus (*Aphis fabae*) sowie mehrerer Pflanzenviren ist. Doch nicht immer stört der Weiße Gänsefuß auf den Feldern, er kann für Landwirte auch

Massenhaftes Auftreten im Maisacker

Blüten unscheinbar

einen positiven Effekt haben: Die oft massenhaft auf ihm sitzende Mehlige Meldenlaus (*Hayhurstia atriplicis*), die Gallen an verschiedenen Chenopodium- und Atriplexarten bildet, lockt Blattlausfeinde, insbesondere die Brackwespen *Diaeretiella rapae* und *Ephedrus nacheri* an. Spätestens wenn die Lauskolonien zusammenbrechen, wandern die wenig spezialisierten Tiere auf Blattläuse an den Nutzpflanzen weiter und mindern auch dort den Befall. Beide Brackwespen sind z. B. als Raubparasiten bei Blattläusen der Kreuzblütler wie der Mehligen Kohlblattlaus (*Brevicoryne brassicae*) sowie der weit verbreiteten Grünen Pfirsichblattlaus (*Myzus persicae*) bedeutend. Allerdings befällt die Mehlige Meldenlaus auch Nutzpflanzen wie Spinat und Rüben und kann verschiedene Pflanzenviren übertragen, unter anderem das Rübenmosaikvirus und das Virus der Vergilbungskrankheit der Rübe.

Blätter färben sich oft rötlich

Weitere Arten

Einige weitere Gänsefußarten gehören zu den häufigeren Ackerwildkräutern:

Vielsamiger Gänsefuß (*Chenopodium polyspermum*): Blätter ganzrandig, eiförmig, zugespitzt, Samen braun bis schwarz, glänzend

Stechapfelblättriger Gänsefuß, Unechter Gänsefuß (*Chenopodium hybridum*): Blätter mit großen Zähnen

Acker-Hundspetersilie

Aethusa cynapium ssp. *cynapium*

Die sommer- oder winterannuelle Pflanze wurzelt mit einer spindelförmigen Hauptwurzel und verzweigten Nebenwurzeln bis 70 cm tief. Sie wächst bis 80 cm hoch und verzweigt sich oft bereits von Grund an. Die Blätter sind mehrfach gefiedert, im Umriss dreieckig und ähneln denen der Echten Petersilie (*Petroselinum crispum*). Im Unterschied zu dieser glänzen sie aber auf der Blattunterseite stark und riechen beim Zerreiben unangenehm. Die kleinen, weißen Blüten stehen in flachen Doppeldolden mit 5–20 Strahlen. Typisch sind 3–4 lange Hüllchenblätter, die einseitig nach außen an der Basis der Döldchen herabhängen. Die Spaltfrüchte setzen sich aus 2 ovalen, grau-gelben Achänen mit Längsleisten zusammen. Jede Pflanze entwickelt 500–600 Samen, die im Boden mehr als 10 Jahre keimfähig bleiben. Sie keimen bei Temperaturen ab 5 °C meist im Frühjahr, seltener im Herbst aus Tiefen bis 5 cm. Die Pflanze enthält stark giftige Polyine.

Die Hundspetersilie ist in Mitteleuropa heimisch. Sie wuchs ursprünglich wahrscheinlich in feuchten Wäldern und Ufersäumen (heute: Wald-Hundspetersilie, ssp. *elata*). Die auf den Äckern wachsende Unterart hat sich wohl erst mit dem Ackerbau entwickelt. Sie ist seit der jüngeren Steinzeit nachgewiesen.

Es handelt sich um einen etwas wärmeliebenden Nährstoff- und Stickstoffzeiger, der bevorzugt auf humosen, lockeren Böden mit hohem Kalkgehalt gedeiht. Er entwickelt sich vor allem auf Äckern mit Sommergetreide, Mais, Zucker-Rüben und Feldgemüse, weniger in Wintergetreide, und kann den Ertrag mindern und die Ernte erschweren. Auch auf Stoppelfeldern wächst die Pflanze oft in großer Zahl. Ihre Früchte werden besonders durch landwirtschaftliche Maschinen verschleppt. Im Mais- und Rübenanbau lässt sie sich wegen der späten Keimung schwer bekämpfen. In Rübenkulturen gilt sie heute als Problemunkraut. Dort hat sie sich aber erst in diesem Jahrhundert stark ausgebreitet. Um sie zu dezimieren, können Landwirte vermehrt Winterfrüchte anbauen, den Boden wendend bearbeiten oder Herbizide spät in der Vegetationsperiode einsetzen. Wie für Doldenblütler typisch, liefert auch diese Art vielen Insekten leicht zugängigen Nektar und Pollen. Die Blattlaus *Dyspahis aethusa* ernährt sich ausschließlich von ihr.

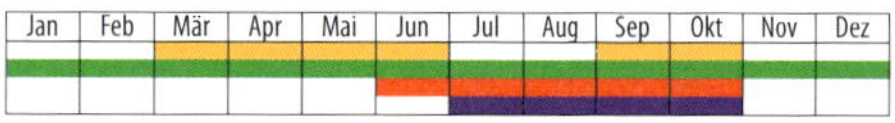

Acker-Kratzdistel

Cirsium arvense

Die 30–150 cm hohe Staude hat einen meist verzweigten Stängel, der wechselständige, buchtig gezähnte oder tief fiederteilige Blätter mit Stacheln trägt. Die Blattränder laufen nicht am Stängel herab. Die etwa 2 cm breiten Blütenkörbchen enthalten bis zu 100 Röhrenblüten. Es gibt weibliche Pflanzen, die Blüten mit verkümmerten Staubbeuteln besitzen, und männliche mit verkümmerten Fruchtknoten, aber auch zwittrige Exemplare. Die Achänen tragen einen Haarkranz aus fedrigen, leicht abbrechenden Haaren und können vom Wind davongeblasen werden.

Die Art ist in Mitteleuropa heimisch und war schon vor der Einführung des Ackerbaus verbreitet. Ursprünglich wuchs sie wohl als Pionier in Stromauen oder auf Windwurfflächen im Wald. Als die Menschen sesshaft wurden und Wälder rodeten, konnte sie sich auf den neu geschaffenen offenen Standorten stark ausbreiten. Heute gehört sie zu den häufigsten mehrjährigen Ackerwildkräutern und gilt bei den Landwirten als Problemunkraut, das schwer einzudämmen ist, die Ernte erschwert und zu Ertragsausfällen führt. Auch auf Brachen kann sie sich oft stark ausbreiten und in Nachbar- und Folgekulturen eindringen. Typisch für sie sind nestartige Vorkommen auf den Flächen.

Die Acker-Kratzdistel ist sehr vermehrungsfreudig: Bereits etwa 4 Wochen nach der Blüte reifen die Früchte – bis zu 5000 pro Pflanze. Die meisten keimen innerhalb eines Jahres, besonders im Sommer oder Herbst auf abgeernteten Flächen, doch können sie im Boden auch mehr als 20 Jahre überdauern. Für den Landwirt sind jedoch nicht die Keimpflanzen das Hauptproblem, denn diese lassen sich mit rechtzeitiger Bodenbearbeitung vernichten. Viel schlechter ist die vegetative Vermehrung der Pflanze zu unter-

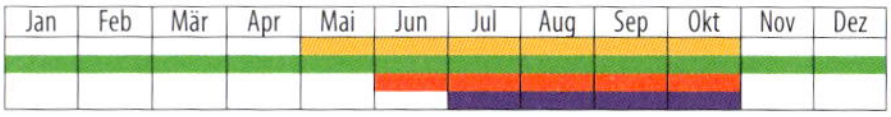

Blühend in Saat-Weizen

binden. Die senkrechte Hauptwurzel dringt bis über 3 m tief in den Boden. An ihr entstehen waagerechte Wurzelausläufer, an denen Sprossknospen zu neuen Pflanzen austreiben. Das jährliche Wurzelwachstum kann 10–12 m betragen, pro Meter Wurzel bilden sich mehrerer solcher Knospen. Eine Pflanze besiedelt bis zu 6 m^2, in einem Kubikmeter Boden können bis zu 400 m Wurzeln enthalten sein. Die Hauptwurzelmasse liegt in 25–75 cm Tiefe. Jedes Wurzelstück über 1 cm Länge, das bei einer mechanischen Bearbeitung des Bodens entsteht, kann sich regenerieren, selbst wenn es 50 cm tief im Boden liegt.

Die Acker-Kratzdistel konkurriert mit den Kulturpflanzen stark um Licht, Wasser und Nährstoffe und zeigt allelopathische Effekte, zum Beispiel gegenüber Getreide, Mais, Sonnenblumen und Zucker-Rüben. Nur konkurrenzstarke Kulturen, wie etwa der mehrjährige Anbau von Luzerne oder einem Luzerne-Gras-Gemenge, können sie zurückdrängen. Selbst mit Herbiziden können Landwirte die Acker-Kratzdistel höchstens beschränkt bekämpfen. Hacken oder Ausstechen der Triebe im Frühjahr fördert die Pflanzen eher, denn durch die Störung treiben ruhende unterirdische Knospen aus und die Triebdichte wird erhöht. Nur wenn konsequent weiter gehackt wird, können die Jahrestriebe ausgehungert werden. Am ehesten mechanisch beseitigen lassen sich die Pflanzen zur Blütezeit, wenn die Nährstoffe aus den Wurzeln erschöpft sind. Die Bearbeitung darf dann aber nur die Jahrestriebe zerstören und nicht die tiefer liegenden Sprossknospen anregen. Auch mehrfaches Bearbeiten von Stoppelfeldern kann zur Regulierung beitragen: Es regt die Wurzeln mehrmals zum Austrieb an und erschöpft so ihre Reservestoffe. Anschließend sollten rasch und dicht wachsende Zwischenfrüchte wie Weißer Senf, Phazelie oder Saat-Wicken eingesät werden. Ein natürlicher Gegenspieler der Acker-Kratzdistel ist der Ackerdistelrost (*Puccinia punctiformis*). Die von ihm befallenen Pflanzen bleiben im 2. Jahr schmächtiger und blasser und sterben ab. Doch müssen die Pilzsporen vom einem Rüsselkäfer, dem Eselsdistel-Spitzmaulrüssler (*Acanephodus onopordi*), in den Spross übertragen werden. Am ehesten geschieht dies im Grünland oder an den Ackerrändern.

Im Gegensatz zu Landwirten schätzen Naturfreunde die Acker-Kratzdistel wie andere Distelarten als ökologisch wertvolle Pflanze. Ihre süß duftenden Blüten bieten Pollen und leicht zugänglichen Nektar. Sie sind nicht nur eine wichtige Trachtpflanze für Honigbienen (Nektarwert 3, Pollenwert 2), sondern locken auch über 100 verschiedene Wildbienenarten und über 300 andere Insektenarten, wie Wespen, Schwebfliegen, andere Fliegen, Käfer und Tagfalter, an. Auch von

Blütenkörbchen mit Faulbaumbläuling (*Celastrina argiolus*)

Fruchtend

Ackerdistelrost

und in den Blättern und Stängeln leben zahlreiche Insekten. Die Samen liefern Vögeln, besonders dem Distelfink, im Spätsommer nahrhaftes Futter.

Weitere Arten

Oft finden sich auch andere Distelarten auf den Ackerflächen und Feldfluren. Sie sind für Insekten ebenso ergiebig wie die Acker-Kratzdistel und für den Landwirt weniger problematisch.

Die **Gewöhnliche Kratzdistel** (*Cirsium vulgare*) wächst als zweijähriges Wildkraut an manchen Ackerrändern, dringt aber nur selten in die Flächen ein.

Die ebenfalls zweijährige **Nickende Ringdistel** (*Carduus nutans*) ist in manchen mehrjährigen Blühmischungen enthalten.

Auch die aus dem Mittelmeerraum stammende **Mariendistel** (*Silybum marianum*) ist in Blühmischungen enthalten. Sie wächst ein- oder zweijährig und kann sich zu einer eindrucksvollen Pflanze von 2 m Höhe entwickeln. Auf den Blühflächen bleibt sie meistens viel kleiner. An den grün-weiß marmorierten Blättern ist sie leicht zu erkennen. Gelegentlich wird diese Art als Arzneipflanze angebaut oder wächst als Zierpflanze in Gärten.

Gewöhnliche Kratzdistel am Rand eines Ackers mit Bartweizen

Nickende Ringdistel

Mariendistel

Kornblume

Cyanus segetum, Centaurea cyanus

Die winter- oder sommerannuelle Pflanze kam in der Jungsteinzeit als Kulturbegleiter aus dem östlichen Mittelmeergebiet nach Mitteleuropa. Ihre Wurzeln reichen 20–50 cm tief, lockern den Boden aber nur wenig auf. Die Stängel werden bis 1 m hoch und tragen locker graufilzig behaarte, schmale Blätter. Die Blütenkörbchen sind 2,5–5 cm breit und besitzen 25–40 blaue Röhrenblüten. Bei der Wildform sind die äußeren 7–12 steril mit auffallend vergrößerter Krone. Sie locken mit ihrer Farbe und einer UV-Reflexion Insekten an. Nur die inneren Blüten sind fertil, haben Pollen und produzieren den ganzen Tag über Nektar. Die Hüllblätter tragen extraflorale Nektarien. Eine Pflanze bildet bis zu 1500 Samen, von denen wenige gleich keimen. Die übrigen können mehrere Jahre im Boden überdauern und bei 5–25 °C aus bis zu 5 cm Tiefe auskeimen (Flachkeimer), meist im Oktober, weniger häufig im Frühjahr.

Die Art bevorzugt lockere, etwas kalkhaltige Böden. Sie war lange Zeit im Rückgang, kann sich aber in jüngerer Zeit wieder ausbreiten. Am besten entwickelt sie sich in Winterraps und Wintergetreide, besonders in den häufigen engen Fruchtfolgen dieser Kulturen. Sie zeigt allelopathische Effekte gegen Getreide, Raps, Zucker-Rüben und andere Kulturpflanzen. Im Frühjahr lassen sich die stark verwurzelten Pflanzen nur noch schwer mechanisch bekämpfen. Sie sind jedoch gegenüber vielen Herbiziden empfindlich. Kornblumen sind in vielen Mischungen für einjährige Blühflächen enthalten, aber oft nicht in der Wildform, sondern mit gefüllten Körbchen oder rosa bis weiß gefärbten Blüten. Bei gefüllten Körbchen erhöht sich die Zahl der Randblüten auf Kosten der inneren und damit des Nektar- und Pollenangebots. Auch die Züchtungen können fruchten und somit die Wildkrautflora verfälschen. Blütenbesucher sind Bienen, Hummeln, Schwebfliegen, andere Fliegen und Tagfalter. Imker schätzen die Pflanze besonders wegen ihres Nektarreichtums und dessen Zuckergehalt von bis zu 34 % (Nektarwert 3, Pollenwert 2). Für Wildbienen spielt die Pflanze vor allem als ergiebiger Pollenlieferant im Hochsommer eine Rolle. Verschiedene Erz- und Schlupfwespen, Faltenwespen, Marienkäfer und Ameisen ernten Nektar von den extrafloralen Nektarien. Kornblumen fördern damit auch diese Nutzinsekten.

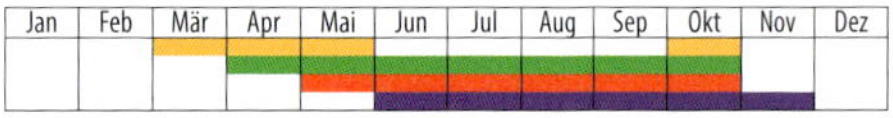

Behaartes Franzosenkraut, Behaartes Knopfkraut

Galinsoga quadriradiata, Galinsoga ciliata

Die Heimat dieses Neophyten liegt in Süd- und Mittelamerika. Seit 1849 wurde er in Europa in Botanischen Gärten kultiviert und entkam von dort. In Hamburg tauchte er erstmals 1892 auf. Die sommerannuelle Pflanze wird 20–80 cm hoch. Ihre 25–75 cm tief reichende Wurzel ist dünn, verzweigt sich aber reich und bildet starke Wurzelballen. Die grob gezähnten, gegenständigen Blätter sind wie die ganze Pflanze abstehend behaart. In den 5–10 mm breiten Blütenkörbchen sitzen 4–5 weiße Zungenblüten, deren Zunge etwa so lang wie breit ist. Sie umrahmen gelbe, zwittrige Röhrenblüten, die sich selbst bestäuben können. Die wärmeliebende Art entwickelt sich besonders in Hackfrucht- und Gemüseäckern auf sandigen bis lehmigen, stickstoffreichen Böden. Die Pflanzen konkurrieren mit Feldfrüchten stark um Nährstoffe und Licht und können sie in feuchten Jahren vollständig überwuchern. Trockenheit mögen sie nicht, außerdem sind sie sehr frostempfindlich. Ihre Samen können im Boden mehr als 10 Jahre überdauern. Liegen sie weniger als 1 cm tief in der Erde, keimen sie meist ab Mai bei mindestens 5 °C, optimal sind 22–35 °C (Flachkeimer). Bereits nach weniger als 50 Tagen können die ersten Samen reif und sofort keimfähig sein. So sind pro Jahr 2–3 Generationen möglich. Jede Pflanze kann 10 000–300 000 Samen entwickeln. Ausgerissene oder abgeschnittene Pflanzen können wieder anwachsen, indem sie an den Stängeln neue Wurzeln bilden. Die Pflanzen werden von Kaninchen, Schweinen und Rindern gern gefressen.

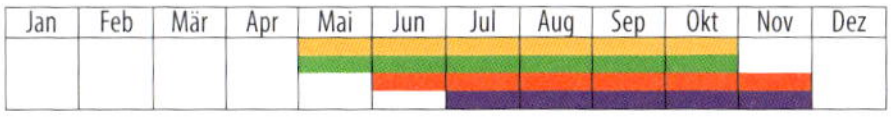

Weitere Art

Das **Kleinblütige Franzosenkraut** oder **Kleinblütige Knopfkraut** (*Galinsoga parviflora*) hat kahle oder höchstens spärlich behaarte Stängel. Es stammt aus dem tropischen Südamerika und ist ebenfalls frostempfindlich. Franzosen kultivierten es erstmals 1785 im Botanischen Garten Paris. Anfang des 19. Jh. verwilderte es und war bereits um 1850 in Mitteleuropa flächig vertreten. 1865 erließ Hannover eine Polizeiverordnung zu seiner Bekämpfung. Im Gegensatz zu seinem großen Bruder bildet die Pflanze ein bis 80 cm tiefes Wurzelsystem und ein weit kriechendes unterirdisches Rhizom. So kann sie sich über Wurzel- und Rhizomstücke vermehren, die bei der Bodenbearbeitung entstehen. Zusätzlich bildet jede Pflanze 5000–30 000 Samen.

Kleinblütiges Franzosenkraut

Behaartes Franzosenkraut

Acker-Gänsedistel

Sonchus arvensis

Die ausdauernde, milchsaftführende, heimische Pflanze bildet ein bis 2 m tief reichendes, weit streichendes Wurzelsystem mit fleischigen Wurzeln und waagerecht abgehenden Ausläufern. Die bis 1,5 m hohen, hohlen Stängel sind oben borstig oder drüsig behaart. Die entfernt buchtig-fiederspaltigen Laubblätter sind glänzend grün. Die oberen haben dem Stängel anliegende Öhrchen. Die Blütenkörbchen besitzen eine krugförmige, meist gelblich drüsenhaarige Hülle und goldgelbe Zungenblüten. Sie sind nur vormittags geöffnet und locken mit Nektar und Pollen Insekten als Bestäuber an. Mindestens 9 Wildbienenarten, davon 4 oligolektische Arten, sammeln den Pollen für ihre Brut. Die Achänen tragen einen weißen Haarkranz und werden vom Wind verbreitet. Jede Pflanze kann mehrere Tausend Samen entwickeln, die im Boden über 5 Jahre keimfähig bleiben und bei Temperaturen über 8 °C auskeimen.

Acker-Gänsedistel in Saat-Hafer

Die Art wächst auf feuchten oder frischen Böden auf meist lehmigem Untergrund. Die Ausläufer verlaufen bevorzugt in den wasserhaltigen Schichten. Wenn die Pflanze gemeinsam mit der Acker-Kratzdistel auf einem Feld wächst, besiedelt sie die feuchteren Bereiche, die Kratzdistel die trockeneren. In feuchten Jahren breitet sich die Gänsedistel besonders stark aus. Sie vermehrt sich nicht nur über Samen, sondern hauptsächlich über die Ausläufer, die ein großes Regenerationsvermögen aufweisen. Aus nur 1 cm großen, z. B. bei entsprechender Bodenbearbeitung entstandenen und verschleppten Ausläuferstücken können neue Pflanzen wachsen. Doch auch Anbauverfahren mit reduzierter Bodenbearbeitung fördern die Art. Die Ausläufer treiben etwas später aus als jene der Gewöhnlichen Quecke und der

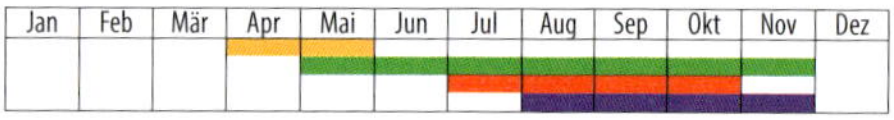

Blütenkörbchen der Acker-Gänsedistel

Acker-Kratzdistel. Sie lassen sich nur schwer mechanisch bekämpfen. Eine Entwässerung des Bodens kann jedoch helfen, da diese der Pflanze die benötigte Feuchtigkeit entzieht. Die Art zeigt allepathische Effekte gegenüber Getreide und anderen Kulturarten.

Weitere Arten

Auf den Feldern spielen auch folgende beiden Arten eine Rolle, die jedoch weniger konkurrenzstark sind und auf weniger feuchten Böden gedeihen. Es handelt sich um meist sommer-, seltener winterannuelle Arten, die bevorzugt auf Hackfruchtäckern wachsen und sich ausschließlich über Samen vermehren. Sie haben kahle oder höchstens sehr zerstreut drüsenhaarige Körbchenstiele und Hüllen.

Die **Raue Gänsedistel** (*Sonchus asper*) hat derbe, dunkelgrüne, glänzende Blätter, die stachelig gezähnt sind. Ihre runden Blattöhrchen drücken sich an den Stängel und wirken, als ob sie etwas an diesem herablaufen. Die Blüten sind sattgelb. Jede Pflanze kann weit über 5000 Samen bilden, die im Boden wenige Jahre überdauern können, bevor sie aus geringer Tiefe auskeimen.

Die **Kohl-Gänsedistel** (*Sonchus oleraceus*) wächst ebenfalls vor allem auf Hackfruchtäckern. Sie ist oft mit der vorigen Art vergesellschaftet, kommt aber seltener vor und ist weniger konkurrenzfähig. Die Blätter sind dünn, weich und glanzlos dunkel- oder blaugrün. Sie sind meist fiederteilig und spitz gezähnt, jedoch kaum stechend. Die Öhrchen sind zugespitzt und stehen pfeilförmig nach hinten ab. Die Blüten sind hellgelb. Die Samen können sofort auskeimen oder im Boden über 10 Jahre überdauern.

Kohl-Gänsedistel

Raue Gänsedistel

Stoppelfeld mit Rauer Gänsedistel im Oktober

Geruchlose Kamille, Falsche Strandkamille

Tripleurospermum inodorum, Tripleurospermum perforatum, Matricaria perforata

Die einjährige, meist winterannuelle, fast geruchlose Pflanze wurzelt bis 120 cm tief und wird 20–80, gelegentlich bis 150 cm hoch. Ihre Blätter sind in feine, lineale Zipfel zerteilt. Die Art gehört zu den Langtagpflanzen und Flachkeimern. Keimt sie im Herbst, überwintert sie als Rosette, keimt sie im Frühsommer, bildet sie bereits nach 8 Wochen erste Blütenkörbchen. Diese sind 3–5 cm breit und haben einen halbkugeligen, markigen Blütenboden, 20–22 weiße, 10–18 mm lange, weibliche Zungenblüten und bis über 300 gelbe, zwittrige Röhrenblüten. Meist bildet eine Pflanze 15 bis 200 Körbchen – wächst sie kräftig, wesentlich mehr. Wissenschaftler konnten über 200 Insektenarten feststellen, die in den Körbchen Pollen und etwas Nektar finden. Häufig sind Schwebfliegen, Goldfliegen und andere Zweiflügler; weitere Insekten wie Honigbienen sowie Wildbienen, die auf Pollen von Korbblütlern mit kurzen Kronröhren angewiesen sind, finden sich ein. Die Blütenbesucher locken auch Räuber, etwa Raubfliegen und Spinnen, an. Die Achänen reifen etwa 4 Wochen nachdem sich die Zungenblüten geöffnet haben. Eine Pflanze kann 1800 bis über 100 000 Früchte ausbilden. Diese überleben mindestens 10 Jahre im Boden und auch eine Passage durch Wiederkäuermägen.

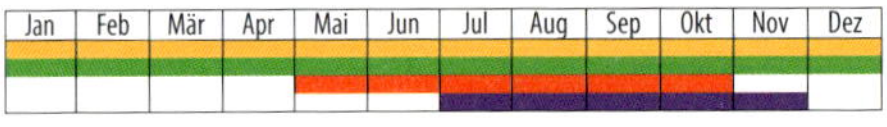

In Mitteleuropa gilt die Art als Archäophyt aus Nordwesteuropa. Früher war sie viel seltener. Heute wächst sie sehr häufig in Getreideäckern und anderen einjährigen Ackerkulturen und kann zu Ernteeinbußen führen. Im Ackerbau gilt sie aufgrund der Massewüchsigkeit als die schädlichste Kamille. In Rapsfeldern hat sie sich zu einem schwer bekämpfbaren Unkraut entwickelt. Sämlinge und Rosetten sind frosthart, im Blühstadium dagegen reagiert die Pflanze empfindlich auf starken Frost. Sie bevorzugt nährstoffreiche Böden und wächst auch auf überdüngten Äckern. Außerdem ist sie resistent gegen viele Herbizide. Das Befahren von Getreideäckern erträgt sie besser als das Getreide, sodass sie hier in Traktorspuren besonders häufig ist. Wird sie geköpft, verzweigt sie sich kräftig. Auf Stoppelfeldern wächst sie oft in auffälliger Zahl. Die Art passt aus ökologischer Sicht sehr gut in Blühmischungen für Hausgärten und städtisches Grün. Landwirte dagegen säen sie nicht gezielt auf ihren Äckern aus.

Gewöhnliches Hirtentäschel

Capsella bursa-pastoris

Diese lichtliebende Pflanze ist an den verkehrt herzförmigen Schötchen leicht zu erkennen. Weitere Merkmale s. Tabelle S. 402. Die Art stammt aus dem südlichen Europa und gelangte als Archäophyt nach Mitteleuropa. Heute kommt sie weltweit vor. Bei uns ist sie auf Äckern, in Gärten und Ödflächen auf allen Böden weit verbreitet und gehört zu den am häufigsten und in größter Menge anzutreffenden Ackerwildkräutern. Pro Jahr wachsen bis zu 4 Generationen.

Die Pflanzen ertragen Beweidung und treiben wieder aus, wenn sie abgemäht wurden. Sie variieren im Aussehen stark und haben verschiedene physiologische Formen entwickelt, die sich z. B. an die jeweilige Bodenart, das Klima oder die Bewirtschaftungsform angepasst haben. So taucht die Art je nach Gegend etwa besonders in Wintergetreide, im Kartoffelacker oder auch – oft in Nestern in Narbenlücken – in Klee-, Kleegras- oder Luzernekulturen auf. Sie wirkt allelopathisch auf Getreide, Luzerne, Raps und andere Kulturarten. Besonders üppig gedeiht sie nach Jauchedüngung. Fast das ganze Jahr über gibt es blühende Pflanzen, die Hauptblütezeit liegt zwischen April und November. Meist bestäuben sich die Blüten selbst, doch tauchen auch Schwebfliegen und kleine Wildbienen auf.

Jede Pflanze kann 5000–60 000 Samen bilden. Sie keimen bei 2–35 °C, meist im Herbst oder im Frühjahr, aber nur wenn sie oberflächlich liegen (Lichtkeimer). Gelangen sie tiefer in den Boden, können sie bis über 30 Jahre lang keimfähig bleiben. Bei Feuchtigkeit verschleimt die Samenschale, sodass die Samen am Boden, an Menschen, Tieren und Fahrzeugen kleben bleiben. Besonders im Frühjahr und Herbst sind die Pflanzen oft von Kreuzblütler-Weißrost (*Albugo candida*) und Falschem Mehltaupilz (*Hyaloperonospora parasitica*) befallen. Auch Kohlhernie tritt auf und kann auf andere Kreuzblütler, z. B. Raps, übertragen werden. Sonst stellt die Art nur in konkurrenzschwachen Kulturen ein Problemunkraut dar. Im Getreide und in Hackfrüchten können Landwirte sie mit Herbiziden bekämpfen, im ökologischen Landbau mit Striegel oder Egge. Allerdings entwickelt sie sich so rasch, dass die Maßnahmen kaum längerfristig wirken. In den Fermentationsprodukten von Biogasanlagen haben die Samen ihre Keimfähigkeit verloren.

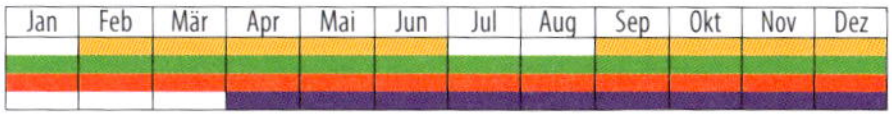

Acker-Hellerkraut

Thlaspi arvense

Die Art fällt durch ihre fast kreisrunden Schötchen auf. Weitere Merkmale s. Tabelle S. 402. Sie wächst als Kulturbegleiter mindestens seit der Jungsteinzeit in Mitteleuropa. Ursprünglich stammt sie vielleicht aus Vorderasien. Sie bevorzugt nährstoffreiche, lehmige bis tonige Böden und gilt als Lehmzeiger. Auf Hackfruchtäckern, in Wintergetreide und Winterraps ist sie besonders häufig. Auf wenig bearbeiteten Bereichen – etwa den Rändern – kann sie sich in Massen entwickeln. Außerdem ist sie auf Ruderalflächen zu finden. Im Herbst gekeimte Pflanzen wachsen meist bis 30 cm, im Frühjahr – der Hauptkeimzeit – bis 60 cm hoch. Die Art kann fast das ganze Jahr blühen und fruchten und es sind mehrere Generationen im Jahr möglich. Die Pflanze schmeckt und riecht zerrieben nach Lauch. Frisst das Vieh von ihr, kann der Geschmack auf die Milch übergehen. Es sind mindestens 65 Insektenarten bekannt, die von der Pflanze fressen. Die Blüten locken nur sehr wenige Insekten an, meist werden sie vom Wind bestäubt oder sie bestäuben sich selbst. Bereits 10 Wochen nach dem Keimen reifen die ersten Früchte, gleichzeitig bilden sich immer noch neue Blüten. Die bis zu 15 000 Samen pro Pflanze bleiben bis über 30 Jahre keimfähig. Die Art ist ein Lichtkeimer und keimt bei Temperaturen von 1°C–30 °C. Sie ist etwas konkurrenzkräftiger als Gewöhnliches Hirtentäschel, für Getreide aber nur eine geringe Konkurrenz. Landwirte bekämpfen sie hier oft in erster Linie wegen der Fruchtfolge, damit sie später in Rapsäckern nicht überhandnimmt. Dort kann sie wegen der Zugehörigkeit zur selben Familie kaum mehr mit Herbiziden bekämpft werden.

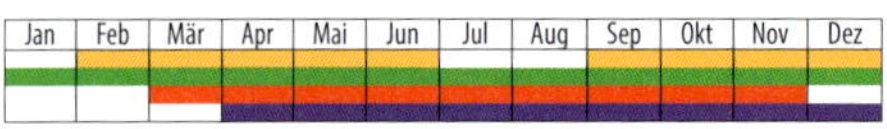

Auch wenn Acker-Hellerkraut aktuell vor allem als Unkraut gilt, könnte die Art wirtschaftlich interessant werden. Ihre Samen enthalten rund 33 % Öl, das noch vor 100 Jahren als Ersatz für Raps- oder Rübsenöl gepresst wurde. Neuerdings wird es für die Herstellung von Biokraftstoffen in gemäßigten Regionen in Betracht gezogen. Wissenschaftler konnten zeigen, dass es sich ähnlich wie Öl von Leindotter für Biodiesel und Biokerosin eignet sowie als Schmiermittel und für Kosmetika eingesetzt werden kann. Mit einer Vegetationsdauer von 80–120 Tagen könnten die Pflanzen auch in Deutschland als Zweitfrucht im Herbst reifen, z. B. nach Wintergerste.

Vogelmiere, Vogel-Sternmiere

Stellaria media

Die winter- oder sommerannuelle Pflanze wurzelt bis 15 cm tief und bildet niederliegende, verzweigte, bis 50 cm lange Stängel mit einseitiger Haarleiste. Werden die Stängel abgerissen, können sie sich bewurzeln. Die gegenständigen Blätter sind spitz-eiförmig und am Grund gerundet. Die 4–7 mm großen Blüten haben 5 weiße, tief 2-spaltige Kronblätter. An der Basis der Staubblätter wird etwas Nektar gebildet, der jedoch nur wenige Insekten anlockt. Meist bestäuben sich die Blüten selbst. Die Fruchtstiele mit den kleinen Kapseln neigen sich rückwärts. An jeder Pflanze reifen bis zu 15 000 Samen, die im Boden 10–50 Jahre lang keimfähig bleiben. Sie können das ganze Jahr aus 0,5–3 cm Tiefe auskeimen (Flachkeimer), wenn die Temperaturen bei 2–30 °C liegen. Das Optimum liegt bei 2–12 °C, sodass die meisten Samen im Herbst und Frühjahr auflaufen. Bereits nach 4 Wochen können sich die ersten Blüten öffnen. Pro Jahr sind 2–4 Generationen möglich.

In Mitteleuropa ist die Art ein Archäophyt, der mit dem Ackerbau vermutlich aus dem Mittelmeerraum kam. Sie wächst auf allen nährstoffreichen Standorten und zeigt Stickstoff an. Besonders gut entwickelt sie sich auf durchlüfteten, frischen bis feuchten Böden.

Im Gemüsebau und anderen intensiven Kulturen breitet sie sich oft massenhaft und flächig aus. Sie kann jedoch in allen Feldkulturen auftreten und um Nährstoffe, Raum, Wasser und Licht konkurrieren. In Mais gehört sie zu den häufigsten Unkräutern. Auf Äckern mit Wintergetreide behindert sie dessen Jugendentwicklung und die Ernte. Mit ihrem dichten Wuchs schafft sie außerdem ein günstiges Kleinklima für Schadpilze. Sie ist auch Reservoir für Krankheiten und Schädlinge wie Rübenzystennematoden (*Heterodera schachtii*). Ihre Wurzeln scheiden wasserlösliche Phenole aus, die allelopathisch wirken und so das Keimen von Kulturpflanzen, z. B. Gerste, behindern können. Im Gegensatz zu vielen anderen Unkräutern lässt sich die Vogelmiere sowohl mechanisch als auch chemisch gut eindämmen. Allerdings sorgt der langlebige Samenvorrat im Boden rasch für Nachschub.

In Dauerkulturen ist die Pflanze häufig erwünscht, da sie den Boden im Winter vor Erosionen schützt. Außerdem sind sowohl die Sprosse als auch die Samen bei kleineren Vögeln sehr beliebt.

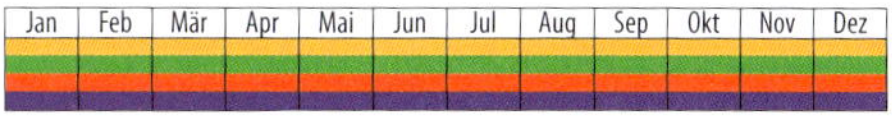

Acker-Winde

Convolvulus arvensis

Die ausdauernde Pflanze bildet ein weit verzweigtes, bis 3 m tief reichendes Wurzelsystem mit Ausläufern. Die niederliegenden oder windenden, dünnen, verzweigten, stumpfkantigen Stängel werden 30–300 cm lang. Die wechselständigen, graugrünen Blätter sind pfeilförmig und kahl. Die duftenden Blüten entwickeln sich auf langen Stielen zu 1–4 in den Blattachseln. Sie öffnen sich je nur für einen Tag, bei Regenwetter bleiben sie geschlossen. Sie haben eine trichterförmige, hellrosa bis weiße oder rosa und weiß gestreifte, 1,5–2,5 cm lange Krone. Mit Nektar und Pollen locken sie viele tagaktive Insekten, wie Honig- und Wildbienen, Wespen, Schwebfliegen, Käfer und Tagfalter, als Bestäuber an (Nektarwert 2, Pollenwert 2). Die Kleine und die Große Spiralhornbiene (*Systropha curvicornis, Systropha planidens*) sind für ihre Brut auf den Pollen dieser Gattung angewiesen. Die 2-klappigen Kapseln hängen reif nach unten. Eine Pflanze kann bis zu 500 Samen bilden, doch meist ist der Samenansatz gering. Die Samen bleiben über 20 Jahre lang keimfähig und können ganzjährig aus Tiefen bis 6 cm keimen, sobald Temperaturen von 5–30 °C herrschen.

Die Acker-Winde wächst bevorzugt auf trocken-warmen, tiefgründigen, nährstoffreichen Lehmböden. Es handelt sich wohl um einen Archäophyten, der als Ackerkulturbegleiter zu uns kam. Heute ist die Art weltweit verschleppt und zählt zu den 16 am meisten gefürchteten Unkräutern. Sie tritt als Nährstoffzehrer sowie Platz- und Lichträuber mit den Kulturarten in Konkurrenz und hat eine allelopathische Wirkung auf Getreide, Luzerne, Mais, Sonnenblumen, Zucker-Rüben und andere. Mit ihrem windenden Wuchs kann sie Getreide zum Lagern bringen und die Ernte behindern. Bei uns entwickelt sie sich besonders gut auf Getreide- und Maisäckern, aber auch zwischen Hackfrüchten. Dabei wächst sie vom Ackerrand her in den Bestand oder entwickelt sich in Nestern auf dem Feld.

Die Art ist gegenüber Herbiziden nur gering empfindlich und lässt sich mechanisch kaum bekämpfen. Sie vermehrt sich stark vegetativ über Wurzelausläufer und bei der Bodenbearbeitung abgetrennte kleine Wurzelstücke. Ihr tief reichendes Wurzelsystem trägt maßgeblich dazu bei, dass sie schwer einzudämmen ist. Hilfreich kann ein mehrjähriger Kleegras- oder Luzerneanbau sein.

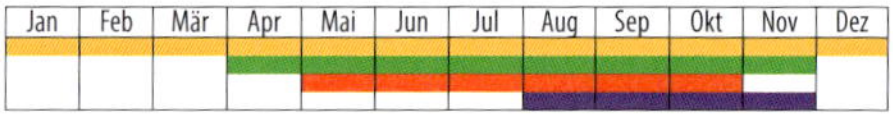

Nordamerikanische Seide

Cuscuta campestris

Wie bei allen Seidenarten handelt es sich um einen chlorophylllosen Vollschmarotzer. Im Gegensatz zu anderen Seiden (z. B. Flachs-Seide, S. 242) ist diese Art jedoch bezüglich der Wirtsarten kaum spezialisiert, sondern befällt Pflanzen verschiedener Pflanzenfamilien, z. B. Hülsenfrüchtler, Lippenblütler, Doldenblütler und Korbblütler. Ursprünglich war sie nur in Amerika verbreitet, gelangte jedoch mit Saatgut von Klee und Luzerne wiederholt nach Europa. Seit 1898 ist sie hier als Neophyt vor allem in den entsprechenden Kulturen nachgewiesen. Mittlerweile wurde sie auch mit Saatgutimporten aus dem Mittelmeerraum und anderen Gebieten, in denen sie ebenfalls ein Neophyt ist, eingeschleppt. Seit etwa der Jahrtausendwende breitet sie sich besonders in wärmeren Regionen stark aus, nicht mehr nur mit Saatgut, sondern auch entlang von Autobahnmittelstreifen und Flüssen. Sie kann zum Teil Massenbestände bilden und vor allem bei Luzerne und Klee größere Schäden verursachen. Auch Zwischenfruchtmischungen, etwa mit Alexandriner-Klee oder Persischem Klee, sind betroffen. Regional gilt die Art als eingebürgert und beschränkt sich nicht mehr nur auf Kulturland.

Die sommerannuelle Art bildet 20–50 cm lange, auffallend orangefarbene, glatte Stängel und ist bereits daran von den meisten anderen Seidenarten zu unterscheiden. Die Triebe verzweigen sich reich und bilden gespinstartige, dicht verwobene Matten um die und zwischen den Wirtspflanzen. Sie haben keinen Kontakt zum Boden. An den Stängeln entwickeln sich Saugorgane (Haustorien), die einen Kontakt zu den Leitbündeln des Wirts herstellen. Befallene Pflanzen sind kaum noch von dem Parasiten zu trennen und werden oft so stark geschädigt, dass sie verkümmern oder absterben. Parallel dazu entwickeln sich neue Seidenkeimlinge, die weitere Pflanzen der Umgebung überwuchern. Die kurz gestielten, duftlosen Blüten stehen in dichten Knäueln. Die meist 5 auswärts geneigten Kronzipfel sind dreieckig-spitz, die großen Schlundschuppen, die den Fruchtknoten bedecken, gefranst. Es sind zwei kopfige Narben vorhanden. Die kugeligen, oben abgeplatteten, 2–3 mm großen Kapseln öffnen sich nicht oder reißen unregelmäßig auf.

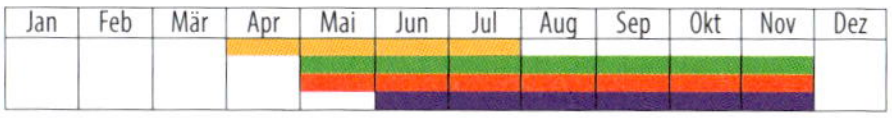

Acker-Schachtelhalm

Equisetum arvense

Die ausdauernde Sporenpflanze bildet ein weit verzweigtes und tief reichendes Wurzelsystem mit Wurzelausläufern, die in bis 2 m Tiefe verlaufen. Die Hauptmasse der Ausläufer entwickelt sich in einer wasserreichen Bodenschicht. Sowohl an den Knoten der Ausläufer als auch an den unterirdischen Stängelabschnitten bilden sich Sprossknollen, die Nährstoffe speichern oder zu Sprossen und neuen Ausläufern auswachsen können. Im Frühjahr entwickeln sich bräunliche, aufrechte und unverzweigte, bis 20 cm hohe Triebe mit je einer zapfenartigen Sporangienähre. Sie sterben nach der Sporenabgabe ab. Von Mai bis in den Herbst wachsen graugrüne, 5–80 cm hohe, 3–4 mm dicke, geriefte Stängel, die in schachtelartig ineinandergeschobene Segmente gegliedert sind. Die kleinen, quirlständigen Blätter sind zu einer bis 1 cm langen Scheide mit 6–12 Zähnen verbunden. Sie werden von zahlreichen aufrecht abstehenden, meist 4-kantigen Ästen durchbrochen. Die grünen Sprosse sterben nach dem ersten stärkeren Frost ab.

Die Pflanzen bevorzugen etwas frischen, meist kalkhaltigen Boden und zeigen Grundfeuchte an. Wahrscheinlich handelt es sich um eine in Mitteleuropa heimische Art. Sie gedeiht nicht nur auf Äckern, sondern auch auf Schotterbänken und Ruderalstellen, an Wegrändern und in Bahnhöfen. Die Pflanzen benötigen viel Licht. So wachsen sie vor allem in Kulturen mit offenen Reihen, aber auch in getreidereichen Fruchtfolgen. Sie lassen sich mit Herbiziden kaum bekämpfen und entziehen sich mit ihren tiefen Ausläufern mechanischen Maßnahmen. Werden sie beim Pflügen zerhackt, fördert dies die vegetative Vermehrung. Um die Art einzudämmen, muss der Landwirt die Fruchtfolge umstellen. Bei nur flach liegenden Ausläufern hilft es auch, den Boden zu entwässern. Tiefer liegenden Ausläufern schadet diese Maßnahme jedoch kaum. Auch der Anbau von tief wurzelnden und stark beschattenden Pflanzen, wie Lupine, kann den Schachtelhalm dezimieren.

Landwirte im Ökolandbau setzen zum Teil Auszüge und Jauche aus Acker-Schachtelhalm gegen Schädlinge und Pilzkrankheiten ein. Untersuchungen zeigen, dass diese Präparate zum Beispiel bei Kartoffeln eine gewisse Wirkung gegen die Kraut- und Knollenfäule (*Phytophthora infestans*) entfalten, sodass sich die Mengen an den sonst erforderlichen Kupferpräparaten reduzieren lassen.

Jan	Feb	Mär	Apr	Mai	Jun	Jul	Aug	Sep	Okt	Nov	Dez

Einjähriges Bingelkraut

Mercurialis annua

Die sommerannuelle Art wurzelt bis 50 cm tief und bildet einen gegenständig verzweigten, 20–50 cm hohen Stängel. Die ebenfalls gegenständigen, 3–10 cm langen Blätter sind gestielt und haben eine eiförmig-lanzettliche Spreite mit stumpf gezähntem Rand. Sie sind wie die Stängel hellgrün bis grasgrün und haben deutlich hellere Adern. Meist entwickeln sich die grünlichen, unscheinbaren, männlichen und weiblichen Blüten auf verschiedenen Pflanzen. Die männlichen stehen zu kleinen Knäueln vereint an ährenartigen, gestielten Blütenständen in den Blattachseln. Die weiblichen sitzen zu 2–3 in den Blattachseln. Sie werden meist vom Wind, selten durch Insekten bestäubt. In ihren Kapseln kann eine weibliche Pflanze 800–5000 Samen bilden, die im Boden bis über 30 Jahre keimfähig bleiben. Sie keimen in Wellen bei 7–40 °C, das Keimoptimum liegt bei 15–30 °C (Wärmekeimer). Bereits ab dem ersten Laubblattpaar können sich Blüten entwickeln. Unter günstigen Bedingungen sind zwei Generationen im Jahr möglich. Spät auflaufende Pflanzen bleiben zwar kleiner, können aber trotzdem noch zur Samenreife gelangen. Die Pflanze ist durch Saponine schwach giftig und riecht beim Zerreiben unangenehm. Obwohl sie zu den Wolfsmilchgewächsen gehört, enthält sie keinen Milchsaft.

Die Art stammt aus dem Mittelmeerraum und gelangte als Ackerkulturbegleiter nach Mitteleuropa. Sie wird durch die Intensivierung der Landwirtschaft gefördert. Die Pflanzen sind wärmebedürftig und gedeihen bei uns besonders in Weinbauregionen. Dort wachsen sie in Weinbergen, auf Schuttplätzen und Äckern. Bei Frost frieren sie ab. Sie bevorzugen frische bis trockene Standorte auf nährstoffreichen, mittleren bis schweren Böden. Es handelt sich um einen Stickstoffzeiger.

Auf Äckern ist die Art ein Unkraut in Sommerkulturen, vor allem bei Mais, Zucker-Rüben, Kartoffeln, Leguminosen oder Feldgemüse. Auf Äckern mit Zucker-Rüben gilt sie als Problemunkraut. Auf Getreideäckern ist sie selten, kann aber im Herbst auf Stoppelfeldern wachsen, wenn dort im Vorjahr z. B. Zucker-Rüben angebaut wurden. Sie ist konkurrenzstark und führt bei gehäuftem Auftreten zu Ertragsverlusten. Im jungen Zustand lässt sie sich mechanisch gut bekämpfen. Die meisten Herbizide erfassen spät auflaufende Pflanzen nur unzureichend.

Männliche Pflanze

Weibliche Pflanze

Gewöhnlicher Reiherschnabel

Erodium cicutarium

Die sommer- oder winterannuelle, seltener zweijährige Art wurzelt mit einer fleischigen, spindelförmigen Pfahlwurzel und etwas verzweigten Seitenwurzeln bis 60, gelegentlich bis 150 cm tief. Sie wächst ausladend ausgebreitet oder niederliegend. Die rauhaarigen Blätter bilden anfangs eine Rosette. Wenn die Pflanze im Herbst keimt, überwintert sie mit dieser. Die Blätter sind im Gegensatz zu jenen der Storchschnabelarten gefiedert. Die Blättchen sind wiederum fast bis zum Mittelnerv geteilt. Die Blüten stehen in 2–8-blütigen, lang gestielten Dolden. Sie sind 1–2 cm groß und rosa. Sie werden selten von Insekten bestäubt, meist bestäuben sie sich selbst. Die Frucht ist 3–4 cm lang geschnäbelt und erinnert in der Form an einen Reiherschnabel. Ihre 5 Teilfrüchte lösen sich mitsamt des Schnabelteils ab und winden sich bei Trockenheit korkenzieherartig auf. Beim Wechsel von Austrocknen und Befeuchten bohren sie sich so in den Boden. Jede Pflanze bildet 200–600 Samen, die im Boden bis 5 Jahre überdauern können. Bei 7–30 °C können sie aus etwa 1 cm Tiefe fast ganzjährig keimen, die meisten Samen laufen aber ab dem mittleren Frühjahr auf. Vegetative Pflanzen können ganzjährig gefunden werden.

Die Art ist in Mitteleuropa ein Archäophyt. Sie bevorzugt sommerwarme Standorte auf lockeren Lehm-, Stein- und Sandböden. Die Pflanzen wachsen rasch, können sich auch auf trockenen Böden dank der tief reichenden Wurzeln gut mit Wasser versorgen und sind gegenüber Herbiziden relativ unempfindlich. Reiherschnabel ist zwar relativ konkurrenzschwach, vor allem auf Raps- und Maisäckern an trockenen Standorten kann er sich jedoch zu einem starken Konkurrenten entwickeln. Meist wandert er dabei von den Rändern in die Kultur ein. Besonders in Rapsäckern ist er sehr schwer zu bekämpfen. In Maisäckern kann er mechanisch meist effektiver eingedämmt werden als mit Herbiziden.

Die Pflanze enthält phenolische Stoffe, die bereits in sehr geringen Konzentrationen allelopathische Effekte auf Kulturpflanzen ausüben. Wächst Reiherschnabel auf dem Feld, kann er auf diese Weise die Ernteerträge z. B. von Erbsen, Raps und Weizen bedeutend reduzieren. Von der Pflanze ernähren sich verschiedene Wanzen, Blattläuse und Schmetterlingsraupen, doch keine davon ist auf diese Art als alleinige Nahrungsquelle angewiesen.

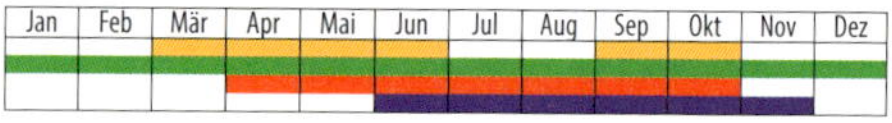

Storchschnabel

Geranium spp.

Es handelt sich um winter- oder sommerannuelle Pflanzen mit Pfahlwurzeln. Die Arten haben meist gegenständige Blätter und lang geschnäbelte Früchte. Bei der Reife lösen sich die 5 Fruchtklappen von einer Mittelsäule und rollen sich spiralig ein. Dabei werden die Samen weggeschleudert. Auf den Äckern spielen besonders folgende Arten eine Rolle. Sie gelten in Mitteleuropa als Archäophyten und Ackerkulturbegleiter. Ihre Blüten enthalten Pollen und etwas Nektar und werden von verschiedenen Wildbienen-, Wespen- und wenigen Schwebfliegenarten besucht.

Kleiner Storchschnabel (*Geranium pusillum*): Die bis 30 cm hohen Pflanzen wurzeln bis 70 cm tief. Sie haben eine Grundrosette und meist mehrfach verzweigte Stängel, die rundliche, 1,5–4 cm breite, bis über die Mitte 5–7-teilige Blätter tragen. Die meist zu zweit stehenden Blüten öffnen sich von April bis Oktober. Sie haben nur 2–4 mm lange, hellviolette, ausgerandete Kronblätter. Die ganze Pflanze ist kurz behaart und besitzt zahlreiche sehr kleine Drüsen zwischen den Haaren. Jede Pflanze bildet bis zu 300 Samen, die im Boden über 30 Jahre keimfähig bleiben. Sie keimen bei 5–30 °C, sofern sie höchstens wenige Zentimeter tief im Boden liegen (Flachkeimer). Meist entwickeln sich 2 Generationen im Jahr, bei günstigen Bedingungen auch 3. Die Pflanzen überwintern im Rosettenstadium. Die Art gilt als Leitunkraut in engen Raps- und Maisfruchtfolgen.

Schlitzblättriger Storchschnabel (*Geranium dissectum*): Die dünne Pfahlwurzel reicht bis 40 cm tief. Die Grundblattrosette ist zur Blütezeit meist bereits vertrocknet. Der verzweigte Stängel und die Blattstiele sind rückwärts abstehend behaart. Die Blätter sind fast bis zum Grund handförmig 5–7-teilig, die Abschnitte nochmals in lineale, 2–3 mm breite Zipfel geteilt. Die Blüten öffnen sich von Mai bis Oktober. Sie überragen die benachbarten Blätter nicht und haben bis 8 mm lange, purpurrote, ausgerandete Kronblätter,

Kleiner Storchschnabel

Flächiger Bewuchs mit Kleinem Storchschnabel im Maisacker, Juli

die kürzer als der Kelch sind. Blütenstiele, Kelch und Frucht tragen Drüsenhaare. Jede Pflanze entwickelt rund 100 Samen, die im Boden bis zu 10 Jahre keimfähig bleiben und bei 5–30 °C fast das ganze Jahr, besonders jedoch im Frühjahr und Herbst, aus Bodentiefen bis 2 cm auflaufen. Die Art wird in den letzten Jahren in Mais- und anderen Kulturen zunehmend häufiger und gilt seit einiger Zeit als Problemunkraut in Rapskulturen. Sie wandert häufig auch von Ackerrändern in die Flächen ein und übt zumindest auf Luzerne und Sonnenblumen allelopathische Effekte aus.

Rundblättriger Storchschnabel (*Geranium rotundifolium*): Die Art hat eine Grundblattrosette und abstehend behaarte, bis 1 m hohe Stängel. Die Blätter sind bis etwa zur Mitte in 7–9 dreizipfelige Lappen geteilt und zeigen in der Vertiefung meist einen roten Punkt. Die Blüten öffnen sich von Mai bis Oktober. Ihre rosafarbenen, vorne abgerundeten, 5–6,5 mm langen Kronblätter sind kürzer oder kaum länger als der Kelch. Die Früchte sind zerstreut abstehend behaart. Blatt- und Blütenstiele sowie Kelch tragen rotköpfige Drüsenhaare und einfache Haare. Eine Pflanze bildet bis zu 2000 Samen, die meist im Herbst, vereinzelt jedoch bereits im August keimen. Geschädigte Pflanzen können aus Stängelknoten neue Seitentriebe bilden und sich so regenerieren.

Die auf den Äckern wachsenden Storchnabelarten sind sehr anpassungsfähig. Sie bevorzugen zwar nährstoffreiche, durchlässige Böden in wärmeren Lagen, besonders der Kleine und der Rundblättrige Storchschnabel kommen aber auch mit trockenen Böden und extremen Bedingungen wie anhaltender Trockenheit gut zurecht. Am meisten Wärme benötigt der Rundblättrige Storchschnabel. Die Arten können dichte Bestände bilden und damit eine ernsthafte Konkurrenz für die Kulturpflanzen werden. Auf Feldern treten sie häufig auch gemeinsam auf. Für den Landwirt spielen sie eine zunehmende Bedeutung als Unkräuter. Als Gründe hierfür vermuten Forscher eine reduzierte Bodenbearbeitung oder einseitige Fruchtfolgen. Auch die Erwärmung durch den Klimawandel fördert die wärmeliebenden Arten. Mechanisch lassen sie sich wegen ihrer Pfahlwurzeln nur schwer bekämpfen. Für die konventionelle Landwirtschaft gibt es zwar Herbizide, doch sollten diese mit passender Bodenbearbeitung und Fruchtfolgen abgestimmt werden.

Schlitzblättriger Storchschnabel

Rundblättriger Storchschnabel

Stechender Hohlzahn, Gewöhnlicher Hohlzahn

Galeopsis tetrahit

Die sommerannuelle Pflanze wurzelt 25–60 cm tief und bildet einen einfachen oder ästig verzweigten, bis 1 m hohen Stängel, der an den Knoten auffällig verdickt und borstig behaart ist. Die kreuzgegenständig angeordneten Blätter sind eiförmig bis breit-lanzettlich, weich behaart und am Rand grob gezähnt. Die 1,5–2,5 cm langen, violettroten bis weißen Lippenblüten stehen in reichblütigen Scheinquirlen in den Blattachseln. Der Kelch ist stachelig begrannt und trägt dunkelköpfige Drüsenhaare. Die Oberlippe der Krone ist helmförmig, die Unterlippe 3-teilig, meist mit einem gelben, purpur umrandeten Fleck. Am Grund besitzt sie jederseits einen charakteristischen, kegelförmigen, nach vorne gerichteten, hohlen Zahn. Die Klausenfrüchte sind rau. Eine Pflanze bildet meist 100–600 Samen, die im Boden bis über 30 Jahre lang keimfähig bleiben. Die Pflanzen keimen vor allem im zeitigen Frühjahr, sobald Temperaturen von 2–5 °C herrschen, aus Tiefen von 1–5 cm. Im Herbst gekeimte Jungpflanzen frieren im Winter ab.

Dieser Hohlzahn bevorzugt kühl-feuchtes Klima auf stickstoff- und humusreichen, frischen Böden mit guter Wasserversorgung. Er ist ein tetraploider, erbkonstanter Bastard des Weichhaarigen Hohlzahns (*Galeopsis pubescens*) und des Bunten Hohlzahns (*Galeopsis speciosa*). Bei uns ist er die am häufigsten vorkommende Hohlzahnart und gilt als Kulturbegleiter. Taucht er in archäologischen Funden auf, ist dies ein Hinweis für Ackerbau.

Jan	Feb	Mär	Apr	Mai	Jun	Jul	Aug	Sep	Okt	Nov	Dez

Die Art ist sehr konkurrenzkräftig und gilt im Ackerbau als Platzräuber mit erheblicher bis starker Schadwirkung. Sie entwickelt sich besonders in Sommergetreide und Hackfrüchten, aber auch in Bestandeslücken im Wintergetreide. Bei starkem Auftreten mindert sie die Erträge. In Getreide kann sie außerdem das Reifen der Körner behindern, sodass diese bei der Ernte noch zu feucht sind. Hohlzahn ist eine Wirtspflanze für den Rübenzystennematoden (*Heterodera schachtii*). Um die Pflanze als Unkraut zu regulieren, kann der Landwirt junge Pflanzen mechanisch mit Eggen oder Striegeln bekämpfen oder Herbizide einsetzen. Die Blüten locken mit ihrem Nektar zahlreiche Wildbienenarten und Hummeln an. Auch Honigbienen gehören zu den Besuchern (Nektarwert 1, Pollenwert 1).

Purpurrote Taubnessel, Rote Taubnessel

Lamium purpureum

Die bis 40 cm hohe, beim Zerreiben etwas unangenehm riechende Pflanze wurzelt nur in den oberflächennahen Bodenschichten (Krumenwurzler). Sie bildet einen niederliegenden, aufsteigenden oder aufrechten, meist bereits am Grund büschelig verzweigten, vierkantigen Stängel. Die unteren der gegenständigen Blätter sind gestielt, die oberen sitzend oder kurz gestielt. Sie haben eine rundlich-herzförmige, stumpf gezähnte und weich behaarte, 1–5 cm lange Spreite. Besonders im oberen Teil der Pflanze sind sie häufig violett überlaufen. Die Blüten stehen in 5–10-blütigen Scheinquirlen in den oberen Blattachseln. Ihre purpurrote Krone ist etwa 1,5 cm lang. Die Kronröhre ist gerade und nur wenig länger als der Kelch. Die Oberlippe bildet einen Helm, die Unterlippe ist 3-teilig mit großem Mittellappen und kleinen Seitenzipfeln. Sie zeigt oft ein Punktmuster. Bei ungünstigen Bedingungen können die Blüten auch geschlossen bleiben und sich selbst bestäuben. Die Klausenfrüchte sind glatt. Jede Pflanze bildet etwa 200 Samen, die im Boden bis über 5 Jahre überdauern können. Sie keimen bei 2–25 °C aus Tiefen von 0,5–3 cm (Flachkeimer).

Die sommer- oder winterannuelle Art kann während des ganzen Jahres keimen und blühen. Am häufigsten keimt sie im Herbst, die Hauptblütezeit reicht von März bis November. Von der Keimung bis zur Samenreife vergehen nur wenige Wochen, sodass pro Jahr 3–4 Generationen möglich sind. Sie wächst auf nährstoffreichen, lehmigen bis tonigen Böden mit ausreichender Wasserversorgung und bevorzugt mäßig warmes Klima. In Mitteleuropa ist sie ein Archäophyt und Ackerkulturbegleiter.

Für den Landwirt gilt die Art als Platzräuber von mäßiger bis erheblicher Schadwirkung. Sie

Purpurrote Taubnessel, blühend

Purpurrote Taubnessel in Wintergetreide, März

taucht besonders in Wintergetreide und Winterraps, aber auch in Mais und Hackfrüchten auf. Im Wintergetreide kann sie den Boden vom Herbst bis ins Frühjahr mit einem Stängel- und Blätterfilz überziehen und so vor allem die Jugendentwicklung der Kulturpflanzen behindern. Im Anbau von Winterraps blüht die Art oft gleichzeitig mit diesem. Gegenüber Kartoffeln, Sonnenblumen und anderen entfaltet sie allelopathische Effekte. Sie lässt sich sowohl mechanisch als auch mit Herbiziden kontrollieren. Herbizidfreie Phasen genügen der Pflanze allerdings oft, ihren sehr kurzen Vegetationszyklus abzuschließen.

Die Blüten werden vor allem von Honigbienen, Wildbienen und Hummeln, doch auch von Faltenwespen, Schwebfliegen, Tagfaltern und anderen Insekten besucht, die dort eine ergiebige Nektarquelle sowie Pollen finden (Nektarwert 2, Pollenwert 2). Das Artenspektrum ist groß – Forscher konnten z. B. rund 30 Bienen- und 6 Schwebfliegenarten beobachten. Da diese Taubnessel mit ihrer früh beginnenden Blütezeit neben der Vogelmiere (S. 365) oft zu den ersten blühenden Pflanzen auf den Äckern zählt, ist sie ein wichtiger Nektarlieferant für Hummelköniginnen.

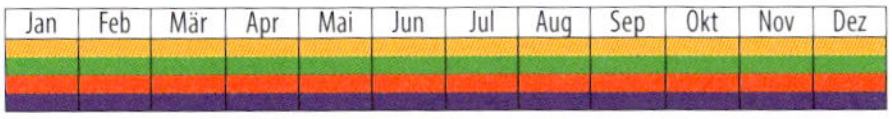

Weitere Art

Auch die weniger häufige **Stängelumfassende Taubnessel** (*Lamium amplexicaule*) spielt als Unkraut im Getreidebau eine Rolle für den Landwirt, ist aber ein Platzräuber mit nur mäßiger Schadwirkung. Sie ist ähnlich konkurrenzfähig wie die Purpurrote Taubnessel, mit der sie oft gemeinsam auftritt. Im Herbst gekeimte Pflanzen überwintern jedoch schlechter, sodass sie im Frühjahr höchstens lückige Bestände bilden. Auch diese Art kann das ganze Jahr keimen und blühen. Ihre Samen keimen aus Tiefen von 0,5–2 cm (Flachkeimer). Die Hauptwurzel reicht bis 30 cm tief in den Boden. Die Blätter sind rundlich bis nierenförmig, tief gekerbt und nur 1–2 cm lang und 1–3 cm breit. Die oberen umfassen den Stängel mit breitem Grund. Die Lippenblüten bilden Scheinquirle in den oberen Blattachseln. Besonders im Frühling und bei schlechtem Wetter öffnen sie sich nicht, sondern bestäuben sich selbst. Dabei entleeren sich die Staubbeutel in der Knospe oder der Pollen wächst durch die Wand der geschlossenen Staubblätter zur Narbe. Im Knospenstadium ist die Blütenkrone kugelförmig und dunkelpurpurn. Geöffnete Blüten sind 1–1,5 cm lang, hellpurpurn und haben eine enge, gerade Röhre. Sie werden hauptsächlich von Wildbienen besucht. Die Klausenfrüchte sind warzig.

Stängelumfassende Taubnessel, breit wachsend

Stängelumfassende Taubnessel, blühend

Ästige Sommerwurz, Hanf-Würger, Tabak-Würger

Orobanche ramosa, Phelipanche ramosa

Es handelt sich um eine chlorophylllose Pflanze, die als einjähriger Vollschmarotzer mit ihren Saugorganen (Haustorien) die Wurzeln von Wirtspflanzen anzapft. Ihre unter der Erde befindliche Stängelbasis ist verdickt. Im Gegensatz zu anderen Sommerwurzarten sind die 15–40 cm hohen, beschuppten Stängel meist verzweigt, die Abzweigungen liegen aber oft unterirdisch. Die obere Hälfte der Stängel wird vom Blütenstand eingenommen Die Blüten haben eine 10–20 mm lange Krone mit einer wenig gebogenen Röhre und einem zweilippigen Saum. Vorne ist sie hellblau oder violett gefärbt, nach hinten zu gelblich. Jede der bis 10 mm langen Kapseln kann mehrere Hundert staubfeine Samen enthalten. Eine Pflanze bildet so bis zu 100 000 Samen, die mit kontaminierten Samen des Wirts, Erde, Maschinen oder Wind leicht verschleppt werden. Sie enthalten kaum Reservestoffe, bleiben im Boden aber doch bis 15 Jahre keimfähig und keimen erst auf chemische Reize der Wirtspflanze. Etwa 2 Monate nach dem Wirtskontakt – bei Virginischem Tabak etwa zur Zeit des Blühbeginns – erscheinen die Triebe über der Erde, nach weiteren 2 Wochen bilden sich Blüten.

Die Art hat ein breites Wirtsspektrum. Bei Kulturpflanzen sitzt sie besonders auf Hanf, Nachtschattengewächsen wie Tabak, Tomaten und Kartoffeln, aber auch auf Raps. Der Wirt kann je nach Befallsdruck welken, weniger Biomasse produzieren oder absterben. Ursprünglich stammt die Art wohl aus Zentralasien. Dort wächst Hanf wild. Nach Mitteleuropa kam sie vermutlich um 500 v. Chr. mit dem Hanfanbau und ist damit ein Archäophyt. In Deutschland und Österreich richtete sie im 18. und 19. Jh. in Tabak- und Hanfkulturen große Schäden an, ging aber mit dem Rückgang dieser Kulturen zurück. Heute ist die Art weit nach Asien, Afrika und Amerika verschleppt. Seit einigen Jahren befindet sie sich in Mitteleuropa wieder auf dem Vormarsch – hauptsächlich in Monokulturen. Besonders betroffenen sind Tabakfelder am Oberrhein und in der Südpfalz. Es gibt deshalb einen Orobanche-Warndienst, der vorhersagt, wann der Parasit an der Tabakwurzel andockt. Die Bekämpfung ist jedoch schwierig. Botaniker haben eine andere Sicht auf diese Entwicklung: Die Pflanze, die bei uns fast als ausgestorben galt, steht aktuell als „stark gefährdet“ in der Roten Liste Deutschlands.

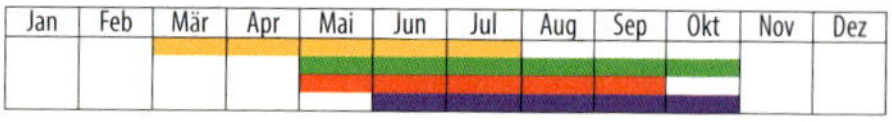

Klatsch-Mohn

Papaver rhoeas

Die winter- oder sommerannuelle Pflanze entwickelt eine bis 1 m tief reichende, kräftige Pfahlwurzel und je nach Nährstoffangebot einen bis mehrere aufrechte, fast immer borstig behaarte, bis 80 cm hohe Stängel, bei denen jede der wenigen Verzweigungen mit einer Blüte endet. Die vier sich überlappenden Kronblätter sind 2–4 cm lang, scharlachrot und haben auf der Innenseite häufig einen dunklen Fleck am Grund. Die Kapsel ist verkehrt eiförmig, meist nur wenig länger als breit, kahl, an der Basis abgerundet. Sie öffnet sich mit Poren unterhalb der 8–18-strahligen Narbenkrone. Die Pflanze enthält Milchsaft mit giftigen Alkaloiden. Jede Pflanze entwickelt 10 000–20 000 Samen, die vom Wind verstreut werden und bis 30 Jahre lang im Boden überdauern können, sodass sich eine große Samenbank aufbauen kann. Die Art ist ein Lichtkeimer und kann massenhaft auftreten, wenn die Samen durch entsprechende Bodenbearbeitung ausreichend Licht erhalten. Die meisten Samen keimen im Herbst, die Pflanzen überwintern dann mit einer Halbrosette. Weitere Samen laufen im Frühjahr auf. Die optimale Keimtemperatur liegt bei 7–13°C.

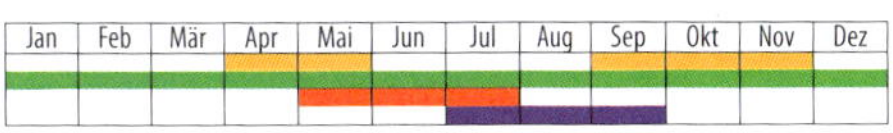

Der Klatsch-Mohn kam in der Jungsteinzeit als Kulturbegleiter mit dem Getreideanbau nach Mitteleuropa. Er wächst nicht nur auf Äckern, sondern auch auf Schutt, Ruderalflächen und Straßenböschungen. Dabei bevorzugt er sommerwarme Standorte auf gut mit Wasser versorgten, kalk- und nährstoffreichen Lehm- und Tonböden.

Auf landwirtschaftlich genutzten Flächen entwickelt er sich besonders gut auf Äckern mit

Klatsch-Mohn blühend und fruchtend

Honigbienen an Klatsch-Mohn

Wintergetreide und Winterraps, tritt aber auch in Sommergetreide, Hackfrüchten und Kleeäckern auf. Er wirkt allelopathisch auf Getreide, Raps, Zucker-Rüben und andere Kulturarten. Landwirte können die Pflanzen im jungen Stadium gut mechanisch bekämpfen, bei größeren Pflanzen ist Herbizideinsatz möglich.

Klatsch-Mohn entfaltet in der Regel höchstens eine mäßige Schadwirkung, ist aber eine der bekanntesten Ackerwildpflanzen. Wenn es um Biodiversität in der Landwirtschaft geht, steht er oft stellvertretend für andere Arten. Tatsächlich ist er eine bedeutende Pflanze für Insekten und fördert die Artenvielfalt auf dem Acker. Er ist auch in zahlreichen Blühmischungen für den Zwischenfruchtanbau enthalten. Jede Blüte produziert in 164 Staubblättern über 2,5 Millionen Pollenkörner, die einen hohen Nährwert haben. Sie werden nach der Blütenentfaltung am frühen Morgen bis etwa 10 Uhr dargeboten und von Honigbienen, Wildbienen, Hummeln und anderen Insekten gesammelt (Nektarwert 0, Pollenwert 3). Die seltene Mohn-Mauerbiene (*Hoplitis papaveris*) tapeziert mit kleinen Stückchen der Blütenblätter ihre Niströhren. Die ebenfalls spezialisierten Mohn-Gallwespen (*Aylax minor, Aylax papaveris*) lösen mit ihrer Eiablage eine Gallbildung an den Kapseln aus.

Weitere Art

Der **Saat-Mohn** (*Papaver dubium*) hat eine keulenförmige, reif deutlich gerippte Kapsel mit nur 4–10 Narbenstrahlen. Die Blütenstiele sind anliegend behaart. Er gedeiht eher auf kalkarmen, sandigen Böden und ist seltener als der Klatsch-Mohn.

Saat-Mohn fruchtend

Klatsch-Mohn im Roggenfeld

Persischer Ehrenpreis

Veronica persica

Die sommer- oder winterannuelle Pflanze wurzelt bis 20 cm tief. Ihre niederliegenden bis aufsteigenden Stängel werden bis 40 cm lang und können sich an den Knoten bewurzeln. Die zerstreut behaarten, bis über 2 cm langen Blätter sind kurz gestielt, breit eiförmig und grob gesägt. Die himmelblauen Blüten entwickeln sich einzeln auf langen Stielen in den Blattachseln. Ihre 4-zipfelige Krone ist 8–12 mm breit, dunkel geadert, mit weißem Schlund. Die Blüten locken Insekten an oder bestäuben sich selbst. Die Kapseln sind viel breiter als lang und spärlich drüsig behaart. Die Fruchtstiele verlängern sich bei der Fruchtreife, biegen sich zum Boden und schieben die Kapseln in Erdspalten. Eine Pflanze bildet 50–300 Samen, die mehr als 30 Jahre lang keimfähig bleiben. Sie können das ganze Jahr über keimen, wenn Temperaturen von 2–40 °C herrschen und die Samen 1–5 cm tief in der Erde liegen (Flach-, aber Dunkelkeimer). Die Hauptblütezeit erstreckt sich von Februar bis Oktober, doch öffnen sich häufig auch Blüten im Winter.

Die Pflanze stammt aus Vorderasien. In Mitteleuropa konnte sie sich seit 1805 als Neophyt etablieren. Sie gedeiht besonders auf nährstoffreichen, eher feuchten Lehmböden und ist mäßig wärmeliebend. In der Landwirtschaft gilt die Art als Platz- und Nährstoffräuber von mittlerer bis starker Schadwirkung. Sie wirkt allelopathisch auf Getreide, Luzerne, Mais, Raps und andere Kulturarten. Besonders in Hackfrüchten, Getreide und Gemüsekulturen ist sie sehr verbreitet. Auf Getreideäckern kann sie mit ihrem teppichartigen Wuchs und dem Vermögen, viel Stickstoff aufzunehmen, die Jugendentwicklung der Kultur stark beeinträchtigen. Wie bei anderen Arten mit kurzem Vegetationszyklus genügen für ihre Entwicklung kurze herbizidfreie Phasen.

Weitere Art

Der in Mittel- und Südeuropa heimische **Efeublättrige Ehrenpreis** (*Veronica hederifolia*) ist an seinen 3–7-lappigen Blättern gut zu erkennen. Er keimt bei Temperaturen von 2–20 °C, besonders im Herbst. So entwickelt er sich hauptsächlich in Kulturen von Winterfrüchten und kann diese durch Wasser- und Nährstoffentzug schädigen. Wenn das Wintergetreide schosst, hat er meist schon gefruchtet und ist am Absterben.

Jan	Feb	Mär	Apr	Mai	Jun	Jul	Aug	Sep	Okt	Nov	Dez

Persischer Ehrenpreis

Efeublättriger Ehrenpreis

Acker-Fuchsschwanzgras, Acker-Fuchsschwanz

Alopecurus myosuroides

Dieses meist winter-, seltener sommerannuelle Gras wurzelt bis 35 cm tief und bestockt sich sehr gut. Während es zwischen Getreide nur wenige Halme bildet, finden sich in lückigen Kulturen Horste mit über 200 Halmen. Diese sind am Grund gekniet oder aufrecht und 60–140 cm hoch. Die Blätter sind 3–6 mm breit, kahl, am Rand rau. Ihre Blattscheide ist offen, das Blatthäutchen 2–5 mm lang und stumpf, Öhrchen fehlen. Die Ährchen bilden 5–12 cm lange, schlanke, dichte Scheinähren. Die Deckspelzen sind 8–12 mm lang begrannt. Die Staubblätter hängen weit heraus, der Pollen wird vom Wind übertragen. Samen entwickeln sich nur nach Fremdbestäubung. Bei der Fruchtreife sind die Scheinähren oft rötlich überlaufen. Jede von ihnen kann etwa 100 Samen enthalten. Diese sind sofort keimfähig, können aber im Boden auch 3–8 Jahre überdauern. Sie keimen hauptsächlich im Herbst, seltener im zeitigen Frühjahr, bei Temperaturen von bis 10 °C aus einer Tiefe von meist weniger als 3 cm. Voll bestockte Pflanzen ertragen bis -25 °C. Sie entwickeln sich besonders gut auf feuchten, nährstoffreichen Äckern und sind gegenüber Trockenheit empfindlich. Sie sind Lehm- und Tonzeiger.

Die Art stammt aus dem Mittelmeerraum und ist in Mitteleuropa ein Archäophyt, der bereits in der Jungsteinzeit in Kulturen von Emmer und Einkorn auftauchte. Ihre Häufigkeit hat in den letzten Jahrzehnten zugenommen. Sie ist konkurrenzstark und gilt heute als eines der wichtigsten Schadgräser im modernen Ackerbau. Sie zeigt allelopathische Effekte gegenüber Getreide, Raps und anderen Kulturarten. Vor allem auf Feldern mit früh gesätem Wintergetreide und Raps führt sie zu Ertragsverlusten, doch spielt sie auch in Maiskulturen, bei Zucker-Rüben, Hülsenfrüchten und teils im Sommergetreide eine wichtige Rolle. Getreidebetonte Fruchtfolgen fördern ihre Zunahme. Die meisten Früchte fallen noch vor der Getreideernte aus und werden deshalb bei der Saatgutreinigung nicht erfasst. Wird der Boden nicht wendend bearbeitet, begünstigt dies das baldige Auskeimen der Samen. Wird gepflügt, gelangen die Samen zwar in tiefere Bodenschichten und keimen in der Folgekultur nicht aus, reichern sich aber im Boden an. Der Landwirt bekämpft die Pflanzen durch Ändern der Fruchtfolge, mechanisch oder chemisch. Sie sind aber gegen viele Herbizide resistent.

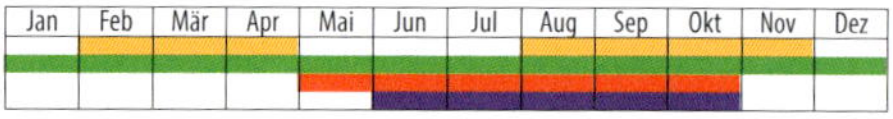

Flug-Hafer, Wind-Hafer

Avena fatua

Diese Haferart ist ein Archäophyt, der in der Bronzezeit als Kulturbegleiter aus dem Südosten nach Mitteleuropa kam und die Getreideerträge oft stark minderte. Noch heute wächst er als häufiges Ackerwildkraut vor allem auf Feldern mit Saat-Hafer, den er mit seinen Rispen weit und auffällig überragt. Auch in früh ausgesätem Mais taucht er häufig auf, außerdem in Feldern mit Sommergetreide, Kartoffeln, Rüben oder Leguminosen. Selbst ohne Früchte lässt er sich anhand der bewimperten Ränder der Blattspreiten sehr gut von Saat- und Sand-Hafer unterscheiden. Weitere Merkmale siehe Tabelle S. 403.

Flug-Hafer gilt als eine mögliche Stammpflanze des Saat-Hafers. Die hexaploide Art lässt sich gut mit Saat-Hafer kreuzen und bildet fertile Bastarde mit diesem – ein Problem bei der Saatgutproduktion. Doch auch in anderen Kulturen gilt Flug-Hafer dem Landwirt als lästiges Unkraut. Er konkurriert mit den Kulturpflanzen um Nährstoffe, Licht und Wasser. Außerdem kann er Wirt für verschiedene Pilzkrankheiten und Schädlinge wie Getreidezystennematoden sein. Er zeigt allelopathische Effekte auf Getreide, besonders Weizen, sowie auf Raps und andere Kulturarten.

Die 50–600 Samen pro Pflanze reifen etwas früher als die von Saat-Hafer und auch noch vor denen der Gerste. Sie fallen bei der Reife sofort und einzeln mit den Spelzen ab und können vom Wind ein kurzes Stück fortgeweht werden. Die lange, gekniete Granne der Deckspelze ist am Grund schwach gedreht. Sie wirkt hygroskopisch – bei Feuchtigkeit streckt sie sich, bei Trockenheit kehrt sie in die Ausgangslage zurück. So kann sich die Frucht bei wechselnden Witterungsbedingungen über den Boden fortbewegen und in einen Riss oder lockere Erde einbohren. Die Borsten der Frucht verhindern, dass sie sich wieder aus dem Boden hinausschiebt. Die Samen bleiben bis über 10 Jahre lang keimfähig. Auch bei optimalen Bedingungen keimen nicht alle in einem Jahr, sondern über einen Zeitraum von mehreren Jahren, sodass lange Zeit ein Nachschub auf den Feldern vorhanden ist. Die meisten Samen keimen im Vorfrühjahr aus einer Tiefe von 2–20 cm. Bereits im Herbst gekeimte Jungpflanzen erfrieren meist.

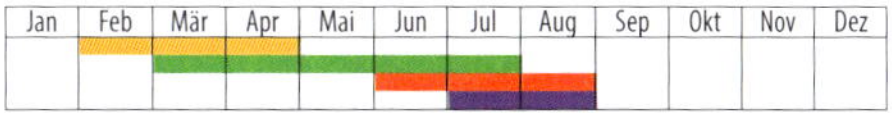

Taube Trespe

Bromus sterilis

Die meist winter-, seltener sommerannuelle Pflanze ist besonders nach dem Abblühen häufig rot überlaufen. Sie bildet 5–100 cm hohe, kahle Halme und bestockt sich stark. Die 3–5 mm breiten Blätter sind flaumig behaart. Die Ährchen hängen in einer lockeren, allseitswendigen, 15–25 cm langen Rispe mit schief aufrechten bis überhängenden Rispenästen. Sie haben 15–30 mm lange, raue Grannen. Die von den Spelzen eingeschlossenen Früchte bleiben leicht im Fell von Tieren hängen. Die 200–1000 Samen pro Pflanze sind sofort keimfähig und haben nur eine geringe Lebensdauer.

Die Pflanzen gedeihen gut auf trockenen bis frischen, nährstoffreichen, lockeren Böden. Sie sind wärmeliebend und gelten als Stickstoffzeiger. Die Art ist in Mitteleuropa ein Archäophyt, der ursprünglich wohl mit Saatgut von Getreide eingeschleppt wurde.

Für den Landwirt ist diese Art vor allem im Wintergetreide ein Schadgras. Sie kann direkt zu Ernteausfällen führen, aber auch die Ernte erschweren oder die Qualität des Ernteguts beeinträchtigen, indem sie das Getreide überwächst und niederdrückt. Gegenüber Getreide, Raps und andern Kulturpflanzen zeigt sie allelopathische

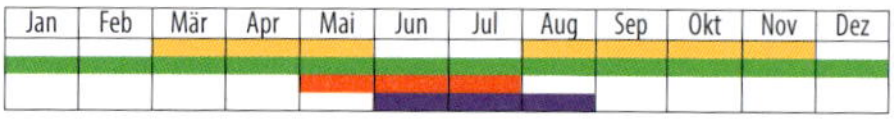

Taube Trespe

Effekte. Ursprünglich gedeiht sie auf Ödflächen und an Wegrändern. Von dort dringt sie häufig in die Ackerflächen ein. Enge Fruchtfolgen von Wintergetreide, frühe Aussaat und pfluglose Bodenbearbeitung fördern ihre Ausbreitung. Die Art ist sehr konkurrenzstark und lässt sich nur schwer bekämpfen.

Weitere Arten

Im Ackerbau spielen neben dieser Art auch die Weiche Trespe sowie die Roggen-Trespe eine Rolle.

Die **Weiche Trespe** (*Bromus hordeaceus, B. mollis*) wurde vermutlich ebenfalls mit Getreide nach Mitteleuropa eingeschleppt. Früher wurde sie gelegentlich für den Feldfutterbau empfohlen. Sie liefert jedoch nur hartes, nährstoffarmes Futter. Heute gilt sie in der Landwirtschaft sowohl im Grünland als auch in Feldern als Ungras. Die ein- oder zweijährige, graugrüne Pflanze ist dicht, weich und lang behaart und besitzt eine allseitswendige, aufrechte, gedrungene Rispe mit 1–2,5 cm langen, begrannten Ährchen.

Die **Roggen-Trespe** (*Bromus secalinus*) entstand vermutlich in Europa aus anderen Arten der Gattung *Bromus*. Sie hat von allen Trespen die größten Früchte und wurde vermutlich in der Jungsteinzeit als Nutzpflanze kultiviert. Archäologische Funde nehmen jedoch in der Bronzezeit ab – die Art wurde nun wohl nur noch in anderen Kulturen geduldet, aber nicht mehr gezielt angebaut. Da sie sich jedoch im Rahmen einer Koevolution in morphologischen Eigenschaften und dem Wachstumsrhythmus den Getreiden angepasst hatte, konnte sie sich weiterhin auf den Äckern halten. Noch im 19. Jh. wuchs sie häufig auf Getreidefeldern, besonders solchen mit Roggen. Erst mit einer effizienteren Saatgutreinigung, neueren Getreidezüchtungen und Veränderungen in der Landwirtschaft ging sie zurück. Die pfluglose Bearbeitung des Bodens fördert auch diese Art, sodass sie neuerdings wieder in Ausbreitung begriffen ist. Als überwiegender Herbstkeimer taucht auch sie vor allem in Wintergetreide auf.

Weiche Trespe

Roggen-Trespe

Blutrote Fingerhirse; Faden-Fingerhirse

Digitaria sanguinalis; Digitaria ischaemum

Die Blutrote Fingerhirse ist eine sommerannuelle Art, die 10–60 cm hoch wird. Sie wurzelt bis zu 45 cm tief und zählt zu den Intensivwurzlern. Ihre Horste bestehen aus bis zu 100 knickig aufsteigenden Halmen, die sich an den Knoten bewurzeln können. Die locker behaarten Blätter sind oft rotviolett überlaufen. Der Blütenstand setzt sich aus 2–8 fadenförmigen Scheinähren zusammen, die strahlig wie Finger beieinanderstehen. Die einblütigen, meist rotvioletten Ährchen liegen der Ährenachse einseitig an. Die Blüten bestäuben sich meist selbst. Bereits 2 Monate nach dem Keimen reifen die ersten Früchte. Jede Pflanze bildet 200–2000 Früchte, die reif auf den Boden fallen. Die Samen bleiben im Boden weniger als 10 Jahre lang keimfähig. Sie keimen im Frühjahr oder Vorsommer bei 10–40 °C aus 1–3 cm Tiefe (Wärme- und Flachkeimer). Die Faden-Fingerhirse bleibt meist kleiner und hat kahle Blätter.

Beide Arten gehören bezüglich der Fotosynthese zu den C4-Pflanzen (siehe S. 251) und ertragen Trockenheit. Besonders gut entwickeln sie sich auf stickstoffreichen, trockeneren Sandböden sowie auf feuchteren, humosen, leichten Böden. Es handelt sich um Archäophyten und Ackerkulturbegleiter. Die Blutrote Fingerhirse war zur Römerzeit in Südeuropa eine Getreidepflanze und wurde in Südosteuropa bis ins 20. Jh. angepflanzt.

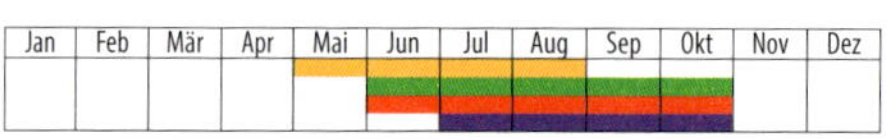

Als Ackerwildkräuter treten Fingerhirsen besonders in Sommerkulturen auf. Da sie Resistenzen gegenüber verschiedenen Herbiziden entwickelt haben, konnten sie zu Problemunkräutern werden. Sie spielen besonders auf Hackfruchtäckern nährstoff- und stickstoffreicher Standorte warmer Lagen sowie im Maisanbau eine Rolle. Dort sind sie Stickstoffzehrer und mit ihren ausgebreiteten Horsten Platzräuber von mittlerer Schadwirkung. Sie wirken allelopathisch gegenüber Getreide, Luzerne, Mais, Sonnenblumen und andere Kulturarten. Sie keimen später als die Gewöhnliche Hühnerhirse (S.385). Mais ist dann meist bereits so weit entwickelt, dass sie diesem nur noch wenig Konkurrenz bieten. Bei spätem Erntetermin steht den Fingerhirsen jedoch eine ausreichende Vegetationszeit zur Verfügung, um sich fortzupflanzen und den Samenvorrat im Boden zu erhöhen. Auch hoher Schnitt von Silomais fördert sie, da die Pflanzen nach der Maisernte unbeschädigt auf dem Feld verbleiben und ihren Zyklus abschließen können.

Gewöhnliche Hühnerhirse

Echinochloa crus-galli

Es handelt sich um ein sommerannuelles, sehr konkurrenzstarkes Gras. Das fächerartig ausgebreitete Wurzelsystem reicht bis 1 m tief in den Boden. Die Pflanzen können wenige bis sehr viele fertile Halme bilden, die 30–150, bei optimalen Bedingungen bis 200 cm lang werden und niederliegend bis aufrecht wachsen. Die 1–2 cm breiten Blätter haben einen helleren Mittelstreifen und weder Blatthäutchen noch Öhrchen. Die Blütenährchen sind grün oder dunkelrot bis rotbraun und 0,2–2 cm lang begrannt. Sie stehen in Scheinähren, die zu bis 15 cm langen Trauben oder Rispen vereint sind.

Jede Pflanze bildet meist 150–2000, in Extremfällen bis 40 000 Samen. Diese sind nach der Reife sofort keimfähig, überleben im Boden aber auch 3–7, maximal 15 Jahre. Sie keimen aus einer Tiefe bis 15 cm, meist aus 2–6 cm. Dabei benötigen sie ausreichend Bodenfeuchte und Temperaturen von 10–45 °C, das Optimum liegt bei 15–35 °C (Wärmekeimer). Mit diesen großen Spannen können sie flexibel auf ihre Umgebung reagieren. Meist laufen die Samen in mehreren Wellen auf, vor allem bei länger anhaltenden Regenfällen. Die unterschiedlich entwickelten Pflanzen frischen den Samenvorrat im Boden permanent auf.

Die wärmeliebende Art bevorzugt feuchte, nährstoffreiche, lehmige Sandböden. Je nach Herkunft dauert ihr Entwicklungszyklus 73–200 Tage. Bei günstigen Bedingungen wachsen gelegentlich zwei Generationen im Jahr. Bereits bei den ersten Frösten erfrieren die Pflanzen. Bezüglich der Fotosynthese handelt es sich um C4-Pflanzen (siehe S. 251).

Weltweit gehört die Gewöhnliche Hühnerhirse zu den 10 gefürchtetsten Schadpflanzen. Gegenüber Getreide, Luzerne, Mais, Raps, Sonnenblumen, Zucker-Rüben und anderen Kulturarten zeigt sie allelopathische Effekte. In Mitteleuropa ist sie ein Archäophyt, der seit der Jungsteinzeit nachgewiesen ist. Ihre Häufigkeit nahm bei uns mit dem Maisanbau besonders ab etwa 1970 stark zu. Heute ist sie von den „Unkrauthirsen" in Mitteleuropa die am weitesten verbreitete Art und gehört im Mais zu den Hauptunkrautarten. Sie stellt ähnliche Ansprüche wie dieser und kann sich bereits in früh gesäten Maiskulturen etablieren. Bei starkem Auftreten kann sie die Maisernte bis zu 80 % vermindern. Landwirte versuchen dies mit mechanischen Maßnahmen oder Herbiziden zu vermeiden. Zum Teil hat diese Art Resistenzen gegenüber Herbiziden entwickelt.

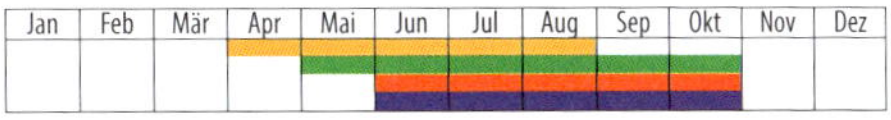

Gewöhnliche Quecke, Kriech-Quecke

Elymus repens, Agropyron repens

Die ausdauernde Art bildet mit 30–150 cm hohen Halmen lockere Rasen. Sie wurzelt bis 80 cm tief und entwickelt in jeder Vegetationsperiode bis zu 50 rasch wachsende, bis 2 m lange, zähe Ausläufer. Diese wachsen meist in 2–8 cm, doch auch bis in 25 cm Tiefe und treiben an den Knoten und Enden weitere Halme. So kann sich das Gras aggressiv ausbreiten und große Flächen erobern. Die Blätter sind dunkelgrün bis blaugrün, haben ein kurzes Blatthäutchen und lange, krallig übereinandergreifende Blattöhrchen. Die 5–7-blütigen Ährchen sitzen zweizeilig in einer schlanken Ähre. Dabei liegen sie im Gegensatz zu den Weidelgräsern (S. 264) mit der Breitseite an der bis 20 cm langen Achse an. Jede Pflanze bildet 150–200 Samen, die sofort keimen oder im Boden 3–8 Jahre überdauern können. Sie laufen bei Temperaturen ab 3 °C aus Tiefen bis 8 cm auf (Kälte- und Flachkeimer). Bedeutender als die Vermehrung über Samen ist jedoch die vegetative Ausbreitung über die Ausläufer.

Die Art ist in Mitteleuropa heimisch und gedeiht an Ruderalstellen, Wegrändern und Ufern. Sie bevorzugt frische bis mäßig trockene, nährstoff- und stickstoffreiche, auch verdichtete Lehm- und Tonböden und erträgt Überflutung sowie Salz. Sie wurde zeitweise als früh treibendes Futtergras kultiviert. Mit ihrem dichten Netzwerk an Ausläufern und Wurzeln stabilisiert sie Ufer und Abhänge. In landwirtschaftliche Flächen wandert sie oft vom Rand her ein. Dabei taucht sie als konkurrenzstarke Art in allen Ackerbaukulturen auf. Sie kann durch allelopathische Effekte die Entwicklung von Getreide, Luzerne, Mais, Raps, Zucker-Rüben und anderen Kulturpflanzen hemmen. Auch als Überträger von Getreidekrankheiten spielt sie eine Rolle. Wegen der Ausläufer lässt sie sich nur schwer bekämpfen. Landwirte gehen mit mehrmaliger intensiver Bodenbearbeitung oder mit Herbiziden gegen sie vor. Mechanisch zerkleinerte Ausläufer können jedoch besonders vom Herbst bis ins Frühjahr aus Stücken von nur 2 cm Länge austreiben und so zur Ausbreitung beitragen. An heißen Sommertagen an die Bodenoberfläche verlagerte Ausläufer vertrocknen dagegen. Auch wenn Kreuzblütler wie Weißer Senf, Raps und Öl-Rettich als Sommerzwischenfrüchte rasch schließende Bestände bilden, hilft dies, Quecken zu dezimieren. Weltweit gehört die Art zu den bedeutendsten Ungräsern.

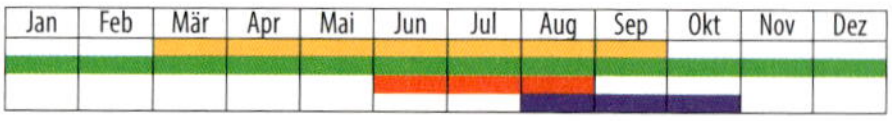

Fuchsrote Borstenhirse

Setaria pumila

Die sommerannuelle Pflanze wurzelt bis 35 cm tief. Sie wird 15–120 cm hoch und bildet lockere, am Grund meist rot überlaufene Horste. An günstigen Standorten bestockt sie sich stark mit aufsteigenden Halmen. Ihre Blätter sind bis 10 mm breit und am Grund locker mit bis 9 mm langen Haaren besetzt. Sie haben nur sehr kleine Blattöhrchen und anstelle des Blatthäutchens einen dichten Haarkranz. Die Ährchen bilden eine gleichmäßig dicke, walzige, dichte Scheinähre, die bis 15 cm lang werden kann. Am Grunde der Ährchen stehen je 4–12 anfangs gelbliche, dann fuchsrote, 3–8 mm lange Borsten, die aus reduzierten Rispenästen hervorgegangen sind. Ohne Borsten ist der Blütenstand bis 8 mm breit. Die Früchte fallen bei der Reife ab und werden gerne von Vögeln gefressen. Die Borsten verbleiben an der Ährenachse.

Jede Pflanze bildet bis zu 1500 Samen, die im Boden über 30 Jahre keimfähig bleiben. Sie keimen vom späten Frühjahr bis zum Herbstbeginn aus Tiefen bis 5 cm bei Temperaturen von 8–35 °C, bevorzugt bei 20–25 °C (Wärmekeimer). Meist laufen sie 3–4 Wochen nach der Gewöhnlichen Hühnerhirse auf, jedoch im Gegensatz zu dieser nicht in Wellen. Die Pflanzen kommen mit unterschiedlichen Bodenbedingungen zurecht, gedeihen aber besonders üppig auf nährstoffreichen und feuchten Standorten. Bezüglich der Fotosynthese handelt es sich um C4-Pflanzen (siehe S. 251).

Die Art ist ein Archäophyt, der seit der späten Jungsteinzeit bei uns auftritt und auch in natürlichen Vegetationen wie Ufern und Ruderalstellen vorkommt. Auf landwirtschaftlich genutzten Flächen spielt sie besonders auf Hackfruchtäckern eine Rolle. Sie ist ein Stickstoffzehrer und konkurrenzstarker Platzräuber. Wie auch die unten genannten Borstenhirsen tritt sie in Mais verstärkt seit 1980 auf und kann hohe Dichten erreichen. Besonders der Anbau später Maissorten fördert sie, da ihre Früchte auf diesen Feldern ausreifen können. Werden Borstenhirsen nicht ausreichend bekämpft oder sind ausgebrachte Herbizide nicht wirksam gegen diese Arten, kann sich ein großer Samenvorrat im Boden ansammeln und in den Folgekulturen auflaufen. Auch in Getreide, z. B. in Winterwei-

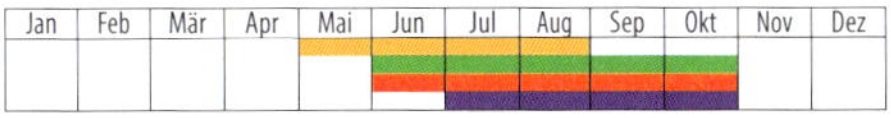

Fuchsrote Borstenhirse: Habitus

Fuchsrote Borstenhirse: blühend

Basis der Pflanze

Grüne Borstenhirse

zen, können sie dann ein Problem werden, indem sie Ertrag und Qualität mindern und das Dreschen behindern. Borstenhirsen zeigen allelopathische Effekte gegenüber verschiedenen Kulturpflanzen.

Weitere Arten

Die **Grüne Borstenhirse** (*Setaria viridis*) bevorzugt eher trockene Standorte, tritt aber auf allen Bodenarten auf. Die Pflanzen werden bis 60 cm hoch. Ihre Blattspreite ist kahl. Sie haben eine grüne Ährenrispe mit nur 1–3 Borsten pro Ährchen.

Die **Quirlige Borstenhirse** (*Setaria verticillata*) benötigt mehr Wärme und keimt aus bis zu 4 cm Tiefe bevorzugt bei 18–35 °C auf trockeneren Standorten. Sie wird bis 100 cm hoch. Ihre Blattspreiten sind kahl oder spärlich behaart. Ihre Scheinähren werden bis 15 mm breit und sind so locker, dass die Achse zum Teil sichtbar ist. Die Borsten sind kurz und überragen die Ährchen nur wenig. Im Gegensatz zu den anderen Arten haben sie rückwärts gerichtete Zähnchen, sodass sich der Blütenstand beim Aufwärtsstreichen mit den Fingern rau anfühlt.

Windenknöterich, Acker-Flügelknöterich

Fallopia convolvulus, Polygonum convolvulus

Diese sommerannuelle Knöterichart besitzt ein bis 80 cm tief reichendes Wurzelwerk und einen dünnen, oft bereits an der Basis verzweigten, reich beblätterten Stängel, der am Boden kriecht oder an Stützpflanzen bis zu 1 m rechts- oder linkswindend in die Höhe wächst. In nicht blühendem Zustand wird sie manchmal mit der Acker-Winde (S. 366) verwechselt. Ihre spieß- oder pfeilförmigen Blätter sind jedoch mit bis zu 8 cm Länge in der Regel deutlich länger als die der Acker-Winde und haben eine abwärts geneigte Träufelspitze. Außerdem sind die Stängel zumindest unten deutlich rau. Die weißlich grünen, unscheinbaren Blüten bilden ährige bis traubige Blütenstände. Die Nussfrüchte sind dreikantig, schwarz und in einer dreikantigen Fruchthülle eingeschlossen. Jede Pflanze entwickelt etwa 100–300 Samen, die mit Regenwasser und Getreidesaat verbreitet werden. Sie bleiben im Boden mindestens 20 Jahre lang keimfähig und können aus Tiefen von 0,5–4 cm keimen. Die meisten Samen keimen im Frühjahr, die Jungpflanzen wachsen rasch. Im Herbst gekeimte Jungpflanzen frieren im Winter ab.

Die Art bevorzugt nährstoffreiche Böden, ist aber unempfindlich gegen Nährstoffmangel und Trockenheit.

Der Windenknöterich ist in Mitteleuropa ein Archäophyt, der mit der Ackerbaukultur aus dem Vorderen Orient über Kleinasien und Südosteuropa zu uns kam. Er ist bei uns bereits aus Ackerfunden der Bandkeramikkultur der Jungsteinzeit (ab 5500 v. Chr.) bekannt. Vermutlich wurden seine Samen früher zu Mehl verarbeitet und gegessen.

Heute ist die Art für Landwirte ein Problemunkraut, besonders in Getreide, Mais und Hackfrüchten. Meist schädigt sie die Kulturpflanzen weniger durch Konkurrenz um Nährstoffe, Raum und Licht als vielmehr, indem sie die Ernte mechanisch behindert und im Getreide für eine höhere Feuchtigkeit des Dreschguts sorgt. Dichte Bestände können Getreidehalme niederdrücken und die Pflanzen ersticken. Allelopathische Effekte auf Getreide, Luzerne und andere Kulturarten sind nachgewiesen. Die Art wird sowohl mechanisch als auch mit Herbiziden bekämpft. Die Blüten werden von Wildbienen, Wollschwebern und Wespen besucht, die dort vor allem Nektar, aber auch Pollen finden. Die Samen werden gerne von Vögeln gefressen.

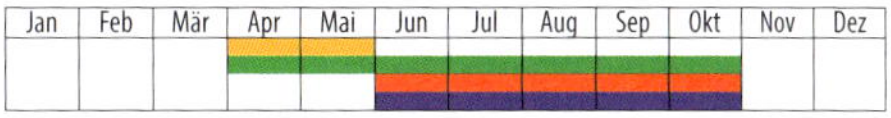

Floh-Knöterich, Pfirsichblättriger Knöterich

Persicaria maculosa, Polygonum persicaria

Die heimische, sommerannuelle Art wurzelt bis 60 cm tief und bildet knotig gegliederte, anfangs hellgrüne, später oft rötliche, aufrechte oder aufsteigende, 10–80 cm hohe Stängel. Die wechselständigen Blätter sind lang zugespitzt, ihre größte Breite liegt etwa in der Mitte. Sie haben meist einen dunklen, oft auch winkelig geformten Fleck sowie rötliche, kleine Flecken. Die für alle Knötericharten typische Nebenblattscheide trägt bei dieser Art am oberen Rand 2–4 mm lange Borsten. Die 2–3 mm langen Blüten bilden lang gestielte, endständige, dichte, walzenartige, 1–4 cm lange Scheinähren. Sie sind meist rosa, seltener weiß oder grünlich weiß und bestäuben sich meist selbst. Jede Pflanze bildet 400–700 spitz- bis breit-eiförmige, glänzende Nussfrüchte. Diese können im Boden bis über 30 Jahre lang keimfähig bleiben und somit einen langjährigen Samenvorrat im Boden entwickeln. Sie keimen aus meist 1–4 cm Tiefe bei Temperaturen von 2–40 °C, das Keimoptimum liegt bei 30 °C (Wärme- und Flachkeimer).

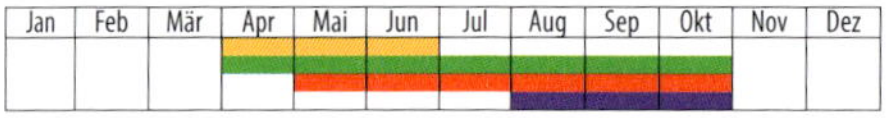

Die Art ist sehr konkurrenzstark. Besonders auf stickstoffreichen, frischen Standorten kann sie ausgedehnte Bestände bilden und dann als Platzräuber und Nährstoffkonkurrent eine starke Schadwirkung entfalten. Zusammen mit dem Windenknöterich und dem Vogel-Knöterich zählt sie zu den häufigsten Knötericharten. Auf Hackfruchtäckern, besonders solchen mit Zucker-Rüben und Kartoffeln, gilt

Blühend

Massive Entwicklung zwischen Rapsstoppeln

sie als Problemunkraut. Gegenüber Kartoffeln zeigt sie allelopathische Effekte. Auch in Mais- und anderen Sommerkulturen tritt sie sehr häufig auf. In Wintergetreide ist sie dagegen unbedeutend.

In späten Entwicklungsstadien lässt sie sich nur schwer mit Herbiziden bekämpfen. Nachdem außerdem viele der routinemäßig eingesetzten Herbizide gegen Knötericharten nicht wirksam sind, konnten sich diese in den letzten Jahren vielerorts stark vermehren. Um Knöterich zu dezimieren, sollte er möglichst früh in der Entwicklung bekämpft werden.

Weitere Arten

Beim sehr ähnlichen **Ampfer-Knöterich** (*Persicaria lapathifolia, Polygonum lapathifolium*) ist die Nebenblattscheide am Rand kahl oder höchstens schwach mit bis 0,5 mm langen Wimpern besetzt. Diese Art wächst auf feuchten bis nassen, stickstoffreichen Standorten und kann besonders auf Feldern mit Mais oder Zucker-Rüben, aber auch in Sommergetreide und anderen Sommerkulturen, bestandsbildend werden.

Der ebenfalls sommerannuelle **Vogel-Knöterich** (*Polygonum aviculare*) ist eine sehr formenreiche, anpassungsfähige, trittfeste Art, die jedoch hohe Lichtansprüche hat. Die Pflanze bildet aufrechte oder kriechende Stängel mit nur 0,5–4 cm langen Blättern und hautartigen Nebenblattscheiden. Die unscheinbaren Blüten entwickeln sich von Mai bis November auf kurzen Stielen zu 1–6 in den Blattachseln und bestäuben sich meist selbst. Die Früchte werden gerne von Vögeln gefressen. Diese Art taucht nicht nur in allen Ackerkulturen, sondern auch in Gärten und auf stark verdichteten Standorten, z. B. auf Feldwegen, an Straßenrändern und auf Baumscheiben, auf. Im Vergleich zu anderen Knötericharten ist sie noch weniger empfindlich gegen Herbizide. Sie keimt oft in Wellen, vor allem im zeitigen Frühjahr, aber auch von Sommer bis Herbst, bei Temperaturen von 5–35 °C aus Tiefen von maximal 3 cm (Flachkeimer). Die Samen bleiben im Boden bis über 50 Jahre lang keimfähig. Im Ackerbau wächst dieser Knöterich besonders in Mais- und anderen Sommerkulturen und kann, oft besonders in Wegnähe, Massenbestände bilden. Gegenüber den anderen Knötericharten ist er jedoch eher konkurrenzschwach. Er besitzt eine allelopathische Wirkung gegenüber Getreide und Luzerne.

Vogel-Knöterich blühend

Bestand von Vogel-Knöterich am Maisacker

Acker-Gauchheil

Anagallis arvensis

Die sommer- oder winterannuelle Pflanze bildet bis 40 cm tief reichende Wurzeln und niederliegende, vierkantige, bis zu 30 cm lange Stängel, die an den Knoten wurzeln können. Die gegenständigen Laubblätter sind ganzrandig, unbehaart und unterseits dunkelgrün punktiert. Die Blüten entwickeln sich einzeln in den Blattwinkeln. Sie öffnen sich nur bei Sonne und nur zwischen 7 und 14 Uhr. Ihre dünnen Stiele überragen das zugehörige Blatt deutlich. Die 5 ausgebreiteten, 5–7 mm langen Kronzipfel sind meist zinnoberrot, seltener fleischfarben oder blau. An den Staubfäden sitzen Haare, die Wissenschaftler früher als Futterhaare deuteten. Heute geht man eher davon aus, dass es sich um Pollenattrappen handelt. Die kugeligen Deckelkapseln enthalten bis zu 22 braune, rundliche Samen. Die Kapselstiele neigen sich bei Vollreife bogenartig abwärts. Jede Pflanze kann 100–300 Samen bilden, die im Boden über 10 Jahre lang keimfähig bleiben. Ihre optimale Keimtemperatur liegt zwischen 7 und 20 °C. Meist keimen sie im Frühjahr, im Herbst gekeimte Pflanzen überdauern den Winter als Halbrosette. Die Pflanze ist ein Lichtkeimer und eine Langtagpflanze.

Der Archäophyt aus dem Mittelmeergebiet ist anspruchslos, bevorzugt aber nährstoffreiche, lockere Böden. Die Pflanze meidet sehr nasse und sehr trockene Böden, toleriert aber Salz. Besonders gut entwickelt sie sich auf Äckern mit Sommergetreide, Rüben, Leguminosen oder Mais. Auf dichten Äckern kümmert die lichtliebende Art oft zwischen der höher wachsenden Konkurrenz. Sobald deren Bestände jedoch lückiger werden – sei es nach der Ernte oder in aufgelockerten Kulturen – wird es hell genug für den Gauchheil. So bildet er auf Stoppelfeldern oft ausgedehnte Bestände. Obwohl die Pflanzen meist reichlich blühen, locken sie wenige Insekten an. Als Hauptbesucher gelten Fliegen, auch Trauermücken saugen von dem Nektar. Es wird vermutet, dass außerdem kleine Schwebfliegen und Furchenbienen Pollen sammeln. Meist bestäuben sich die Blüten jedoch selbst – beim täglichen Schließen oder spätestens vor dem Abblühen. Samen des Acker-Gauchheils sind gelegentlich in Mischungen für Blühstreifen und Blühflächen enthalten. Die Art ist dort eine jener Komponenten, die bereits für Blüten im Aussaatjahr sorgen.

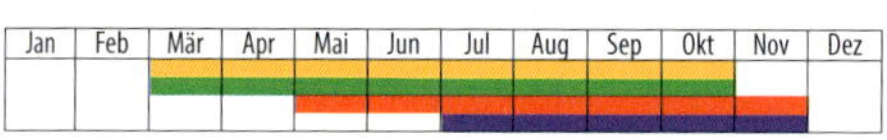

Kletten-Labkraut

Galium aparine

Die sommer- oder winterannuelle Pflanze ist in Mitteleuropa heimisch. Ursprünglich wuchs sie in Wäldern, als Kulturbegleiter eroberte sie ab der jüngeren Steinzeit die Äcker. Sie gedeiht auf nährstoffreichen Böden und ist ein Stickstoffzeiger. Reichliche Düngung fördert ihre Verzweigung und erhöht die Samenmenge. Die Samen keimen im Herbst oder Frühjahr bei Bodentemperaturen unter 15 °C aus bis zu 10 cm Tiefe (Dunkelkeimer). In feuchtem Boden überleben sie 7–9 Jahre. Die Pflanzen wurzeln 20–40 cm tief. Die Keimpflanzen haben 2 Keimblätter, die gegenständigen Folgeblätter bilden mit ihren Nebenblättern 6-, seltener 8-teilige Scheinquirle. Die Blattunterseiten und Stängel tragen rückwärts gerichtete, steife Haare, mit denen sich die bis 3 m langen Triebe klettenartig festhaften und als Spreizklimmer in die Höhe schieben. Die kleinen, weißen Blüten werden nur selten von kleinen Insekten wie Fliegen besucht, meist bestäuben sie sich selbst. Eine Pflanze kann 300–400 Samen bilden. Die Spaltfrüchte mit den beiden kugeligen Teilfrüchten tragen widerhakige Borsten. Mit diesen haften sie an Tieren und Menschen und werden verschleppt. Auch über Dreschrückstände oder Stroh sowie bei der Bodenbearbeitung und mit Dung verbreiten sie sich gut. Häufig reißen Tiere auch ganze Stängelstücke ab oder der Wind verweht abgestorbene Pflanzen.

Die Pflanze gilt als wirtschaftlich bedeutendes Unkraut im intensiven Ackerbau und führt besonders bei Wintergetreide zu hohen Ertragsausfällen. Häufig wächst sie auch in Winterraps, Hackfrüchten und anderen Kulturen. Sie wirkt allelopathisch auf viele Feldfrüchte und konkurriert um Stickstoff. Die Triebe legen sich wie ein Filz über die Kulturen, Getreide kommt dadurch häufig zum Lagern, Mähen und Dreschen werden behindert. Das feuchte Mikroklima unter dem Pflanzenteppich begünstigt Pilzkrankheiten. Landwirte bekämpfen die Art durch Hacken oder Auskämmen des Getreides oder chemisch. Doch können selbst chemisch stark geschädigte Pflanzen oft noch wachsen und Samen bilden. Im ökologischen Landbau spielt die Art eine geringere Rolle. Ein Blühstreifen neben Hecken kann verhindern, dass sie auf das Feld vordringt. Gegen ein mächtiges Aufkommen der Jungpflanzen kann helfen, im Spätherbst nicht mehr mit Gülle oder Jauche zu düngen.

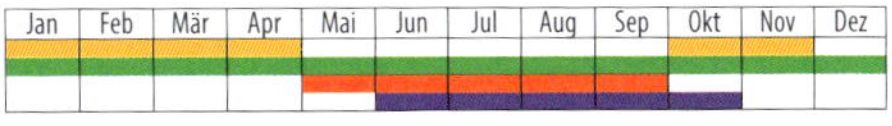

Schwarzer Nachtschatten

Solanum nigrum

Die sommerannuelle Art entwickelt eine 40–70 cm tiefe Pfahlwurzel und einen kantigen, niederliegenden bis aufsteigenden, verzweigten, bis 60 cm hohen Stängel. Er ist wie die Blattstiele oft schwarz überlaufen. Die dunkelgrünen Blätter sind breit-eiförmig bis fast dreieckig, ganzrandig oder gezähnt und schwach behaart. Die zu 3–5 beieinanderstehenden Blüten haben eine 0,5–1 cm breite, weiße Krone mit 5 sternförmig ausgebreiteten Zipfeln. Die gelben Staubblätter ragen wie eine Säule darüber hinaus. Wenn kurzrüsselige Bienen und Hummeln, aber auch Käfer oder Schwebfliegen eine Blüte besuchen, rieselt der Pollen aus dem Staubblattkegel auf sie herab. Die fleischigen, vielsamigen Beerenfrüchte sind 6–10 mm dick, anfangs grün, später schwarz und glänzend. Eine Pflanze kann 100 bis über 1000 Beeren ausbilden, die je 26–60 Samen enthalten. Diese bleiben im Boden über 40 Jahre lang keimfähig. Die Art enthält giftige Alkaloide, besonders Solanin. Der Giftgehalt unterscheidet sich jedoch je nach Herkunft der Pflanzen.

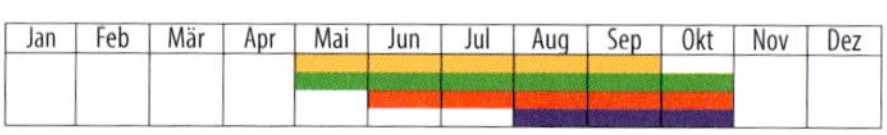

Es handelt sich um eine wärmeliebende Art, die besonders auf nährstoff- und humusreichen Sand- und Lehmböden wächst und Stickstoff anzeigt. In Mitteleuropa zählt sie zu den Archäophyten. Vermutlich führten unsere Vorfahren alkaloidarme Pflanzen als Nutzpflanzen ein, um Blätter und Früchte zu essen.

Heute gilt die Pflanze im Ackerbau als Platzräuber von mäßiger bis erheblicher Schadwirkung. Sie zeigt allelopathische Effekte auf Getreide und andere Kulturarten. Ihre Samen keimen erst ab dem späten Mai bei Temperaturen von 10–35 °C (Wärmekeimer) aus 0,5–5 cm Tiefe. Zu diesem Zeitpunkt haben sich Winterkulturen bereits etabliert. So führt die Art besonders bei lange offen bleibenden Sommerkulturen, wie Soja, Mais, Hirse und Kartoffeln, zu einer relativ späten Verunkrautung. Da sie ein enormes Wurzelsystem entwickelt, kann sie größere Ertragsverluste verursachen, als die sichtbaren Pflanzenteile vermuten lassen. In Maiskulturen für Silage oder Frischfutter kann die Pflanze aufgrund der Giftigkeit ein Problemunkraut sein. In anderen Maiskulturen war sie früher ein typisches Leitunkraut, hat aber etwas an Bedeutung verloren. Auf Kartoffeläckern lässt sie sich mit Herbiziden nur schwer bekämpfen, da sie zur selben Familie wie die Kartoffel gehört.

Acker-Stiefmütterchen

Viola arvensis

Die winter- oder sommerannuelle Pflanze wurzelt bis 45 cm tief und bildet aufsteigende oder aufrechte, meist verzweigte, vierkantige Stängel. Die Blätter sind länglich, am Rand gekerbt und haben große, fiederspaltige Nebenblätter. Die zweiseitig symmetrischen Blüten sind lang gestielt. Ihre beiden oberen Kronblätter sind weiß bis bläulich und haben oft einen violetten Fleck, die anderen sind weiß bis blassgelb und besitzen eine Strichzeichnung. Die Blüten locken mit Pollen sowie etwas Nektar wenige Insekten, vor allem Wildbienen und Hummeln, als Bestäuber an, können sich aber auch selbst bestäuben. Die Kapseln öffnen sich mit 3 Klappen und schleudern die Samen bis über 2 m weit. Diese werden auch von Ameisen verschleppt.

Jede Pflanze kann 150–5000 Samen bilden, die im Boden bis über 50 Jahre lang keimfähig bleiben. Sofern sie in Tiefen von 0,5–1 cm liegen (Lichtkeimer) und Temperaturen von 2–30 °C herrschen, können die Samen das ganze Jahr über keimen, meistens geschieht dies jedoch im Herbst.

Die Art gedeiht auf fast allen Böden mit guter Nährstoffversorgung, besonders häufig jedoch auf kalkarmem bis mäßig saurem Untergrund. Die Pflanzen brauchen viel Licht und wachsen je nach umgebendem Bewuchs in die Länge. So sind Stängellängen bis über 80 cm möglich. In lückigen oder lichten Kulturen entwickeln sie sich besonders kräftig, doch auch kleine Pflanzen im Unterwuchs kommen zur Samenreife.

Es handelt sich um einen Ackerkulturbegleiter und Archäophyten. Die Art kommt gut mit modernen Ackerbautechniken zurecht und wächst sowohl zwischen Getreide als auch z. B. Raps, Mais, Hackfrüchten und Feldgemüse. Nur wenn die Stiefmütterchen dicht stehen, mindern sie den Ertrag der Feldfrüchte. Ihre grünen, aufstrebenden Triebe können jedoch z. B. bei Getreide die Ernte stören und die Feuchtigkeit geernteter Körner erhöhen. Den Kartoffelanbau kann die Art schädigen, indem sie das Tabak-Rattle-Virus überträgt. Taucht die Pflanze in größerer Zahl auf Feldern auf und wird sie nicht mechanisch oder chemisch eingedämmt, erhöht sich der Samenvorrat im Boden immer weiter und führt damit in den Fruchtfolgen zu steigenden Problemen. Die Art ist gegenüber zahlreichen Herbiziden resistent.

Arten in Blühmischungen

Wiss. Name	Deutscher Name	Familie	heimisch	einjährige Mischungen	überjährige Mischungen	mehrjährige Mischungen	Porträt/ Bild im Buch
Achillea millefolium	Gewöhnliche Schafgarbe	Asteraceae	x			x	
Agrostemma githago	Gewöhnliche Kornrade	Caryophyllaceae			x		x
Allium fistulosum	Heckenzwiebel, Winter-Zwiebel	Amaryllidaceae				x	x
Anagallis arvensis	Acker-Gauchheil	Primulaceae	x			x	x
Anethum graveolens	Dill	Apiaceae		x		x	x
Anthyllis vulneraria	Gewöhnlicher Wundklee	Fabaceae	x		x	x	
Artemisia vulgaris	Gewöhnlicher Beifuß	Asteraceae	x			x	x
Borago officinalis	Borretsch	Boraginaceae		x	x	x	x
Brassica napus ssp. *napus*	Winterraps	Brassicaceae			x		x
Brassica oleracea	Markstammkohl	Brassicaceae				x	x
Brassica rapa	Winterrübsen	Brassicaceae			x		x
Calendula officinalis	Garten-Ringelblume	Asteraceae		x		x	x
Campanula rapunculoides	Acker-Glockenblume	Campanulaceae	x			x	
Carduus nutans	Nickende Ringdistel	Asteraceae	x			x	x
Carum carvi	Wiesen-Kümmel	Apiaceae	x		x		
Centaurea jacea	Wiesen-Flockenblume	Asteraceae	x			x	
Centaurea scabiosa	Skabiosen-Flockenblume	Asteraceae	x			x	
Cichorium intybus	Gewöhnliche Weg-warte	Asteraceae	x			x	x
Coriandrum sativum	Koriander	Apiaceae		x	x	x	x
Cota tinctoria, Anthemis tinctoria	Färber-Hundskamille	Asteraceae	x			x	x
Crepis biennis	Wiesen-Pippau	Asteraceae	x			x	
Cyanus segetum, Centaurea cyanus	Kornblume	Asteraceae	x	x	x	x	x
Daucus carota	Wilde Möhre	Apiaceae	x		x	x	x
Dipsacus fullonum	Wilde Karde	Caprifoliaceae	x			x	x

Wiss. Name	Deutscher Name	Familie	heimisch	einjährige Mischungen	überjährige Mischungen	mehrjährige Mischungen	Porträt/ Bild im Buch
Echium vulgare	Gewöhnlicher Natternkopf	Boraginaceae	x		x	x	
Fagopyrum esculentum	Echter Buchweizen	Polygonaceae	x	x	x	x	x
Foeniculum vulgare	Fenchel	Apiaceae		x	x	x	x
Galium mollugo	Wiesen-Labkraut	Rubiaceae	x			x	
Galium verum	Echtes Labkraut	Rubiaceae	x			x	
Geranium pratense	Wiesen-Storchschnabel	Geraniaceae	x			x	
Glebionis segetum, Chrysanthemum segetum	Saat-Wucherblume	Asteraceae	x			x	
Guizotia abyssinica	Ramtillkraut	Asteraceae		x			x
Helianthus annuus	Gewöhnliche Sonnenblume	Asteraceae		x	x	x	x
Heracleum sphondylium	Wiesen-Bärenklau	Apiaceae	x			x	
Hypericum perforatum	Echtes Johanniskraut	Hypericaceae	x			x	
Inula helenium	Echter Alant	Asteraceae				x	
Knautia arvensis	Wiesen-Witwenblume	Caprifoliaceae	x			x	
Leonurus cardiaca	Herzgespann	Lamiaceae	x			x	
Lepidium sativum	Garten-Kresse	Brassicaceae			x		x
Leucanthemum vulgare	Wiesen-Margerite	Asteraceae	x			x	
Linaria vulgaris	Gewöhnliches Leinkraut	Plantaginaceae	x			x	
Linum austriacum	Österreichischer Lein	Linaceae				x	x
Linum usitatissimum	Saat-Lein	Linaceae	x	x			x
Lotus corniculatus	Gewöhnlicher Hornklee	Fabaceae	x		x	x	x
Lupinus angustifolius	Schmalblättrige Lupine	Fabaceae		x			x
Lychnis flos-cuculi	Kuckucks-Lichtnelke	Caryophyllaceae	x			x	
Malva moschata	Moschus-Malve	Malvaceae	x			x	
Malva sylvestris	Wilde Malve	Malvaceae	x	x		x	
Malva sylvestris ssp. *mauritania*	Mauretanische Malve	Malvaceae		x		x	x
Matricaria chamomilla	Echte Kamille	Asteraceae	x			x	x

Wiss. Name	Deutscher Name	Familie	heimisch	einjährige Mischungen	überjährige Mischungen	mehrjährige Mischungen	Porträt/ Bild im Buch
Medicago lupulina	Hopfenklee	Fabaceae	x			x	
Medicago sativa	Saat-Luzerne	Fabaceae	x		x	x	x
Melilotus albus	Weißer Steinklee	Fabaceae	x		x	x	x
Melilotus officinalis	Echter Steinklee	Fabaceae	x		x	x	
Myosotis arvensis	Acker-Vergissmeinnicht	Boraginaceae	x			x	
Nigella sativa	Echter Schwarzkümmel	Ranunculaceae		x			x
Oenothera biennis	Gewöhnliche Nachtkerze	Onagraceae	x			x	
Onobrychis viciifolia	Futter-Esparsette	Fabaceae	x	x	x	x	x
Origanum vulgare	Gewöhnlicher Dost	Lamiaceae	x		x	x	
Ornithopus sativus	Echte Serradella	Fabaceae		x			x
Papaver rhoeas	Klatsch-Mohn	Papaveraceae	x	x	x	x	x
Pastinaca sativa	Pastinak	Apiaceae	x			x	x
Phacelia tanacetifolia	Rainfarn-Phazelie	Boraginaceae		x	x		x
Pimpinella major	Große Pimpinelle	Apiaceae	x			x	
Plantago lanceolata	Spitz-Wegerich	Plantaginaceae	x				
Prunella vulgaris	Kleine Braunelle	Lamiaceae	x	x			
Raphanus sativus var. *oleiformis*	Ölrettich	Brassicaceae		x			x
Reseda lutea	Gelber Wau, Gelbe Resede	Resedaceae	x			x	
Reseda luteola	Färber-Wau	Resedaceae				x	
Salvia pratensis	Wiesen-Salbei	Lamiaceae	x			x	x
Sanguisorba minor	Kleiner Wiesenknopf	Rosaceae	x			x	
Sanguisorba officinalis	Großer Wiesenknopf	Rosaceae	x			x	
Secale multicaule	Waldstaudenroggen	Poaceae			x		x
Securigeria varia	Bunte Kronwicke	Fabaceae	x			x	
Silene dioica	Rote Lichtnelke	Caryophyllaceae	x			x	
Silene latifolia	Weiße Lichtnelke	Caryophyllaceae	x			x	
Silene vulgaris	Taubenkropf-Leimkraut	Caryophyllaceae	x			x	
Silybum marianum	Mariendistel	Asteraceae				x	x
Sinapis alba	Weißer Senf	Brassicaceae		x	x		x

Wiss. Name	Deutscher Name	Familie	heimisch	einjährige Mischungen	überjährige Mischungen	mehrjährige Mischungen	Porträt/ Bild im Buch
Sinapis arvensis	Acker-Senf	Brassicaceae	x			x	x
Solidago virgaurea	Gewöhnliche Goldrute	Asteraceae	x			x	
Tanacetum vulgare	Rainfarn	Asteraceae	x			x	x
Thymus pulegioides	Arznei-Thymian	Lamiaceae	x			x	
Tragopogon pratensis	Wiesen-Bocksbart	Asteraceae	x			x	
Trifolium alexandrinum	Alexandriner Klee	Fabaceae		x			x
Trifolium hybridum	Schweden-Klee	Fabaceae				x	x
Trifolium incarnatum	Inkarnat-Klee	Fabaceae		x	x		x
Trifolium pratense	Wiesen-Klee	Fabaceae	x			x	x
Trifolium repens	Weiß-Klee	Fabaceae	x			x	x
Trifolium resupinatum	Persischer-Klee	Fabaceae		x			x
Trifolium rubens	Purpur-Klee	Fabaceae	x			x	x
Verbascum densiflorum	Großblütige Königskerze	Scrophulariaceae	x		x		
Verbascum lychnitis	Mehlige Königskerze	Scrophulariaceae	x			x	x
Verbascum nigrum	Schwarze Königskerze	Scrophulariaceae	x			x	
Verbascum thapsus	Kleinblütige Königskerze	Scrophulariaceae	x			x	
Vicia cracca	Vogel-Wicke	Fabaceae	x			x	x
Vicia sativa	Futter-Wicke	Fabaceae	x	x			x
Vicia villosa	Zottige Wicke, Winterwicke	Fabaceae			x	x	x
Viola tricolor	Wildes Stiefmütterchen	Violaceae	x			x	

Kreuzblütler Bestimmungsmerkmale

Schotenfrüchtige Arten	Lebensform	Wurzel	Höhe (cm), Stängel	Blätter	Blüten	Schote	Samen
Brauner Senf (*Brassica juncea*)	sommerannuell	dünn, spindelförmige Pfahlwurzel bis 120 cm tief, Hauptwurzelbereich bis 25 cm	60–150, oben kahl, unten borstig behaart	Grün,nicht fleischig, nicht runzelig, zerstreut borstig behaart, Ränder gezähnt bis ganzrandig, bei kultivierten Sorten auch tief einschnitten. Alle gestielt, obere ungeteilt, ganzrandig oder gesägt, untere mit 1–3 Paar kleinen Seitenabschnitten und sehr großem Endabschnitt. Als Gemüse kultivierte Sorten oft rötlich oder mit rötlichen Nerven, auch tief einschnitten oder zerteilt.	Kronblätter gelb, 6–12 mm lang, Kelchblätter aufrecht-abstehend. Blütenstiele länger als der Kelch, Knospen und geöffnete Blüten auf gleicher Höhe stehend.	kahl, 3,5–5 cm lang, 2–3 mm dick, dem Stängel nicht angedrückt, Fruchtklappen 1-nervig, Schnabel 6–10 mm lang	16–26 pro Schote, kugelig, dunkel- bis hellbraun, Ø 1–1,7 mm, Oberfläche netzartig
Abessinischer Kohl (*Brassica carinata*)	sommerannuell	dünn, spindelförmig	50–200, kahl, meist bereift	Ähnlich *B. juncea*, bei den kultivierten Sorten in der Regel zumindest jung rötlich oder mit rötlichen Nerven.	Kronblätter cremegelb bis gelb, 6–10 mm lang	kahl, 4–6 cm lang, dem Stängel nicht angedrückt, Fruchtklappen 1-nervig, Schnabel 2–7 mm lang	bis 20 pro Schote, kugelig, gelb bis braun, Ø 1- 1,5 mm
Schwarzer Senf (*Brassica nigra*)	winter-oder sommerannuell,	dünn, spindelförmig	50–150 cm, meist stark verzweigt, fast stielrund, oben kahl, unten borstig behaart	Nicht fleischig, alle gestielt, obere meist blaugrün, ganzrandig, gezähnt oder fiederspaltig, mittlere und untere grasgrün, fiederschnittig, mit jederseits meist mit 2–4 stumpfen Lappen und großem Endabschnitt.	Kronblätter gelb, 6–9 mm lang, Blütenstiele meist kürzer als der Kelch	kahl, 10–25 mm lang, dem Stängel dicht angedrückt, 4-kantig, Fruchtklappen 1-nervig, Schnabel 2–3 mm lang	7–11 pro Schote, kugelig, dunkelbraun, grau oder schwarz, Ø 1,2-2 mm
Raps (*Brassica napus* ssp. *napus*) **Steckrübe** (*Brassica napus* ssp. *rapifera*)	ein- bis zweijährig	Raps: spindelförmig, bis 160 cm tief Steckrübe: fleischig, rübenförmig verdickt	50–150, krautig, Blattnarben wenig auffällig	Alle bläulichgrün, bereift, höchstens die unteren etwas borstig behaart. Untere fiederschnittig mit gezähnten Lappen und großem Endabschnitt. Mittlere und oberer ungeteilt, gezähnt oder ganzrandig, mit herzförmigem Grund etwa ½ des Stängels umfassend.	Kronblätter gelb, 11–14 mm lang, Kelchblätter aufrecht-abstehend, Knospen überragen die geöffneten Blüten	kahl, 4,5–11 cm lang, 3,5–5 mm dick, etwas zusammengedrückt, Fruchtklappen 1-nervig, Schnabel etwa 1/5 bis 1/3 so lang wie die Klappen, Fruchtstiel abstehend	20–40 pro Schote, bläulichschwarz, bereift, seltener dunkelrot, Ø 1,5–3 mm

Schotenfrüchtige Arten	Lebensform	Wurzel	Höhe (cm), Stängel	Blätter	Blüten	Schote	Samen
Gemüse-Kohl (*Brassica oleracea*)	einjährig bis ausdauernd	nicht fleischig verdickt (bei Kohlrabi nur Bereich zwischen Wurzelhals und Keimblättern)	40–250, kräftig, strunk- oder stammartig, unten mit auffällig hervortretenden Blattnarben, meist verholzend	Bläulichgrün, bereift, kahl. Obere länglich, am Grund abgerundet oder verschmälert, höchstens 1/3 des Stängels umfassend, nicht geöhrt, untere gestielt, oft fleischig oder runzelig, mit 1–5 Paar kleinen Seitenabschnitten, je nach Kulturform auch ungeteilt oder stärker zerteilt.	Kronblätter hellgelb, 12–26 mm lang, Kelchblätter aufrecht, Blütenstiele länger als der Kelch, Knospen überragen die geöffneten Blüten deutlich	kahl, 6–13 cm lang, 3–5 mm dick, fast stielrund, Fruchtklappen 1-nervig, Schnabel 4–8 mm lang, Fruchtstiel abstehend	16–32 pro Schote, fast kugelig, dunkel-graubraun, Ø 1,5–4 mm
Rübsen (*Brassica rapa* ssp. *oleifera*) **Speiserübe** (*Brassica rapa* ssp. *rapa*)	ein-bis zweijährig	Rübsen: spindelförmig, 80–120 cm tief Speiserübe: fleischig, rübenförmig verdickt	30–150, krautig, Blattnarben wenig auffällig	Grundblätter (meist nur im 1. Jahr vorhanden) grasgrün, besonders unterseits borstig rau, gestielt, fiederschnittig mit gezähnten Seitenlappen und mäßig großem Endabschnitt. Mittlere und obere Blätter schwach bläulichgrün, bereift, mit tief herzförmigen Grund den Stängel ganz umfassend.	Kronblätter gelb, 7–11 mm lang, Kelchblätter waagerecht abstehend, geöffnete Blüten überragen die Knospen	kahl, 4–6 cm lang, 2–3 mm dick, zusammengedrückt, Fruchtklappen 1-nervig, Schnabel 1–2 cm lang, oft 1/3 bis über ½ so lang wie die Fruchtklappen, Fruchtstiel abstehend	15–25 pro Schote, schwärzlich oder rotbraun, Ø 1,5–2 mm
Öl-Rettich (*Raphanus sativus* var. *oleiformis*)	meist ein-, gelegentlich zweijährig	kräftige Pfahlwurzel, mehr oder weniger rübenförmig verdickt, rot, weiß oder violett, fleischig bis holzig, wurzelt 80–150 cm tief, mit stark verzweigten Nebenwurzeln	50–100, rund, kahl oder behaart, oft violett überlaufen	Sattgrün. Grundblätter leierförmig fiederspaltig oder gefiedert mit 2–24 Fiedern. Stängelblätter gestielt bis fast sitzend, nicht geöhrt, gefiedert, fiederschnittig, die oberen oft einfach.	Kronblätter weiß bis violett, seltener gelb, 12–25 mm lang	2–6 cm lang, bis 10 mm dick, rund, zylindrisch oder spindelförmig, zugespitzt, zwischen den Samen höchstens leicht eingeschnürt, innen schwammig mit ungleichmäßigen Hohlräumen	1–5 pro Schote, hellbraun bis schwärzlich , eiförmig bis rundlich, Ø 3–4 mm
Weißer Senf (*Sinapis alba*)	sommerannuell	kräftige Pfahlwurzel mit zahlreichen Nebenwurzeln	30–150, grasgrün, kantig gefurcht, wenigstens unten steifhaarig	Grasgrün, nie grau- oder blaugrün. Meist steifhaarig. Alle gestielt, leierförmig fiederspaltig bis fiederteilig mit jederseits meist 2–3 Lappen.	Kronblätter hellgelb, 7–10 mm lang, Kelchblätter waagerecht abstehend, Blütenstiele mindestens so lang wie die Kelchblätter	stark borstig behaart, 2,5–4 cm lang, 3–4 mm dick, Schnabel 10–25 mm lang, deutlich abgeflacht, Fruchtklappen mit 3–5 deutlichen Längsnerven	4–8 pro Schote, gelblich oder weißlich, fast kugelig, Ø 1,8–2,5 mm

Schotenfrüchtige Arten	Lebensform	Wurzel	Höhe (cm), Stängel	Blätter	Blüten	Schote	Samen
Acker-Senf (*Sinapis arvensis*)	winterannuell	dünn, spindelförmig	20–60, grasgrün, nicht bereift, unten abstehend behaart	Grasgrün, manchmal violett überlaufen, aber nie grau- oder blaugrün, stärker oder schwächer borstig behaart, obere sitzend, meist ungeteilt, ungleich grob gezähnt, nur untere gestielt, leierförmig.	Kronblätter hellgelb, 8–12 mm lang, Kelchblätter waagerecht abstehend, Blütenstiele höchstens so lang wie die Kelchblätter	kahl, seltener spärlich rückwärts borstenhaarig, 2,5–4 cm lang, 2–3 mm dick, Schnabel 10–15 mm lang, wenig abgeflacht und oft mit 1–2 Samen, Fruchtklappen mit 3–5 deutlichen Längsnerven	8–24 pro Schote, dunkelrot bis schwarz, Ø 1–1,3 mm

Schötchenfrüchtige Arten	Lebensform	Wurzel	Höhe (cm), Stängel	Blätter	Blüten	Schötchen	Samen
Garten-Kresse (*Lepidium sativum*)	sommerannuell	dünn	20–80, kahl, nach oben meist, bläulichgrün bereift, fühlt sich fettig an	Untere ein- bis zweifach fiederteilig mit schmalen Zipfeln, mittlere weniger geteilt, ungestielt, oberste ungeteilt, linealisch.	Kronblätter weiß oder rosa, etwa 2,5 mm lang, Kelchblätter stumpf	5–6 mm lang, 3–4 mm breit, breit eiförmig bis birnenförmig, abgeflacht, vorn breit geflügelt.	2 pro Schötchen, hellbraun, um 3 mm lang
Leindotter (*Camelina sativa*)	sommer- oder winteranuell	spindelförmig, mit dünnen Seitenwurzeln	30–120, kahl oder nur mit wenigen kurzen Sternhaaren, im oberen Teil im spitzen Winkel verzweigt, zur Abreife holzig	Untere Blätter ganzrandig oder entfernt gezähnt. Obere am Grund pfeilförmig geöhrt.	Kronblätter blassgelb bis gelb 4–5 mm lang	ohne Griffel 7–10 mm lang, birnenförmig mit aufsitzendem Griffel, Fruchtklappen stark gewölbt, spitz, hart	8–16 pro Schötchen, länglich, gelb- bis rotbraun, 1,5–2 mm lang
Gewöhnliches Hirtentäschel (*Capsella bursa-pastoris*)	sommer- oder winteranuell	Pfahlwurzel, bis 90 cm tief	2–70, mit einfachen oder verzweigten Haaren	Grundrosette mit gestielten, ganzrandigen bis fiederteiligen Blättern, Sägenlblätter pfeilförmig stängelumfassend.	Kronblätter weiß, bis 3 mm lang	4–10 mm lang, 4–9 mm breit, verkehrt herzförmig bis 3-eckig, auf abstehenden Stielen	bis 30 pro Schötchen, rötlich-gelb, bis 1mm lang
Acker-Hellerkraut (*Thlaspi arvense*)	sommer- oder winterannuell	Pfahlwurzel, bis zu 50 cm tief	15–40, kahl, kantig	Keine deutliche Rosette, nur unterste Blätter gestielt, obere pfeilförmig stängelumfassend, ganzrandig oder gezähnt.	Kronblätter weiß, abgerundet oder schwach ausgerandet, 3–5 mm lang	12–18 mm lang, fast kreisrund, vorn eingeschnitten, stark abgeflacht, bis zum Grund breit geflügelt	1–14 pro Schötchen, elliptisch, dunkelbraun, gerieft

Süßgräser Bestimmungsmerkmale

	Lebensform	Höhe (cm) / Halme	Pflanzenfarbe	Blätter	Blattgrund	Blüten-/ Fruchtstand	Ährchen	Hüllspelzen	Deckspelze	Frucht (Karyopse)
Saat-Hafer (*Avena sativa*)	sommerannuell	50–180, Büschel, Halme glatt, kahl	graugrün bis dunkelgrün	Spreite 5–15 mm breit, rau, am Rand kahl, Scheiden kahl, glatt	ohne Öhrchen, Blatthäutchen 2–3 mm lang, fransig gezähnt	lockere, 15–30 cm lange Rispe, nicht zerfallend	meist über 2 cm lang, lang gestielt, hängend, 2–3-blütig, Ährchenachse kahl	beide etwa gleich groß, schließen die Blüten ein	untere Hälfte kahl, ohne Granne oder nur an der unteren Blüte mit bis 4 cm langer Rückengranne	schmal, länglich, gefurcht, goldgelb, von den Spelzen umschlossen
Flug-Hafer (*Avena fatua*)	sommerannuell	60–120, einzelne Halme oder lockere Büschel, Halme glatt, kahl	dunkelgrün	Spreite 0,5–1 cm breit, am Rand zur Basis deutlich bewimpert, Scheiden kahl	ohne Öhrchen, Blatthäutchen als 3–6 mm langer, häutiger Saum	lockere, bis 40 cm lange Rispe, mit rauen Rispenästen	lang gestielt, hängend, meist 3-blütig, bei der Reife leicht zerfallend	häutig berandet, länger als die Deckspelzen	untere Hälfte mit 2–6 mm langen, weißen oder braunen Haaren, an der Spitze kurz 2-zähnig, Rückengranne bei allen Blüten, kräftig, 2,5- 4 cm lang, gekniet	schmal, länglich, gefurcht, von den Spelzen umschlossen
Sand-Hafer (*Avena strigosa*)	sommerannuell	40–120	blaugrün bis dunkelgrün	Spreite bis 1,4 cm breit, rau, untere Scheiden zerstreut behaart, obere kahl	ohne Öhrchen, Blatthäutchen häutig, 2–5 mm lang	lockere, bis 30 cm lange Rispe	lang gestielt, 2-blütig, hängend, 2 Grannen pro Ährchen, Ährchenachse unter jeder Blüte behaart	länger als die Deckspelze	untere Hälfte kahl, vorn mit 2 ca. 3–9 mm langen grannenartigen Spitzen, Rückengranne bei allen Blüten, gekniet, im unteren Teil gedreht	schmal, länglich, gefurcht, von den Spelzen umschlossen

	Lebensform	Höhe (cm) / Halme	Pflanzenfarbe	Blätter	Blattgrund	Blüten-/ Fruchtstand	Ährchen	Hüllspelzen	Deckspelze	Frucht (Karyopse)
Gerste (*Hordeum vulgare*)	Mehrzeilige Gerste: meist winterannuell, Zweizeilige Gerste: meist sommerannuell	50–120	hellgrün	kahl, bis 15 mm breit	sehr lange kahle Öhrchen umfassen den gesamten Halm und überkreuzen sich, Blatthäutchen 1 mm lang, nicht gezähnt	Mehrzeilige Gerste: 4–6-zeilige Ähre, in reifem Zustand geneigt bis hängend, Zweizeilige Gerste: 2-zeilige Ähre, in reifem Zustand geneigt bis hängend	1-blütig (-> 1 Granne pro Ährchen), auf jeder Spindelstufe 3 Ährchen beieinander, Mehrzeilige Gerste: 2–3 davon bilden Samen aus, Zweizeilige Gerste: nur das mittlere bildet einen Samen aus, die beiden seitlichen sind verkümmert.	linealisch, höchstens so lang wie die Deckspelze	8–15 cm lang begrannt, Granne rau, selten unbegrannt	eiförmig, strohgelb, meist von den Spelzen umschlossen (Spelzgerste), seltener Nacktgerste
Roggen (*Secale cereale*)	sommer- oder winterannuell	50–200, Halm kahl oder unterhalb der Ähre etwas behaart	blaugrün	5–10 mm breit	Öhrchen kahl, nicht den gesamten Halm umfassend, Blatthäutchen 2–3 mm lang, wenig gezähnt	dicht walzenförmige, 4-kantige, schlanke, 8–16 cm lange Ähre, oft schon beim Blühen etwas nickend	bis zu 50 pro Ähre, meist 2-blütig, am Ährchenansatz mit Haarbüscheln, lange, beim Blühen weit aus den Spelzen hängende Staubbeutel	1-nervig, schmallanzettlich bis länglich-eiförmig, ohne Kiel	Rücken auffällig gezähnt, Granne 3–7 cm lang	länglich, im Querschnitt dreieckig, mit tiefer Längsfurche, blaugrün, dunkel, fällt reif aus der Spelze
Triticale (x *Triticosecale*)	winterannuell	50–125, Halm unterhalb der Ähre oft flaumig behaart	blaugrün, oft stark bereift	5–15 mm breit	Öhrchen mittellang bis kurz, nicht oder höchstens sehr kurz bewimpert, Blatthäutchen schmal bis mittelgroß, leicht gezähnt	kompakte, weizenähnliche, 4-kantige Ähre, erst bei der Reife nickend	mehrblütig, Staubbeutel mittellang, beim Blühen noch aus den Spelzen hängend	schmal-lanzettlich bis länglich-eiförmig, ohne Kiel	meist 3–5 cm lang begrannt	länglich, mit Längsfurche, fällt reif aus der Spelze

	Lebensform	Höhe (cm) / Halme	Pflanzenfarbe	Blätter	Blattgrund	Blüten-/Fruchtstand	Ährchen	Hüllspelzen	Deckspelze	Frucht (Karyopse)
Einkorn (*Triticum monococcum*)	meist sommer-annuell	50–100, bis über 6 Halme pro Pflanze, Halm dünn, dickwandig, hohl, an den Knoten dicht rückwärts behaart	hellgrün	bis 10 mm breit, rel. kurz, obere kahl, untere beiderseits samtig behaart	Öhrchen kurz, sichelförmig, bewimpert, Blatthäutchen mittelgroß, gezähnt.	Ähre aufrecht, schlank, dicht, 2-zeilig, mit dachziegelig einander genäherten Ährchen, meist nur 4–6 cm lang, Achse schwach behaart, zerbrechlich, zerfällt in die Ährchen	2-blütig, meist nur 1 Korn entwickelt, Ährchen mit 1 Granne	kahnförmig, gekielt, mit 2 geraden, spitzen Zähnen	meist bis zu 10 cm lang begrannt	elliptisch, bauchig, seitlich zusammengedrückt, weich, innen glasig, gelblich, von den Spelzen umschlossen
Emmer (*Triticum dicoccum*)	sommer- oder winter-annuell	80–160, z. T. oft viele Halme pro Pflanze, Halm dick, dickwandig, meist mit Mark gefüllt, Knoten kahl	meist blaugrün bereift	bis 20 mm breit, rau, kahl oder meist samtig behaart	Öhrchen groß, sichelförmig, bewimpert, Blatthäutchen mittelgroß, gezähnt	Ähre bei der Reife hängend, ohne Grannen 3–9 cm lang, dicht, gedrungen, flach 2-zeilig, im Querschnitt rechteckig, Achse mit Haarbüscheln, zerbrechlich	2-blütig, meist 2 Körner entwickelt, Ährchen mit 2 Grannen	kahnförmig, gekielt, in einen kurzen, gekrümmten Zahn auslaufend	bis zu 15 cm lang begrannt	glasig, kaum von Hart-Weizen zu unterscheiden. 6,5–10 mm lang, 2,5–3,2 mm breit und dick, beiderseits zugespitzt, schwach asymmetrisch, von den Spelzen umschlossen
Hart-Weizen (*Triticum durum*)	sommer- oder winter-annuell	80–150, Halm dünn, wenig stabil, Halmwand dick, mind. im oberen Bereich mit Mark gefüllt, Knoten kahl	dunkelgrün oder blaugrün bereift	7–16 mm breit, kahl oder seltener leicht behaart	Öhrchen bewimpert, nicht den gesamten Halm umgreifend, Blatthäutchen kurz, quer abgestutzt	seitlich zusammengedrückte oder im Querschnitt fast quadratische Ähre mit nicht zerfallender, am Rand bewimperter Achse, Länge ohne Grannen 4–11 cm, Breite 12–18 mm.	4-7-blütig, davon 2–4 fruchtbar, Ährchenansatz mit Haarbüschel	9–12 mm lang, etwa so lang wie die unterste Deckspelze, länglich-eiförmig, ledrig, 3–11-nervig, über die gesamte Länge mit scharfem, fast geflügeltem Kiel, laufen in einen spitzen Zahn aus	bis 12 mm lang, mit 9–15 Nerven, dick, zur Reifezeit hart, unbegrannt oder meist mit bis zu 20 cm langer, mehr oder weniger glatter Granne, diese oft abweichend gefärbt	länglich, nach oben verschmälert, extrem hart, innen glasig, bernsteingelb bis braun, fällt reif aus der Spelze

	Lebensform	Höhe (cm) / Halme	Pflanzenfarbe	Blätter	Blattgrund	Blüten-/ Fruchtstand	Ährchen	Hüllspelzen	Deckspelze	Frucht (Karyopse)
Rau-Weizen (*Triticum turgidum*)	sommer- oder winter-annuell	120–170, Halm dickwandig, hohl oder mit Mark gefüllt	oft blaugrün	bis 18 mm breit, zumindest jung behaart	Öhrchen bewimpert, nicht den gesamten Halm umgreifend, Blatthäutchen kurz, quer abgestutzt	Ähre ohne Grannen 6–12 cm lang, am Grund z. T. verzweigt, zylindrisch, mehr oder weniger 4-kantig, Achse nicht brüchig, mit bewimpertem Rand	5–7-blütig, davon 3–5 fruchtbar, Ährchenansatz mit Haarbüschel	8–12 mm lang, länglich-oval, ledrig, mit scharfem Kiel über die gesamte Spelzenlänge und gekrümmtem Zahn an der Spitze, nicht papierartig	meist behaart, mit 8–16 cm langer, rauer Granne	oval, mehr oder weniger dick, weißlich, gelb oder rötlich, fällt reif aus der Spelze
Polnischer Weizen (*Trtcium polonicum*)	meist sommer-annuell	80–150	blaugrün	ziemlich schmal, kahl, seltener samtig behaart,	Öhrchen bewimpert, nicht den gesamten Halm umgreifend, Blatthäutchen kurz, quer abgestutzt	ohne Grannen 5–16 cm lang, aufrecht bis nickend, im Querschnitt unregelmäßig quadratisch, jung blaugrün. Ährchenachse unter den Hüllspelzen mit starker Schwiele, nicht zerbrechend	meist 3–5-blütig, meist 2–3 Körner entwickelnd	25–40 mm lang, mindestens so lang wie die Deckspelzen, länglich-lanzettlich, vielnervig, mit breitem, weißlichem Hautrand, gekielt, bei der Reife papierartig	mit 10 oder mehr Nerven, unbegrannt oder mit bis 15 cm langer Granne	bis 12 mm lang, glasig, weiß oder blassrosa, fällt reif aus der Spelze
Khorasan-Weizen (*Triticum turanicum*)	sommer-annuell	120–130, Halm dickwandig, im oberen Bereich mit Mark gefüllt	blaugrün	Spreite lang und schmal, nickend, behaart	Öhrchen bewimpert, nicht den gesamten Halm umgreifend, Blatthäutchen kurz, quer abgestutzt	Ähre 9–15 cm lang und etwa 1 cm dick, im Querschnitt fast quadratisch, Achse nicht brüchig, an den Rändern bewimpert	3–5 blütig, davon 3–4 fruchtbar, Ährchenansatz mit Haarbüschel	länglich-oval, mit scharfem Kiel über die gesamte Spelzenlänge, spitz, behaart, reif nicht papierartig	mit bis zu 13 cm langer rauer Granne, diese bei der Reife zumindest an der Basis oft fast schwarz	10–12 mm lang, etwa 3 mm breit, glasig, gelbbraun bis rötlich
Dinkel (*Triticum spelta*)	sommer- oder winter-annuell	100–150, Halm dünnwandig	meist blaugrün bereift	bis 15 mm breit, Spreiten kahl oder zerstreut behaart	Öhrchen bewimpert, nicht den gesamten Halm umgreifend, Blatthäutchen 2–3 mm lang, gezähnt	lockere, bis 20 cm lange, rel. dünne, 2-zeilige, mehr oder weniger 4-kantige Ähre mit zerbrechlicher Achse	3–5-blütig, am Ährengrund 1–4 verkümmerte Ährchen	breit, gestutzt, mit stumpfen Seitenzähnen	unbegrannt oder bis 10 mm lang begrannt, selten länger begrannt	eiförmig, groß, von den Spelzen umschlossen, fällt mit einem Stück der Ährenachse ab

	Lebensform	Höhe (cm) / Halme	Pflanzenfarbe	Blätter	Blattgrund	Blüten-/ Fruchtstand	Ährchen	Hüllspelzen	Deckspelze	Frucht (Karyopse)
Saat-Weizen (*Triticum aestivum*)	sommer- oder winter-annuell	60–160, Halm dünnwandig, innen hohl, Knoten behaart oder kahl	dunkelgrün oder blaugrün bereift	5–15 mm breit, flach, kahl oder fein behaart	Öhrchen bewimpert, nicht den gesamten Halm umgreifend, Blatthäutchen 1–3 mm lang, gestutzt, gezähnt	aufrechte, dichte bis lockere, walzenförmige, 4-kantige bis 15 cm lange Ähre mit vielen Ährchen und zäher, nicht zerfallender Achse	3–6-blütig, mit der Breitseite zu Ährenachse stehend, in 2 Zeilen alternierend, Ährchenansatz ohne Haarbüschel, i.d.R. entwickeln sich nur in 3 Blüten Körner	breit rundlich, stumpf oder mit einem Zahn, mehrnervig, im oberen Teil gekielt	meist unbegrannt (Kolbenweizen), bei Sommerweizen auch begrannt (Bartweizen)	länglich-eiförmig, bauchig, mit deutlicher Bauchfurche, rötlich bis hellbraun, glänzend, am oberen Ende mit kleinem Haarschopf, klein, mehlig, fällt reif aus der Spelze
Mais (*Zea mays* ssp. *mays*)	sommer-annuell	bis 400, Halme bis 6 cm dick	hellgrün	bis 1 m lang und 4–12 cm breit, flach, nach unten hängend, am Rand wellig und mit kurzen Borsten bewimpert	ohne Öhrchen, Blatthäutchen lang zerschlitzt bewimpert	männliche als Doppel- oder Mehrfachtraube an der Spitze der Pflanze, weibliche achselständig, bilden von Hüllblättern umschlossenen Kolben	weibliche mit langen, fadenförmigen Narben, die als Büschel an der Spitze des Kolbens herausragen			in Längsreihen am Kolben sitzend, eiförmig bis kugelig, meist gelb, z. T. mehrfarbig

Glossar

Achäne: Nussähnliche, einsamige Frucht, die aus einem unterständigen Fruchtknoten hervorgegangen ist und bei der Samenschale und Fruchtwand miteinander verwachsen. Sie öffnet sich nicht. Typische Frucht der Korbblütler, auch bei vielen Fuchsschwanzgewächsen. Bei den Doldenblütlern zerfallen Doppelachänen in zwei Einzelachänen.

Acker: Der Begriff ist in der Landwirtschaft als Synonym zu „Feld" zu sehen. Beide gelten für regelmäßig mit dem Pflug oder anderen Ackergeräten bearbeitete landwirtschaftlich genutzte Flächen, auf denen Feldfrüchte angebaut werden. In den Katasterämtern werden Ackergrundstücke je nach Intensität der Bewirtschaftung und Hanglage nach einem Objektkatalog näher bestimmt: Ackerland, Acker-Grünland, Ackerhackrain, Grünland-Acker, Grünland-Hackrain.

Allelopathie: Positiver oder negativer Effekt einer Pflanze auf eine andere mittels chemischer Stoffe wie Phenole und ätherische Öle. Meist werden Wachstum und Entwicklung der anderen Pflanze gehemmt. Die Pflanze produziert die Stoffe selbst, gibt sie ab oder setzt sie bei Zerfall frei. Beispiele: Leindotter, Buchweizen, Öl-Rettich.

Alkaloide: Zu den sekundären Pflanzenstoffen zählende stickstoffhaltige, kompliziert gebaute Naturstoffe. Viele davon sind hochgiftig.

Anbaupause: Mindestzeitspanne in Jahren, die als Abstand bis zum Wiederanbau derselben Kultur auf demselben Feld einzuhalten ist. Häufig muss eine entsprechende Pause auch zu nah verwandten Arten eingehalten werden.

antinutritive Inhaltsstoffe: Inhaltsstoffe, die unverdaulich oder nicht resorbierbar sind sowie Stoffe, die direkt toxisch wirken oder die Aufnahme von ernährungsphysiologisch positiv zu bewertenden Stoffen verhindern oder einschränken.

Archaeen: Früher als Archaebakterien bezeichnete Gruppe von einzelligen Mikroorganismen. Sie besitzen keinen Zellkern und gehören damit neben Bakterien zu den Prokaryonten. Zusammen mit den Bakterien und Eukaryonten bilden sie die drei Domänen zellulärer Lebewesen.

Archäophyt: Pflanze, die in vor- oder frühgeschichtlicher Zeit, vor 1492, als Kolumbus Amerika entdeckte, aus einem fremden Gebiet eingeführt wurde.

ätherische Öle: Sekundäre Pflanzenstoffe, die bereits bei Zimmertemperatur vollständig flüchtig sind und einen intensiven, charakteristischen Geruch und Geschmack besitzen, der noch in hohen Verdünnungen wahrgenommen werden kann.

Auflaufen: Phase der Pflanzenentwicklung, wenn die Keimlinge aus dem Samen kommen und an der Bodenoberfläche sichtbar werden.

Ausfallgetreide: Auf dem Feld verbliebene Körner eines Kulturgetreides laufen in der nachfolgenden Feldkultur auf.

Auswintern: Die Kulturen erleiden im Winter Schaden durch Frost und Kälte, Fäulnis oder Luft- und Wassermangel. Auf einem Feld sind häufig nur bestimmte Bereiche betroffen.

autochthone Art: Einheimische Art, die seit langem und ohne menschlichen Eingriff in einem Gebiet vorkommt.

Bestockung: Bildung von Seitentrieben am Stängelgrund der Pflanze. Beispiel: viele Süßgräser.

Biofumigation: Anbau von bestimmten Pflanzenarten, die Stoffe enthalten, mit denen bodenbürtige Schädlinge und Krankheiten von Nutzpflanzen reduziert werden. Der Anbau erfolgt in der Regel als Zwischenfrucht oder zur Gründüngung. Beispiele: Brauner Senf, Öl-Rettich.

C3-Pflanzen: Sie nutzen für die Fotosynthes das Kohlendioxid, das sie aus der Luft aufnehmen, direkt. Mit Hilfe von Lichtenergie und Wasser stellen sie im Stoffwechselweg des Calvin-Zyklus Kohlenhydrate her.

C4-Pflanzen: Sie betreiben eine sehr effiziente Form der Fotosynthese. Dabei fixieren sie das Kohlendioxid zuerst räumlich getrennt vom Calvin-Zyklus als Oxalacetat (Kohlenstoffverbindung mit 4 Kohlenstoffatomen, daher C4). So reichern sie das Kohlendioxid aktiv an und können auch noch Fotosynthese betreiben, wenn ihre Spaltöffnungen z. B. bei Wassermangel geschlossen sind.

Deckfrucht: Früh reifende Hauptfrucht, unter der eine andere Kultur als Untersaat ausgesät wird. Beispiele: Getreide oder Mais als Deckfrucht mit Untersaat von Klee oder Luzerne.

diploid: Zellen weisen einen doppelten Chromosomensatz auf. Bei den meisten vielzelligen Tieren sind die Körperzellen diploid. Auch bei Samenpflanzen, zu denen die vorgestellten Kulturarten gehören, sind die Pflanzen meist diploid. Besonders durch Züchtung kann jedoch die Anzahl der Chromosomensätze vermehrt werden.

Doppelachäne: siehe Achäne

Dunkelkeimer: Die Samen keimen nur, wenn sie von Erde bedeckt sind und dadurch ausreichend Dunkelheit erhalten. Licht hemmt ihre Keimung. Die Samen von Dunkelkeimern sind meist größer als die von Lichtkeimern. Beispiele: Mais, Gerste, Lupinen, Erbsen, Kletten-Labkraut.

epigäische Keimung: Die Keimblätter werden über die Erdoberfläche emporgehoben. Sie enthalten Chlorophyll und sind fotosynthetisch aktiv. Beispiele: Sonnenblume, Soja.

essenzielle Fettsäure: Fettsäure, die für den Organismus lebensnotwendig ist, die er jedoch nicht selbst erzeugen kann, sondern mit der Nahrung aufnehmen muss. Für den Menschen sind Linolsäure und α-Linolensäure die wichtigsten.

Feld: Abgegrenzte Fläche für den Anbau von Nutzpflanzen, meist (und auch in diesem Buch) Synonym zu „Acker" verwendet, siehe dort. Im sprachlichen Gebrauch steht Getreide eher auf einem Feld, Hackfrüchte dagegen wachsen auf einem Acker. Allgemein steht bei „Feld" die Fläche im Vordergrund – im Sinne eines Unterschieds zu z. B. Gebirge oder Wald. Der Begriff „Feld" wird auch über die Landwirtschaft hinausgehend sehr weit verwendet, etwa „Schlachtfeld", „Spielfeld".

Fettsäure: Kohlenstoffketten, von denen in Fetten und Ölen chemisch jeweils drei an Glycerin gebunden sind. Gesättigte Fettsäuren enthalten keine Doppelbindungen. Ungesättigte weisen mindestens eine (z. B. Ölsäure) oder mehrere (z. B. Linolsäure, Linolensäure) Doppelbindungen auf.

Flachkeimer: Die Samen keimen nur, wenn sie wenig tief im Boden liegen. Beispiel: Windenknöterich.

Gare: In der Landwirtschaft: Idealzustand des Ackerbodens für den Anbau.

Gemenge: Das Saatgut besteht aus einer Mischung verschiedener Pflanzenarten. Entsprechend wächst auf dem Feld nicht nur eine Art, sondern – vom Landwirt so gewollt – mehrere.

Grenzstandort: In der Landwirtschaft: Flächen, auf denen Ackerbau nicht möglich bzw. nicht gewinnbringend ist, z. B. weil der Boden zu flachgründig oder steinig ist oder die Lage zu steil.

Hauptfrucht: Die Kulturpflanze, die über die ganze oder den größten Teil der Vegetationsperiode auf dem Feld steht.

hypogäische Keimung: Die Keimblätter bleiben in der Erde. Beispiel: Erbse.

Hypokotyl: Unterster Abschnitt der Sprossachse vom Wurzelhals bis zu den Keimblättern. Dieser kann sich zu einer Hypokotylknolle verdicken oder zusammen mit der Wurzel eine Rübe bilden.

Kapsel: Frucht, die aus zwei oder mehr verwachsenen Fruchtblättern entstanden ist und sich bei der Reife öffnet und so als Streufrucht die Samen freigibt. Beispiel: Mohn.

Karyopse: Einsamige Nussfrucht, die aus einem oberständigen Fruchtknoten hervorgegangen ist und bei der Samenschale und Fruchtwand miteinander verwachsen sind. Typische Frucht der Süßgräser.

Klausenfrucht: Fruchttyp, der besonders bei Lippenblütlern und Raublattgewächsen vorkommt. Die Frucht zerfällt bei der Reife in meist 4 einsamige Klausen.

Kohlhernie: Pflanzenkrankheit an Kreuzblütlern durch den parasitischen Schleimpilz *Plasmodiophora brassicae*. Es bilden sich Wurzelwucherungen, die Pflanzen welken und kümmern.

Kulturdauer: Zeit, während der die Pflanze bis zur Ernte auf dem Feld steht. Sie ist damit in vielen Fällen kürzer als die Vegetationsdauer.

Kurztagpflanze: Die Pflanze blüht und fruchtet nur, wenn für eine bestimmte Anzahl Tage die tägliche Beleuchtungsdauer eine gewisse Anzahl Stunden unterschreitet. Die Anzahl Tage und Stunden sind dabei je nach Pflanzenart unterschiedlich. Vereinfacht gelten Pflanzen, bei denen für die Blütenauslösung weniger als 12 Stunden notwendig sind, als Kurztagpflanzen. Beispiele: Hirse, Mais, Soja, Hanf.

Lagerbildung: Flachliegen des Getreides oder anderer Pflanzen, z. B. nach Wind oder Regen.

Langtagpflanze: Die Pflanze blüht und fruchtet nur, wenn für eine bestimmte Anzahl Tage die tägliche Beleuchtungsdauer eine gewisse Anzahl Stunden überschreitet. Vereinfacht gelten Pflanzen, bei denen für die Blütenauslösung mehr als 12 Stunden Beleuchtung notwendig sind, als Langtagpflanzen. Beispiele: Roggen, Saat-Weizen, Kartoffel.

Lichtkeimer: Pflanzenarten, die für die Keimung Licht benötigen, z. B. Acker-Stiefmütterchen, Roggen, Tabak.

Linolensäure: Gruppe von dreifach ungesättigten Fettsäuren. Der bekannteste Vertreter ist die Alpha-Linolensäure bzw. α-Linolensäure, die zur Gruppe der Omega-3-Fettsäuren gehört und für den Menschen eine essenzielle Fettsäure ist. Die seltenere Gamma-Linolensäure bzw. γ-Linolensäure gehört zur Gruppe der Omega-6-Fettsäuren.

Linolsäure: Zweifach ungesättigte Fettsäure, für den Menschen eine essenzielle Fettsäure. Gehört zur Gruppe der Omega-6-Fettsäuren.

Mitose: Form der Kern- und Zellteilung, bei der aus einer Mutterzelle zwei genetisch identische Tochterzellen hervorgehen.

Mulchen: Organisches Material wie Blätter, Pflanzenreste oder abgestorbene Zwischenfrüchte werden auf der Bodenoberfläche verteilt und verrotten dort. Mulchen vermindert das Wachstum von Unkräutern sowie Bodenerosion und verbessert das Bodenleben.

Mulchsaat: Eine Hauptfrucht wird in die auf dem Acker verbliebenen Reste der Vorfrucht, der Zwischenfrucht oder der Untersaat eingesät. Der Boden wird vor der Aussaat der Hauptfrucht nicht gepflügt, sondern nur bearbeitet, ohne ihn zu wenden.

Nachfrucht: Hauptfrucht, die in der Fruchtfolge nach der nächsten Kulturart auf einer Fläche wächst.

Nachsaat: Saat in eine bereits bestehende Kultur, meist Grünland oder Feldfutter, in der Regel um Lücken darin zu schließen, die z. B. durch Auswintern entstanden sind.

Neophyt: Pflanze, die nach 1492, als Kolumbus Amerika entdeckte, aus einem fremden Gebiet eingeführt wurde und sich in der freien Natur ansiedeln konnte.

Niederwild: Bezeichnung in der Jägersprache für Arten, die früher nur vom „niederen" Adel bejagt werden durften. Beispiele: Fuchs, Reh, Feldhase, Fasan, Rebhuhn.

Novel Food: Neuartige Lebensmittel. Innerhalb der EU handelt es sich um Lebensmittel, die vor dem Inkrafttreten der Novel-Food-Verordnung von 1997 nicht in nennenswertem Umfang zum Verzehr in den Handel gebracht wurden.

Nussfrucht: Frucht, bei der die Wand bei der Reife trocken und meist hart ist und sich nicht von selbst öffnet. In der Regel umschließt sie nur einen Samen. Beispiel: Buchweizen.

oligolektische Bienenart: Bienenart, bei denen die Weibchen Pollen für ihre Brut ausschließlich von zwei oder mehreren Gattungen einer Pflanzenfamilie sammeln. Streng oligolektisch ist die Art dann, wenn sie nur auf einer bis mehreren Arten der gleichen Gattung sammelt.

oligophag: Tier, das in der Ernährung auf einige wenige Pflanzen- oder Tierarten spezialisiert ist.

Ölsäure: Wichtigster Vertreter der einfach ungesättigten Fettsäuren. Gehört zu den Omega-9-Fettsäuren.

Perigonblätter: Alle Blätter der Blütenhülle sind mehr oder weniger gleich ausgebildet, eine Unterscheidung in Kelch- und Kronblätter ist nicht vorhanden.

polylektische Bienenart: Verhaltensweise von Bienenarten, die Pollen von Pflanzen verschiedener Pflanzenfamilien sammeln.

polyphag: Tier, das ein breites Nahrungsspektrum nutzt.

Reinsaat: Hierbei wird ausschließlich eine gewünschte Kulturpflanzenart ausgesät (Monokultur).

Rhizom (Wurzelstock): Unterirdischer oder an der Oberfläche wachsender, mehr oder weniger verdickter Spross, der Nährstoffe speichert und sowohl zur Überdauerung als auch zur vegetativen Vermehrung dienen kann. Beispiel: Quecke.

Rübe: Speicherorgan, das aus der verdickten Hauptwurzel (Pfahlwurzel) und dem Hypokotyl hervorgeht. Beispiel: Karotte.

Ruderalflächen: Meist brachliegende Rohbodenflächen wie Schutt- oder Ödflächen. Sie sind klassische Pionierlebensräume.

Schalenwild: Bezeichnung in der Jägersprache für die zu den Paarhufern zählenden Wildarten. Beispiele: Rotwild, Rehwild.

Schossen: Übergang von der vegetativen in die generative Phase bei einer Pflanze. Sie wächst nun schnell und kräftig in die Höhe und bildet Blütenstände aus.

sekundäre Pflanzenstoffe: Inhaltsstoffe, die die Pflanze nicht unbedingt für das Wachstum und die Entwicklung benötigt. Sie spielen für die Beziehung der Pflanze zur Umwelt eine Rolle. Dabei können sie z. B. als Fraßschutz dienen, vor Pilzen und Bakterien schützen oder Insekten als Bestäuber anlocken. Beispiele: Ätherische Öle, Alkaloide, Senfölglykoside, Bitterstoffe.

Silage: Durch den Vorgang der Silierung haltbar gemachtes Pflanzenmaterial.

Silierung: Dabei vergären Milchsäurebakterien das zerkleinerte Pflanzenmaterial unter Luftabschluss. Sie wandeln Zucker und Stärke in Säuren, vor allem die aromatisch riechende Milchsäure, um.

Siloreife: Reifezustand von Futterpflanzen oder Energiepflanzen, in dem sie besonders geeignet für die Einsäuerung als Silagefutter bzw. die Methangewinnung sind. Bezieht sich auf den Trockensubstanzgehalt der gesamten Pflanze. Für eine Siloreife sollte dieser ca. 30–35 % betragen.

sommerannuell: Die Pflanze keimt, blüht und fruchtet innerhalb desselben Jahres, also in einer Vegetationsperiode. Sie überdauert den Winter mit Samen.

Sommerform: Sorten oder Formen der jeweiligen Feldfrucht für den Sommerfruchtanbau, Winterfestigkeit gering.

Sommerfrucht, Sommerung: Sommerannuelle Feldfrucht, die im Frühjahr gesät oder gepflanzt und im gleichen Jahr geerntet wird. Beispiele: Sommergetreide, Kartoffeln, Gurken.

Stoppelsaat: Eine Zwischenfrucht wird nach einer Hauptfrucht (z. B. Körnergetreide, Frühkartoffeln) in einen mehr oder weniger tief bearbeiteten Boden gesät. Auf der Bodenoberfläche sind teilweise Strohreste oder Stoppel vorhanden.

subspontan: Art, die wild nur in einer Generation Bestand hat, sich aber nicht dauerhaft über mehrere Generationen behauptet.

systemisch: Den gesamten Organismus betreffend. Z. B. sind systemische Insektizide solche Pflanzenschutzmittel, die von der Pflanze über Blätter oder Wurzeln aufgenommen werden und so „von innen" gegen die Schadorganismen wirken.

tetraploid: Zellen weisen einen vierfachen Chromosomensatz auf.

Trachtpflanze: Bezeichnung der Imker für Pflanzenarten, die Honigbienen viel Futter in Form von Nektar und/oder Pollen spenden.

Trockenkeimer: Die Samen benötigen extrem wenig Feuchtigkeit zum Keimen. Beispiele: Buchweizen, Abessinisches Ramtillkraut.

Untersaat: Bei diesem Verfahren wird die Zwischenfrucht zusätzlich zu einer früher ernitereifen Hauptfrucht (Deckfrucht) gesät (z. B. Kleeuntersaat in Getreide).

Vegetationsdauer: Zeit vom Beginn der Aussaat bis zur Frucht- oder Samenreife bzw. bis zum Absterben der Pflanze oder – bei Stauden – deren oberirdischen Teile.

Vegetationszeit: Jahresabschnitt, in dem eine Pflanze wächst und sich entwickelt.

Vernalisation: Einwirken von niedrigen Temperaturen (0–10°C) über einen bestimmten Zeitraum bei kältebedürftigen Pflanzen, um die Blütenbildung auszulösen.

Vese: Zusammenbleibende Einheit einer Getreideähre bei der Ernte. Besteht aus Ährenspindelglied, Spelzen eines Ährchens und den von diesen umhüllten Körnern. Typisch für Einkorn, Emmer, Dinkel.

Vorfrucht: Hauptfrucht, die in der Fruchtfolge vor der nächsten Kulturart auf einer Fläche wächst.

Wertigkeit (biologische): Maß, mit welcher Effizienz ein Nahrungsprotein in körpereigenes Protein umgesetzt werden kann. Je ähnlicher das Nahrungsprotein dem Körperprotein ist, desto weniger Nahrungseiweiß pro kg Körpergewicht wird benötigt. Als Referenzwert gilt Vollei mit einer Wertigkeit von 100.

winterannuell: Einjährig-überwinternd. Die Pflanze keimt im Herbst des 1. Jahres. In der Vegetationsperiode des folgenden Jahres blüht und fruchtet sie und stirbt dann ab.

Winterform: Sorten oder Formen der jeweiligen Feldfrucht, die eine Vernalisation oder eine mehrmonatige Kurztagsperiode benötigen. Winterfestigkeit gut.

Winterfrucht, Winterkultur: Winterannuelle Feldfrucht, die im Herbst gesät oder gepflanzt wird, auf dem Feld überwintert und im nächsten Jahr geerntet wird. Beispiele: Wintergetreide, Winterraps, Wintermohn.

Zöliakie: Glutenunverträglichkeit. Entzündliche Erkrankung des Dünndarms, die durch eine fehlgeleitete Immunreaktion auf das Klebereiweiß Gluten ausgelöst wird.

zweijährig: Die Pflanze benötigt zwei Vegetationsperioden zur Entwicklung. Im 1. Jahr wächst sie vegetativ, bildet also nur Wurzeln und Blätter. Im 2. Jahr entwickeln sich Blüten und Früchte.

Zweitfrucht: Im Anbaujahr der ersten Hauptfrucht wird noch eine zweite Hauptfrucht ausgesät und geerntet.

Zwischenfrucht: Anbau von Kulturen zwischen zwei Hauptfrüchten.

Literaturauswahl

Arp, B., M. Hänsel, W. Karalus, H. Kolbe, M. Schuster & U. Jäckel (2010): Ölfrüchte im Ökologischen Landbau. Informationen für die Praxis. Hrsg: Sächsisches Landesamt für Umwelt, Landwirtschaft und Geologie, Dresden.

Baumbach, M. (2013): Färberdistel oder Saflor: Ein Nischenprodukt mit Potenzial. IVA-Magazin.

Bayerische Landesanstalt für Landwirtschaft (LfL) (Hrsg) (2016): Sonnenblumen zur Kornnutzung (Helianthus annuus L.). 7. Auflage. https://www.lfl.bayern.de/mam/cms07/publikationen/daten/informationen/p_19934.pdf.

Beckmann, J. (2013): Einkorn, Emmer und Dinkel – Getreide mit Vergangenheit. Stiftung Kaiserstühler Garten, Eichstetten. www.kaiserstuehler-garten.de.

Berghofer, E., R. Schönlechner & J. Schmidt (2016): Neue und neuartige Rohstoffe und Lebensmittel. Teil 3 aus: „Neue Verfahren und Techniken bei der Lebensmittelherstellung und Lebensmittelversorgung". Hrsg: Bundesministerium für Gesundheit, Wien.

Bickel-Sandkötter, S. (2003): Nutzpflanzen und ihre Inhaltsstoffe. 2. Auflage. Quelle & Meyer Verlag, Wiebelsheim.

Blackman B. K. et al. (2011): Sunflower domestication alleles support single domestication center in eastern North America. Proceedings of the National Academy of Sciences, DOI:10.1073/pnas.1104853108.

Blessing, D., J. Bader, A. Butz & K. Möller (2020): Linse. Lens culinaris. Hinweise zum Pflanzenbau. Hrsg: Landwirtschaftliches Technologiezentrum Augustenberg (LTZ).

Blum, H. & K. Luhmer: Speisemohn. Für mehr Biodiversität in der Landwirtschaft. Projekt Speisemohn im Ökologischen Anbau – Entwicklung regionaler Anbau- und Vermarktungskonzepte – Regiomohn. Universität Bonn, INRES Nachwachsende Rohstoffe.

Böhme, A. & M. Dietze (2016): Lupinen. Anbau und Verwertung. Gesellschaft zur Förderung der Lupine (G.F.L.), Bocksee.

Borkowska, H., B. Styk & R. Molas (2006): Energiepflanze mit hohem Potential. Sida – eine verheißungsvolle, mehrjährige und zukunftsvolle Biomassepflanze mit breitem Anwendungsspektrum. In: Erneuerbare Energien Heft 7/2006, S. 76-77.

Borkowska, H., B. Styk & R. Molas (2006): Staude mit Potential, Sida als Energie- und Faserpflanze. In: Energiepflanzen II/2006, S.12-13.

Brasse, H. (2018): Merkblatt für den Anbau von Rispenhirse im biologischen Landbau. Eidgenössisches Department für Wirtschaft, Bildung und Forschung WBF, Agroscope. www.biofarm.ch.

Buch, C. (2016): Allium cepa – Küchenzwiebel (Alliaceae), Heilpflanze des Jahres 2015 und Gemüse des Jahres 2013 und 2014. Jahrb. Bochumer Bot. Ver. 7, S. 167-174.

Bundesanstalt für Landwirtschaft und Ernährung (Hrsg) (2018): Zwischen- und Zweitfrüchte im Pflanzenbau. 2. Auflage. BLZ Medien in der BLE.

Butz, A., M. Heiermann, C. Hermann, C. Idler, C., Kornatz, P. Kruse, K. Mastel, K. Nerlich, J. Ott, W. Wurth, K. Stolzenburg, B. Vollrath & A. Zürcher (2013): Energiepflanzen für Biogasanlagen Baden-Württemberg. Hrsg: Fachagentur Nachwachsende Rohstoffe e.V. (FNR), Gülzow.

Dauber, J. et al. (2015): Agrarökologische Bewertung der Durchwachsenen Silphie (Silphium perfoliatum L.) als eine Biomassepflanze der Zukunft. Schlussbericht zum Vorhaben. Förderkennzeichen 22004411 und 22037311. Johann Heinrich von Thünen-Institut, Bundesforschungsinstitut für Ländliche Räume, Wald und Fischerei. Online unter http://www.fnr-server.de/ftp/pdf/berichte/22004411.pdf.

Deter, A. (2020): AfD fragt nach Anbau von Durchwachsener Silphie. Top agrar online. https://www.topagrar.com/acker/news/afd-fragt-nach-anbau-von-durchwachsener-silphie-12363147.html.

Diepenbrock, W., F. Ellmer & J. Léon (2016): Ackerbau, Pflanzenbau und Pflanzenzüchtung. 4. Auflage. UTB GmbH.

Dörken, V. M. & A. Jagel (2021): Papaver somniferum – Schlaf-Mohn (Papaveraceae) Giftpflanze des Jahres 2021. Bochumer Botanischer Verein. Pflanzenporträts 2021. www.botanik-bochum.de.

Eberl, V., W. Fahlbusch, M. Fritz & B. Sauer (2014): Screening und Selektion von Amarantsorten und -linien als spurenelementreiches Biogassubstrat. Berichte aus dem TFZ 37. Hrsg: Technologie- und Förderzentrum im Kompetenzzentrum für Nachwachsende Rohstoffe (TFZ), Straubing.

Ellenberg, H. & C. Leuschner (2010): Vegetation Mitteleuropas mit den Alpen in ökologischer, dynamischer und historischer Sicht. 6. Auflage. Eugen Ulmer KG, Stuttgart.

Flügel, H.-J. (2018): Die Blütenbiologie der Ackerwildkräuter. Lebbimuk. Abhandl. Lebend. Bienenmuseum Knüllwald 15, S. 64-87.

Flügel, H.-J. (2018): Nützlinge fördern und nützen. Lebbimuk. Abhandl. Lebend. Bienenmuseum Knüllwald 15, S. 118-135.

Föller, I. (2000): Untersuchungen von Leindotter (Camelina sativa (L.) Crtz.) auf Krankheiten unter besonderer Berücksichtigung von Falschem Mehltau (Peronospora parasitica (Pers.) Fr.). Inaugural-Dissertation, Institut für Phytopathologie und Angewandte Zoologie der Justus-Liebig-Universität Gießen.

Freyer, B. & P. Ellssel (2019): Vielfalt auf den Acker! Ansätze für eine nachhaltigere Landwirtschaft in Deutschland. WWF Deutschland.

Fritz, M. & B. Formowitz (2009): Miscanthus: Anbau und Nutzung. Informationen für die Praxis. Berichte aus dem TFZ 19. Technologie und Förderzentrum im Kompetenzzentrum für Nachwachsende Rohstoffe (TFZ), Straubing.

Getinet, A. & S. M. Sharma (1996): Niger. Guizotia abyssinica (L. f.) Cass. Promoting the conservation and use of underutilized and neglected crops. 5. Institute of Plant Genetics and Crop Plant Research, Gatersleben/International Plant Genetic Resources Institute, Rome.

Griebl, N. (2020): Kosmos Naturführer Neophyten. Franckh-Kosmos Verlags-GmbH & Co. KG, Stuttgart.

Groeneveld, J.H. & A.-M. Klein (2013): Pollination of two oil-producing plant species: Camelina (Camelina sativa L. Crantz) and pennycress (Thlaspi arvense L.) double-cropping in Germany. Global Change Biology Bioenergie, doi: 10.1111/gcbb.12122.

Grosch, R., M. Schlathölter, W. Schütze, M. Daub & J. Hallmann (2010): Kontrolle bodenbürtiger Pathogene mittels Biofumigation. Berichte aus dem Julius Kühn-Institut, Heft 155, S. 36-42.

Häflinger, E. & J. Brun-Hool (1974): Ciba-Geigy Unkrauttafeln. Eine synoptische Darstellung der Begleitflora der landwirtschaftlichen Kulturen. Documenta Ciba-Geigy, Basel.

Haller, J. & M. Fritz (2015): Bioenergie-Dauerkulturen. Auswahl ökologischer Alternativen. TFZ Wissen Forschung für die Praxis. Hrsg: Technologie- und Förderzentrum im Kompetenzzentrum für Nachwachsende Rohstoffe (TFZ), Straubing.

Hallmann, J., H. Buch, F. Rau, M. Daub, W. Schütze, R. Grosch & M. Schlathölter (2009): Chancen und Grenzen der Biofumigation für die Bekämpfung pflanzenparasitärer Nematoden. In: Werte - Wege - Wirkungen: Biolandbau im Spannungsfeld zwischen Ernährungssicherung, Markt und Klimawandel Beiträge zur 10. Wissenschaftstagung Ökologischer Landbau, ETH Zürich, 11.-13. Februar 2009 Band 1: Boden, Pflanzenbau, Agrartechnik, Umwelt- und Naturschutz, Biolandbau international, Wissensmanagement.

Hammer, K., T. Gladis & M. Hethke (Hrsg) (2002): Kürbis, Kiwano & Co. – vom Nutzen der Vielfalt. Band 1, Katalog zur Ausstellung. Universitätsbibliothek Kassel.

Hanus, H. (Hrsg) (2008): Handbuch des Pflanzenbaus. 2 – Getreide und Futtergräser. Eugen Ulmer, Stuttgart.

Hartmann, A. (2018): Erfahrungen und mehrjährige Ertragsergebnisse aus Feldversuchen mit der mehrjährigen Energiepflanze Sida. TFZ-Merkblatt: 18PHm005. Technologie- und Förderzentrum im Kompetenzzentrum für Nachwachsende Rohstoffe (TFZ), Straubing.

Heimler, F. & M. Fritz (2019): Etablierung der Durchwachsenen Silphie mittels Saat. TFZ-Merkblatt: 19PFr03. Technologie- und Förderzentrum im Kompetenzzentrum für Nachwachsende Rohstoffe (TFZ) Straubing.

Heintze, G., L. Förster & M. Fritz (2020): Riesenweizengras. Anspruchsloses Gras für die Biogasanlage. TFZ-Kompakt 16. Hrsg.: Technologie- und Förderzentrum im Kompetenzzentrum für Nachwachsende Rohstoffe (TFZ), Straubing.

Heyland, H.-H. (Hrsg) (2006): Handbuch des Pflanzenbaus. 4 - Ölfrüchte, Faserpflanzen, Arzneipflanzen und Sonderkulturen. Eugen Ulmer, Stuttgart.

Hille-Rehfeld, A. (2018): Phytomining – neue Perspektiven für die Rohstoffgewinnung. Chemie in unserer Zeit, 52, S. 278-289.

Hohla, M. (2014): Innovativ, dekorativ, alternativ, ... intensiv. Alte und moderne Pflanzen unserer Kulturlandschaft. ÖKO-L 36/3, S. 3-19.

Jacomet, S. (2011): Domestikationsgeschichte. Domestikation von Pflanzen und Tieren. Teil Pflanzendomestikation. IPNA, Universität Basel.

Kästner, A., E. J. Jäger & R. Schubert (2013): Handbuch der Segetalpflanzen Mitteleuropas. Springer, Wien. E-Book.

Keller, E. R., H. Hanus & K. U. Heyland (1999): Handbuch des Pflanzenbaus. 3 – Knollen- und Wurzelfrüchte, Körner und Futterleguminosen. Eugen Ulmer, Stuttgart.

Khlestkina, E. K., M. S. Röder, H. Grausgruber & A. Börner (2006): A DNA fingerprinting-based taxonomic allocation of Kamut wheat. Plant Genetic Resources, Vol. 4, Issue 3, S. 172-180.

Kluge, A. (2011): Methoden zur automatischen Unkrauterkennung für die Prozesssteuerung von Herbizidmaßnahmen. Dissertation. Julius Kühn-Institut, Bundesforschungsinstitut für Kulturpflanzen, Quedlinburg.

Kolbe, H. et al. (2004): Zwischenfrüchte im Ökologischen Landbau. Fachmaterial Sächsische Landesanstalt für Landwirtschaft, Fachbereich Pflanzliche Erzeugung, Referat Pflanzenbau.

Kolbe, H., W. Karalus et al. (2002): Körnerleguminosen im Ökologischen Landbau. Sächsische Landesanstalt für Landwirtschaft, Dresden.

Körber-Grohne, U. (1994): Nutzpflanzen in Deutschland. Kulturgeschichte und Biologie. Theiss Verlag, Stuttgart.

Krist, S. (2013): Lexikon der pflanzlichen Fette und Öle. 2. Auflage. Springer Verlag, Wien.

Küster, H. (2018): Am Anfang war das Korn. 2. Auflage. C.H. Beck, München.

Landwirtschaftskammer Nordrhein-Westfalen (Hrsg): Rund um den Kürbis. Münster, Bonn.

Licht, W. (2021): Zeigerpflanzen – Erkennen und Bewerten. 3. Auflage. Quelle & Meyer, Wiebelsheim.

Liebster, G. (2002): Warenkunde Obst und Gemüse. Bd. 2 Gemüse. Walter Hädecke Verlag, Weil der Stadt.

Malkomes, H.-P. (2006): Allelopathie mitteleuropäischer Ackerunkräuter – eine Übersicht. Zeitschrift für Pflanzenkrankheiten und Pflanzenschutz. Sonderheft XX, S. 435-445. Eugen Ulmer KG, Stuttgart.

Mandl, S. & H. Sukopp (2011): Bestäubungshandbuch für Gärtner, Landwirte und Imker. Arbeitsgemeinschaft Bienenforschung an der Universität für Bodenkultur Wien. https://deutscherimkerbund.de/userfiles/Bienen_Bestaeubung/Bestaubungshandbuch01_Mandl_2012.pdf.

Marzinzig, B., L. Brünjes, S. Biagioni, H. Behling, W. Link & C. Westphal (2018): Bee pollinators on faba bean (Vicia faba L.) differ in their foraging behavior and pollination efficiency. Agriculture, Ecosystems and Environment 264, S. 24-33. https://doi.org/10.1016/j.agee.2018.05.003.

Mehrtens, J. (2012): Artenvielfalt, Verbreitung und Bedeutung von Unkrauthirsen in Mais in Europa. BASF ServiceLand.

Metzing, D., E. Garve, G. Matzke-Hajek, J. Adler, W. Bleeker, T. Breunig, S. Caspari, F. G. Dunkel, R. Fritsch, G. Gottschlich, T. Gregor, R. Hand, M. Hauck, H. Korsch, L. Meierott, N. Meyer, C. Renker, K. Romahn, D. Schulz, T. Täuber, I. Uhlemann, E. Welk, K. Van de Weyer, A. Wörz, W. Zahlheimer, A. Zehm, & F. Zimmermann (2018): Rote Liste und Gesamtartenliste der Farn- und Blütenpflanzen (Trachaeophyta) Deutschlands. In: Metzing, D., Hofbauer, N., Ludwig, G. & Matzke-Hajek, G. (Red.): Rote Liste gefährdeter Tiere, Pflanzen und Pilze Deutschlands, Band 7: Pflanzen. Münster (Landwirtschaftsverlag). Naturschutz und Biologische Vielfalt 70 (7): S. 13–358.

Meyer, R. (2005): Alternative Kulturpflanzen und Anbauverfahren. 1. Bericht zum TA-Projekt Moderne Agrartechniken und Produktionsmethoden – Ökonomische und Ökologische Potentiale. Arbeitsbericht Nr. 103. Büro für Technikfolgen-Abschätzung beim Deutschen Bundestag.

Miedaner, T. (2014): Kulturpflanzen: Botanik – Geschichte – Perspektiven. Springer-Verlag, Berlin Heidelberg.

Mielke, H. & B. Rodemann (2007): Zum Anbau und Pflanzenschutz bei der seltenen Weizenart Einkorn (Triticum monococcum). Nachrichtenbl. Deut. Pflanzenschutzd. 59 (7), S. 162-165.

Mudrakova, P. (2016): Einfluss von Sätermin und Fruchtart sowie Deckfrucht zum Erstellen von langzeitig blühenden Ackerflächen in einer Vegetationsperiode. Masterarbeit, Universität für Bodenkultur Wien, Department für Nutzpflanzenwissenschaften, Abteilung Pflanzenbau.

Nufarm Deutschland GmbH (2021): Bestimmen von Ungräsern und Unkräutern in Mais. https://cdn.nufarm.com/wp-content/uploads/sites/24/2021/02/02114048/Mais-Unkrauterheft-Nufarm-Deutschland.pdf.

Nufarm Deutschland GmbH (2018): Bestimmen und Unkräutern in Getreide. https://cdn.nufarm.com/wp-content/uploads/sites/24/2018/07/30103743/AlliancesuPrim_Unkraeuterheft.pdf.

Percival, J. (1921): The Wheat Plant. A Monograph. Duckworth and Co., London.

Pritsch, G. (2018): Bienenweide: 200 Trachtpflanzen erkennen und bewerten. Franckh-Kosmos Verlags-GmbH & Co. KG, Stuttgart.

Ramseier, H., C. Ramseier, S. Stalder, & S. Van de Veer (2014): Schlussbericht Projekt Bienenweide. Berner Fachhochschule. Hochschule für Agrar-, Forst und Lebensmittelwissenschaften.

Reidl, K., C. Gayer et al. (2019): Bedeutung von Linsenäckern und Blühflächen zur Förderung der Biologischen Vielfalt auf Ackerstandorten des Biosphärengebiets Schwäbische Alb. Endbericht. Hochschule für Wirtschaft und Umwelt Nürtingen-Geislingen.

Rodemann, B. & H. Mielke (2007): Zum Anbau und Pflanzenschutz des Triticale. Mitteilungen aus der Biologischen Bundesanstalt für Land- und Forstwirtschaft 409.

Schilperoord, P. (2017): Kulturpflanzen in der Schweiz - Ackerbohne. Verein für alpine Kulturpflanzen Alvaneu.

Schilperoord, P. (2014): Kulturpflanzen in der Schweiz - Mais. Verein für alpine Kulturpflanzen Alvaneu.

Schmidtke, K. (2006): Mohn-Telegramm. FibL e.V.

Schmitz, N., L. Wilkening, C. L. Wilkening, K. Höring, H. Jatzke & G. Klepper (2003): Bioethanol in Deutschland. Schriftenreihe Nachwachsende Rohstoffe Band 21, Landwirtschaftsverlag GmbH, Münster.

Schrabauer, J. (2010): Trockentolerante, perennierende Gräserarten für eine Futternutzung bzw. energetische Verwertung im semihumiden und semiariden Produktionsgebiet. Masterarbeit, Universität für Bodenkultur, Institut für Pflanzenbau und Pflanzenzüchtung, Wien.

Schulz, A. (2015; Nachdruck der Originalausgabe von 1913): Die Geschichte der kultivierten Getreide. Fachbuchverlag Dresden.

Schuster, W. H. (1998): Leguminosen zur Kornnutzung. Institut für Pflanzenbau und Pflanzenzüchtung der Justus-Liebig Universität Gießen. urn:nbn:de:hebis:26-opus-3207. http://geb.uni-giessen.de/geb/volltexte/2000/320/.

Schuster, W. H. & R. A. Marquard (2003): Die Sonnenblume (Helianthus annuus L.). Aus dem Institut für Pflanzenbau und Pflanzenzüchtung I. Bibliothek der Justus-Liebig-Universität Gießen, Abteilung: Elektronische Bibliothek (GEB).

Sneyd, J. (1995): Alternative Nutzpflanzen. Eugen Ulmer, Stuttgart.

Stettmer, C. (1993): Blütenbesucher an den extrafloralen Nektarien der Kornblume Centaurea cyanus (Asteraceae). Mitteilungen der Schweizerischen Entomologischen Gesellschaft 66, S. 1-8.

Stommel, C., N. Becker, T. Muchow & M. Schmelzer (2018): Maßnahmen- und Artensteckbriefe zur Förderung der Vielfalt typischer Arten und Lebensräume der Agrarlandschaft. Abschlussbericht zum DBU-Projekt 91017/19, S. 344. DOI: https://doi.org/10.24359/dbu.91017/19.

Strahm, S., S. Rueff & J. Hiltbrunner (2020): Buchweizen. Agroscope Merkblatt Nr. 109. Agroscope, Zürich.

Technologie- und Förderzentrum TFZ (12/2018): Steckbrief Durchwachsene Silphie (Siphium perfoliatum). Bayerische Landesanstalt für Landwirtschaft (LfL).

Wäldchen, J., J. Pusch & V. Luthardt (2005): Zur Diasporen-Keimfähigkeit von Segetalpflanzen. Beitr. Forstwirtsch. u. Landsch.ökol. 38, S. 145-156.

Warzecha, D., T. Diekötter, V. Wolters & F. Jauker (2018): Attractiveness of wildflower mixtures for wild bees and hoverflies depends on some key plant species. Insect Conservation and Diversity 11, S. 32-41.

Wehsarg, O. (1954): Ackerunkräuter. Biologie. Allgemeine Bekämpfung und Einzelbekämpfung. Akademie-Verlag, Berlin.

Weinhappel, M. & H. Schally (2020): Rispenhirse Panicum milliaceum. Landwirtschaftskammer Niederösterreich, St. Pölten.

Westrich, P. (2018): Die Wildbienen Deutschlands. Eugen Ulmer, Stuttgart.

Wilhelm, B. & O. Hensel (2011): Landtechnische Lösungen zur Beikrautregulierung im Ökolandbau. Berichte aus Forschung und Praxis. Deutsches Institut für Tropische und Subtropische Landwirtschaft (DITSL) GmbH, Witzenhausen.

Würfel, T., R. Gerhards, G. Schmitz & W. Wohlers (2018): (Un)kräuter und (Un)gräser im und am Acker. Hrsg; Landwirtschaftliches Technologiezentrum Augustenberg (LTZ), Karlsruhe.

Würfel, T., I. Ghasemi, G. Schmitz, R. Kern & H. Volz (2020): Blüh- und Zwischenfruchtmischungen – Biodiversität im und am Acker. Hrsg: Landwirtschaftliches Technologiezentrum Augustenberg (LTZ), Karlsruhe.

Zertani, V. (2019): Pflanzenverfügbarkeit von Germanium und Seltenen Erden in Böden im Freiberger Raum. Freiberg Ecology online 6, S. 43-51.

Zilliger, C. & I. Buchmann (2013): Rispenhirse – alte Kulturpflanze neu entdeckt. Landwirtschaftliches Wochenblatt 1, S. 22-24.

Eine kleine Auswahl an Internetadressen mit umfangreichen Informationen

http://www.agroscope.ch (Agroscope Zürich, Schweizer Forschung für Landwirtschaft, Ernährung und Umwelt. Kompetenzzentrum des Bundes für landwirtschaftliche Forschung (u. a. Pflanzenzüchtung, pflanzliche Produkte, Pflanzenschutz, Agrarökologie)

http://www.bioaktuell.ch (Plattform der Schweizer Biobäuerinnen und Biobauern)

https://www.biogas-forum-bayern.de (Wissenstransfer für die Landwirtschaftliche Biogasproduktion in Bayern)

https://www.ble.de/DE/BZL/bzl.html (Bundesinformationszentrum Landwirtschaft (BZL) der Bundesanstalt für Landwirtschaft und Ernährung: neutraler und wissensbasierter Informationsdienstleister für den gesamten Agrarbereich; Informationen zu unterschiedlichen Themen der Landwirtschaft bis zur Verarbeitung der Produkte)

https://www.destatis.de/DE/Themen/Branchen-Unternehmen/Landwirtschaft-Forstwirtschaft-Fischerei/Feldfruechte-Gruenland/Tabellen/liste-feldfruechte-zeitreihe.html (Anbauflächen, Hektarerträge und Erntemengen ausgewählter Anbaukulturen im Zeitvergleich – Statistisches Bundesamt (destatis.de)

https://www.iva.de (Industrieverband Agrar; Branchenverband der agrochemischen Industrie Deutschlands, vielfältige Informationen aus Forschung zu Pflanzenernährung, Schädlingsbekämpfung, Forschung zu moderner, nachhaltiger Landwirtschaft. Hrsg des IVA-Magazins)

https://www.julius-kuehn.de/ (Julius-Kühn-Institut: Bundesforschungsinstitut für Kulturpflanzen, umfangreiche Informationen zu allen Themen von Agrartechnik über biologische Vielfalt bis zu Züchtung)

https://www.landwirtschaft-bw.info (Infodienst Landwirtschaft, Ernährung, Ländlicher Raum Baden-Württemberg)

http.//www.landwirtschaft.sachsen.de (vielfältige Informationen des Sächsischen Staatsministeriums für Energie, Klimaschutz, Umwelt und Landwirtschaft zu pflanzlicher Erzeugung)

https://www.landwirtschaftskammer.de/landwirtschaft/ackerbau/index.htm (Landwirtschaftskammer Nordrhein-Westfalen)

https://www.lfl.bayern.de/ (Bayerische Landesanstalt für Landwirtschaft (LfL); vielfältige Informationen zu Pflanzenbau, Pflanzenzüchtung, Agrarökologie)

https://www.lfl.bayern.de/ips/unkraut (Unkrautsteckbriefe)

https://lfulg.sachsen.de/ (Sächsisches Landesamt für Umwelt, Landwirtschaft und Geologie)

http://www.ltz-augustenberg.de (Landwirtschaftliches Technologiezentrum Augustenberg (LTZ), umfangreiche Informationen zu Kulturpflanzen, Acker- und Pflanzenbau, ökologischer Landbau, Pflanzenschutz usw.)

https://ooe.lko.at/pflanzen+2400++1298097 (Landwirtschaftskammer Oberösterreich; Landwirtschaftsversuche, Anbau- und Kulturanleitungen)

https://pflanzen.fnr.de/ (Fachagentur Nachwachsende Rohstoffe e. V. (FNR), Informationen zu Industrie- und Energiepflanzen, Projekte)

http://www.proplanta.de/Agrar-Lexikon (Begriffserklärungen)

https://sarep.ucdavis.edu/covercrop (Cover Crops Database | Sustainable Agriculture Research & Education Program der University of California; detaillierte Informationen zu angebauten Zwischenfruchtarten, vieles auch für Europa interessant bzw. übertragbar)

https://www.tfz.bayern.de/ (Technologie- und Förderzentrum im Kompetenzzentrum für Nachwachsende Rohstoffe)

https://www.topagrar.com (Seite der Landwirtschaftsverlag GmbH, Münster; vielfältige Informationen zur Landwirtschaft, Online Ausgabe der Zeitschrift Topagrar)

https://www.trachtfliessband.de/ (Trachtpflanzen mit Nektar- und Pollenwerten)

http://www.transgen.de (Gentechnik in Pflanzen, Forschung, Landwirtschaft und Lebensmitteln)

https://www.wildackersaaten.de/ (Wildacker: Infos zu Saatgut, Anbau, Pflege und Naturschutz)

Register

C

G

H

Bildnachweis

Die Abkürzungen bedeuten: l = links, m = Mitte, o = oben, ol = oben links, or = oben rechts, r = rechts, u = unten, um = unten Mitte, ul = unten links, ur = unten rechts

Innenteil:
Margot Spohn: 12, 25, 26l, 26r, 30, 31r, 39, 50o, 50m, 62u, 74u, 77or, 77um, 80, 82, 83m, 86, 90, 91ol, 98u, 100o, 100u, 101l, 104, 113u, 114, 119, 148r, 160, 161, 174ur, 175u, 198, 205, 217, 218, 224, 228, 232, 274u, 276r, 279, 318, 320, 328, 329o, 330u, 338, 343, 370l
TFZ: 68, 243l, 243r, 276l
Deutsche Saatveredelung AG: 257
Volker Menthe, Hofgut Weiden: 19u
Landwirtschaft Ralf Kögel, Wintermohnblüte 2021: 245u
Matthias Engels, Spargelhof: 24
Roland Spohn: alle anderen Fotos und alle Symbole

Umschlagfotos:
Margot Spohn: *Daucus carota ssp. sativus* (Rückseite oben links: verschiedene Sorten)
Roland Spohn: *Triticum dicoccum* ‚Utrecht Blue' (oben), *Solanum tuberosum* (unten), *Valerianella locusta* (Rückseite oben rechts: Bewässerung des Anbaus), *Zea mays* (Rückseite unten: Ernte mit dem Mähdrescher)

Die Autoren

Margot Spohn hat Biologie in Tübingen studiert. Ihre Schwerpunkte waren Botanik und Pharmazeutische Biologie. Zusammen mit ihrem Mann hat sie bereits mehrere botanische Bestimmungsbücher sowie Naturführer veröffentlicht. Hauptberuflich arbeitet sie in der Zulassung komplementärmedizinischer Arzneimittel.

Dr. Roland Spohn studierte Biologie in Tübingen und promovierte mit einem Thema zur Schlafforschung. Seither arbeitet er als selbstständiger Biologe im Bereich Sachillustration und Naturfotografie und führt ein umfangreiches Fotoarchiv. Außerdem kombiniert er biologische Themen zu phantasievollen Gemälden und stellt diese regelmäßig aus. Zusammen mit seiner Frau leitet er auch Exkursionen und hält Vorträge.